全国技工院校机械类专业通用教材（高级技能层级）

高级车工工艺与技能训练

（第三版）

人力资源社会保障部教材办公室组织编写

中国劳动社会保障出版社

简介

本书主要内容包括：车削基本知识和基本技能，车台阶轴，加工套类工件，加工圆锥工件，滚花和车成形面，螺纹与蜗杆的加工，车多线螺纹与多头蜗杆，车偏心工件与曲轴，车削复杂工件，车削轴套组合件，车床的维护、保养与调整。

本书由王为建担任主编，刘超、龚艳芳担任副主编，张静、张学良、凌卫辉、田鸿瑛、郭起胜、赵训军、王俊浩、李虹桥、曾柏权参加编写，岳永胜、王公安担任主审。

图书在版编目(CIP)数据

高级车工工艺与技能训练 / 人力资源社会保障部教材办公室组织编写. -- 3 版. -- 北京：中国劳动社会保障出版社，2020

全国技工院校机械类专业通用教材. 高级技能层级

ISBN 978 - 7 - 5167 - 4288 - 4

Ⅰ. ①高… Ⅱ. ①人… Ⅲ. ①车削-工艺学-技工学校-教材 Ⅳ. ①TG510. 6

中国版本图书馆 CIP 数据核字(2020)第 031072 号

中国劳动社会保障出版社出版发行

（北京市惠新东街 1 号 邮政编码：100029）

*

北京市艺辉印刷有限公司印刷装订 新华书店经销

787 毫米×1092 毫米 16 开本 23 印张 529 千字

2020 年 12 月第 3 版 2024 年 7 月第 4 次印刷

定价：44. 00 元

营销中心电话：400-606-6496

出版社网址：http://www. class. com. cn

http://jg. class. com. cn

前　言

为了更好地适应全国技工院校机械类专业的教学要求，全面提升教学质量，人力资源社会保障部教材办公室组织有关学校的一线教师和行业、企业专家，在充分调研企业生产和学校教学情况、广泛听取教师对教材使用反馈意见的基础上，对全国高级技工学校机械类专业通用教材进行了修订。本次修订后出版的教材包括：《机械制图（第四版）》《机械基础（第二版）》《机构与零件（第四版）》《机械制造工艺学（第二版）》《机械制造工艺与装备（第三版）》《金属材料及热处理（第二版）》《极限配合与技术测量（第五版）》《电工学（第二版）》《工程力学（第二版）》《数控加工基础（第二版）》《液压传动与气动技术（第二版）》《液压技术（第四版）》《机床电气控制（第三版）》《金属切削原理与刀具（第五版）》《机床夹具（第五版）》《金属切削机床（第二版）》《高级车工工艺与技能训练（第三版）》《高级钳工工艺与技能训练（第三版）》《高级焊工工艺与技能训练（第三版）》等。

本次教材修订工作的重点主要体现在以下几个方面：

第一，更新教材内容，体现时代发展。

根据机械类专业毕业生所从事岗位的实际需要和教学实际情况的变化，合理确定学生应具备的能力与知识结构，对部分教材内容及其深度、难度做了适当调整；根据相关专业领域的最新发展，在教材中充实新知识、新技术、新设备、新材料等方面的内容，体现教材的先进性；采用最新国家技术标准，使教材更加科学和规范。

第二，提升表现形式，激发学习兴趣。

在教材内容的呈现形式上，较多地利用图片、实物照片和表格等形式将知识点生动地展示出来，尤其是在《机械基础（第二版)》《机床夹具（第五版)》等教材插图的制作中全面采用了立体造型技术，力求让学生更直观地理解和掌握所学内容。针对不同的知识点，设计了许多贴近实际的互动栏目，在激发学生学习兴趣和自主学习积极性的同时，使教材“易教易学，易懂易用”。

第三，开发配套资源，提供教学服务。

本套教材配有习题册和方便教师上课使用的多媒体电子课件，可以通过技工教育网（http：//jg. class. com. cn）下载电子课件等教学资源。另外，在部分教材中使用了二维码技术，针对教材中的教学重点和难点制作了动画、视频、微课等多媒体资源，学生使用移动终端扫描二维码即可在线观看相应内容。

本次教材的修订工作得到了河北、辽宁、江苏、山东、河南、湖南、广东等省人力资源社会保障厅及有关学校的大力支持，在此我们表示诚挚的谢意。

人力资源社会保障部教材办公室

2018 年 8 月

目　录

绪　论

学习目标

1. 了解车削的基本内容及特点。
2. 了解本课程的性质和任务。
3. 了解本课程的特点和学习方法。

一、车削在机械制造业中的地位

机器是由一个个零件组合装配而成。在机器零件中，旋转类或具有回转表面的零件所占比重最大，这些零件大部分需要通过车床进行车削加工。

车削就是在车床上利用工件的旋转运动和刀具的直线运动（或曲线运动）来改变毛坯的形状和尺寸，加工成符合图样要求的零件。车削是最基本、最常见的金属切削加工方法，在生产中占有十分重要的地位。通过金属切削原理与刀具课程的学习，可以知道车削加工与工件的材料、刀具的材料及刀具角度都有密切关系。

在各类金属切削加工机床中，车床（见图 0－1）是应用最广泛的一类，占机床总数的 30%～50%，数控车床的数量也已占到数控机床总数的 25% 左右。可见，车削技能人才在机械制造业中具有十分重要的地位。

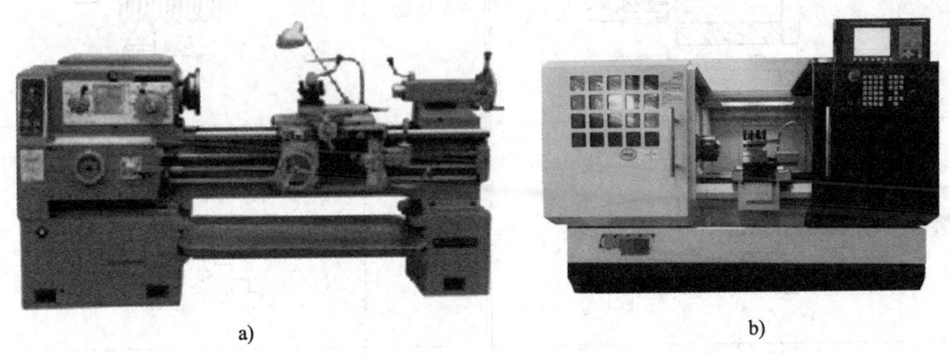

a)　　　　b)

图 0－1　车床

a）普通车床　b）数控车床

二、车削的基本内容及特点

1. 车削的基本内容

车削适于加工回转表面，大部分具有回转表面的工件都可以用车削方法加工。

车削的加工范围很广，其基本内容包括车外圆、车端面、切断和切槽、钻中心孔、钻孔、车孔、铰孔、车螺纹、车圆锥、车成形面、滚花等，见表0－1。如果在车床上装上一些附件和夹具，还可以进行镗削、磨削、研磨和抛光等。

表0－1　车削的基本内容

车削内容	图示	车削内容	图示
车外圆	f	车端面	f
切断和切槽	f	钻中心孔	f
钻孔	f	车孔	f
铰孔	f	车螺纹	L
车圆锥	f	车成形面	f_2 f f_1
滚花	f		

车削的工件种类有很多，如台阶轴、衬套、顶尖、锥套、螺纹件、手柄、偏心轴、滚花零件、曲轴、轴承座等，如图 0 – 2 所示。

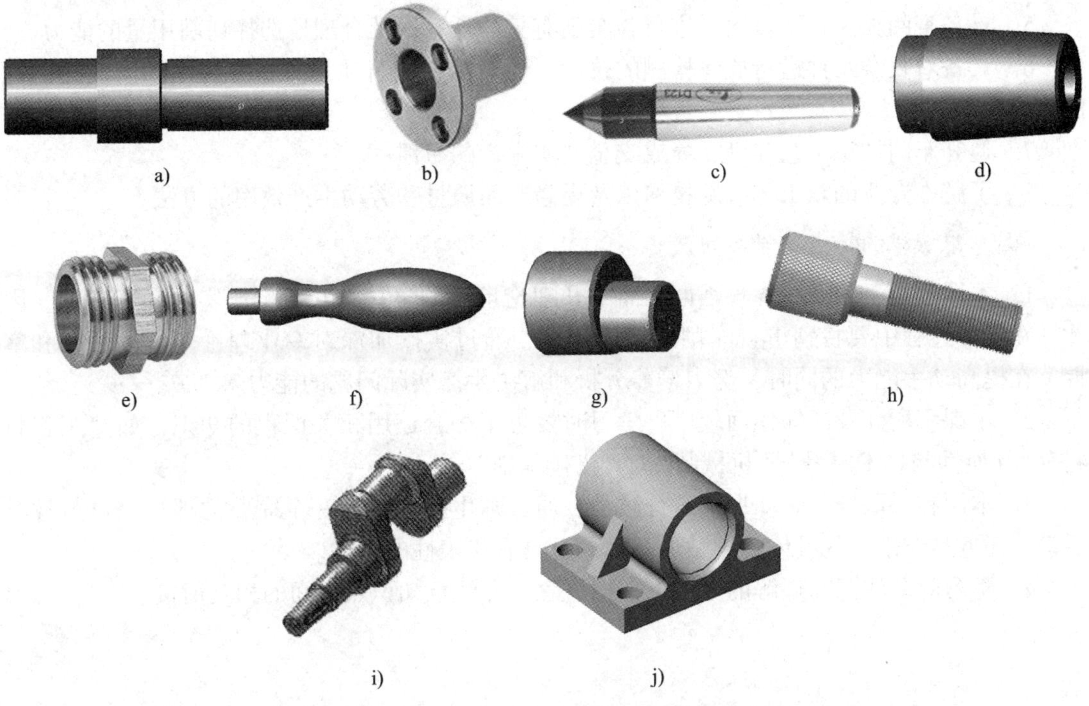

图 0 – 2　车削的工件种类

a）台阶轴　b）衬套　c）顶尖　d）锥套　e）螺纹件　f）手柄　g）偏心轴　h）滚花零件　i）曲轴　j）轴承座

2. 车削的特点

（1）适应性强，应用广泛。适用于加工不同材料、不同精度要求的工件。

（2）所用刀具的结构相对简单，制造、刃磨和装夹都比较方便。

（3）车削一般是等截面连续性地进行。因此切削力变化较小，车削过程相对平稳，生产效率较高。

（4）车削可以加工出尺寸精度和表面质量要求较高的工件。

三、本课程的性质和任务

高级车工工艺与技能训练是一门根据技术上先进、经济上合理的原则，研究将毛坯车削成合格工件的加工过程的课程。它是职业技术院校机械类车工专业集工艺理论知识和技能训练方法于一体的专业课，是广大车削技工、机械技术人员和科技工作者在长期的车削实践中不断总结、长期积累、逐步升华而成的车工专业一体化课程。

本课程的任务是使学生获得高级车工应具备的专业理论知识和操作技能，具体要求是：

1. 了解卧式车床的结构、性能和传动系统，具备卧式车床的使用、调整、保养和一般故障排除的技能。

2. 具备合理地选择并刃磨常用刀具的技能。

3．具有独立制定复杂工件装夹方法的技能，并具有根据实际情况采用先进车削工艺的能力。

4．具备使用、维护和保养车工常用工具、夹具和量具等工艺装备的技能。

5．具备查阅相关技术资料，进行与车削有关的计算以及合理地选择切削用量的能力。

6．具备对复杂工件进行质量检测的技能。能对工件进行质量分析并提出预防质量问题的措施。

7．遵守车削加工工艺守则，养成安全文明生产的习惯。

8．了解本专业的新工艺、新技术以及提高产品质量和劳动生产效率的方法。

四、本课程的特点和学习方法

1．本课程是一门实践性很强但又离不开理论指导的学科，并与生产实际紧密相连。因此，在学习过程中要特别重视车削技能的训练，通过实操加深对专业理论知识的理解和掌握，在提高动手能力的同时，努力培养分析和解决生产实际问题的能力。

2．本课程所涉及的知识面较广，学习时要善于综合运用相关课程的知识，如“工程材料”“互换性与技术测量”“机械制图”“机械基础”等。

3．本课程采取任务驱动形式进行教学，通过师生共同实施一个完整的项目来进行教学活动。任务是车削一件具体的、贴近实际的且具有代表性的工件。

4．学习时要注意在理解的基础上掌握概念，并注意知识点之间的相互衔接。

模块一　车削基本知识和基本技能

任务一　了解车削时的安全操作规程与文明生产规范

学习目标

1. 学习和掌握车工专业安全文明生产规程。
2. 树立安全文明生产意识。
3. 培养安全文明生产和遵守操作规程的习惯。
4. 培养良好的现场管理习惯。

工作任务

1. 熟记车削时安全操作规程的要点。
2. 熟记车削加工中文明生产的要点。
3. 熟记6S现场管理模式的要点。

相关知识

坚持安全文明生产是保障生产工人和设备的安全，防止工伤和设备事故的根本保证，同时也是工厂科学管理的一项十分重要的手段。它直接影响人身安全、产品质量和生产效率的提高，影响设备和工具、夹具、量具的使用寿命以及操作工人技术水平的正常发挥。安全文明生产的一些具体要求是对长期生产活动中的实践经验和教训的总结，操作者必须严格执行。

一、车削安全操作规程的要点

1. 工作时应穿工作服、戴袖套，不能系领带。长头发的同学应戴工作帽，将长发塞入帽子里。禁止穿裙子和凉鞋。操作车床时不允许戴手表、手套或佩戴戒指等首饰。

2. 工作时，头不能离工件太近，以防切屑飞入眼中。为防止崩碎切屑飞散伤人，必须戴防护眼镜。

3. 工作时，必须集中精力，注意手、身体和衣服不能靠近正在旋转的机件（如工件、带轮、齿轮等）。

4. 工件和车刀必须装夹牢固，以防飞出伤人。卡盘必须装有保险装置。工件装夹好后，卡盘扳手必须随即取下。

5. 装卸工件、更换刀具、测量工件尺寸及变换速度时，必须先停机。

6. 车床运转时，不得用手去触摸工件表面。尤其是加工螺纹时，严禁用手触摸螺纹表面，以免伤手。严禁用棉纱擦回转的工件。不准用手去扳停转动着的卡盘。

7. 应用专用铁钩清除切屑，决不允许用手直接清除。

8. 棒料毛坯从主轴孔尾端伸出不能太长，并应使用料架（见图1－1）或挡板，加上防护装置和警告标志，防止棒料甩弯伤人。

9. 不能随意拆装电气设备，以免发生触电事故。

10. 切削液对人的皮肤有刺激作用，经常直接接触可能会引发皮疹或感染。应尽量少接触切削液，如果无法避免，接触后要清洗干净。

11. 一定时间、一定强度的噪声会对听觉造成永久性损伤，因此，可以佩戴降噪耳塞（见图1－2）等听力保护装置，并尽量避免制造噪声。

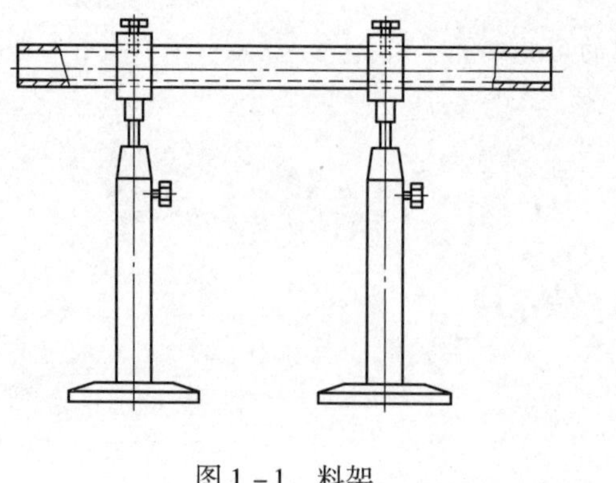

图1－1　料架

图1－2　降噪耳塞

12. 工作中若发现机构、电气装置有故障，应及时上报，由专业人员检修，未经修复不得使用。

〔操作提示〕

1. 严禁在车间内打闹。车间不是打闹玩耍的场所，一些不经意的恶作剧或玩笑可能会带来严重的伤害。

2. 如果在实习时不慎受伤，应尽快向实习教师报告，不要擅自处理。

二、车削文明生产的要点

1. 启动车床前应做的工作

（1）检查车床各部分机构及防护设备是否完好。

（2）检查各手柄是否灵活，其空挡或原始位置是否正确。

（3）检查各注油孔，并进行润滑。

（4）使主轴低速空转 1～2 min，待车床运转正常后才能工作；若发现车床有故障，应立即停机检修。

2. 主轴变速前必须先停机，变换进给箱手柄位置应在低速或停机状态下进行。为保持丝杠的精度，除车削螺纹外，不能使用丝杠进行机动进给。

3. 工艺装备的放置要稳妥、整齐、合理，有固定的位置，便于操作时取用，用后应该放回原处。主轴箱上不应放置任何物品。

4. 工具应分类摆放。精度高的工具应放置稳妥，重物放下层，轻物放上层。不可随意乱放，以免工具损坏或丢失。

5. 正确使用和爱护量具。经常保持其清洁，用后擦净，涂油后放入盒内，并及时归还工具室。所使用量具必须定期校验，以保证其精度准确。

6. 不允许在卡盘及床身导轨上敲击或校直工件，床面上不准放置工具或工件。装夹、找正较重的工件时，要用木板保护床面。下班时，对未完成加工的较重的工件，应用千斤顶或其他方式支撑。

7. 车刀磨损后应及时刃磨或更换，不允许用钝刃车刀继续车削，以免增加车床负荷或损坏车床，影响工件表面的加工质量和生产效率。

8. 批量生产的工件，首件应送检，在确认合格后方可继续加工。精加工完的工件要注意进行防锈处理。

9. 毛坯、半成品和成品应分开放置。半成品和成品应堆放整齐、轻拿轻放，严防碰伤已加工表面。

10. 图样、工艺卡片应放置在便于阅读的位置，并注意保持其清洁和完整。

11. 使用切削液前，应在床身导轨上涂润滑油。若车削铸铁或经气割下料的工件应擦去导轨上的润滑油。铸件上的型砂、杂质应尽量去除干净，以免损坏床身导轨面。切削液应定期更换。

12. 工作场地周围应保持清洁、整齐。避免堆放杂物，防止绊倒。

13. 结束操作前应做的工作：

（1）将所用过的工具、物品擦净、归位。

（2）清理车床，刷去切屑，擦净车床各部位的油污，按规定加注润滑油。

（3）将床鞍摇至床尾一端，各转动手柄放到空挡位置。

（4）把工作场地打扫干净。

（5）关闭电源。

三、6S 现场管理模式

6S 现场管理模式既是企业工厂广泛实施推广的管理模式，又是学校实习场所必需的管理模式。6S 现场管理模式见表 1－1。

表 1－1　　6S 现场管理模式

6S	名称	内容	目的	简要描述
1	整理（SEIRI）	将工作场所的任何物品区分为有必要和没有必要的，除了有必要的留下来，其他的都清除掉	腾出空间，空间活用，防止误用，塑造清爽的工作场所	要与不要，一留一弃
2	整顿（SEITON）	把留下来的必要的物品依规定位置摆放，并放置整齐加以标识	工作场所一目了然，消除寻找物品的时间，维持整齐的工作环境，消除过多的积压物品	科学布局，取用快捷
3	清扫（SEISO）	将工作场所内看得见与看不见的地方清扫干净，保持工作场所干净、亮丽	稳定品质，减少工业伤害	清除垃圾，美化环境
4	清洁（SEIKETSU）	将整理、整顿、清扫进行到底，形成制度化，经常保持环境处在美观的状态	创造明朗现场，维持以上 3S 成果	清洁环境，贯彻到底
5	素养（SHITSUKE）	养成良好的习惯，并遵守规则做事，培养积极主动的精神（习惯性）	培养具有良好习惯、遵守规则的员工，营造团队精神	形成制度，养成习惯
6	安全（SECURITY）	重视安全教育，每时每刻都有安全第一的观念，防患于未然	建立起安全生产的环境，所有的工作应建立在安全的前提下	安全操作，以人为本

任务实施

1．熟读和理解车削安全操作规程的要点。
2．熟读和理解车削加工中文明生产的要点。
3．工位间互相检查 6S 现场管理模式的执行情况。
4．同学间互相提问：
（1）工作时应如何规范着装穿戴？
（2）启动车床前应先做什么工作？
（3）你认识机床的停止按钮吗？
（4）车床工作时不能触摸哪些机构、部位？
（5）你所做的每件事都考虑了安全问题吗？

任务二　认识车床与日常保养

学习目标

1. 理解车床型号的含义。
2. 掌握车床主要构成部分的名称、结构及作用。
3. 了解车床的传动路线和运动特点。
4. 能按要求对车床进行润滑保养。

工作任务

1. 根据车床铭牌理解车床型号。
2. 指认车床的主要组成部分并分别说出其主要作用。
3. 对车床进行日常保养。

相关知识

一、车床型号

我国规定机床型号由汉语拼音字母及阿拉伯数字组成。例如，CK6132 车床型号的含义为：

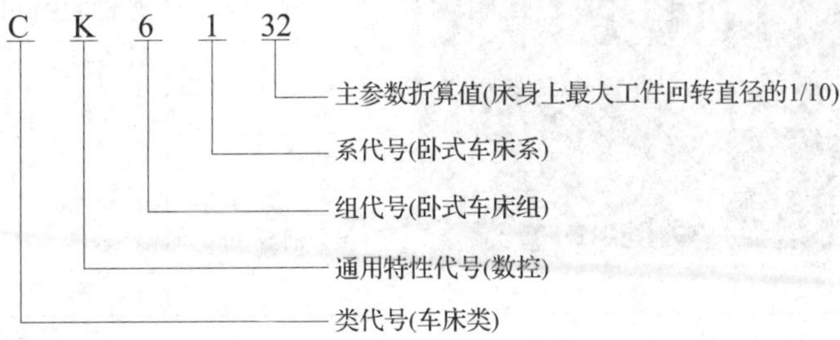

二、卧式车床的组成

要正确操作和维护车床，首先必须对车床的结构有一定的认识。如图 1－3 所示为 CA6140 型卧式车床的外形。

CA6140 型车床各部分的结构及作用见表 1－2。

三、卧式车床的传动路线

CA6140 型车床传动路线如图 1－4 所示，由电动机驱动带轮，把运动传递到主轴箱，通过变速机构变速，使主轴得到不同的转速，再经卡盘（或夹具）带动工件旋转。

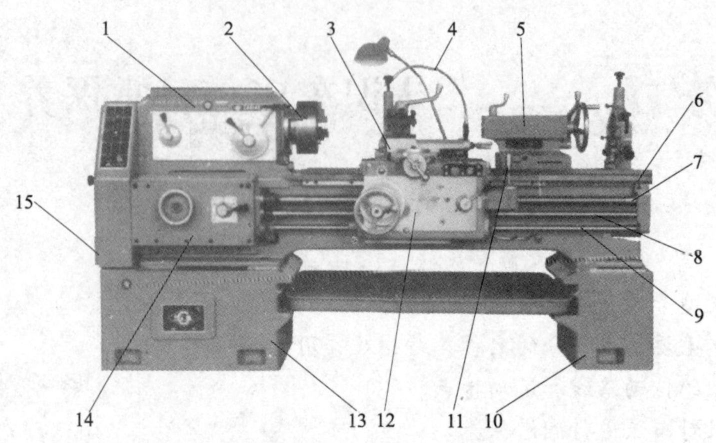

图 1－3　CA6140 型卧式车床的外形

1—主轴箱　2—卡盘　3—刀架部分　4—冷却管　5—尾座　6—床身　7—丝杠　8—光杠
9—操纵杆　10、13—床脚　11—快移机构　12—溜板箱　14—进给箱　15—交换齿轮箱

表 1－2　　CA6140 型车床各部分的结构及作用

名称	结构	作用
主轴箱（主轴变速箱）	机床厂 CA6140A 传动轴 齿轮 分油器	支撑主轴，带动工件做旋转运动。箱内有齿轮、轴、拨叉等零件；箱外有手柄。变换手柄的位置，可使主轴得到不同的转速。卡盘装在主轴上，用于夹持工件做旋转运动
交换齿轮箱（挂轮箱）	主轴 交换齿轮（挂轮）	接受主轴箱传递的转动，并传递给进给箱。更换箱内的交换齿轮，配合进给箱变速机构，可以车削各种导程的螺纹（或蜗杆），并满足车削时对纵向和横向不同进给量的需求

续表

名称	结构	作用
进给箱 （走刀箱）	进给箱	它是进给传动系统的变速机构，把交换齿轮箱传递过来的运动，经过变速传递给丝杠或光杠
溜板箱	中滑板手柄 停止、启动按钮 开合螺母手柄 床鞍手轮	接受光杠或丝杠传递的运动，操纵箱外的手柄及按钮，或通过快移机构驱动刀架部分，以实现车刀的纵向或横向运动
刀架部分	锁紧手柄 压紧螺钉 刀架	刀架用于装夹车刀并由床鞍或中滑板、小滑板带动车刀做纵向、横向、斜向或曲线运动，从而使车刀完成工件各种表面的加工
尾座	尾座套筒移动手柄 锁紧装置	安装在床身导轨上，并可沿导轨纵向移动。主要用来安装后顶尖，以支顶较长的工件，也可安装中心钻或钻头等刀具
床身	床身　导轨	床身是车床的大型基础部件，有两条精度很高的V形导轨和矩形导轨。主要用于支撑和连接车床的各个部件，并保证各部件在工作时有准确的相对位置

续表

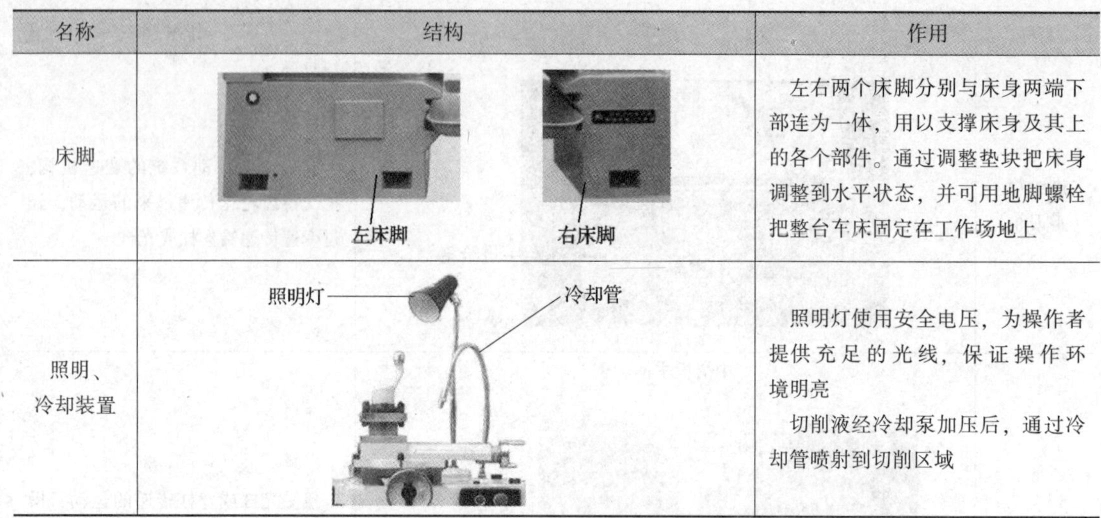

名称	结构	作用
床脚	左床脚　右床脚	左右两个床脚分别与床身两端下部连为一体，用以支撑床身及其上的各个部件。通过调整垫块把床身调整到水平状态，并可用地脚螺栓把整台车床固定在工作场地上
照明、冷却装置	照明灯　冷却管	照明灯使用安全电压，为操作者提供充足的光线，保证操作环境明亮 切削液经冷却泵加压后，通过冷却管喷射到切削区域

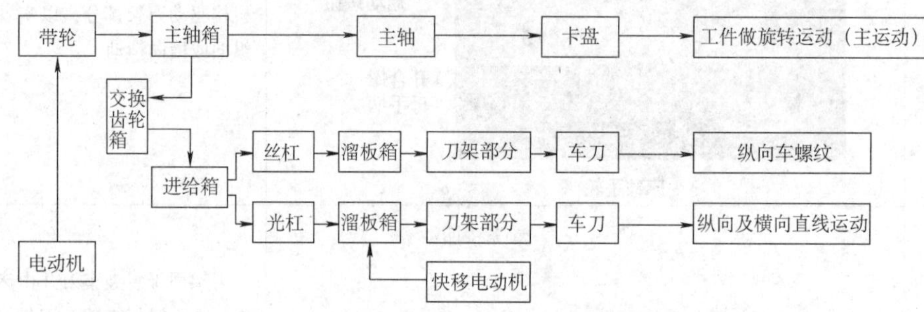

图 1－4　CA6140 型车床传动路线

主轴箱把旋转运动传送到交换齿轮箱，再通过进给箱变速后由丝杠或光杠驱动溜板箱和刀架部分，实现纵横向进给、快速移动及车螺纹等运动。

四、车床的润滑方式

对车床中具有相对运动的部位（机件）进行润滑，是为了保证车床的正常工作，减少摩擦磨损和功率损失，延长使用寿命。

普通车床的不同部位采用了不同的润滑方式，常用的有以下几种：

1. 浇油润滑

浇油润滑常用于外露的滑动表面，如床身导轨面和滑板导轨面等。一般用油壶（见图 1－5）进行浇注。

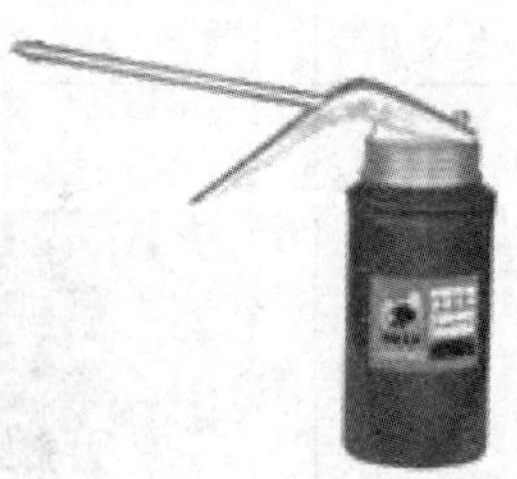

图 1－5　油壶

2. 溅油润滑

溅油润滑常用于密闭的箱体中。如车床主轴箱中的传动齿轮将箱底的润滑油溅射到箱体上的油槽中，然后经槽内油孔流到各润滑点进行润滑。

3. 油绳导油润滑

油绳导油润滑（见图 1－6a）利用毛线既易吸油又易渗油的特

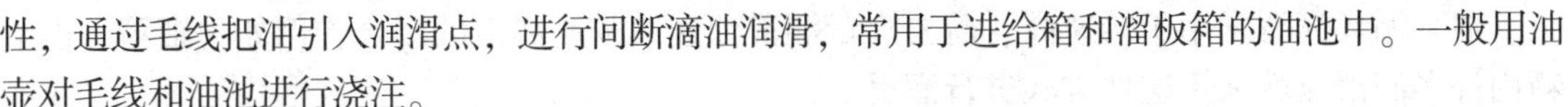

性，通过毛线把油引入润滑点，进行间断滴油润滑，常用于进给箱和溜板箱的油池中。一般用油壶对毛线和油池进行浇注。

4. 弹子油杯润滑

弹子油杯润滑（见图1－6b）是指用油壶端头的油嘴压下油杯上的弹子，将油注入。油嘴撤去后，弹子又恢复原位，封住油口，以防止灰尘和切屑进入。常用于尾座和中、小滑板上的摇动手柄及丝杠、光杠、操纵杆支架的轴承处。

5. 油脂杯润滑

油脂杯润滑（见图1－6c）是指先在油脂杯中加满钙基润滑脂（黄油），需要润滑时，拧进油杯盖，则杯中的润滑脂就被挤压到润滑点（如轴承套）中去。常用于交换齿轮箱挂轮架中轴或不经常润滑处。

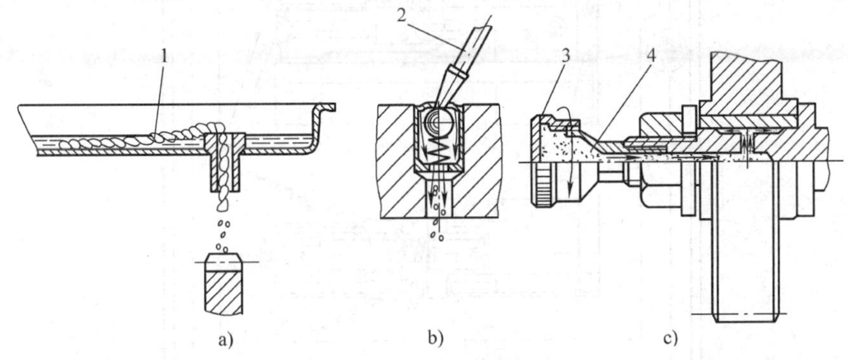

图1－6　润滑的几种方式

a）油绳导油润滑　b）弹子油杯润滑　c）油脂杯润滑

1—毛线　2—油壶　3—油杯盖　4—润滑脂

6. 油泵循环润滑（见图1－7）

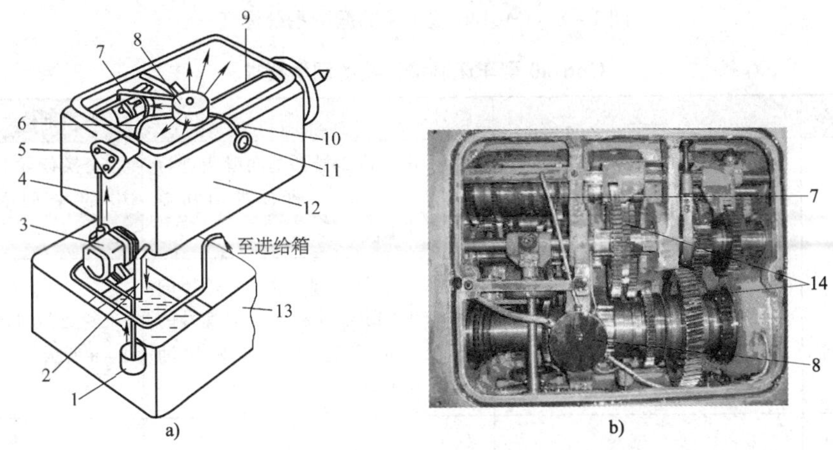

图1－7　油泵循环润滑

a）油泵循环润滑系统　b）主轴箱油泵循环润滑

1—网式过滤器　2—回油管　3—油泵　4、6、7、9、10—油管　5—过滤器

8—分油器　11—油窗　12—主轴箱　13—床脚　14—齿轮

油泵循环润滑常用于转速高、需要大量润滑油连续强制润滑的场合，例如主轴箱、进给箱内许多润滑点就采用这种方式进行润滑。

五、车床的润滑系统和润滑要求

如图1－8所示为CA6140型车床的润滑系统标牌，通过它可了解该车床润滑系统的润滑部位、润滑周期、润滑要求和润滑剂牌号，CA6140型车床润滑系统的润滑要求见表1－3。

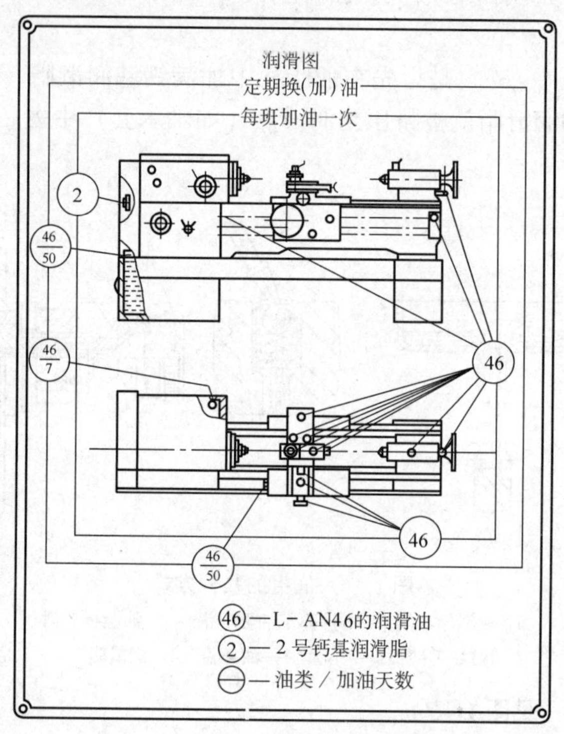

图1－8　CA6140型车床的润滑系统标牌

表1－3　**CA6140型车床润滑系统的润滑要求**

周期	数字	意义	符号	含义	润滑部位	数量
每班	数字形式	○中的数字表示润滑油的牌号，每班1次	(2)	用2号钙基润滑脂进行润滑，每班拧进油杯盖1次	交换齿轮箱中的中间齿轮轴	1处
			(46)	使用牌号为L－AN46的润滑油（相当于旧牌号的30号机油），每班加油1次	多处，如图1－8所示	14处
经常性	分数形式	(分子/分母)中分子表示润滑油牌号，分母表示两班制工作时换（加）油间隔的天数（每班工作时间8 h）	(46/7)	分子“46”表示使用牌号为L－AN46的润滑油，分母“7”表示加油间隔为7天	主轴箱后面电气箱内的床身立轴套	1处

续表

周期	数字	意义	符号	含义	润滑部位	数量
经常性	分数形式	(分子/分母)中分子表示润滑油牌号，分母表示两班制工作时换（加）油间隔的天数（每班工作时间 8 h）	(46/50)	分子“46”表示使用牌号为 L－AN46 的润滑油，分母“50”表示换油间隔为 50～60 天	左床脚内的油箱和溜板箱	2 处

〔操作提示〕

更换（添加）润滑油时的注意事项

1. 应先将主轴箱、进给箱和溜板箱内的废油放尽。
2. 用煤油将箱内冲洗干净。
3. 在进给箱和溜板箱内注入同一牌号的新润滑油，注油时应用滤网过滤。
4. 油面不得低于进给箱和溜板箱外的油标中心线。
5. 主轴箱内不需要直接注入润滑油，而是通过左床脚油箱内的润滑油供油，由油泵循环润滑。

任务实施

一、识读车床型号

针对自己实习岗位的车床型号铭牌，理解车床型号的含义，并填入表 1－4。

表 1－4　　车床型号的含义

车床型号	含义

二、指认自己实习岗位车床的各主要组成部分并说出其主要作用

顺序：主轴箱—交换齿轮箱—进给箱—光杠—丝杠—操纵杆—溜板箱—尾座—床身—床脚等。

三、查找车床（以 CA6140 型车床为例）加油润滑的部位（点），并对其进行加油润滑（除油泵循环润滑和溅油润滑）

每天对车床进行润滑时，必须按照如图 1－9 所示的 CA6140 型车床每天润滑点分布图，遵照表 1－5 的顺序和要求进行。

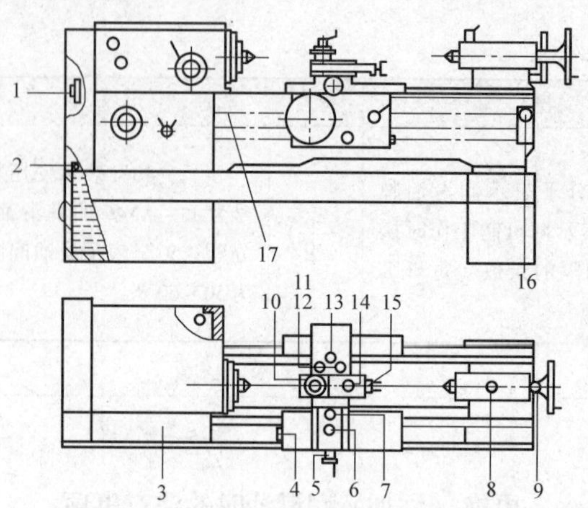

图 1－9　CA6140 型车床每天润滑点分布图

1—交换齿轮中间轮轴头螺塞　2—进给箱润滑油注油孔　3—进给箱储油槽　4—溜板箱注油孔　5、6、10、11、12、13、14、15—刀架和中、小滑板丝杠轴颈处的弹子油杯　7—中滑板油盒　8、9—尾座上的弹子油杯　16—丝杠、光杠、操纵杆轴颈润滑储油池　17—丝杠左端弹子油杯

表 1－5　　车床每天润滑工作的顺序和要求

部位	润滑点图示	方式	润滑步骤	润滑油
主轴箱	1—油窗　2—油管　3—齿轮　4—分油器	油泵循环润滑和溅油润滑	1. 启动电动机，观察主轴箱油窗，窗内应有油输出 2. 电动机空转 1 min 后，润滑油在主轴箱内形成油雾，油泵循环润滑系统使各润滑点得到润滑，主轴方可启动 3. 如果油窗内没有油输出，说明润滑系统有故障，应立即检查断油原因。一般原因是主轴箱后端的三角形过滤器堵塞，应用煤油清洗	牌号为 L－AN46 的润滑油
进给箱和溜板箱	油绳导油润滑 a)进给箱油标 b)溜板箱油标	溅油润滑和油绳导油润滑	1. 观察进给箱和溜板箱油标内的油面不低于中心线；否则，应向油箱（润滑点 2 和 4）注入新润滑油 2. 使主轴低速空转 1～2 min 时，进给箱内的润滑油通过溅油润滑各齿轮，冬天尤其重要 3. 进给箱还需用箱上部的储油槽通过油绳导油进行润滑。每班应用油壶给储油槽（润滑点 3）加一次油	牌号为 L－AN46 的润滑油

续表

部位	润滑点图示	方式	润滑步骤	润滑油
丝杠、光杠及操纵杆	a)后托架储油池的注油润滑 b)丝杠左端的弹子油杯润滑	油绳导油润滑和弹子油杯润滑	1. 丝杠、光杠及操纵杆的轴颈润滑是通过后托架储油池内的油绳导油润滑方式实现的，每班应用油壶给储油池（润滑点16）加一次油 2. 用油壶对丝杠左端的弹子油杯（润滑点17）进行注油润滑	牌号为L－AN46的润滑油
床鞍、导轨面和刀架部分		浇油润滑和弹子油杯润滑	1. 每天工作前后都要擦净床身导轨和中、小滑板的燕尾形导轨 2. 用油壶浇油润滑各导轨表面 3. 摇动中滑板手柄，露出油盒并打开油盒盖，用油壶注满油盒（润滑点7）并盖好油盒盖 4. 每班用油壶对刀架和中、小滑板丝杠轴颈处的弹子油杯（润滑点5、6、10、11、12、13、14、15）进行注油润滑	牌号为L－AN46的润滑油
尾座		弹子油杯润滑	每班用油壶对尾座上的弹子油杯（润滑点8和9）进行注油润滑	牌号为L－AN46的润滑油

续表

部位	润滑点图示	方式	润滑步骤	润滑油
交换齿轮箱中间齿轮轴	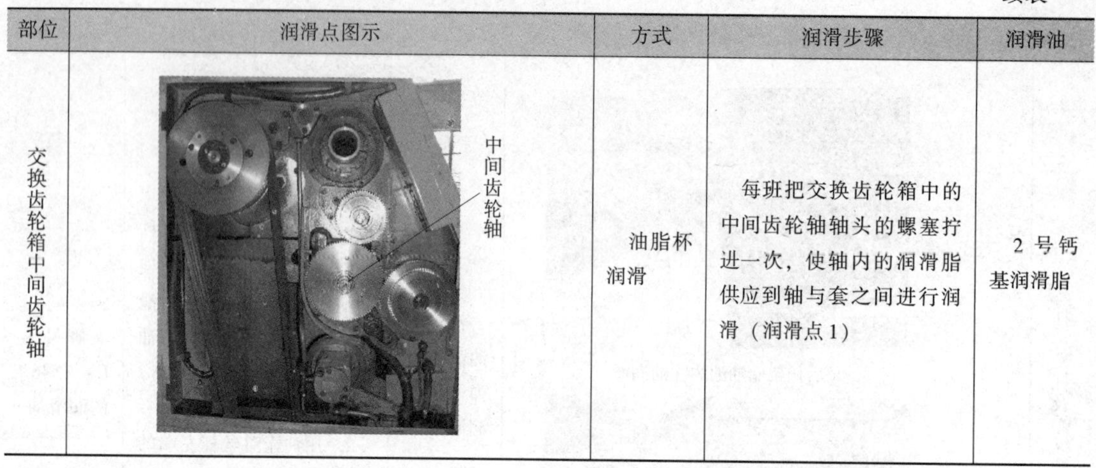	油脂杯润滑	每班把交换齿轮箱中的中间齿轮轴轴头的螺塞拧进一次，使轴内的润滑脂供应到轴与套之间进行润滑（润滑点1）	2 号钙基润滑脂

知识链接

机 床 型 号

1. 机床的分类和型号

机床主要是按加工方法和所用刀具进行分类，根据国家标准制定的机床型号编制方法，机床分为11大类（见表1－6），在每一类机床中，又按工艺范围、布局形式和结构性能分为若干组，每一组又分为若干个系（系列）。

表1－6　　机床的类代号

类别	车床	钻床	镗床	磨床			齿轮加工机床	螺纹加工机床	铣床	刨插床	拉床	锯床	其他机床
代号	C	Z	T	M	2M	3M	Y	S	X	B	L	G	Q
读音	车	钻	镗	磨	二磨	三磨	牙	丝	铣	刨	拉	割	其

机床的型号是机床产品的代号，用以表明机床的类型、通用特性和结构特性、主要技术参数等。国家标准《金属切削机床　型号编制方法》（GB/T 15375—2008）规定，机床型号由汉语拼音字母和阿拉伯数字按一定规律组合而成。

2. 机床的特性代号

机床的特性代号包括通用特性代号和结构特性代号，用大写的汉语拼音字母表示，位于类代号之后。

（1）通用特性代号

当某类型机床，除有普通型外，还有某种通用特性时，则在类代号之后加通用特性代号予以区分。机床的通用特性代号及读音见表1－7。

（2）结构特性代号

对主参数值相同而结构、性能不同的机床，在型号中加结构特性代号予以区别。结构特性代号与通用特性代号不同，它在型号中没有统一的含义，只在同类机床中起区分机床结构、性能不同的作用。当型号中有通用特性代号时，结构特性代号应排在通用特性代号之后。通用特性代号已用的字母和“I、O”两个字母均不能作为结构特性代号。因此，结构特性代号仅可用 A、D、E、L、N、P、T、U、V、W、Y 共 11 个字母。当单个字母不够用时，可将两个字母组合起来使用，如 AD、AE 等。

表 1－7 机床通用特性代号及读音

通用特性	高精度	精密	自动	半自动	数控	加工中心（自动换刀）	仿形	轻型	加重型	柔性加工单元	数显	高速
代号	G	M	Z	B	K	H	F	Q	C	R	X	S
读音	高	密	自	半	控	换	仿	轻	重	柔	显	速

3. 机床的组、系代号

每类机床划分为十个组，每一组又划分为十个系，用阿拉伯数字表示，位于类代号或通用特性代号之后。表 1－8 为车床类部分组、系划分。

表 1－8 车床类组、系划分（部分）

组		系		组		系	
代号	名称	代号	名称	代号	名称	代号	名称
5	立式车床	0		6	落地及卧式车床	0	落地车床
		1	单柱立式车床			1	卧式车床
		2	双柱立式车床			2	马鞍车床
		3	单柱移动立式车床			3	轴车床
		4	双柱移动立式车床			4	卡盘车床
		5	工作台移动单柱立式车床			5	球面车床
		6				6	主轴箱移动型卡盘车床
		7	定梁单柱立式车床			7	
		8	定梁双柱立式车床			8	
		9				9	

4. 机床的主参数和主轴数

（1）机床的主参数用折算值（主参数乘以折算系数）表示，位于组、系代号之后。它反映机床的主要技术规格，主参数的单位为 mm。如 C6140 车床，主参数的折算值为 40，折算系数为 1/10，即主参数（床身上最大工件回转直径）为 400 mm。

（2）机床的第二参数一般是指主轴数、最大工件长度、最大切削长度和最大模数等。多轴车床的主轴数，以实际轴数列入型号中的主参数折算值之后，并用“×”分开，如 C2140×4、C2630×6 等。

常用车床主参数及折算系数见表1-9。

表1-9　　常用车床主参数及折算系数

车床	主参数及折算系数		第二主参数
	主参数	折算系数	
仪表卡盘车床	床身上最大回转直径	1/10	
多轴棒料自动车床	最大棒料直径	1	轴数
回轮车床	最大棒料直径	1	
单柱及双柱立式车床	最大车削直径	1/100	
卧式车床	床身上最大回转直径	1/10	最大工件长度

5. 机床重大改进序号

当机床的结构、性能有重大的改进和提高，并需要按新产品重新设计、试制和鉴定时，才在机床型号之后按A、B、C等汉语拼音字母排序（但“I”“O”两个字母不得选用），加在型号基本部分的尾部，以区别原机床型号，如C6136A是C6136型经过第一次重大改进的车床。

我国的机床型号编制方法，曾有过多次修订和补充，对1976年以前已定型号目前仍在生产的机床，其型号可暂不更改，如C618、C620-1车床等。这些型号中只有组代号“6”，无系代号，主参数表示中心高（折算系数也是1/10）。机床的重大改进序号用阿拉伯数字1、2、3…按顺序选用，加在型号的尾部，并用“-”（读作“至”）分开。如C618-1表示中心高为180 mm，经过第一次重大改进的卧式车床。

任务三　认识卡盘的结构及其卡爪的装卸

学习目标

1. 了解三爪自定心卡盘和四爪单动卡盘的规格、结构及其与车床主轴的连接关系。
2. 能熟练装卸卡盘的卡爪。
3. 掌握卡盘的装卸方法，能以两人配合的方式完成卡盘的装卸工作。

工作任务

1. 三爪自定心卡盘卡爪的装卸。
2. 卡盘在主轴上的装卸。
3. 三爪自定心卡盘零部件的拆装。

相关知识

一、三爪自定心卡盘

1. 三爪自定心卡盘的特点及应用

三爪自定心卡盘（见图1－10）是车床上应用最为广泛的一种通用夹具，用以装夹工件并由主轴带动做旋转运动。三爪自定心卡盘的特点是三爪同步运动，实现自动定心装夹工件，装夹工件一般不需找正，装夹快捷方便，适用于精度要求不是很高，形状规则（如圆柱形、正三角形、正六边形等）的中、小型工件的装夹。

三爪自定心卡盘通常配有正爪和反爪各一副（见图1－10）。正爪用于装夹外圆直径较小和内孔直径较大的工件，反爪用于装夹外圆直径较大的工件。

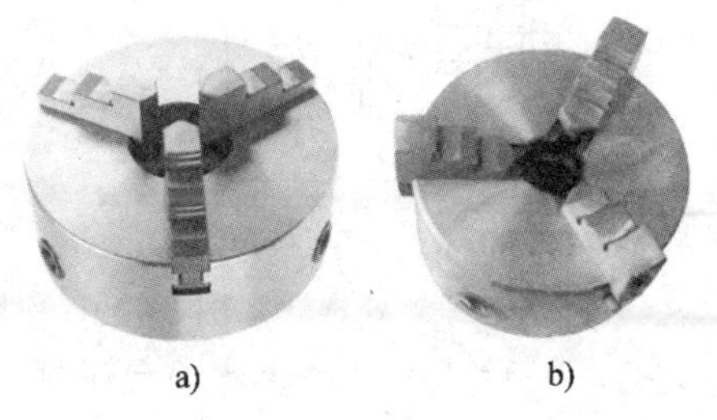

图1－10　三爪自定心卡盘

a）正爪　b）反爪

2. 三爪自定心卡盘的规格

三爪自定心卡盘常用的规格有 ϕ150 mm、ϕ200 mm和 ϕ250 mm 三种。

3. 三爪自定心卡盘的结构

三爪自定心卡盘的结构如图1－11所示，主要由外壳体、卡爪、三个小锥齿轮、一个大锥齿轮等零件组成。当卡盘扳手的方榫插入小锥齿轮2的方孔1中转动时，小锥齿轮就带动大锥齿轮3转动，大锥齿轮的背面是平面螺纹4，卡爪5背面的螺纹与平面螺纹啮合，从而驱动三个卡爪同时沿径向收紧或松开。

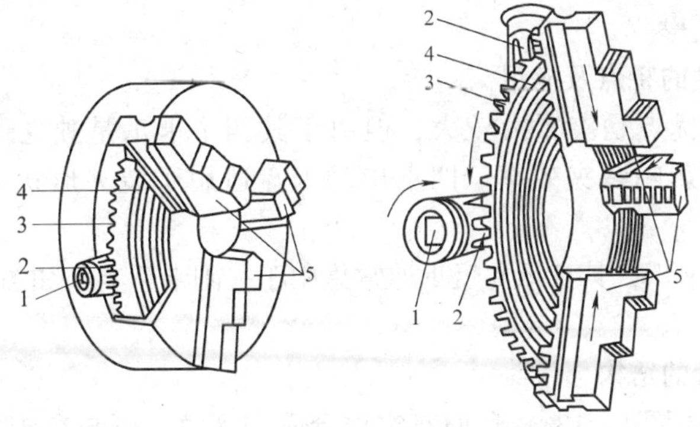

图1－11　三爪自定心卡盘的结构

1—方孔　2—小锥齿轮　3—大锥齿轮　4—平面螺纹　5—卡爪

4. 三爪自定心卡盘与车床主轴的连接

由于三爪自定心卡盘是通过连接盘与车床主轴连为一体的，所以连接盘与车床主轴、三爪自定心卡盘之间的同轴度要求很高。连接盘与主轴及卡盘间的连接关系如图1－12所示。

CA6140型车床主轴前端为短锥法兰盘结构，用以安装连接盘。连接盘由主轴上的短圆锥定位。安装前，要根据主轴短圆锥面和卡盘后端的台阶孔径配制连接盘。安装时，让连接盘4的四个螺栓5及其上的螺母6从主轴轴肩和锁紧盘2上的孔内穿过，螺栓中部的圆柱与主

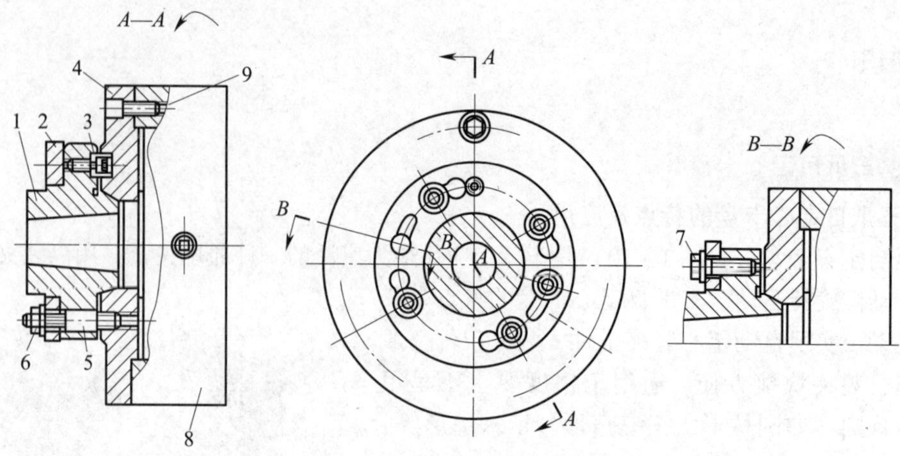

图 1 - 12　连接盘与主轴及卡盘间的连接关系

1—主轴　2—锁紧盘　3—端面键　4—连接盘　5—螺栓　6—螺母　7、9—螺钉　8—卡盘

轴轴肩上的孔精密配合，然后将锁紧盘转过一个角度，使螺栓进入锁紧盘上宽度较窄的圆弧槽段，把螺母卡住，接着再拧紧螺母，于是连接盘便可靠地安装在主轴上。

连接盘前面的台阶面是安装卡盘 8 的定位基面，与卡盘的后端面和台阶孔配合，以确定卡盘相对于连接盘的正确位置（实际上是相对于主轴中心的正确位置）。通过三个螺钉 9 将卡盘与连接盘连接在一起。这样，主轴、连接盘、卡盘三者便可靠地连为一体，并保证了主轴与卡盘的同轴。

图 1 - 12 中端面键 3 可防止连接盘相对主轴转动，是保险装置。紧定螺钉 7 用于紧固锁紧盘。

二、四爪单动卡盘

1. 四爪单动卡盘的特点及应用

四爪单动卡盘的优点是夹紧力较大，但由于其四个卡爪是独立运动的，所以装夹工件须进行找正，因而影响装夹效率。四爪单动卡盘适用于装夹形状不规则或较大、较重的工件。

四爪单动卡盘的卡爪，其正爪和反爪通常集中于一副卡爪上，如图 1 - 13 所示。正爪倒过来装即为反爪。

2. 四爪单动卡盘的结构

四爪单动卡盘（见图 1 - 13 ）背面有定位台阶和螺纹，可与车床主轴上的连接盘连接成一体。卡爪的背面是与丝杆啮合的半圆弧形螺纹，丝杆顶端的方孔用于插卡盘扳手的方榫。转动卡盘扳手，便可通过丝杆带动卡爪单独移动，以适应所夹持工件形状的需要。通过四个卡爪的相互配合将工件夹紧。

三、液压、气动卡盘

普通卡盘通常应用于普通机床，其效率低，劳动强度大。随着半自动、自动机床和数控机床的普及，液压、气动卡盘（见图 1 - 14）的应用也越加普及，这类卡盘由液压或气动控制，大大提高了工件的装卸效率，减轻了劳动强度。

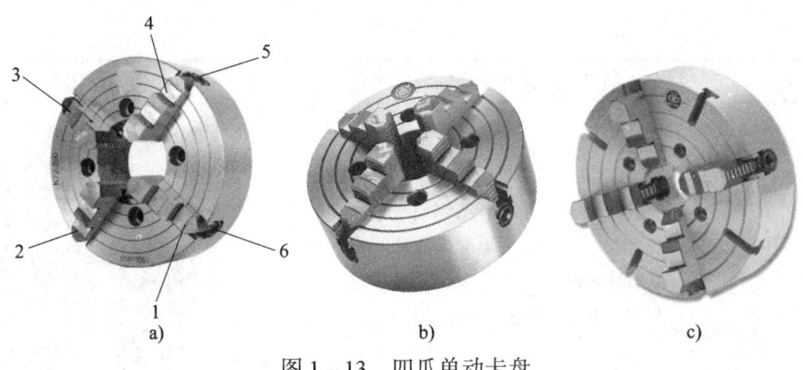

图 1－13　四爪单动卡盘

a)、b) 正爪　c) 反爪

1、2、3、4—卡爪　5、6—带方孔丝杆

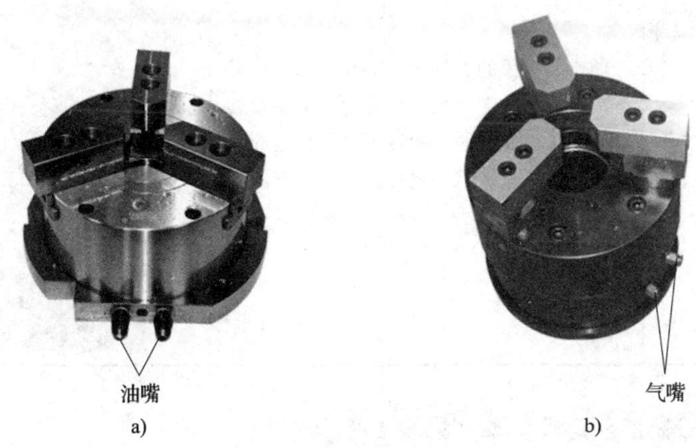

图 1－14　液压、气动卡盘

a) 液压卡盘　b) 气动卡盘

任务实施

一、三爪自定心卡盘卡爪的装卸步骤（见表 1－10）

表 1－10　**三爪自定心卡盘卡爪的装卸步骤**

操作步骤	操作步骤内容	图示
1. 拆下卡爪	将卡盘扳手插入卡盘方孔，逆时针旋转卡盘扳手，将卡爪拆下	卡盘扳手 卡盘方孔

续表

操作步骤	操作步骤内容	图示
2. 查找并按顺序排放好1、2、3号卡爪	卡爪号通常可在卡爪侧面找到，若号码不清晰，则可把三个卡爪并列排放，比较卡爪背面螺纹牙数的多少，最多的为1号卡爪，最少的为3号卡爪	3 2 1
3. 装卡爪	将卡盘扳手的方榫插入卡盘的方孔中并顺时针旋转，带动大锥齿轮的平面螺纹转动。当平面螺纹的端扣转到将要接近壳体槽时，将1号卡爪装入壳体槽内，继续顺时针转动卡盘扳手，按相同方法将其余两个卡爪按2号、3号顺序装入	2 1 3

二、卡盘在主轴上的装卸步骤（见表1－11）

表1－11　　卡盘在主轴上的装卸步骤

操作步骤	操作步骤内容	图示
1. 拆卸卡盘	（1）切断电动机电源，即将机床电源总开关由“ON”扳至“OFF”位置 （2）在主轴孔内插入一根硬木棒，木棒的另一端伸出卡盘之外并搁置在刀架上，在靠近主轴处的床身导轨上垫上木板，以保护导轨面。由于卡盘较重，应注意安全，最好由两人配合完成 （3）用扳手将连接盘的四个螺栓上的螺母拧松，将锁紧盘转过一个角度，让螺栓从锁紧盘宽度较宽的圆弧槽段和主轴轴肩上的孔内穿过，则可将卡盘卸下	木棒 螺母 宽孔 木板

续表

操作步骤	操作步骤内容	图示
2. 安装卡盘	（1）切断电动机电源，即将机床电源总开关由“ON”扳至“OFF”位置 （2）在主轴孔内插入一根硬木棒，在靠近主轴处的床身导轨上垫上木板，以保护导轨面。由于卡盘较重，应注意安全，最好由两人配合完成 （3）将卡盘、连接盘与主轴相配合的各部位（表面）擦干净并涂上润滑油 （4）让连接盘的四个螺栓及其上的螺母从主轴轴肩和锁紧盘上的孔内穿过，螺栓中部的圆柱与主轴轴肩上的孔精密配合，然后将锁紧盘转过一个角度，使螺栓进入锁紧盘上宽度较窄的圆弧槽段，把螺母卡住，交替拧紧四个螺母，卡盘与主轴的连接完成	孔与圆柱销配合 螺栓穿过孔

三、三爪自定心卡盘零部件的装卸步骤（见表 1－12）

表 1－12　　三爪自定心卡盘零部件的装卸步骤

操作步骤	操作步骤内容	图示
1. 拆卸卡爪	将卡盘扳手插入卡盘方孔，逆时针旋转卡盘扳手，将卡爪卸下	见表 1－10 图示
2. 拆卸卡盘	（1）在主轴孔内插入一根硬木棒，木棒的另一端伸出卡盘之外并搁置在刀架上，在靠近主轴处的床身导轨上垫上木板，以保护导轨面。由十卡盘较重，应注意安全，最好由两人配合完成 （2）用内六角扳手卸下连接盘与卡盘连接的三个螺钉，并用木锤轻敲卡盘背面，使卡盘从连接盘的台阶上分离下来 （3）两人用硬木棒小心地抬下卡盘，注意安全	见表 1－11 图示
3. 小锥齿轮、防尘盖板的拆卸	拧下三个定位螺钉，取出三个小锥齿轮，然后拧下三个紧固螺钉，取出防尘盖板和带有平面螺纹的大锥齿轮	防尘盖板 大锥齿轮 紧固螺钉 实心螺钉 小锥齿轮
4. 安装	三爪自定心卡盘零部件的安装步骤与拆卸步骤的顺序相反	参考步骤 3 图示

任务四　认识车削运动和车床的基本操纵

学习目标

1. 了解车削运动的组成。
2. 熟悉车床手柄和手轮的位置及其用途。
3. 具备车床空运转的操纵技能。

工作任务

正确、规范地对车床空运转进行操纵。

相关知识

一、车削运动

车削时，为了切除多余的金属，必须使工件和车刀做相对的车削运动。按运动的作用不同，车削运动可分为主运动和进给运动两种，如图 1－15 所示。

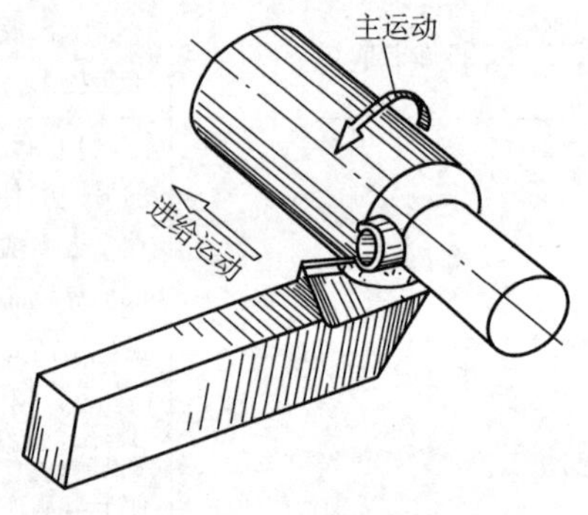

图 1－15　车削运动

1. 主运动

主运动是机床的主要运动，它消耗机床的主要动力。车削时，工件的旋转运动是主运动。通常主运动的速度较高。

2. 进给运动

进给运动是指使工件的多余材料不断被切除的车削运动。如车外圆时车刀的纵向进给运动，车端面时车刀的横向进给运动等。图 1－15 中的进给运动为纵向进给运动。

二、CA6140 型车床的操作手柄

在加工工件之前，首先应熟悉车床的操作手柄和手轮的位置以及用途（见图 1－16），然后再练习其基本操作。车床的操作手柄和手轮的名称见表 1－13。

1. 主轴箱手柄

（1）车床主轴变速手柄

CA6140A 型车床的主轴变速手柄如图 1－17 所示。车床主轴的变速通过改变主轴箱正面右侧两个叠套的长、短手柄 1 和 2 的位置来控制。外面的短手柄 2 在圆周上有 6 个挡位，每个挡位都有由四种颜色来标志的四级变速；里面的长手柄 1 除有两个空挡外，还有由四种颜色标志的四个挡位。

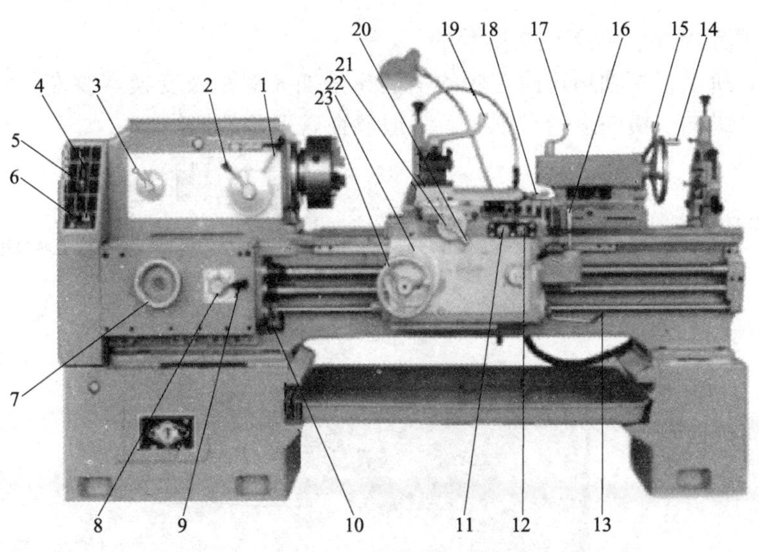

图 1-16　CA6140 型车床的操作手柄和手轮

表 1-13　车床的操作手柄和手轮的名称

图上编号	名　称	图上编号	名　称
1、2	主轴变速（长、短）手柄	14	尾座套筒移动手轮
3	加大螺距及左、右螺纹变换手柄	15	尾座快速紧固手柄
4	电源总开关（有开和关两个位置）	16	机动进给手柄及快速移动按钮
5	电源开关锁（有 1 和 0 两个位置）	17	尾座套筒固定手柄
6	冷却泵总开关	18	小滑板手柄
7、8	进给量和螺距变换手轮、手柄	19	刀架转位及固定手柄
9	螺纹种类及丝杠、光杠变换手柄	20	中滑板手柄
10、13	主轴正转、反转、停车操纵手柄	21	中滑板刻度盘
11	停止（或急停）按钮（红色）	22	床鞍刻度盘
12	启动按钮（绿色）	23	床鞍手轮

图 1-17　CA6140A 型车床的主轴变速手柄

1—长手柄　2—短手柄

（2）加大螺距及左、右螺纹变换手柄

如图 1－18 所示，主轴箱正面左侧的手柄 3 是加大螺距及变换螺纹左、右旋向时用的，它有四个挡位。纵向、横向进给车削时，一般放在右上角的挡位上。

图 1－18　加大螺距及左、右螺纹变换手柄

2. 进给箱手柄

如图 1－19 所示为进给箱手柄的位置，其正面左侧的手轮 7，有 8 个不同的挡位。右侧有里外叠装的两个手柄 8 和 9，里手柄 8 有 A、B、C、D 共 4 个挡位，外手柄 9 有Ⅰ、Ⅱ、Ⅲ、Ⅳ、Ⅴ共 5 个挡位。应先根据加工要求确定进给量或螺距，再根据进给箱油池盖上的螺纹和进给量调配表，扳动手轮和手柄，使其达到相应的位置。

图 1－19　进给箱手柄的位置

7—进给量和螺距变换手轮　8—进给量和螺距变换手柄（里手柄）　9—丝杠、光杠变换手柄（外手柄）

当外手柄 9 处于正上方时是第Ⅴ挡，此时交换齿轮箱的运动不经进给箱变速，而与丝杠直接相连。

3. 刻度盘

在如图 1－20 所示的溜板箱及刀架部分中，床鞍、中滑板和小滑板的移动依靠手轮和手柄来实现，它们移动的距离依靠刻度盘来控制，车床刻度盘的使用见表 1－14。

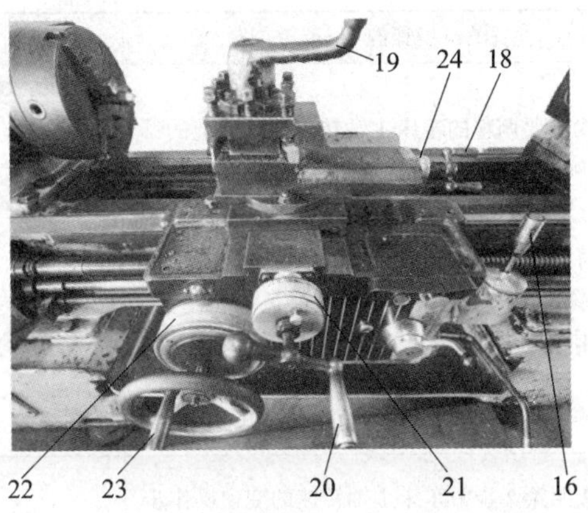

图 1－20　溜板箱及刀架部分

16—机动进给手柄　18—小滑板手柄　19—刀架手柄　20—中滑板手柄　21—中滑板刻度盘
22—床鞍刻度盘　23—床鞍手轮　24—小滑板刻度盘

表 1－14　　车床刻度盘的使用

刻度盘	度量移动的距离	手动时操作	机动时操作	整圈格数	车刀移动距离（mm/格）
床鞍刻度盘	纵向移动距离	床鞍手轮	机动进给手柄及快速移动按钮	300	1
中滑板刻度盘	横向移动距离	中滑板手柄		100	0. 05
小滑板刻度盘	纵向移动距离	小滑板手柄	无机动进给	100	0. 05

任务实施

一、车床的变速操作和空运转练习（见表 1－15）

表 1－15　　车床的变速操作和空运转练习

操作步骤	操作步骤内容	图示
1. 车床启动前的准备	（1）检查车床的开关、手柄和手轮是否处于停机时的正确位置，如主轴正、反转操作手柄要处于中间的停止位置，机动进给手柄要处于十字槽中央的停止位置等 （2）将交换齿轮保护罩前面开关面板上的电源开关锁旋至位置“1” （3）向上扳动电源总开关由“OFF”至“ON”位置，即电源由“断开”至“接通”状态，车床通电，同时床鞍上的刻度盘照明灯亮	

续表

操作步骤	操作步骤内容	图示
2. 车床主轴转速的变速操作，以调整车床主轴转速 40 r/min 为例	（1）找出要调整的车床主轴转速在圆周上的哪个挡位。例：找出 40 r/min 在圆周的右边位置上的挡位 （2）将短手柄 2 拨到此位置的数字上，并记住该数字的颜色。例：短手柄指向黄颜色“40”上 （3）相应地将长手柄 1 拨到与该数字颜色相同的挡位上。例：将长手柄拨到黄颜色的挡位上	1—长手柄　2—短手柄
3. 车床主轴的空运转操作	（1）按照第 2 步中车床主轴转速的变速操作步骤，变速至 12.5 r/min （2）按下床鞍上操作按钮中的启动按钮（绿色），启动电动机，但此时车床主轴不转 （3）观察车床主轴箱的油窗和进给箱、溜板箱的油标，完成每天的润滑工作 （4）将进给箱右下侧的操纵杆手柄向上提起，实现车床主轴的正转，此时车床主轴转速为 12.5 r/min （5）将车床操纵杆手柄向下扳动至中间位置，实现车床主轴的停止，接着往下扳可实现主轴的反转	停止（或急停）按钮 启动按钮
4. 车床停止的操作	（1）将操纵杆手柄扳至中间位置，车床主轴停止转动 （2）按下床鞍上的红色停止（或急停）按钮 （3）关闭车床电源总开关。向下扳动电源总开关至“OFF”的位置，即电源由“接通”至“断开”状态，车床不再带电。同时床鞍上的刻度盘照明灯灭 （4）将开关面板上的电源开关锁旋至“0”位置，并把钥匙拔出、收好。这时即使合上电源总开关，车床也不会通电	

〔操作提示〕

1. 变换速度应在主轴完全停止转动的状态下进行。

2. 扳动变速手柄时，若不能扳至所需挡位，可用手扳动卡盘使主轴转动，从而将变速手柄扳至所需挡位。

3. 操纵杆手柄不要由正转直接扳向反转，而应由正转经中间刹车位置稍停 2 s 左右，再扳至反转位置，这样有利于延长车床的使用寿命。

二、进给箱的变速操作

进给箱的变速操作是指通过变换主轴箱、进给箱上手轮和手柄的位置来调整纵向、横向进给量，CA6140 型车床进给箱上的进给量调配表（局部）见表 1－16。

例如，选择表 1－16 中的纵向进给量为 3. 42 mm/r，其手柄、手轮变换的具体步骤见表 1－17。

表 1－16　　CA6140 型车床进给箱上的进给量调配表（局部）

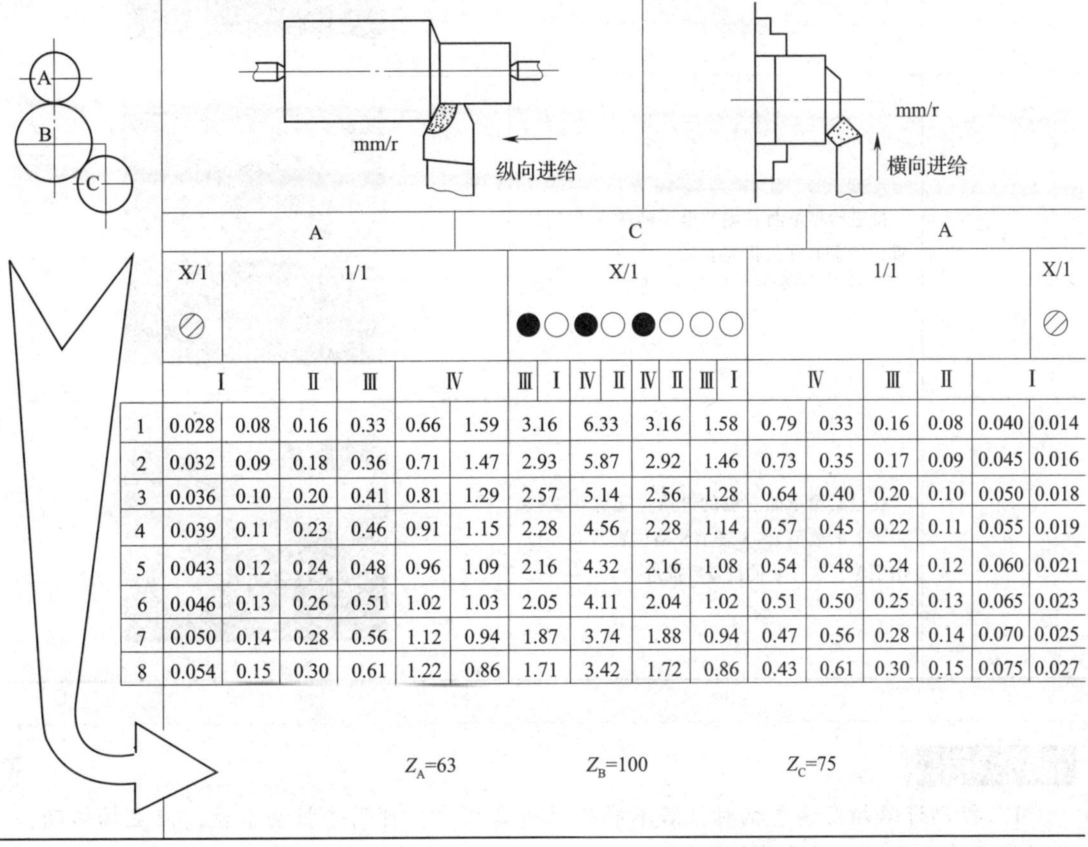

	A					C						A				
	X/1	1/1					X/1				1/1					X/1
	⊘						●○	●○	●○	○○						⊘
	Ⅰ		Ⅱ	Ⅲ	Ⅳ		Ⅲ Ⅰ	Ⅳ Ⅱ	Ⅳ Ⅱ	Ⅲ Ⅰ	Ⅳ		Ⅲ	Ⅱ	Ⅰ	
1	0.028	0.08	0.16	0.33	0.66	1.59	3.16	6.33	3.16	1.58	0.79	0.33	0.16	0.08	0.040	0.014
2	0.032	0.09	0.18	0.36	0.71	1.47	2.93	5.87	2.92	1.46	0.73	0.35	0.17	0.09	0.045	0.016
3	0.036	0.10	0.20	0.41	0.81	1.29	2.57	5.14	2.56	1.28	0.64	0.40	0.20	0.10	0.050	0.018
4	0.039	0.11	0.23	0.46	0.91	1.15	2.28	4.56	2.28	1.14	0.57	0.45	0.22	0.11	0.055	0.019
5	0.043	0.12	0.24	0.48	0.96	1.09	2.16	4.32	2.16	1.08	0.54	0.48	0.24	0.12	0.060	0.021
6	0.046	0.13	0.26	0.51	1.02	1.03	2.05	4.11	2.04	1.02	0.51	0.50	0.25	0.13	0.065	0.023
7	0.050	0.14	0.28	0.56	1.12	0.94	1.87	3.74	1.88	0.94	0.47	0.56	0.28	0.14	0.070	0.025
8	0.054	0.15	0.30	0.61	1.22	0.86	1.71	3.42	1.72	0.86	0.43	0.61	0.30	0.15	0.075	0.027

注：⊘主轴转速为 150～1 400 r/min；●主轴转速为 40～125 r/min；○主轴转速为 10～32 r/min。

表 1－17　　纵向进给量为 3. 42 mm/r 时手柄、手轮变换的具体步骤

操作步骤	操作步骤内容	图示
1	把主轴箱正面左侧加大螺距及左、右螺纹变换手柄放在右下角的位置	1/1 1/1 X/1 X/1

续表

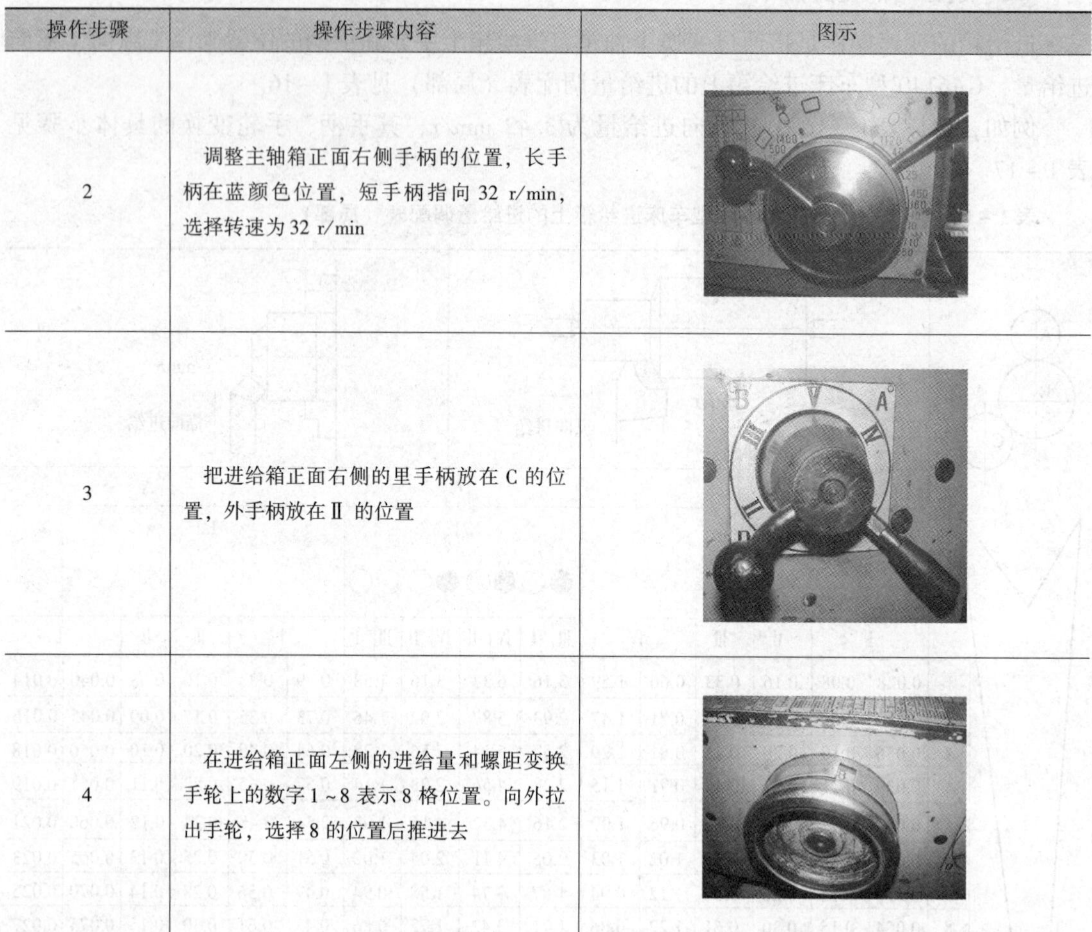

操作步骤	操作步骤内容	图示
2	调整主轴箱正面右侧手柄的位置，长手柄在蓝颜色位置，短手柄指向 32 r/min，选择转速为 32 r/min	
3	把进给箱正面右侧的里手柄放在 C 的位置，外手柄放在Ⅱ 的位置	
4	在进给箱正面左侧的进给量和螺距变换手轮上的数字 1～8 表示 8 格位置。向外拉出手轮，选择 8 的位置后推进去	

〔操作提示〕

1. 扳动进给箱变速手柄时，若不能扳至所需挡位，可用手扳动卡盘，使主轴转动，从而使变速手柄扳至所需挡位。

2. 当主轴转动时，若光杠不转，则可能是进给箱手柄位置没有扳到位。

3. 变换进给箱手柄应在主轴停转或在很低的转速下进行，以避免进给箱内齿轮损坏。

三、刀架部分和尾座的手动操作

1. 刀架部分的手动操作

(1) 床鞍

逆时针转动溜板箱左侧的床鞍手轮 23，床鞍向左纵向移动；反之，向右纵向移动。车床刀架各手柄和手轮的位置如图 1－20 所示。

(2) 中滑板

顺时针转动中滑板手柄20，中滑板向远离操作者的方向移动，即横向进给；反之，中滑板向靠近操作者的方向移动。

(3) 小滑板

顺时针转动小滑板手柄18，小滑板向左移动，反之向右移动。

(4) 刀架

逆时针转动刀架转位及固定手柄19，刀架随之逆时针转动，以调换车刀；顺时针转动刀架手柄，锁紧刀架。

〔操作提示〕

当刀架上装有车刀时，转动刀架，其上的车刀也随之转动，应避免车刀与工件、卡盘或尾座相撞。要求在刀架转位前就把中滑板向后退出适当的距离。

2. 刻度盘的操作

(1) 床鞍刻度盘

转动床鞍手轮，每转过1小格，床鞍纵向移动1 mm。

(2) 中滑板刻度盘

转动中滑板手柄，每转过1小格，中滑板横向移动0.05 mm；刻度盘顺时针转过20格，中滑板横向进给1 mm。

(3) 小滑板刻度盘

转动小滑板手柄，每转过1格，小滑板纵向移动0.05 mm；刻度盘顺时针转过10格，小滑板向左纵向进给0.5 mm。

〔操作提示〕

要注意空行程的消除。

转动中滑板、小滑板手柄时，由于丝杠与螺母之间的配合存在间隙，会产生空行程，即刻度盘已转动，而刀架并未同步移动。

要求：使用刻度盘时，要先反向转动适当角度，消除配合间隙，再正向慢慢转动手柄，带动刻度盘转到所需的格数，如图1－21所示为消除刻度盘空行程的方法。

如果刻度盘多转了几格，不能简单地退回几格（见图1－21b），而必须向相反方向退回全部空行程（通常反向转动1/2圈），再转到所需要的刻度位置（见图1－21c）。

操作练习：

1. 使床鞍纵向进给126 mm，再纵向退回76 mm。
2. 使小滑板纵向进给0.75 mm，再纵向退回0.45 mm。
3. 使中滑板横向进给0.80 mm，再横向退回0.55 mm。

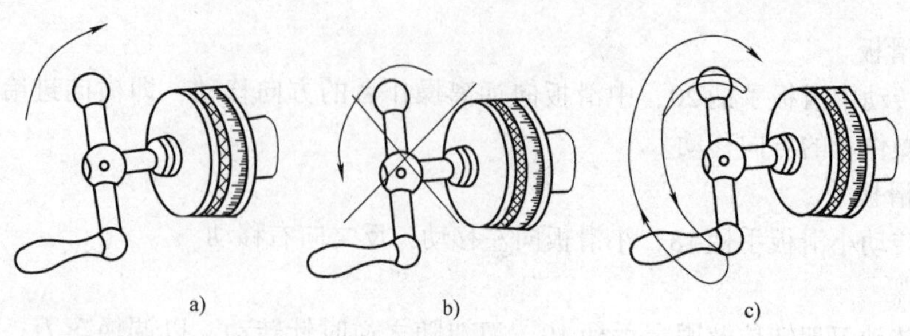

图 1－21　消除刻度盘空行程的方法

3. 尾座的操作（见图 1－16）

（1）尾座套筒的进退和固定

逆时针扳动尾座套筒固定手柄 17，松开尾座套筒。顺时针转动尾座套筒移动手轮 14，使尾座套筒伸出；反之，尾座套筒缩回。顺时针扳动手柄 17，可以将尾座套筒固定在所需的位置。

（2）尾座位置的固定

向前（远离操作者方向）扳动尾座快速紧固手柄 15，松开尾座。把尾座沿床身纵向移动到所需的位置，再向后（靠近操作者的方向）扳动手柄 15，快速地把尾座固定在床身上。

四、刀架纵向、横向机动进给操作（见图 1－20）

1. 使主轴运转。

2. 正确选择并扳好进给手柄位置（此时光杠应转动）。

3. 把溜板箱右侧的机动进给手柄 16 向左扳动，床鞍（刀架）向左纵向机动进给。手柄 16 扳至中间位置，床鞍（刀架）停止机动进给。

4. 向右扳动机动进给手柄 16，床鞍（刀架）向右纵向机动进给。手柄 16 扳至中间位置，床鞍（刀架）停止机动进给。

5. 向前扳动机动进给手柄 16，使（中滑板）刀架向前（远离操作者）横向机动进给。手柄 16 扳至中间位置，中滑板（刀架）停止机动进给。

6. 向后扳动机动进给手柄 16，使（中滑板）刀架向后（靠近操作者）横向机动进给。手柄 16 扳至中间位置，中滑板（刀架）停止机动进给。

五、刀架纵向、横向快速移动操作（见图 1－20）

1. 纵向快速移动操作

（1）向左扳动机动进给手柄 16，同时按下手柄顶部的快进按钮，刀架向左快速纵向移动。放开快进按钮，快速移动停止。手柄 16 扳回中间位置。

（2）向右扳动手柄 16，同时按下手柄顶部的快进按钮，刀架向右快速纵向移动。放开快进按钮，快速移动停止。手柄 16 扳回中间位置。

2. 横向快速移动操作

（1）向前扳动机动进给手柄 16，同时按下手柄顶部的快进按钮，刀架向前快速横向移动。放开快进按钮，快速移动停止。手柄 16 扳回中间位置。

（2）向后扳动机动进给手柄 16，同时按下手柄顶部的快进按钮，刀架向后快速横向移动。放开快进按钮，快速移动停止。手柄 16 扳回中间位置。

〔操作提示〕

使用快速移动操作的注意事项

1. 快速移动用于非切削状态，可以减轻劳动强度。在切削状态下绝对不可触动快进按钮。

2. 使用快移操作时，要特别注意观察刀架与床鞍在移动时与机床其他部件或工件的距离，当接近到一定距离时，应立即松开快进按钮，停止快速移动，将操纵手柄扳至中间位置，然后以手动方式控制进给，以避免发生碰撞事故。

3. 使用横向快移时要注意横向行程的限制，以避免超过行程限制而损坏中滑板丝杠和螺母。

任务五　车刀的刃磨

学习目标

1. 了解常用车刀材料的种类。
2. 掌握常用高速钢和硬质合金的牌号、主要性能特点及其选用。
3. 了解常用车刀的种类和用途。
4. 掌握车刀几何要素名称、车刀主要角度的定义、主要作用及其初步选择。
5. 掌握外圆车刀的基本刃磨方法。

工作任务

刃磨图 1－22 所示的 90°硬质合金焊接车刀。

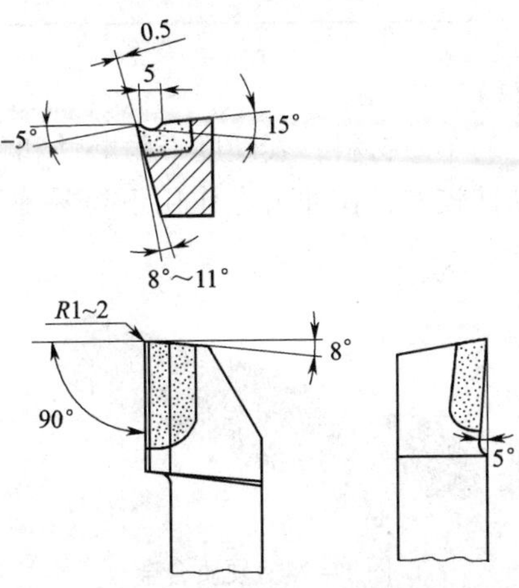

图 1－22　90°硬质合金焊接车刀

相关知识

一、常用车刀材料

目前，常用的车刀材料有高速钢和硬质合金两大类。

1. 高速钢（见图 1－23）

高速钢是含钨（W）、钼（Mo）、铬（Cr）、钒（V）等合金元素较多的合金工具钢。高速钢具有较好的强度和韧性，故能承受较大的冲击力；其刃磨性能好，容易获得锋利的刃口。高速钢常用于制造形状复杂的成形刀具，如成形车刀、螺纹刀具、钻头、铰刀等。但高速钢的耐热性较差，不能用于高速切削。

a)　　b)

图 1－23　高速钢

a）高速钢刀片　b）高速钢车刀

高速钢的类别、常用牌号及性质见表 1－18。

表 1－18　　高速钢的类别、常用牌号及性质

类别	常用牌号	性　质
钨系	W18Cr4V （18—4—1）	性能稳定，刃磨及热处理工艺控制较方便
钨钼系	W6Mo5Cr4V2 （6—5—4—2）	高温塑性与冲击韧度都超过 W18Cr4V，而其切削性能却大致相同
	W9Mo3Cr4V （9—3—4—1）	强度和韧性均优于 W6Mo5Cr4V2，高温塑性和切削性能良好

2. 硬质合金（见图 1－24）

硬质合金是目前应用最广的车刀材料，其硬度、耐磨性和耐热性均优于高速钢，能进行高速切削。其缺点是强度、韧性较差，在冲击力作用下容易崩裂。硬质合金的分类、用途、代号、性能见表 1－19。

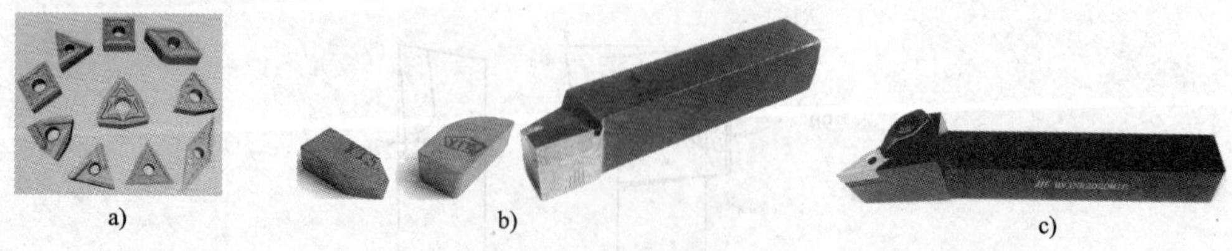
a)　　b)　　c)

图 1－24　硬质合金

a）硬质合金刀片　b）焊接式硬质合金车刀　c）机夹式硬质合金车刀

表 1－19　　硬质合金的分类、用途、代号、性能

类别	用途	ISO（国际标准）代号	性能		适用加工阶段	牌号
			耐磨性	韧性		
K 类（钨钴类）	适用于加工铸铁、有色金属等脆性材料或冲击性较大（如断续切削塑性金属）的场合	K01	↑	↓	精加工	YG3X
		K10			半精加工	YG6X
		K20			粗加工	YG8
P 类（钨钛钴类）	适用于加工钢或其他韧性较好的塑性金属，不宜用于加工脆性金属	P01	↑	↓	精加工	YT30
		P10			半精加工	YT15
		P30			粗加工	YT5
M 类（钨钛钽铌钴类）	既可加工铸铁、有色金属，又可加工碳素钢、合金钢，故又称为通用硬质合金。主要用于加工高温合金、高锰钢、不锈钢以及可锻铸铁、球墨铸铁、合金铸铁等难加工材料	M10	↑	↓	精加工、半精加工	YW1
		M20			半精加工、粗加工	YW2

二、常用车刀的种类和用途

由于车削加工的内容不同，必须采用不同种类的车刀。常用车刀种类和用途见表 1－20。

表 1－20　　常用车刀种类和用途

种类名称	车刀外形图	用途	车削示意图
90°车刀（偏刀）		车削工件的外圆、台阶和端面	
75°车刀		车削工件的外圆和端面	
45°车刀（弯头车刀）		车削工件的外圆、端面和倒角	

续表

种类名称	车刀外形图	用途	车削示意图
切断刀		切断工件或在工件上切槽	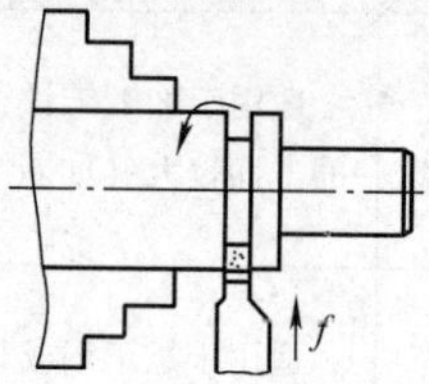 f
内孔车刀		车削工件的内孔	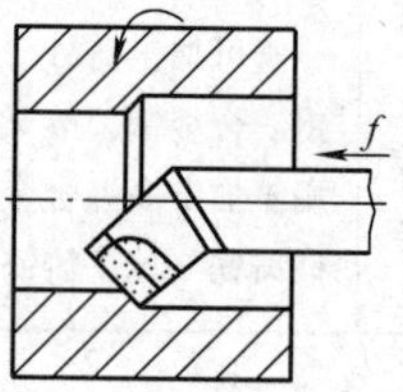 f
圆头车刀		车削工件的圆弧面或成形面	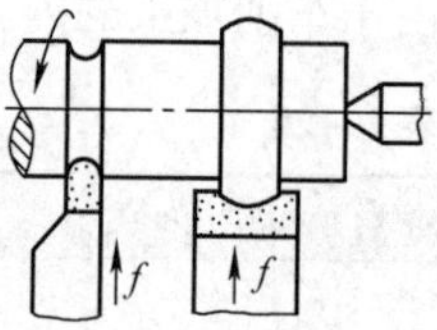 f f
螺纹车刀		车削螺纹	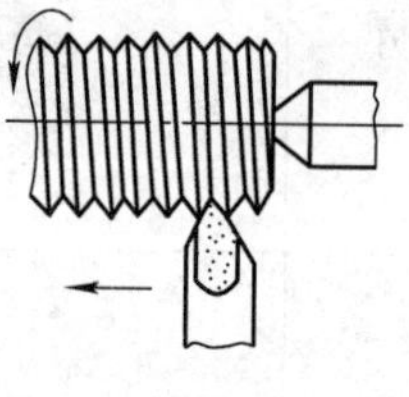

三、车刀切削部分的几何形状

1. 车削时工件上形成的表面

车削时，工件上形成三个表面，即已加工表面、过渡表面和待加工表面，如图 1－25、图 1－26 所示。

（1）已加工表面

已加工表面是指工件上经刀具切削后产生的新表面。

（2）过渡表面

过渡表面是指切削刃正在切削的表面。

（3）待加工表面

待加工表面是指工件上有待切除的表面。

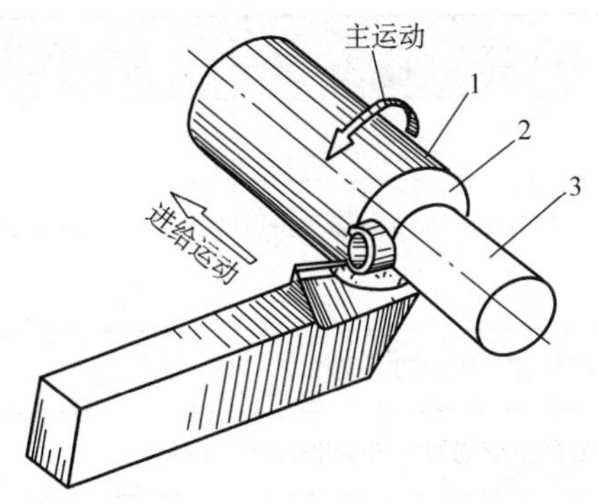

图 1－25　车削运动

1—待加工表面　2—过渡表面　3—已加工表面

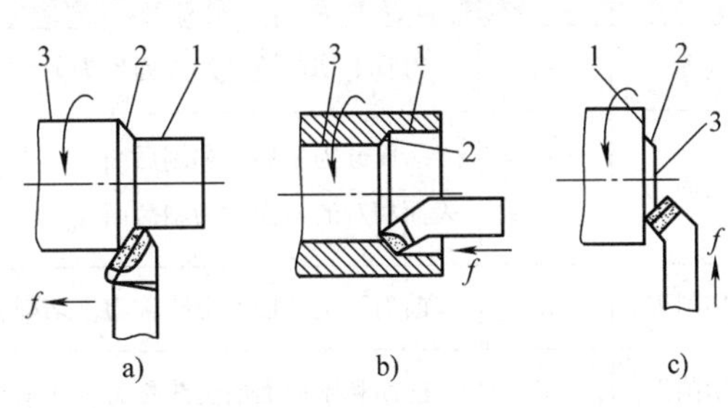

图 1－26　车削时工件上的三个表面

a）车外圆　b）车孔　c）车端面

1—已加工表面　2—过渡表面　3—待加工表面

2. 车刀的组成和切削部分的几何要素

（1）车刀的组成

车刀由刀头（或刀片）和刀杆两部分组成，如图 1－27 所示。刀头担负切削工作，故又称切削部分；刀杆用于车刀的装夹。

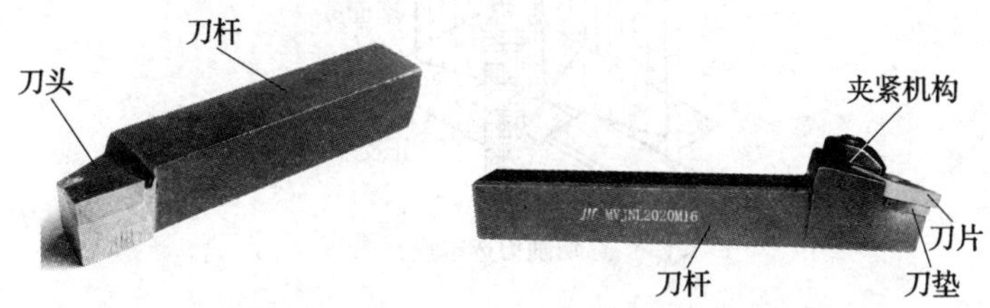

图 1－27　车刀的组成

（2）车刀切削部分的几何要素

如图 1－28 所示为车刀切削部分的几何要素，可以看出，刀头由若干刀面和切削刃组成。车刀切削部分的几何要素见表 1－21。

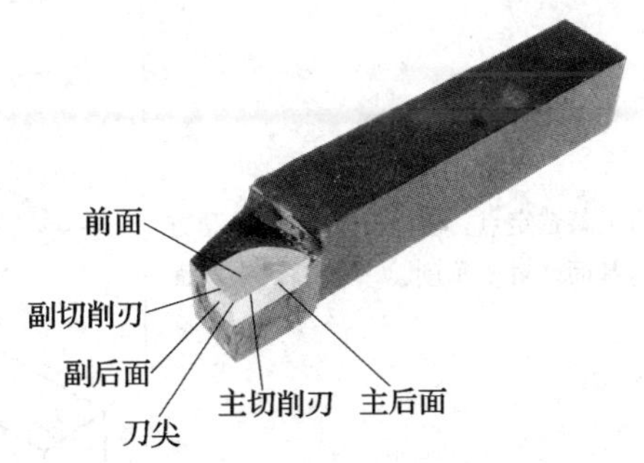

图 1－28　车刀切削部分的几何要素

表 1－21　　车刀切削部分的几何要素

名称	代号	概　　念
前面	A_γ	刀具上切屑流经的表面称为前面
后面	A_α（A'_α）	后面分为主后面和副后面。与工件上过渡表面相对的刀面称为主后面 A_α；与工件上已加工表面相对的刀面称为副后面 A'_α
主切削刃	S	前面和主后面的交线称为主切削刃，它担负着主要的切削工作
副切削刃	S'	前面和副后面的交线称为副切削刃，它配合主切削刃完成少量的切削工作
刀尖		主切削刃和副切削刃的交点称为刀尖

3. 测量车刀角度的三个基准坐标平面（见图 1－29）

为了测量车刀的角度，需要假想三个基准坐标平面。测量车刀角度的三个基准坐标平面见表 1－22。

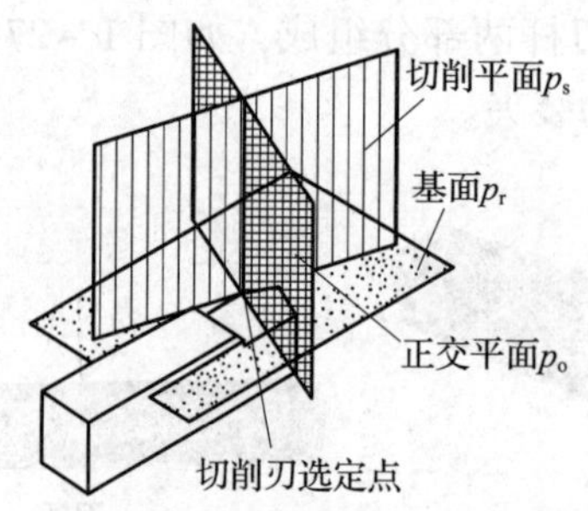

图 1－29　测量车刀角度的三个基准坐标平面

表 1－22　　测量车刀角度的三个基准坐标平面

	名称	代号	概念	图示
三个基准坐标平面	基面	p_r	通过切削刃上某选定点，垂直于该点主运动方向的平面称为基面。对于车削，一般可认为基面是水平面	切削平面 基面 v

续表

	名称	代号	概念	图示
三个基准坐标平面	切削平面	p_s	通过切削刃上某选定点，与切削刃相切并垂直于基面的平面。其中，选定点在主切削刃上的为主切削平面，选定点在副切削刃上的为副切削平面，切削平面一般是指主切削平面。对于车削，一般可认为切削平面是铅垂面	
	正交平面	p_o	通过切削刃上的某选定点，并同时垂直于基面和切削平面的平面；也可以认为是指通过切削刃上的某选定点，垂直于切削刃在基面上投影的平面。其中，通过主切削刃上某一点的正交平面简称为主正交平面 p_o，通过副切削刃上某一点的正交平面称为副正交平面 p_o'。正交平面一般是指主正交平面。对于车削，一般可认为正交平面是铅垂面	

4. 车刀几何角度及其选择

(1) 车刀切削部分的几何角度及其主要作用和初步选择（见表1－23）

车刀切削部分有6个独立的基本角度，即主偏角 κ_r、副偏角 κ_r'、前角 γ_o、主后角 α_o、副后角 α_o' 和刃倾角 λ_s，还有两个派生角度，即刀尖角 ε_r 和楔角 β_o。

表 1－23　　车刀切削部分的几何角度及其主要作用和初步选择

所在基准坐标平面	图示	角度	定义	主要作用	初步选择
基面 p_r	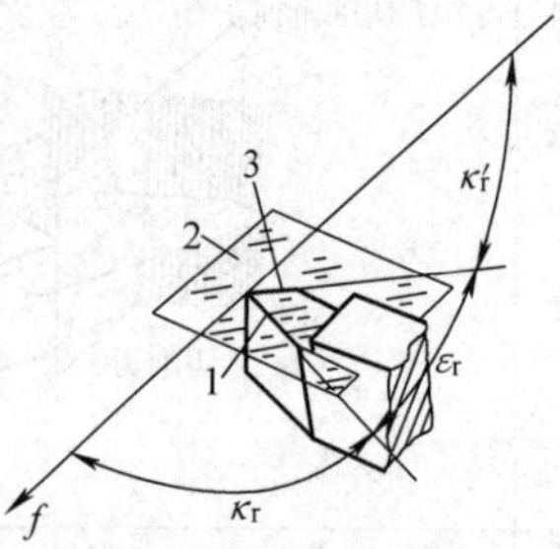 1—主切削刃　2—基面 3—副切削刃	主偏角 κ_r	主切削刃在基面上的投影与进给方向间的夹角。常用车刀主偏角有 45°、60°、75°和 90°	改变主切削刃的受力及导热能力，影响切屑的厚薄变化	1. 首先考虑工件的形状。如加工台阶轴，必须选取 $\kappa_r \geqslant 90°$；加工中间切入的工件表面时，一般选用 $\kappa_r = 45° \sim 60°$ 2. 根据工件的刚度和工件材料进行选择。工件的刚度高或工件的材料较硬时，应选较小的主偏角；反之，应选较大的主偏角
		副偏角 κ'_r	副切削刃在基面上的投影与背离进给方向间的夹角	减少副切削刃与已加工表面间的摩擦。减小副偏角，可减小工件的表面粗糙度值；κ'_r 过小会增大背向力	1. 副偏角一般采用 $\kappa'_r = 6° \sim 8°$ 2. 加工中间切入的工件表面时副偏角应取 $\kappa'_r = 45° \sim 60°$
		刀尖角 ε_r	主、副切削刃在基面上投影间的夹角	影响刀尖强度和散热性	刀尖角可用下式计算：$\varepsilon_r = 180° - (\kappa_r + \kappa'_r)$
 主正交平面 p_o	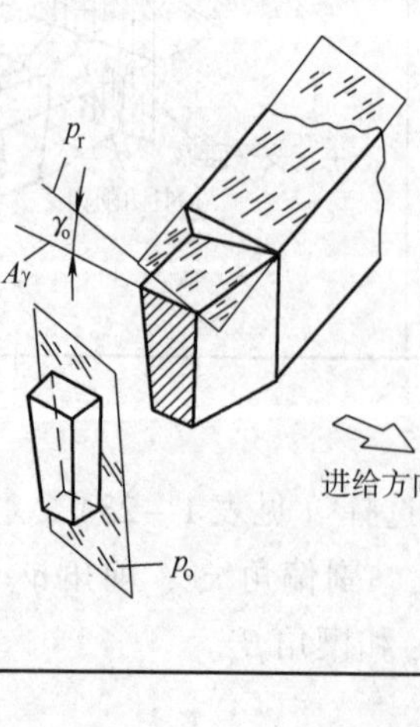 进给方向	前角 γ_o	前面和基面间的夹角	影响刃口的锋利程度和强度，影响切削变形和切削力。前角增大能使车刀刃口锋利，减小切削变形，可使切削省力，并使切屑顺利排出	前角的大小与工件材料、加工性质和刀具材料有关： 1. 车削塑性材料（如钢料）或工件材料较软时，可选择较大的前角；车削脆性材料（如铸铁）或工件材料较硬时，可选择较小的前角

续表

所在基准坐标平面	图示	角度	定义	主要作用	初步选择
主正交平面 p_o		前角 γ_o	前面和基面间的夹角		2. 粗加工，尤其是车削有硬皮的铸件、锻件时应选取较小的前角；精加工时，应选取较大的前角 3. 车刀材料的强度低、韧性较差时，前角应取小值；反之，可取较大值（如高速钢车刀） 一般选择车刀前角 $\gamma_o = -5° \sim 35°$。车削中碳钢（如 45 钢）工件，用高速钢车刀时选取 $\gamma_o = 20° \sim 25°$；用硬质合金车刀粗车时选取 $\gamma_o = 10° \sim 15°$，精车时选取 $\gamma_o = 13° \sim 18°$
	p_s A_γ β_o α_o p_o A_α 进给方向	主后角 α_o	主后面和主切削平面间的夹角	减小车刀主后面与工件过渡表面的摩擦	1. 粗加工时，应选取较小的后角；精加工时，应取较大的后角 2. 工件材料较硬时，后角宜取小值；工件材料较软时，后角可取大值。车刀后角一般取 $\alpha_o = 4° \sim 12°$。车削中碳钢，用高速钢车刀时，粗车选取 $\alpha_o = 6° \sim 8°$，精车时选取 $\alpha_o = 8° \sim 12°$；用硬质合金车刀时，粗车选取 $\alpha_o = 5° \sim 7°$，精车时选取 $\alpha_o = 6° \sim 9°$

续表

所在基准坐标平面	图示	角度	定义	主要作用	初步选择
副正交平面 p'_o		副后角 α'_o	副后面和副切削平面间的夹角	减小车刀副后面与工件已加工表面间的摩擦	副后角 α'_o 一般磨成与主后角 α_o 相等，但切断刀的副后角应取较小值，一般 $\alpha_o = 1° \sim 2°$
基面 p_r		刃倾角 λ_s	主切削刃与基面间的夹角	控制切屑流向。当刃倾角为负值时，可增加刀头强度，并在车刀受冲击时保护刀尖	见表 1－25 中的适用场合

（2）车刀前角和刃倾角的正、负值的规定

车刀前角正、负值的规定见表 1－24。

车刀的刃倾角有正值、零度和负值三种，其正、负值的规定及使用情况见表 1－25。

表 1－24　　车刀前角正、负值的规定

角度值		$\gamma_o > 0°$	$\gamma_o = 0°$	$\gamma_o < 0°$
前角 γ_o	图示			
	正、负值的规定	前面 A_γ 与切削平面 p_s 间的夹角小于 90°时	前面 A_γ 与切削平面 p_s 间的夹角等于 90°时	前面 A_γ 与切削平面 p_s 间的夹角大于 90°时

表 1 - 25　　车刀刃倾角正、负值的规定及使用情况

角度值	$\lambda_s > 0°$	$\lambda_s = 0°$	$\lambda_s < 0°$
正、负值的规定	刀尖位于主切削刃 S 的最高点	主切削刃 S 与基面 p_r 平行	刀尖位于主切削刃 S 的最低点
车削时控制切屑流向情况	切屑排向工件待加工表面的方向，切屑不易擦毛已加工表面，车出工件的表面粗糙度值小	切屑基本沿垂直于主切削刃的方向排出	切屑排向工件的已加工表面方向，容易刮伤已加工表面
	刀尖强度低，断续切削时，冲击点先接触刀尖，刀尖易损坏	刀尖强度一般，冲击点同时接触刀尖和切削刃	刀尖强度高，在车削有冲击的工件时，冲击点先接触切削刃，再过渡到刀尖，从而保护刀尖
适用场合	精车时，λ_s 应取正值，$0° < \lambda_s < 8°$	工件圆整、余量均匀的一般车削时，应取 $\lambda_s = 0°$	断续车削时，为了提高刀头强度，λ_s 应取负值，$\lambda_s = -15° \sim -5°$

四、砂轮与砂轮机

1. 砂轮

刃磨车刀之前，首先要根据车刀材料来选择砂轮的种类，否则将达不到良好的刃磨效果。

刃磨车刀的砂轮大多采用平形砂轮（见图 1 - 30a），精磨时也可采用杯形砂轮（见图 1 - 30b）。

a)

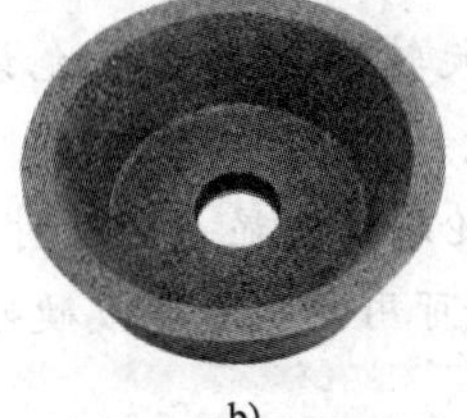

b)

图 1 - 30　砂轮

a）平形砂轮　b）杯形砂轮

按磨料不同，常用的砂轮有氧化铝砂轮和碳化硅砂轮两类，其性能及用途见表 1 - 26。

表 1 - 26　　砂轮的性能及用途

砂轮种类	颜色	性能	适用场合
氧化铝	白色	磨粒韧性好，比较锋利，硬度较低，自锐性好	刃磨高速钢车刀和硬质合金车刀的刀柄部分
碳化硅	绿色	磨粒的硬度高，刃口锋利，但脆性较大	刃磨硬质合金车刀的硬质合金部分

2. 砂轮机

砂轮机是用来刃磨各种刀具、工具的常用设备，如图 1 – 31 所示。砂轮机上有绿色和红色控制开关，用以启动和停止砂轮机。

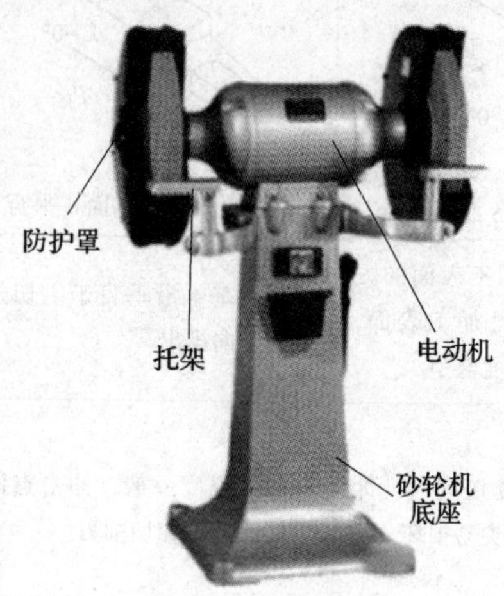

图 1 – 31　砂轮机

〔操作提示〕

1. 新安装的砂轮必须严格检查。在使用前要检查外表有无裂纹，可用硬木轻敲砂轮，检查其声音是否清脆。如果有碎裂声，必须更换砂轮。

2. 在试转合格后才能使用。新砂轮安装完毕，先点动或低速试转，若无明显振动，再改用正常转速空转 10 min，情况正常后才能使用。

3. 安装后必须保证装夹牢靠，运转平稳。砂轮机启动后，应在砂轮旋转平稳后再进行刃磨。

4. 砂轮旋转速度应小于允许的线速度，速度过高会爆裂伤人，过低又会影响刃磨质量。

5. 若砂轮跳动明显，应及时修整。平形砂轮一般可用砂轮刀在砂轮上来回修整，杯形细粒度砂轮可用金刚石笔或硬砂条修整，如图 1 – 32 所示。

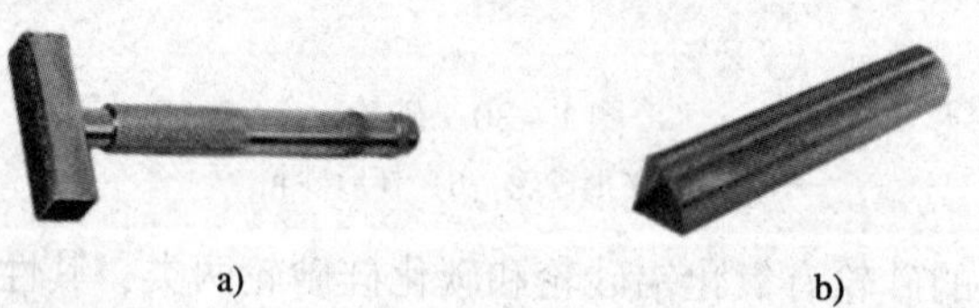

图 1 – 32　砂轮刀、金刚石笔

a）砂轮刀　b）金刚石笔

6. 刃磨结束后，应随手关闭砂轮机电源开关。

五、车刀刃磨的注意事项

1. 刃磨时须戴防护眼镜，尽量不要正对砂轮机刃磨，不能两人共用一个砂轮。

2. 如果砂粒飞入眼中，不能用手去擦，应立即去医务室清除。

3. 使用平形砂轮时，应尽量避免在砂轮的端面上刃磨。

4. 刃磨高速钢车刀时，应及时冷却，以防止切削刃退火，致使硬度降低。而刃磨硬质合金车刀时，则不能浸水冷却，以防刀片因骤冷而崩裂。

5. 刃磨时，砂轮旋转方向必须由刃口向刀体方向转动，以免使切削刃出现锯齿形缺陷。

6. 刃磨时不能用力过大，以免打滑伤手。

7. 刃磨时应双手握紧车刀，两肘应夹紧腰部，这样可以减少刃磨时的抖动。

8. 刃磨时，车刀应放在砂轮的水平中心处，刀尖略微上翘3°~8°，车刀接触砂轮后应做左右方向的水平缓慢移动；车刀离开砂轮时，刀尖需向上抬起，以免砂轮碰伤已磨好的切削刃。

任务实施

将一把新的90°硬质合金焊接车刀按图1-22所示要求刃磨，练习车刀的刃磨方法。45°车刀、75°车刀与90°车刀的刃磨方法基本相同。

一、准备工作

90°硬质合金焊接车刀1把，装有氧化铝和碳化硅砂轮的砂轮机。针对刃磨90°焊接车刀的不同部位，选用不同的砂轮，见表1-27。另外，还要准备角度样板、平板、油石。

表1-27 砂轮的选用

刃磨车刀的部位	刃磨车刀刀柄部分	粗磨车刀切削部分	刃磨断屑槽	精磨车刀切削部分
选用的砂轮	粒度号为24#~36#、硬度为K或L的白色氧化铝砂轮	粒度号为36#~60#、硬度为G或H的绿色碳化硅砂轮		粒度号为180#或220#、硬度为G或H的绿色碳化硅砂轮

二、刃磨步骤

1. 粗磨

粗磨刀具的步骤见表1-28。

表1-28 粗磨刀具的步骤

操作步骤	操作步骤内容	图示
(1) 粗磨刀面	磨去车刀前面、后面上的焊渣	(略)

续表

操作步骤	操作步骤内容	图示
（2）粗磨刀柄部分的主后面和副后面	在略高于砂轮中心的水平位置处，将车刀翘起一个比后角大 2°～3°的角度，粗磨刀柄部分的主后面和副后面，以形成后隙角，为刃磨车刀切削部分的主后面和副后面做准备	砂轮的中心位置 a) 磨刀柄部分的主后面 b) 磨刀柄部分的副后面
（3）粗磨切削部分的主后面	使刀柄与砂轮轴线保持平行，刀柄底平面向砂轮方向倾斜一个比主后角大 2°～3°的角度。刃磨时，将车刀刀柄上已磨好的主后隙面靠在砂轮的外圆上，以接近砂轮中心的水平位置为刃磨的起始位置，然后使刃磨位置继续向砂轮靠近，并左右缓慢移动，一直磨至刀刃处。同时磨出主偏角 $\kappa_r=90°$ 和主后角 $\alpha_o=9°$	砂轮中心水平位置 $\approx\alpha_o+(2°\sim3°)$
（4）粗磨切削部分的副后面	使刀柄尾端向右偏摆，转过副偏角 $\kappa_r'=8°$，刀柄底平面向砂轮方向倾斜一个比副后角大 2°～3°的角度。刃磨方法与刃磨主后面相同，但应磨至刀尖处。同时磨出副偏角 $\kappa_r'=8°$ 和副后角 $\alpha_o'=9°$	砂轮中心的水平位置 $\approx\alpha_o'+(2°\sim3°)$
（5）刃磨断屑槽	手工刃磨的断屑槽一般为圆弧形。刃磨时，刀尖可以向下或向上磨，同时磨出前角 $\gamma_o=15°$。但是选择刃磨断屑槽部位时，应考虑留出倒棱的宽度	γ_o a)刀尖向下　b)刀尖向上

〔操作提示〕

1. 刃磨断屑槽时，砂轮的交角处应经常保持尖锐或具有一定的圆弧状。当砂轮棱边磨损出较大圆角时，应及时用金刚石笔或硬砂条修整。

2. 刃磨断屑槽时的起点位置应该与刀尖、主切削刃离开一定距离，防止主切削刃和刀尖被磨损。一般起始位置与刀尖的距离等于断屑槽长度的1/2左右，与主切削刃的距离等于断屑槽宽度的1/2再加上倒棱的宽度。

3. 刃磨断屑槽时不能用力过大，车刀应沿刀柄方向上下缓慢移动。要特别注意刀尖，避免把断屑槽的前端口磨塌。

4. 刃磨过程中应反复检查断屑槽的形状、位置及前角的大小。对于尺寸较大的断屑槽，可分为粗磨和精磨两个阶段，尺寸较小的则可一次刃磨成形。

2. 精磨

精磨时选用粒度号为180#或220#的绿色碳化硅砂轮，应先修整好砂轮，保证其回转平稳。精磨刀具的步骤见表1－29。

表1－29　精磨刀具的步骤

操作步骤	操作步骤内容	图示
（1）精磨主、副后面	步骤方法与粗磨时相同	与粗磨方法相同（略）
（2）刃磨负倒棱	刃磨负倒棱时有直磨法和横磨法两种。刃磨时力度要轻，要从主切削刃的后端向刀尖方向摆动，保证倒棱前角 $\gamma_{o1}=-5°$，倒棱宽度 $b_{r1}=0.5$ mm。为保证切削刃的质量，最好采用直磨法。通常由于倒棱的宽度很小，所以常用油石研出	a)直磨法　b)横磨法
（3）磨过渡刃，保证刀尖圆弧半径为1～2 mm	过渡刃有直线型和圆弧型两种 如图a所示，刃磨圆弧型过渡刃时，在车刀刀尖与砂轮端面轻微接触后，刀杆基本上以刀尖为圆心，在主、副切削刃与砂轮端面的夹角约等于15°的范围内，缓慢均匀地转动车刀，此时，用力要轻，推进要慢，直到磨出的刀尖符合刀尖圆弧半径要求为止 刃磨直线型过渡刃时，使车刀主切削刃与砂轮端面成一个大致为主偏角一半的角度，缓慢地把刀尖向砂轮推进，当磨出的过渡刃长度符合要求时即可	≈15°　≈1/2 κ_r a)刃磨圆弧型过渡刃　b)刃磨直线型过渡刃

3. 研磨

用油石研磨车刀时，手持油石在切削刃上来回移动，动作应平稳，用力应均匀，如图1－33所示，研磨后的车刀应消除在砂轮上刃磨后的残留痕迹。车刀的倒棱很小，质量要求很高，通常用油石研出。

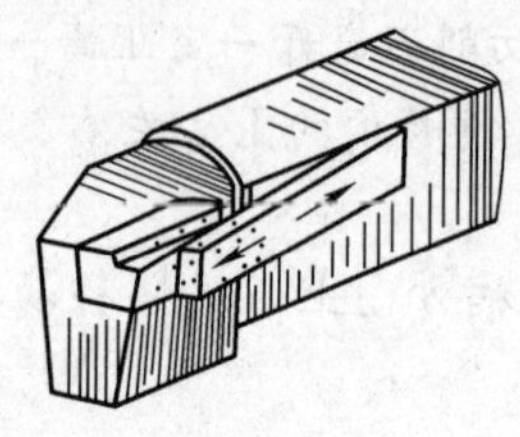
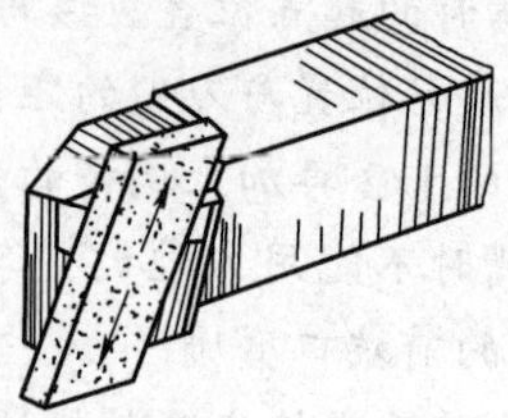

图1－33　车刀的研磨

三、测量车刀的角度（见图1－34）

车刀磨好后，可用角度样板进行检测，角度样板可根据需要制作。可先用样板测量车刀的后角 α_o，然后检查楔角 β_o。如果这两个角度已符合要求，那么前角 γ_o 也正确了。

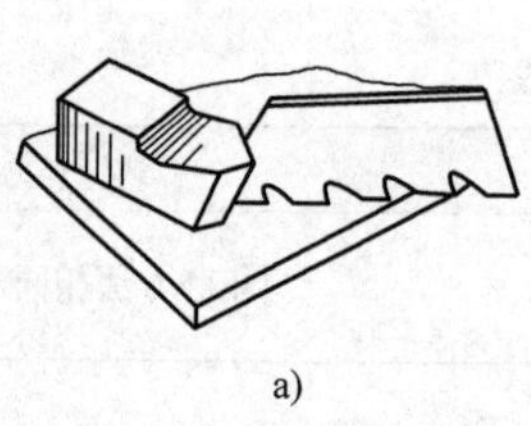
a)

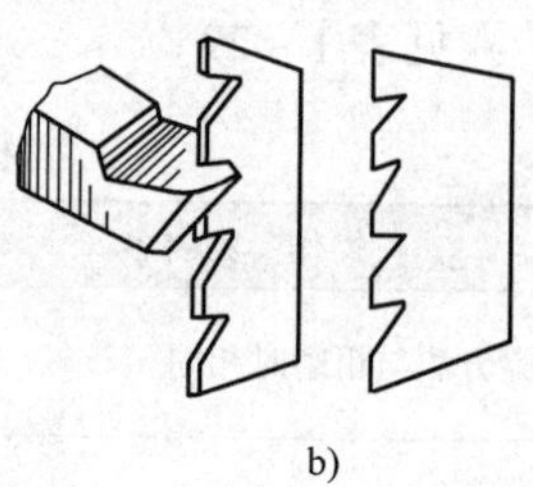
b)

图1－34　测量车刀的角度
a）测量后角　b）测量楔角

〔操作提示〕

车刀刃磨操作注意事项口诀

刃磨开机先检查，设备安全最重要；砂轮转速稳定后，双手握刀立轮侧；两肘夹紧腰部处，刃磨平稳防抖动；车刀高低须控制，砂轮水平中心处；刀压砂轮力适中，压力过大易打滑；手持车刀均匀移，温高烫手则暂离；刀离砂轮应小心，保护刀尖先抬起；高速钢刀可水冷，防止退火保硬度；硬质合金勿水淬，骤冷易使刀具裂；先停磨削后停机，人离机房断电源。

知识链接

先进刀具制造技术、涂层技术和新型刀具材料

高速切削、干切削等的兴起与应用领域的逐步扩大，彰显了切削技术的跨越式进步。切

削技术的进步，是刀具材料的优化、制造工艺的改进，特别是涂层技术的迅速发展和长足进步的必然结果。理想的刀具材料应具有极高的硬度，又兼有足够的强度和韧性，这是刀具材料发展的目标。不同刀具材料的性能对比如图 1－35 所示。

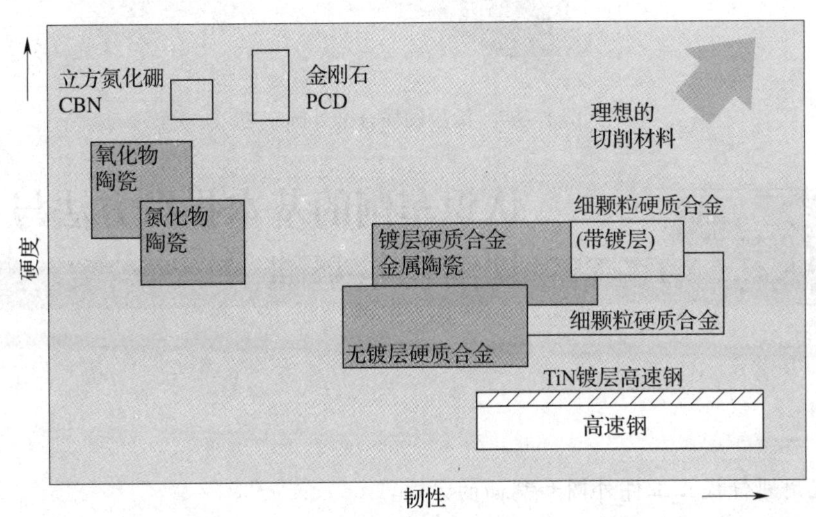

图 1－35　不同刀具材料的性能对比

1. 硬质合金刀具材料

在刀具材料的发展过程中，硬质合金起着主导作用。细颗粒、超细颗粒硬质合金材料的开发显著提高了硬质合金的强度和韧性，用它制造的整体硬质合金刀具（如钻头、铣刀、丝锥等量大面广的中小规格通用刀具）逐渐替代传统的高速钢刀具，使切削速度和加工效率大幅度提高。整体硬质合金铣刀如图 1－36 所示。

2. 超硬刀具材料

立方氮化硼（CBN）和金刚石（PCD）的应用逐步扩大。具有特别高的硬度和耐磨性的 PCD，用于加工铝合金等非铁材料，具有很高的生产效率和过程可靠性。而 CBN 的硬度仅次于 PCD，由于热稳定性好，更适合加工淬硬钢、冷硬铸铁和喷焊材料等。

3. 刀具涂层

涂层的作用是使刀具和所切削的材料分隔开来，起到减小磨损、黏结和隔热的效果，延长了刀具的使用寿命。刀具涂层技术是推动切削加工进步的关键技术，目前的涂层材料主要有 TiC（碳化钛）、TiN（氮化钛）及 TiCN（氮碳化钛）等。多涂层技术以及纳米涂层技术的发展，进一步提高了涂层硬度，从而提高了刀具耐磨性，为研制非焊接材料的 CBN/PCD 刀具提供了可能。涂层硬质合金外圆车刀如图 1－37 所示。

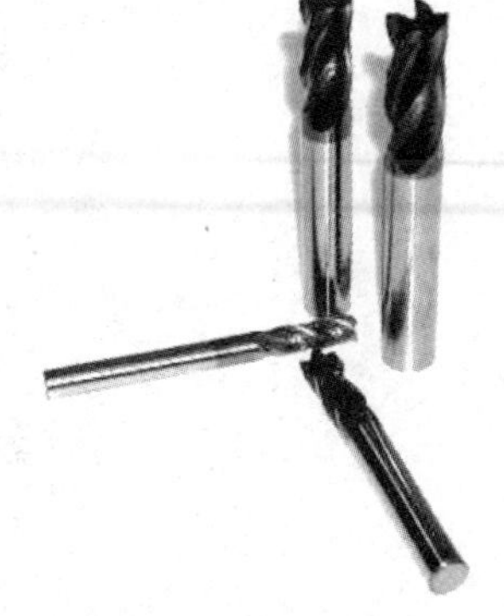

图 1－36　整体硬质合金铣刀

图 1-37　涂层硬质合金外圆车刀

任务六　认识车削的基本操纵方法与切削用量基础

学习目标

1. 掌握用划针找正工件外圆和端面的方法。
2. 掌握车刀的装夹方法。
3. 掌握手动控制纵向、横向进给的技能。
4. 初步掌握切削用量的选择并进行简单轴类工件的车削。
5. 掌握用游标卡尺、千分尺测量工件的技能。

工作任务

按要求车出图 1-38a 所示零件。先按手动进给车削，如图 1-38b 所示为工艺草图。

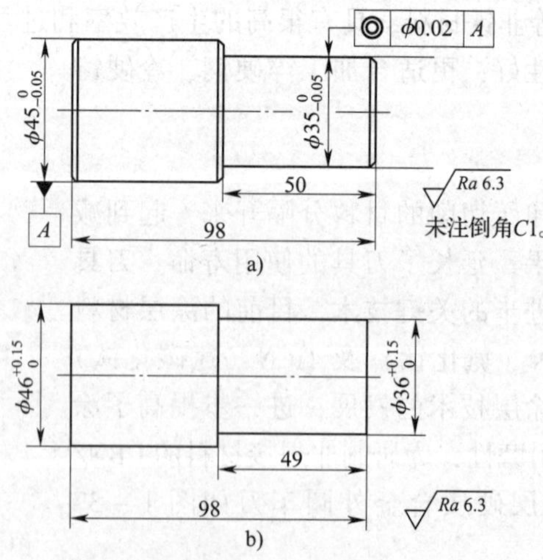

图 1-38　车削任务图

a）零件图　b）手动进给车削工艺草图

相关知识

一、工件的装夹

工件在卡盘上的装夹必须正确可靠，否则将直接影响生产效率和加工质量。

由于工件形状、大小的差异和加工精度、数量的不同，工件的装夹也分别采用不同的方法。

1. 在三爪自定心卡盘上装夹找正工件

在三爪自定心卡盘上装夹工件通常可采用以下找正方法：

(1) 粗加工或半精加工时，对于长度较长的工件，可用目测和划线盘（见图 1－39）找正，划针应安置于远离卡盘端（近卡盘处不起校正作用）的工件外圆上，用手转动工件，观察划针与工件的距离，对距离近的可用硬木锤轻敲校正，逐渐使划针与工件的间隙基本一致即可（见图 1－40）。

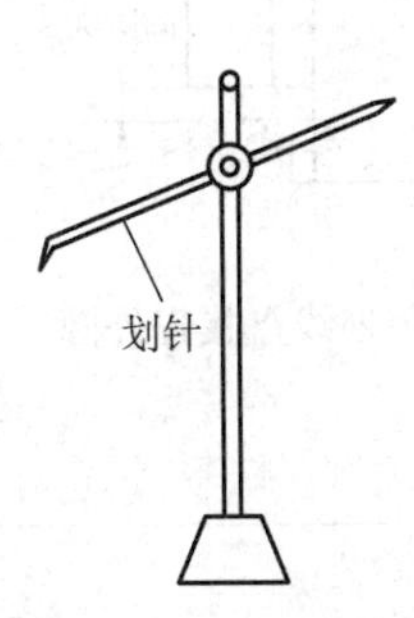

图 1－39　划线盘

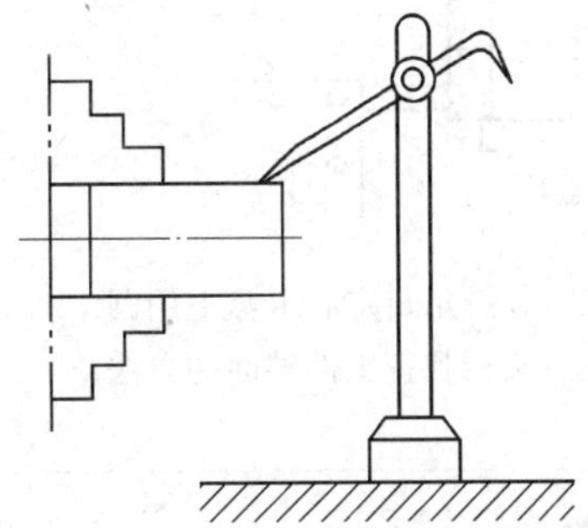

图 1－40　用划针找正较长工件的外圆

对于盘类工件的找正，将划针打在工件端面上，如图 1－41 所示，找正时，把划针尖放在工件端面近边缘处，慢慢转动工件，观察工件端面与针尖之间间隙的大小。根据间隙大小，用铜锤或木棒轻轻敲击，直到端面各处与针尖距离相等为止。

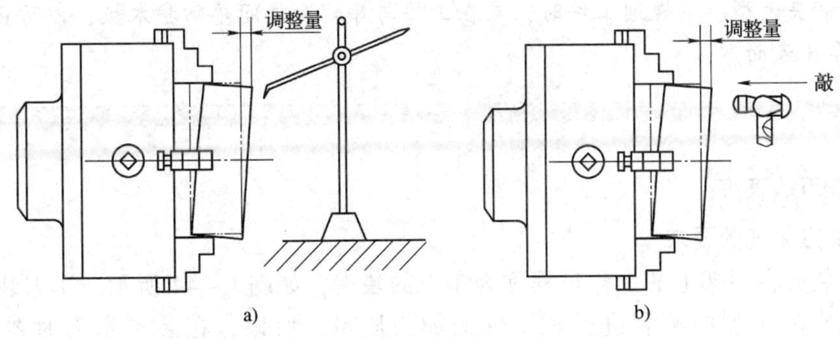

图 1－41　用划线盘找正盘类工件的端面

a）观察间隙大小　b）敲击

(2) 用铜棒或硬木棒找正。在刀架上装夹一圆头铜棒或硬木棒，先轻轻夹紧工件，工件低速转动，手动移动床鞍，控制刀架上的圆头棒轻轻抵触已粗加工的工件端面，若工件端面与圆头棒全都接触上，则说明已找正好，工件停止旋转，夹紧工件（见图1－42）。

2. 在四爪单动卡盘上装夹找正工件

四爪单动卡盘的四个卡爪是各自独立运动的，因此在装夹工件时，必须使工件的旋转中心与车床主轴的旋转中心重合才可车削。

粗加工常用划线盘找正工件。如图1－43所示，找正时先使划线盘的划针稍离开工件外圆，然后缓慢旋转工件，仔细观察工件外圆与划针之间间隙的大小。随后移动间隙最大方向上的卡爪，移动距离约为最大间隙与相对方向最小间隙差值的一半。经过几次反复，直到工件转动一周，划针与工件表面之间的间隙基本相同为止。

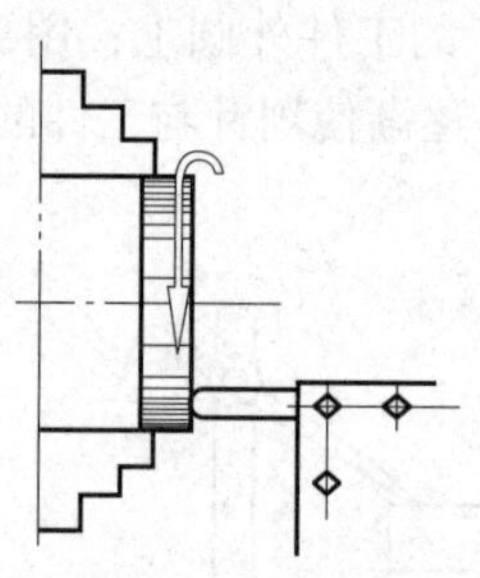

图1－42　在三爪自定心卡盘上用圆头棒找正工件端面的方法

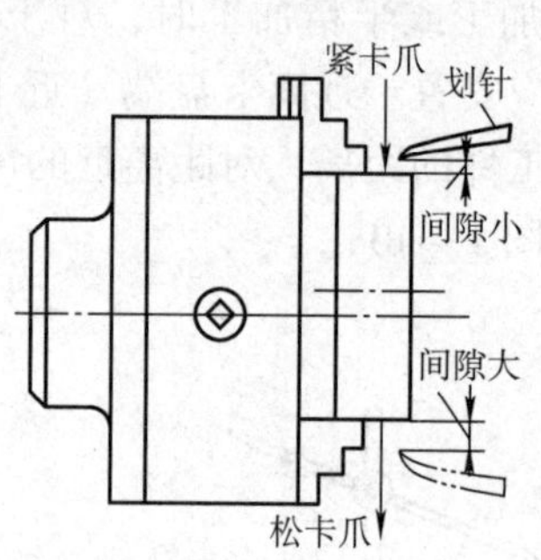

图1－43　用划线盘找正外圆

〔操作提示〕

1. 在装夹工件校正时，应根据工件被装夹处的尺寸调整卡爪，使其相对两爪的距离略大于工件直径即可，放入工件后稍用力夹紧，等校正好后再夹紧。

2. 为了防止工件表面被夹伤和找正工件时方便，装夹位置应垫厚度大于0.5 mm的铜皮。

3. 在装夹大型、不规则工件时，应在工件与导轨面之间垫防护木板，以防止工件掉下后损坏车床表面。

二、车刀的装夹

1. 对车刀装夹的要求

将车刀装夹在刀架上的操作过程称为车刀的装夹，如图1－44所示。车刀装夹得正确与否，直接影响车削的顺利进行和工件的加工质量。所以，在装夹车刀时要符合以下要求：

（1）车刀装夹在刀架上的伸出部分应尽量短，以提高车刀的刚度。伸出长度为刀柄厚度的1～1.5倍。车刀下面垫片的数量要尽量少（一般为1～2片），并与刀架边缘对齐。

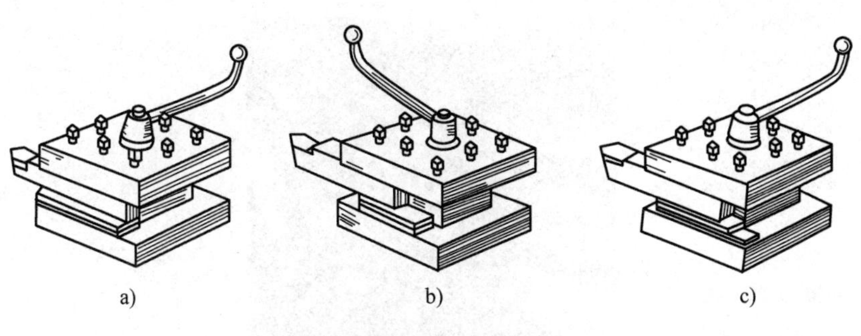

图 1－44　车刀的装夹

a）正确　b）、c）不正确

（2）保证车刀的实际主偏角 κ_r，如 90°车刀一般需保证粗车时 $\kappa_r = 85° \sim 90°$，精车时 $\kappa_r = 90° \sim 93°$，如图 1－45 所示为车台阶时偏刀的装夹位置。

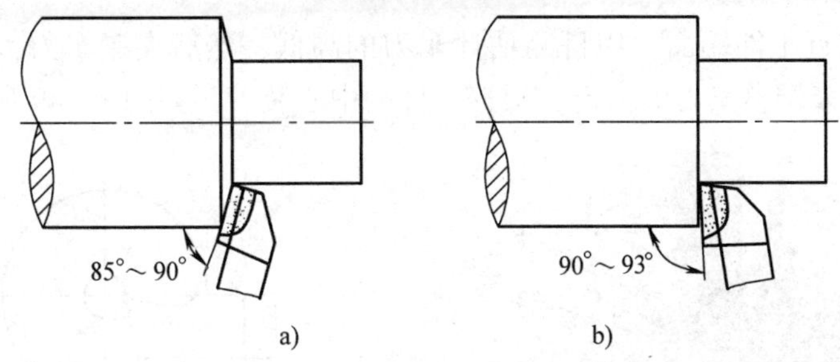

图 1－45　车台阶时偏刀的装夹位置

a）粗车　b）精车

（3）至少用两个螺钉交替轮流压紧车刀，以防振动。

（4）增减车刀下面的垫片，使车刀刀尖与工件轴线等高，车刀刀尖对准工件轴线的位置，如图 1－46a 所示。若刀尖对不准工件轴线（高或低），在车至端面中心时会留有凸头，使用硬质合金车刀时，车到中心处会使刀尖崩碎（见图 1－46b、c）。

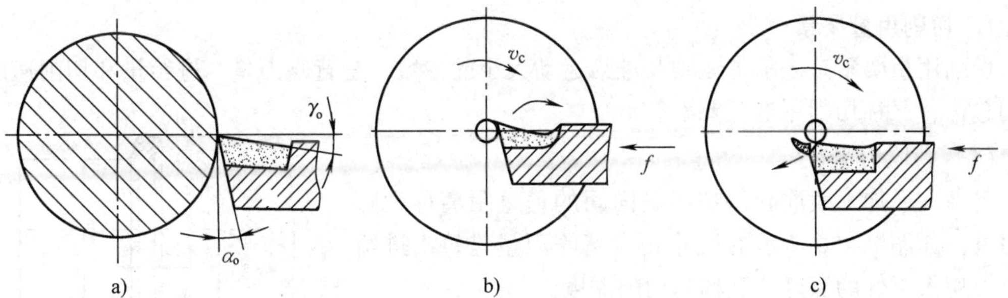

图 1－46　车刀刀尖对准工件轴线的位置

a）等高　b）高于工件轴线　c）低于工件轴线

2. 车刀刀尖对准工件中心的方法

（1）根据车床的主轴中心高，用钢直尺测量装刀，如图 1－47 所示。

（2）利用车床尾座顶尖装刀，如图 1－48 所示。

图 1－47　用钢直尺测量装刀

（3）将车刀靠近工件端面，用目测估计车刀的高低，然后夹紧车刀，试车端面，再根据工件端面的中心来调整车刀的高低，根据工件的中心装刀，如图 1－49 所示。

图 1－48　利用车床尾座顶尖装刀

1—顶尖　2—车刀　3—垫片

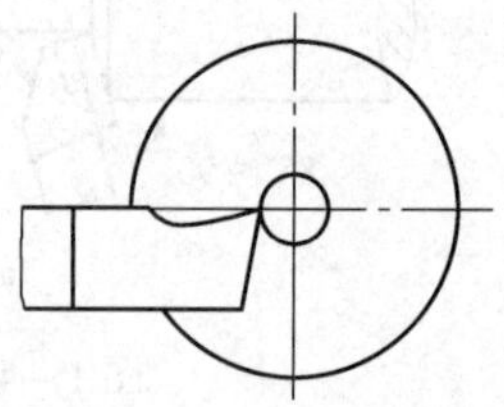

图 1－49　根据工件的中心装刀

三、切削用量要素及其选择

1. 切削用量要素

切削用量要素是表示主运动及进给运动大小的参数，是背吃刀量、进给量和切削速度三者的总称，又称切削用量三要素。

（1）背吃刀量 a_p

工件上已加工表面和待加工表面间的垂直距离称为背吃刀量，如图 1－50 所示的尺寸 a_p。背吃刀量是每次进给时车刀切入工件的深度，又称为切削深度。

车外圆时，背吃刀量可用下式计算：

$$a_p = \frac{d_w - d_m}{2}$$

式中　a_p——背吃刀量，mm；

d_w——工件待加工表面直径，mm；

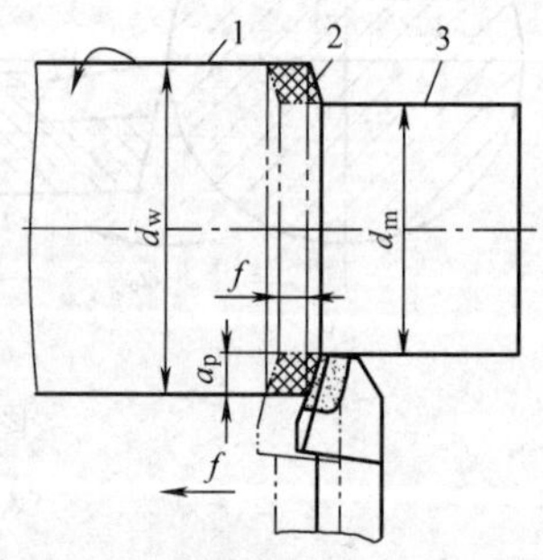

图 1－50　背吃刀量和进给量

1—待加工表面

2—过渡表面　3—已加工表面

d_m——工件已加工表面直径，mm。

例　已知工件待加工表面直径为95 mm，现一次进给车至直径为90 mm，求背吃刀量。

解　$a_p = \frac{d_w - d_m}{2} = \frac{95-90}{2} = 2.5$ mm

(2) 进给量f

工件每转一周，车刀沿进给方向移动的距离称为进给量，它是衡量进给运动的参数，如图1-51所示的尺寸f，单位为mm/r。

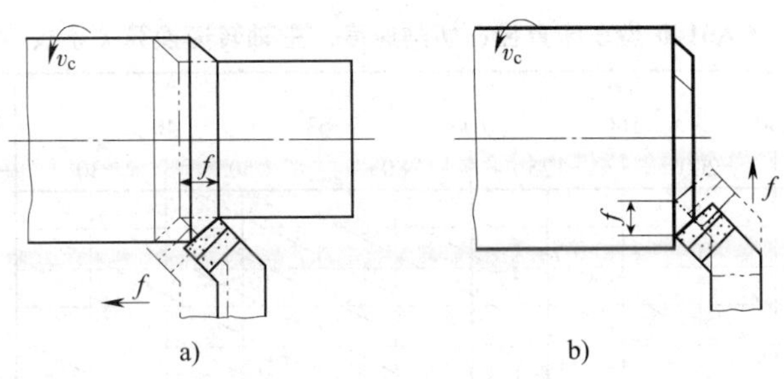

图1-51　进给量
a）纵向进给量　b）横向进给量

根据进给方向的不同，进给量又分为纵向进给量和横向进给量两种，如图1-51所示，纵向进给量是指沿车床床身导轨方向的进给量，横向进给量是指垂直于车床床身导轨方向的进给量。

(3) 切削速度v_c

车削时，刀具切削刃上某选定点相对于待加工表面在主运动方向上的瞬时速度，称为切削速度。切削速度也可以理解为车刀在1 min内车削工件表面的理论展开直线长度（假定切屑没有变形或收缩），如图1-52所示为切削速度示意图。

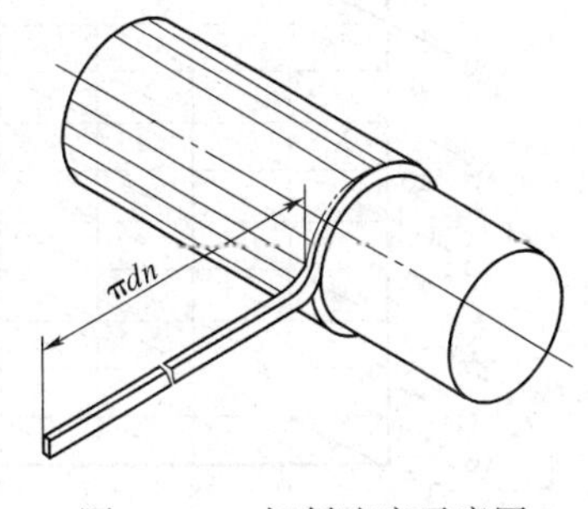

图1-52　切削速度示意图

切削速度是衡量主运动大小的参数，单位为m/min。

切削速度可用下式计算：

$$v_c = \frac{\pi dn}{1\,000} \approx \frac{dn}{318}$$

式中　v_c——切削速度，m/min；

d——工件（或刀具）的直径（一般取最大直径），mm；

n——车床主轴转速，r/min。

例　车削直径为60 mm的工件外圆，选定车床主轴转速为560 r/min，求切削速度。

解　$v_c = \frac{\pi dn}{1\,000} = \frac{3.14 \times 60 \times 560}{1\,000} \approx 106$ m/min

在实际生产中，往往是已知工件直径，并根据工件材料、刀具材料和加工要求等因素选定切削速度，再由切削速度确定（换算）车床主轴转速，其公式为：

$$n = \frac{1\,000 v_c}{\pi d} \approx \frac{318 v_c}{d}$$

例 在 CA6140 型车床上车削 $\phi 260$ mm 的带轮外圆，选择切削速度为 80 m/min，求车床主轴转速。

解 $n = \dfrac{1\,000 v_c}{\pi d} = \dfrac{1\,000 \times 80}{3.14 \times 260} \approx 98 \text{ r/min}$

在调整车床主轴转速时，应根据计算所得的结果，从车床铭牌上选取与之接近的转速。故车削该工件时，应从 CA6140 型车床铭牌上选取 $n = 100$ r/min 为车床主轴的实际转速。主轴转速可根据表 1－30 进行选择。

表 1－30　　CA6140 型车床直径、切削速度、主轴转速换算关系表

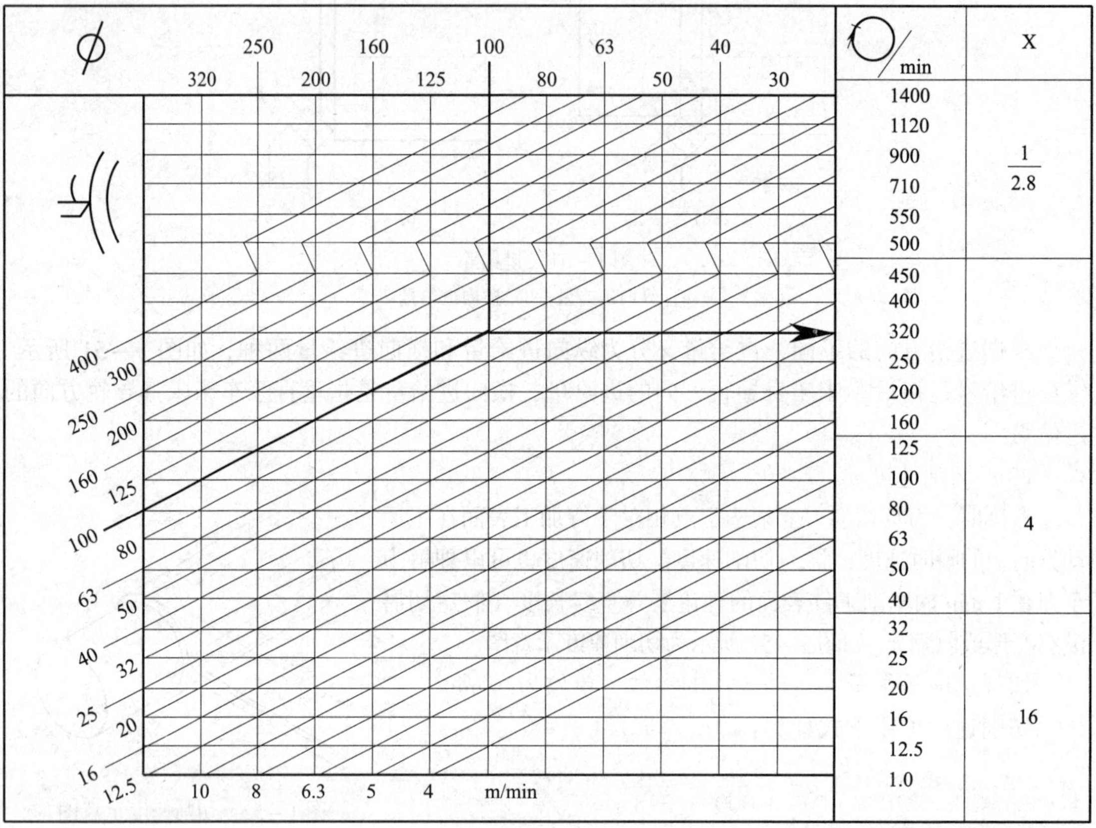

φ：250　160　100　63　40
320　200　125　80　50　30

400　300
250　200
160　125
100　80
63　50
40　32
25　20
16　12.5　10　8　6.3　5　4　m/min

r/min	X
1400 1120 900 710 550 500	$\frac{1}{2.8}$
450 400 320 250 200 160	
125 100 80 63 50 40	4
32 25 20 16 12.5 1.0	16

2. 切削用量选择

合理选择切削用量是指在机床、工件材料、刀具等确定后，合理选择背吃刀量、进给量和切削速度这三个要素，以便在车削时充分发挥车床、车刀的效能，在保证工件质量的前提下，尽可能提高生产效率。

（1）粗车时切削用量的选择

粗车时选择切削用量主要是考虑提高生产效率，同时兼顾刀具寿命。加大背吃刀量 a_p 和进给量 f 以及提高切削速度 v_c 都能提高生产效率。但是对刀具寿命却有不利的影响，其中影响最小的是 a_p，其次是 f，影响最大的是 v_c。所以粗车时选择切削用量，首先应选择一个尽可能大的背吃刀量 a_p，其次选择一个较大的进给量 f，最后根据已选定的 a_p 值和 f 值，在工艺系统刚度、刀具寿命和机床功率许可的条件下选择一个合理的切削速度 v_c。

（2）半精车、精车时切削用量的选择

半精车、精车时选择切削用量应首先考虑保证加工质量，并注意兼顾生产效率和刀具寿命。

半精车、精车时的背吃刀量是根据加工精度和表面粗糙度要求由粗车后留下的余量确定的，通常应一次走刀完成加工。

半精车、精车时的背吃刀量较小，产生的切削力不大，所以加大进给量对工艺系统的强度和刚度的影响较小。半精车、精车时进给量的选择主要受表面粗糙度的限制。若要求的表面粗糙度值较小，则进给量应选得小些。

为了提高工件表面质量，用硬质合金车刀精车时，一般采用较高的切削速度（v_c > 80 m/min）；用高速钢车刀精车时，选用较低的切削速度（v_c < 5 m/min）。

在金属切削加工中，通常精加工的余量和进给量都比粗加工时的要小。这是为什么呢？

任务实施一　手动进给车削

一、工艺准备及要求

1. 阅读短轴工艺草图（见图 1－38b）

（1）毛坯尺寸：ϕ50 mm×100 mm。材料：45 钢。

（2）要求手动进给车削，按工艺草图完成，主要为练习手动进给技能。

（3）每次进刀车削车去外圆 1 mm 余量，每次试切测量结果为上一次直径值减 1 mm，控制上下偏差为 ±0.16 mm，直至草图要求。

2. 工艺装备

普通车床、四爪单动卡盘、90°硬质合金车刀（P10）、游标卡尺、划线盘。

3. 制定加工工艺

车端面→车大端外圆→掉头夹已车外圆并校正→车端面及小端外圆。

二、手动进给车削加工操作步骤（见表 1－31）

表 1－31　　手动进给车削加工操作步骤

操作步骤	操作步骤内容	图示
1. 在四爪单动卡盘上找正工件	（1）用四爪单动卡盘轻夹工件外圆，伸出长度 60 mm 左右 （2）用划线盘找正工件外圆和侧素线 （3）夹紧工件，夹紧时应注意把四爪单动卡盘相对应的卡爪分别拧紧，不影响找正	60

续表

操作步骤	操作步骤内容	图示
2. 车端面并刻线痕	（1）用90°车刀车削端面时，主切削刃变为副切削刃，主偏角变为副偏角，此时车刀应偏转出一个副偏角 （2）把有关的进给手柄放在空挡位置 （3）根据切削速度计算公式，选择车床主轴转速为400 r/min（选择 $v=60$ m/min），启动车床，使工件回转 （4）利用小滑板和中滑板刻度盘车削端面，车平即可 （5）在长度方向上刻线痕。利用钢直尺测量，使车刀刀尖移至工件所需长度49 mm处，启动车床，使工件旋转。用中滑板做横向进给，使刀尖轻轻接触工件外圆至刻出线痕，以此控制台阶长度 （6）横向退刀，纵向将床鞍移出工件外	f κ_r' a)车端面 b)刻线痕
3. 试车外圆	（1）对刀：左手摇动床鞍手轮，右手摇动中滑板手柄，使车刀刀尖趋近并轻轻接触工件待加工表面，以此作为确定中滑板进刀的零点位置，然后反向摇动床鞍手轮（此时中滑板手柄不动），使车刀退出工件端面3～5 mm （2）进刀：摇动中滑板手柄，使车刀横向进给一个背吃刀量，背吃刀量大小通过中滑板刻度盘进行控制和调整。对于毛坯的车削，第一刀切入的深度应尽量超过表皮，以避免车刀刀尖与表皮接触造成刀尖的磨损和崩裂 （3）试车削：试车削的目的是调整车刀的背吃刀量，保证工件的加工尺寸。车刀在横向进刀后，纵向进给车削工件2 mm左右的长度，纵向快速退出车刀，停车测量。根据测量结果，相应调整车刀的背吃刀量，直至试切测量结果在所要求的尺寸范围内	纵向退刀 对刀 a)对刀 进刀 b)进刀 2 试车削 纵向退刀 c)试车削

续表

操作步骤	操作步骤内容	图示
4. 手动进给车削外圆	（1）双手操纵床鞍手轮，手动进给车削外圆，当车刀刀尖将至所刻线痕处时，退出车刀，停车测量长度尺寸 （2）对于剩余的长度余量，利用小滑板刻度盘的刻度，纵向移动小滑板把余量车去 （3）横向移动中滑板缓慢退刀，以保证台阶端面垂直于工件轴线	车削
5. 重复步骤3、4	每次车去外圆 1 mm 余量，以练习手动进给技能，每次试切测量结果为上一次直径值减 1 mm，控制上下偏差为 ±0.16 mm	
6. 掉头，夹 ϕ46 mm 外圆车小端端面及外圆	伸出长度约 60 mm，用划针校正轴线，车小端外圆，方法同上	

〔操作提示〕

1. 床鞍刻度盘上的刻度值直接表示工件长度方向上的切除量。

2. 小滑板刻度盘上的刻度值直接表示工件长度方向上的切除量。

3. 由于工件是旋转的，用中滑板刻度盘横向进刀时，直径上被切除的金属层是中滑板刻度盘刻度值的两倍。

任务实施二　精车短轴

一、准备工作

1. 工件毛坯

按图 1－38b 所示短轴工艺草图检查半成品件。

2. 工艺装备

普通车床、三爪自定心卡盘、90°硬质合金车刀（P10）、游标卡尺、千分尺、划线盘。

二、精车短轴操作步骤（见表 1－32）

步骤概述：精车端面及大端外圆→倒角→掉头精车小端外圆及端面→倒角（2 处）。

表 1－32　　精车短轴操作步骤

操作步骤	操作步骤内容	图示
1. 精车端面	（1）夹小外圆，长度约 40 mm，用划针找正外圆及侧母线，夹紧工件 （2）选择切削速度 $v=80$ m/min，则主轴转速 $n=560$ r/min，进给量 $f=0.1$ mm/r，背吃刀量 $a_p=0.2$ mm，90°车刀偏转如图所示，启动车床，端面对刀后，自动进给车削端面	f κ_r'
2. 精车大端外圆	选择切削速度 $v=70$ m/min，则主轴转速 $n=500$ r/min，进给量 $f=0.1$ mm/r，背吃刀量 a_p 视半成品尺寸确定。用千分尺测量待加工表面尺寸，确定背吃刀量，启动车床，外圆对刀、试切、测量及调整后，自动进给车削	48 $\phi45_{-0.05}^{0}$
3. 倒角	（1）转动刀架使车刀的切削刃与工件外圆成 45°夹角 （2）移动床鞍、中滑板使车刀至工件外圆和端面相交处进行倒角 注：倒角为 $C1$ mm，表示指倒角在外圆上的轴向长度为1 mm	1 45° a)方法1 1 45° b)方法2
4. 精车小端外圆	（1）夹住已车的大端外圆，大端外圆伸出长度约 10 mm，用划针校正大外圆及小外圆侧母线，夹紧工件 （2）选择切削速度 $v=70$ m/min，则主轴转速 $n=630$ r/min，进给量 $f=0.1$ mm/r，背吃刀量 a_p 视半成品尺寸确定 （3）用游标卡尺测量工件总长，确定长度余量，启动车床，端面对刀后，自动进给车端面，测量，保证总长 98 mm （4）加工小端外圆及台阶长度尺寸，确定背吃刀量，启动车床，外圆对刀、试切、测量及调整后，自动进给车削，横向退刀，测量长度尺寸，不符合要求则用小滑板进刀车至尺寸合格，测量小端外圆 （5）倒角，$C1$ mm，两处	55 $\phi35_{-0.05}^{0}$
5. 检查	全面检查工件，合格后卸下工件	（略）

知识链接

表面粗糙度的检测

零件表面粗糙度的检测，通常凭经验判断。对于初学者，可用表面粗糙度比较样块（见图1－53）对比，目测检查工件的表面粗糙度值是否符合要求。

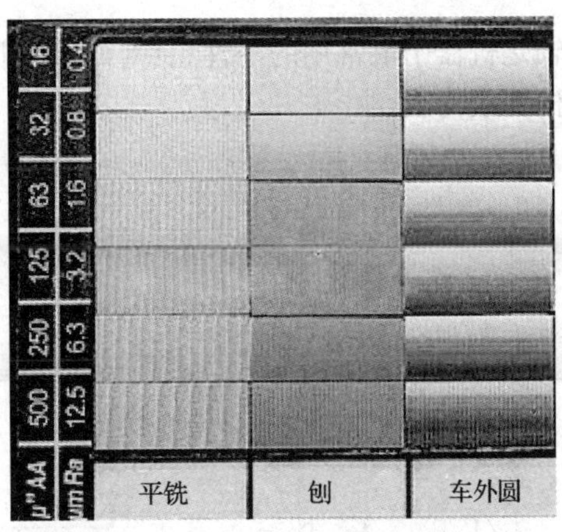

图1－53　表面粗糙度比较样块（局部）

模块二　车台阶轴

如图 2－1 所示，台阶轴是机器中最常用的零件之一，由外圆 4、端面 2、台阶 3、倒角 1、沟槽 5 和中心孔 6 等结构要素构成。

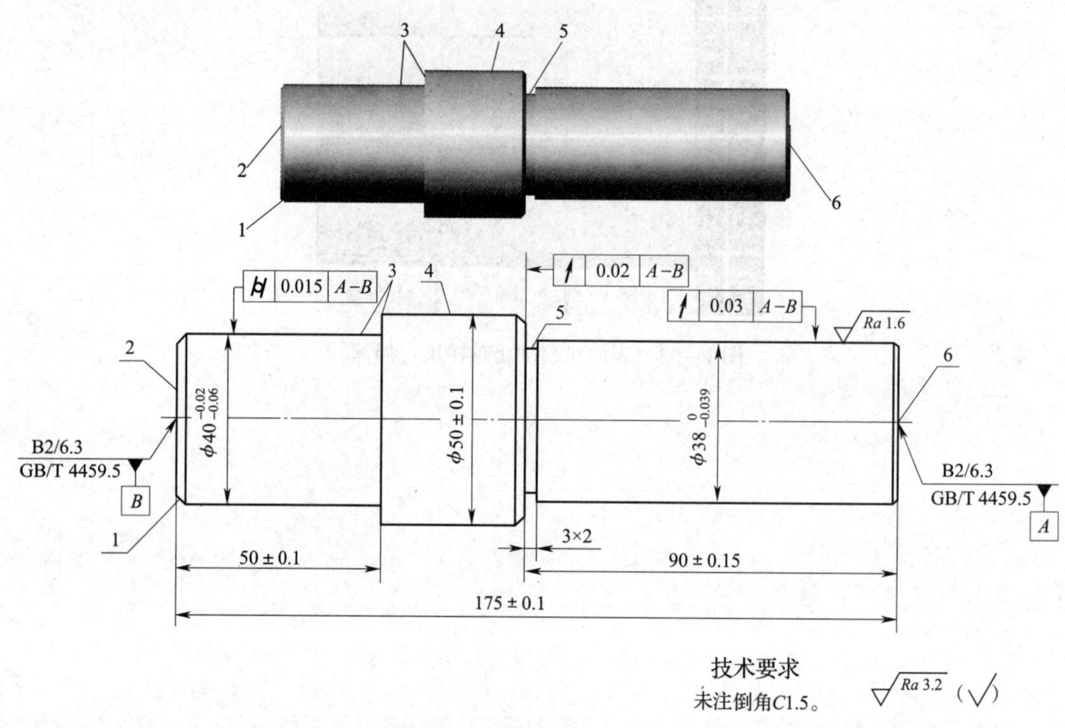

图 2－1　台阶轴

1—倒角　2—端面　3—台阶　4—外圆　5—沟槽　6—中心孔

不同表面的车削需要用相应的刀具去完成。因此，必须正确选用车台阶轴的车刀。

任务一　选用及刃磨车刀

学习目标

1. 能合理选用车台阶轴的车刀。

2. 了解粗车、精车的特点及区别。
3. 能正确刃磨粗车刀和精车刀。

工作任务

选择车削图 2 - 1 所示台阶轴用的车刀。

相关知识

车削台阶轴用的车刀有很多，要想正确选择适用于车削不同台阶轴的车刀，首先必须对常用的车刀有一定的认识。

一、粗车、精车的特点及对粗车刀和精车刀的要求

工件的车削通常要划分粗车和精车阶段，必须根据各加工阶段特点选择不同的刀具。

1. 粗车的特点及对粗车刀的要求

粗车时要求吃刀深、进给快，能在一次进给中车去较多的余量，故要求粗车刀具有足够的强度。选择粗车刀几何参数的一般原则是：

（1）选择 75°左右的主偏角，若采用小的主偏角，车削时容易引起振动，75°主偏角车刀既能承受较大的切削力，又有利于切削刃散热。

（2）为了增加刀头强度，前角 γ_o 和后角 α_o 应较小。

（3）刃倾角宜取 $\lambda_s = -3° \sim 0°$，以增加刀头强度。

（4）粗车塑性金属（如中碳钢）时，为使切屑能卷曲折断，应磨出断屑槽。断屑槽的尺寸主要取决于背吃刀量和进给量。

（5）应修磨出过渡刃和倒棱，以增加刀尖和刀刃强度。

过渡刃能增加刀尖强度，改善刀尖处的散热条件，使车刀耐用。过渡刃有直线型（见图 2 - 2a）和圆弧型（见图 2 - 2b）两种。直线型过渡刃通常取过渡刃偏角 $\kappa_{r\varepsilon} = \frac{1}{2}\kappa_r$，过渡刃长度 $b_\varepsilon = 0.5 \sim 2$ mm。

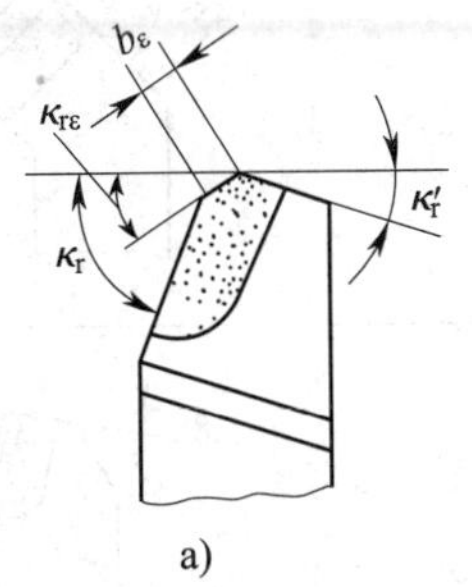

a)

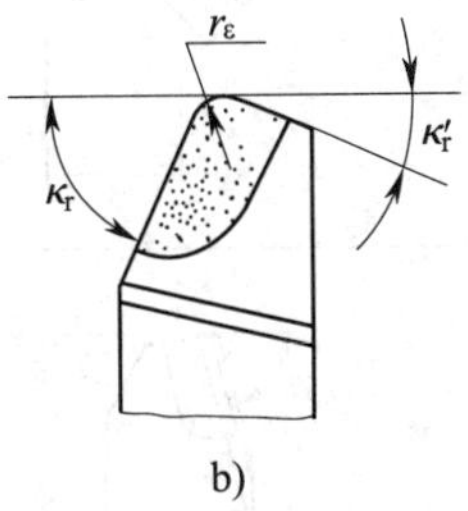

b)

图 2 - 2　过渡刃

a）直线型　b）圆弧型

为了增加切削刃的强度，在主切削刃上磨出倒棱，倒棱宽度 $b_{\gamma 1}=(0.5\sim0.8)f$，倒棱前角 $\gamma_{o1}=-10°\sim-5°$，如图2－3所示。

2．精车的特点及对精车刀的要求

精车时切削余量小，要求车削后工件表面质量高，故对车刀的强度要求不高，而要求刀刃锋利，平直光滑，并控制切屑排向工件的待加工表面。精车刀几何参数的选择如下：

（1）取较小的副偏角 κ'_r，可减小工件表面粗糙度值。

（2）前角 γ_o 取大些，使车刀锋利，切削轻快。

（3）后角 α_o 取大些，以减小车刀和工件之间的摩擦。

（4）选用正值刃倾角，即 $\lambda_s=3°\sim8°$，以控制切屑排向工件的待加工表面。

（5）精车塑性金属时，为保证排屑顺利，前面应磨出较窄的断屑槽。

（6）为减小工件的表面粗糙度值，可在副切削刃上磨出修光刃。修光刃长度一般取 $b'_\varepsilon=(1.2\sim1.5)f$，并应与进给方向平行，如图2－4所示。

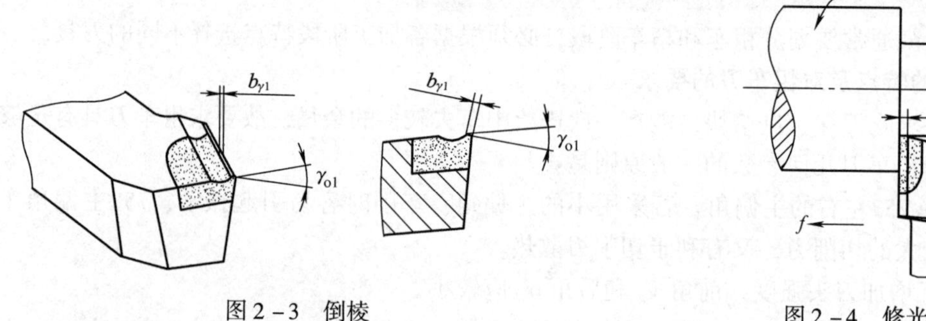

图2－3　倒棱　　　　图2－4　修光刃

二、车台阶轴常用的车刀

车外圆、端面和台阶常用的车刀有45°车刀、75°车刀和90°车刀等几种。车刀的分类和判别见表2－1。

表2－1　车刀的分类和判别

车刀	右偏刀	左偏刀
45°车刀（弯头车刀）	45°　45°	45°　45°
75°车刀	75°　8°	8°　75°

续表

车刀	右偏刀	左偏刀
90°车刀	6°~8°　90°	6°~8°　90°
说明	右偏刀的主切削刃在刀柄左侧，由车床的右侧向左侧纵向进给	左偏刀的主切削刃在刀柄右侧，由车床的左侧向右侧进给

1．45°车刀

45°车刀的刀尖角 $\varepsilon_r = 90°$，刀尖强度和散热性都较好，常用于车削工件的端面及进行45°倒角，有时也用于粗车刚度大的工件外圆，如图 2－5 所示。

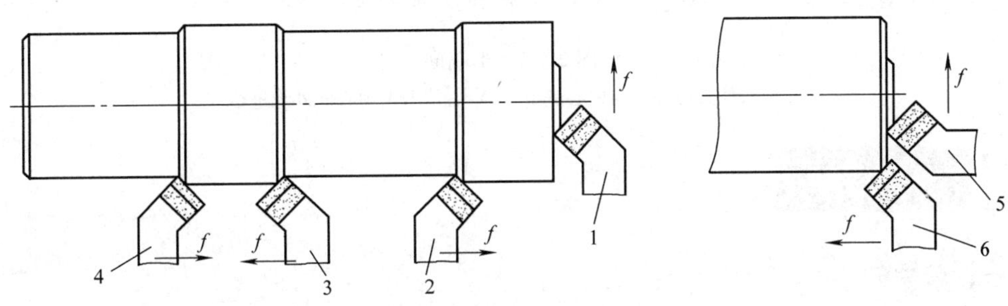

图 2－5　45°车刀的应用

1、3、6—右偏刀　2、4、5—左偏刀

2．75°车刀

75°车刀的刀尖角 $\varepsilon_r > 90°$，刀尖强度高，较耐用。75°右偏刀适用于粗车台阶轴的外圆，如图 2－6a 所示，也可用于对加工余量较大的铸件、锻件外圆进行强力车削；75°左偏刀还适用于车削铸件、锻件的大端面，如图 2－6b 所示。

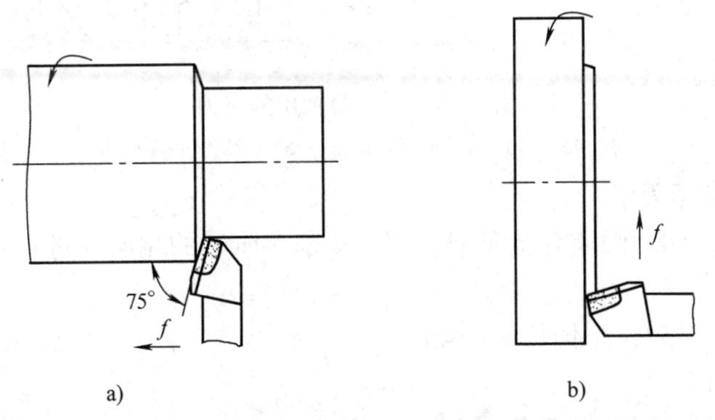

图 2－6　75°车刀的应用

a）用 75°右偏刀车外圆　b）用 75°左偏刀车端面

3．90°车刀

右偏刀主要用于车外圆，也可用于车削余量小的端面和右向台阶。左偏刀一般用于从床头往尾座方向走刀，车削外圆和左向台阶，以及车削直径较大、余量较多的端面。

用右偏刀车端面时，如果车刀由工件外缘向中心进给，则是用副切削刃车削。当背吃刀量较大时，因切削力的作用会使车刀扎入工件而形成凹面（见图2－7a）。由中心向外缘进给车端面时，利用主切削刃进行车削（见图2－7b），质量易于保证，但背吃刀量小。

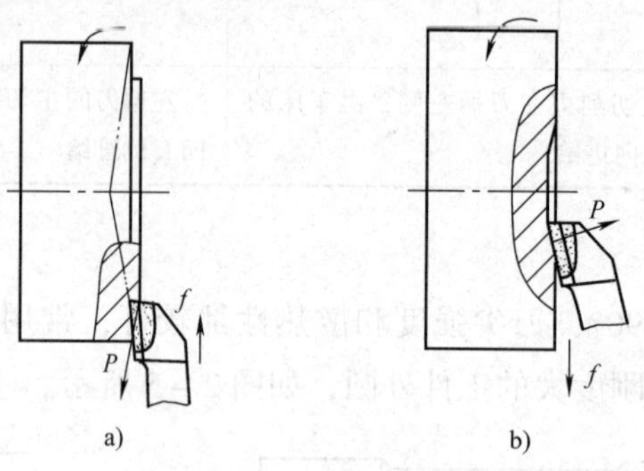

图2－7　车端面

a）右偏刀由外缘向中心进给　b）右偏刀由中心向外缘进给

任务实施

一、选择车刀

车削如图2－1所示的台阶轴时，可选用45°车刀、90°车刀、75°车刀和车槽刀，如图2－8所示。

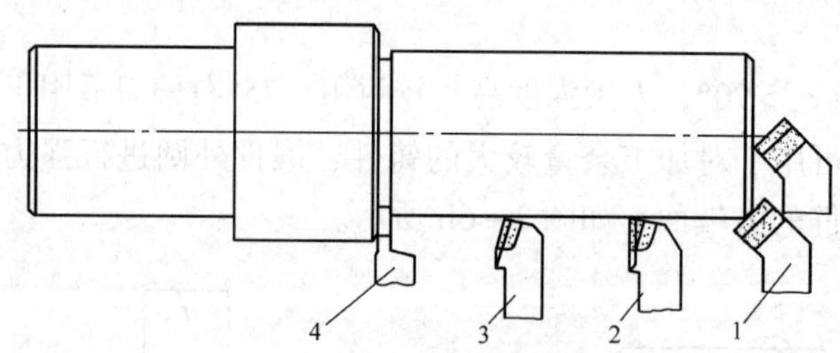

图2－8　车台阶轴用的车刀

1—45°车刀　2—90°车刀　3—75°车刀　4—车槽刀

1．45°硬质合金车刀

如图2－9所示为45°硬质合金车刀，用于车削台阶轴的端面并进行45°倒角，几何参数选择如下：

（1）主偏角 $\kappa_r=45°$，副偏角 $\kappa'_r=45°$。

（2）前角 $\gamma_o=15°$。

（3）后角 $\alpha_o=5°\sim7°$，副后角 $\alpha'_o=5°\sim7°$。

（4）刃倾角 $\lambda_s=0°$。

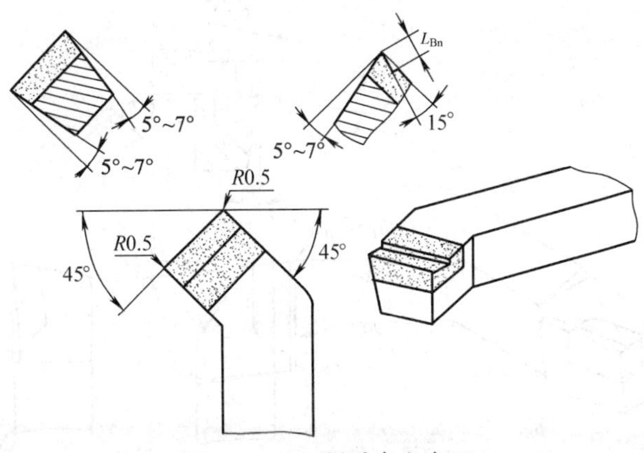

图 2－9　45°硬质合金车刀

（5）断屑槽宽度 $L_{Bn}=4$ mm。

2. 75°硬质合金粗车刀

如图 2－10 所示为 75°硬质合金粗车刀，用于粗车台阶轴的外圆，几何参数选择如下：

（1）主偏角 $\kappa_r=75°$，副偏角 $\kappa'_r=8°$。

（2）后角 $\alpha_o=5°\sim9°$，副后角 $\alpha'_o=5°\sim9°$。

（3）刃倾角 $\lambda_s=-10°\sim-5°$。

（4）断屑槽宽度 $L_{Bn}=4$ mm，断屑槽深度 $C_{Bn}=0.6$ mm。

（5）倒棱宽度 $b_{\gamma1}=(0.5\sim0.8)f$，倒棱前角 $\gamma_{o1}=-5°$。

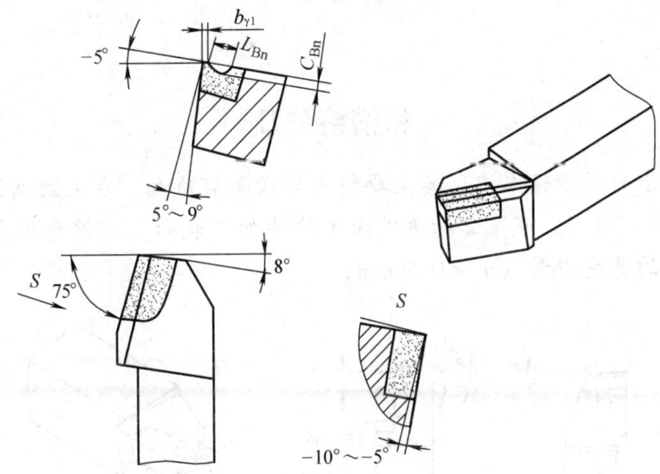

图 2－10　75°硬质合金粗车刀

3. 90°硬质合金精车刀

如图 2－11 所示为 90°硬质合金精车刀，又称偏刀。主要用于车削台阶轴的外圆和台阶，其应用如图 2－12 所示。90°车刀的几何参数选择如下：

（1）主偏角 $\kappa_r=90°$，副偏角 $\kappa'_r=6°$。

（2）前角 $\gamma_o=15°$。

（3）后角 $\alpha_o=8°\sim11°$，副后角 $\alpha'_o=8°\sim11°$。

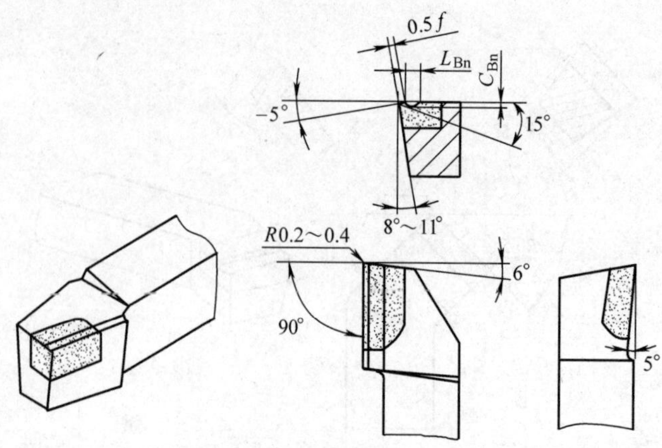

图2－11　90°硬质合金精车刀

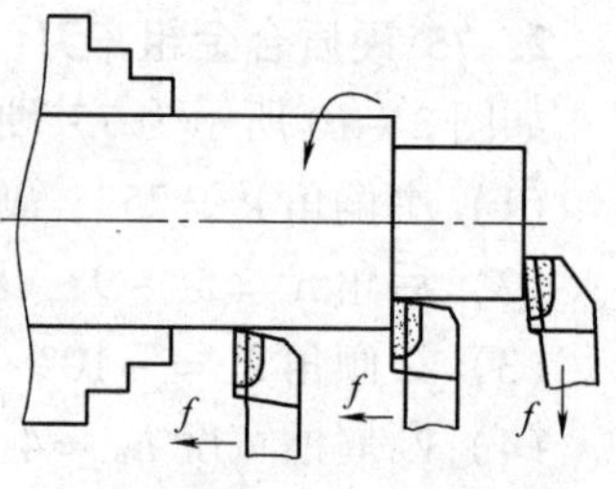

图2－12　90°车刀的应用

（4）刃倾角 $\lambda_s = 5°$。

（5）尽量取较窄的断屑槽宽度 L_{Bn}。

（6）刀尖圆弧 $r_\varepsilon = 0.2 \sim 0.4$ mm。

（7）倒棱宽度 $b_{r1} = 0.5f$，倒棱前角 $\gamma_{o1} = -5°$。

4. 车槽刀

由于工件槽宽较窄，通常选择主切削刃宽度等于工件槽宽的车槽刀直接车出。具体内容见任务四。

知识链接

横槽精车刀

如图2－13所示为横槽精车刀，其主要特点为径向前角大，在主切削刃上磨有较大的正值刃倾角（$\lambda_s = 15° \sim 30°$），可保证切屑排向工件待加工表面。应注意的是，用这种车刀车削时只能选用较小的背吃刀量（$a_p < 0.5$ mm）。

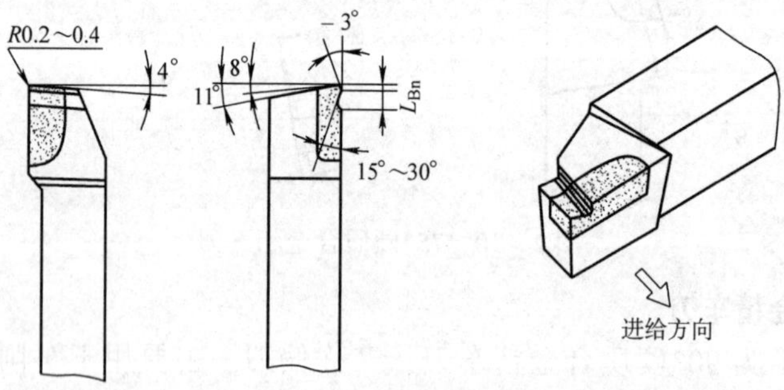

图2－13　横槽精车刀

二、选用车刀材料

加工如图2－1所示的台阶轴，工件材料为45钢，车削工件的外圆、台阶和端面时常选

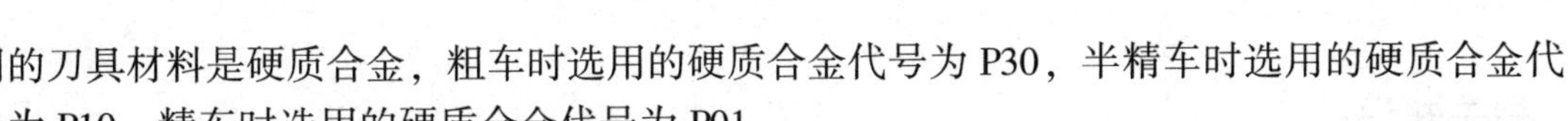

用的刀具材料是硬质合金，粗车时选用的硬质合金代号为 P30，半精车时选用的硬质合金代号为 P10，精车时选用的硬质合金代号为 P01。

车槽或切断时可使用的刀具材料是高速钢，其牌号为 W18Cr4V 或 W9Mo3Cr4V；也可使用硬质合金，其代号为 P10。

任务二　粗车台阶轴

学习目标

1. 会正确使用一夹一顶装夹台阶轴。
2. 掌握后顶尖的选用和使用方法。
3. 掌握中心孔的类型和钻中心孔的方法。
4. 会正确选择粗车时的切削用量。
5. 会调整、校正尾座中心。
6. 能按照加工工艺粗车台阶轴。
7. 了解切削力对切削加工的影响。
8. 了解切削液的种类、作用，并会合理使用切削液。

工作任务

如图 2－14 所示为台阶轴粗车工序图，请将 ϕ55 mm×178 mm 的毛坯按图 2－14 中的尺寸加工。

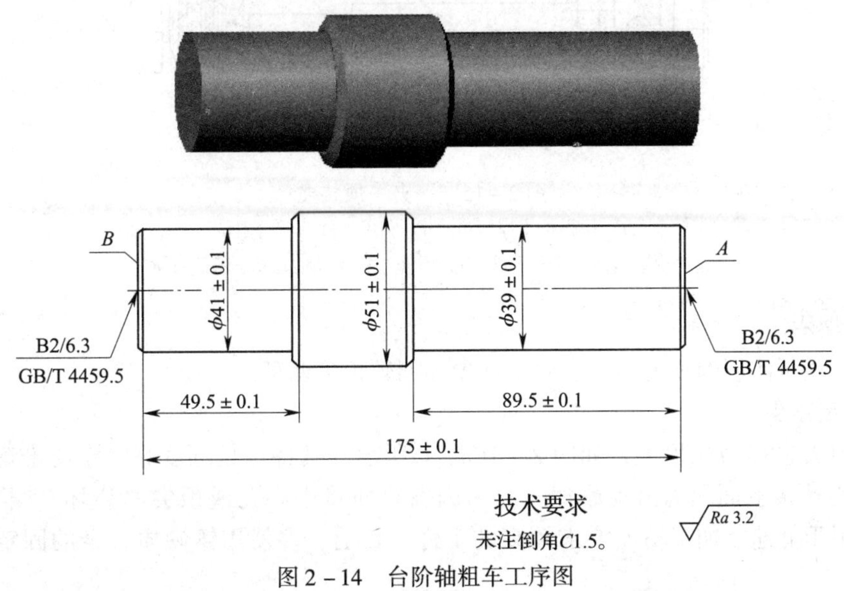

图 2－14　台阶轴粗车工序图

相关知识

对工件进行加工，首先应根据其形状特点、技术要求、数量等进行加工工艺分析，分析时一般应考虑：

1. 第一刀通常应先车端面，以确定长度测量基准。

2. 粗车台阶轴一般采用一夹一顶装夹，此装夹方式刚度高，车削时可提高切削用量。

3. 车削台阶轴时，一般应遵循“先大后小”，即先车大直径外圆，后车小直径外圆，以免过早地降低工件的刚度。

图 2 – 14 所示台阶轴粗车工序图的加工工艺概述：车端面、钻中心孔→车左端台阶外圆→掉头车端面，钻中心孔→车右端台阶外圆。

一、一夹一顶装夹方法

如图 2 – 15 所示，工件一端用三爪自定心卡盘 2 夹紧，另一端用后顶尖 4 支顶的装夹方法称为一夹一顶装夹。为了防止进给力的作用而使工件产生轴向位移，可以在主轴前端锥孔内安装一个限位支撑 1（见图 2 – 15a），也可利用工件的台阶进行限位（见图 2 – 15b）。轴向限位后工件的装夹更安全、可靠，能承受较大的进给力，此方法应用广泛。

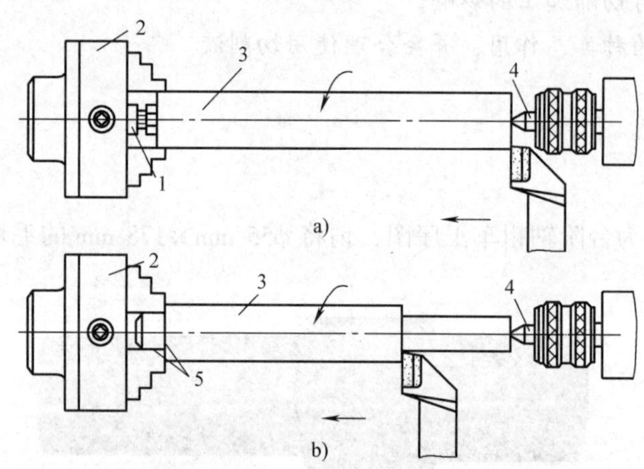

图 2 – 15　一夹一顶装夹

a）用限位支撑限位　b）利用工件的台阶限位

1—限位支撑　2—卡盘　3—工件　4—后顶尖　5—限位台阶

二、顶尖

一夹一顶所使用的顶尖通常有固定顶尖和回转顶尖两种。

1. 固定顶尖

固定顶尖也称为死顶尖，如图 2 – 16a、b 所示，其特点是刚度高，定心准确；但顶尖与工件中心孔接触面间为滑动摩擦，容易因发热而将中心孔或顶尖“烧坏”。因此，固定顶尖只适用于低速、加工精度要求较高的工件。目前，多使用镶硬质合金的固定顶尖（见图 2 – 16b）。

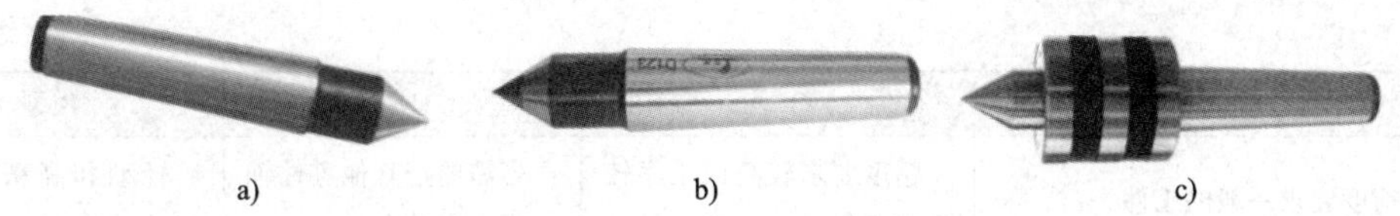
a) b) c)

图 2-16 固定顶尖和回转顶尖

a）普通固定顶尖 b）硬质合金固定顶尖 c）回转顶尖

2. 回转顶尖

回转顶尖（见图 2-16c）也叫活动顶尖，可使顶尖与中心孔之间的滑动摩擦变成顶尖内部轴承的滚动摩擦，故能在高速运转中正常工作，克服了固定顶尖的缺点，因而应用广泛。但由于回转顶尖存在一定的装配累积误差，且滚动轴承磨损后会使顶尖产生径向圆跳动，从而会降低定心精度。

三、钻中心孔

要用一夹一顶装夹工件，必须先在工件一端或两端的端面上加工出合适的中心孔。

1. 中心孔和中心钻的类型

国家标准 GB/T 145—2001 规定中心孔有 A 型（不带护锥）、B 型（带护锥）、C 型（带护锥和螺纹）和 R 型（弧形）四种，其类型、结构及用途见表 2-2。

表 2-2 中心孔类型、结构及用途

<table>
<tr><th colspan="2">类型</th><th>A 型</th><th>B 型</th><th>C 型</th><th>R 型</th></tr>
<tr><td colspan="2">结构图</td><td>D D_1 60° max t l</td><td>D D_1 120° 60° max t l</td><td>D D_2 120° 60° max L</td><td>D D_1</td></tr>
<tr><td colspan="2">结构说明</td><td>由圆锥孔和圆柱孔两部分组成</td><td>在 A 型中心孔的端部再加工一个 120° 的圆锥面，用以保护 60° 锥面不被碰毛，并使工件端面容易加工</td><td>在 B 型中心孔的 60° 锥孔后面加工一短圆柱孔（保证攻制螺纹时不碰毛 60°锥孔），并用丝锥加工内螺纹</td><td>形状与 A 型中心孔相似，只是将 A 型中心孔的 60° 圆锥面改成圆弧面，这样使其与顶尖的配合变成线接触</td></tr>
<tr><td rowspan="2">结构及作用</td><td>圆锥孔</td><td colspan="3">圆锥孔的圆锥角一般为 60°，重型工件用 75°或 90°。圆锥孔与顶尖锥面配合，起定心作用并承受工件的重力和切削力，因此圆锥孔的表面质量要求较高</td><td>在装夹轴类工件时，线接触的圆弧面能自动纠正少量的位置偏差</td></tr>
<tr><td>圆柱孔</td><td colspan="4">1. 中心孔的基本尺寸为圆柱孔的直径，它是选取中心钻的依据
2. 圆柱孔可储存润滑脂，并能防止顶尖头部触及工件，保证顶尖锥面和中心孔锥面配合贴切，以达到正确定中心的目的
3. 圆柱孔直径 $D \leq 6.3$ mm 的中心孔常用高速钢制成的中心钻直接钻出，$D > 6.3$ mm 的中心孔常用锪孔或车孔等方法加工</td></tr>
</table>

续表

类型	A 型	B 型	C 型	R 型
适用范围	精度要求一般的工件	精度要求较高或工序较多的工件	当需要把其他零件轴向固定在轴上时	轻型和高精度轴类工件
选用中心钻	118° 60°	120° 60°	118°	118° 60°

2. 钻中心孔的方法

（1）将钻夹头插入车床尾座锥孔，中心钻装在钻夹头上，如图 2－17 所示。

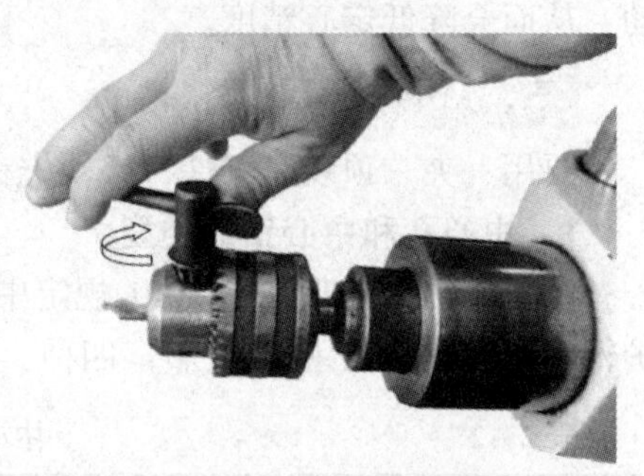

图 2－17　中心钻的安装

（2）校正尾座中心。启动车床，使主轴带动工件回转。移动尾座，使中心钻接近工件端面，观察中心钻钻尖部分是否与工件回转中心一致，校正并紧固尾座。

（3）切削用量的选择和钻削。由于中心钻直径小，钻削时应尽量取高的转速，手摇尾座缓慢而均匀地进给切削。钻削时应尽量浇注切削液，钻至要求的深度后，中心钻在孔中应稍作停留，然后退出，以修光中心孔。

（4）钻中心孔时的质量分析。钻中心孔时容易出现的问题及其产生原因见表 2－3。

表 2－3　钻中心孔时容易出现的问题及其产生原因

问题类型	产生原因
中心钻折断	1. 中心钻未对准工件回转中心 2. 工件端面未车平或中心处留有凸头，使中心钻偏斜，不能准确定心而折断 3. 切削用量选择不合适，转速太低，进给量过大 4. 磨钝后的中心钻强行钻入工件导致折断 5. 没有充分浇注切削液或没有及时清除切屑，因切屑堵塞使中心钻折断
中心孔钻偏或钻得不圆	1. 工件弯曲未校直 2. 夹紧力不足，钻中心孔时工件移位，造成中心孔不圆 3. 工件伸出太长，回转时在惯性力的作用下易造成中心孔不圆
工件装夹时顶尖不能与中心孔的锥孔贴合	中心孔钻得太深
装夹时顶尖尖端与中心孔底部接触	中心钻修磨后圆柱部分长度过短（中心钻一般不进行人工修磨）

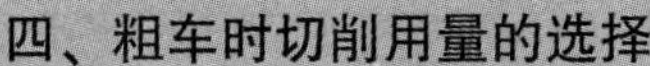

四、粗车时切削用量的选择

1. 粗车端面时的背吃刀量 a_p 可根据毛坯余量合理确定，一般 a_p 取 1 ~4 mm。进给量 f 可取 0. 3 ~0. 5 mm/r。

2. 粗车外圆时的背吃刀量 a_p 也要根据工件的加工余量合理确定，一般可取 3 ~5 mm，进给量 f 取 0. 3 ~0. 5 mm/r。

3. 粗车时的切削速度 v_c 一般取 50 ~70 m/min。

五、粗车时工件的测量

1. 外径的测量

粗车时一般用游标卡尺来测量工件的外径。

2. 台阶长度的测量

粗车时台阶的长度可以用钢直尺、游标卡尺或游标深度尺进行测量，如图 2 –18 所示为用钢直尺测量台阶长度。

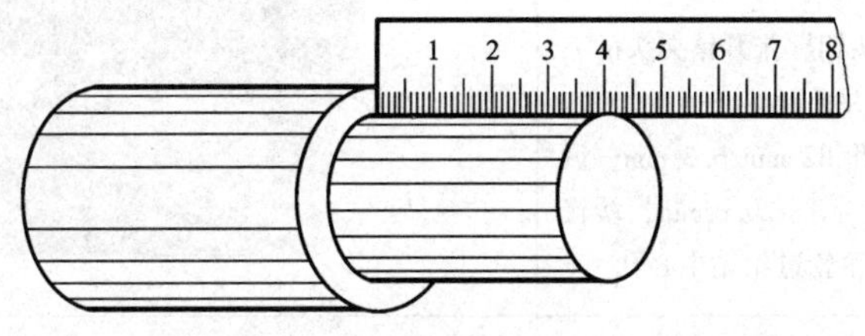

图 2 –18 用钢直尺测量台阶长度

用钢直尺测量台阶长度较为方便，钢直尺刻线值（两刻线之间的距离）有 1 mm 和 0. 5 mm 两种。测量时，刻线值以下的读数不能准确读出，可用目测法估读，因此只能用于粗加工或精度要求不高的工件的测量。

任务实施

一、准备工作

1. 工件毛坯

毛坯尺寸：ϕ55 mm ×178 mm。材料：45 钢。数量：1 件。

2. 工艺装备

普通车床、三爪自定心卡盘、钻夹头、B2 mm/6. 3 mm 中心钻、回转顶尖、钢直尺、0. 02 mm/0 ~150 mm 游标卡尺、75°硬质合金车刀。

二、车削步骤

台阶轴的粗车步骤见表 2 –4。

表 2－4　　台阶轴的粗车步骤

操作步骤	操作步骤内容	简图
1. 车端面	（1）三爪自定心卡盘夹毛坯外圆，伸出长度约 35 mm （2）车端面，取进给量 f = 0.4 mm/r，车床主轴转速为 400 r/min，车平即可	
2. 钻中心孔	（1）将钻夹头装入尾座锥孔中。擦净钻夹头柄部和尾座锥孔，用左手握住钻夹头外套部位，沿尾座套筒轴线方向将钻夹头锥柄用力插入尾座套筒的锥孔中 （2）用钻夹头钥匙张开钻夹头的三爪，装入中心钻并夹紧 （3）钻中心孔 B2 mm/6.3 mm。调整车床主轴转速为 1 120 r/min，缓慢均匀地转动尾座手轮进给钻中心孔	
3. 车 A 端台阶外圆	（1）一夹一顶装夹（夹持长度约 20 mm），主轴转速为 350 r/min，进给量 f 取 0.3 mm/r （2）车外圆 ϕ51 mm 至尺寸要求，长度尽可能长（分两次进给车削，第一刀车至 ϕ52 mm，若圆柱度误差较大则进行尾座调整校正，见示意图） （3）车外圆 ϕ39 mm × 89.5 mm 至尺寸要求（分三次进给，第一刀车至 ϕ45 mm，第二刀车至 ϕ40 mm）	ϕ51 89.5　ϕ51　ϕ39 ϕ51　ϕ55　f　尾座调整方向 尾座调整方法示意图

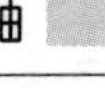

续表

操作步骤	操作步骤内容	简图
4. 车另一端面，钻中心孔	（1）工件掉头，夹 $\phi51$ mm 外圆处，找正夹紧 （2）车端面，取总长 （3）钻中心孔	175
5. 车 *B* 端台阶外圆	（1）一夹一顶装夹，夹持长度约 30 mm，车外圆 $\phi41$ mm × 49.5 mm 至尺寸要求（分三次进给车削，第一刀车至 $\phi46$ mm，第二刀车至 $\phi42$ mm） （2）倒角	49.5 ± 0.1 $\phi41 \pm 0.1$

〔操作提示〕

一夹一顶装夹工件时的注意事项

1. 后顶尖的中心线应与车床主轴轴线重合，否则车出的工件会产生锥度。

2. 在不影响车刀切削的前提下，尾座套筒伸出长度应尽量短些，以提高刚度，减少振动。

3. 中心孔的形状应正确，表面粗糙度值要小。装入顶尖前，应清除中心孔内的切屑或异物。

4. 当后顶尖用固定顶尖时，由于中心孔与顶尖间的摩擦为滑动摩擦，故应在中心孔内加入润滑脂，以减小摩擦。

5. 顶尖与中心孔的配合必须松紧适宜。如果后顶尖顶得太紧，细长工件会产生弯曲变形。对于固定顶尖，会增加摩擦；对于回转顶尖，容易损坏顶尖内的轴承。如果后顶尖顶得太松，则影响定心精度，且车削时易产生振动，甚至会使工件飞出发生事故。

知识链接

一、切削力

1. 切削分力

车削时，刀具作用于工件的力称为切削力，同样，工件作用于刀具的反作用力也称为切削力。粗车时产生的切削力较大，容易对加工产生影响，故应引起重视。

切削力对加工的影响通常以切削分力来分析。切削力可分解成主切削力 F_c、背向力 F_p 和进给力 F_f 三个分力，如图 2－19 所示。

(1) 主切削力 F_c（切向力）

如图 2－20 所示，竖直向下作用于车刀的力（压力）叫作主切削力 F_c，是作用在主运动方向上的切削分力。主切削力 F_c 是引起打刀和撬弯工件的主要因素。

(2) 背向力 F_p（切深抗力）

如图 2－21 所示，若刀架螺钉没有旋紧，车刀横向进给会受到此力作用而后退（沿工件直径方向），这个使车刀向后退的力叫作背向力 F_p，也是作用在垂直于纵向进给运动方向上的切削分力。背向力 F_p 是切削时引起工件变形和振动的主要因素。

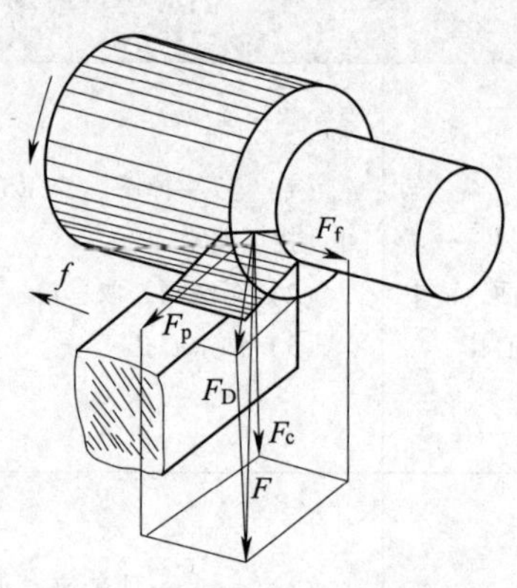

图 2－19　切削力的分解示意图

(3) 进给力 F_f

如图 2－22 所示，如果车刀仅用一个刀架螺钉旋紧，当纵向进给时，车刀会绕螺钉偏转，这个使车刀转动的力叫作进给力 F_f，是作用在进给运动方向上的切削分力。进给力 F_f 是工件未夹牢时产生轴向位移的主要因素。

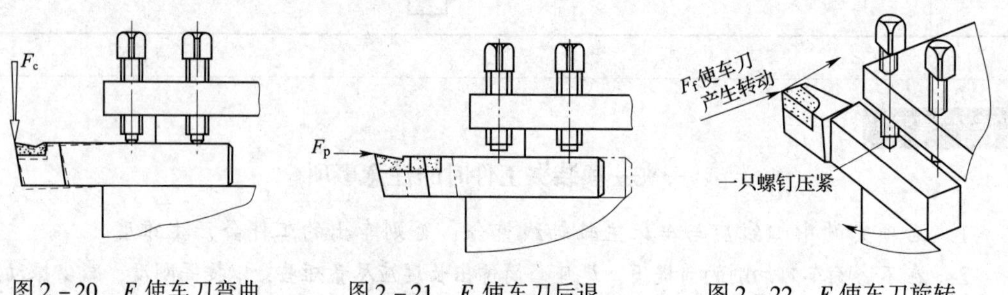

图 2－20　F_c 使车刀弯曲　　图 2－21　F_p 使车刀后退　　图 2－22　F_f 使车刀旋转

2. 影响切削力的主要因素

切削力的大小与工件材料、车刀角度和切削用量等因素有关。

(1) 工件材料

工件材料的强度和硬度越高，车削时的切削力就越大。

(2) 主偏角 κ_r

从图 2－19 可以看出，主偏角变化使切削分力 F_D 的作用方向改变，当 κ_r 增大时，F_p 减小，F_f 增大。

(3) 前角 γ_o

增大车刀的前角，车削时的切削力就减小。

(4) 背吃刀量 a_p 和进给量 f

一般车削时，当 f 不变，a_p 增大一倍时，F_c 也成倍增大；而当 a_p 不变，f 增大一倍时，F_c 增大 70%～80%。背吃刀量过大易造成“闷车”现象。

二、切削液

切削液又叫冷却润滑液，是在切削过程中为了改善切削效果而使用的液体。

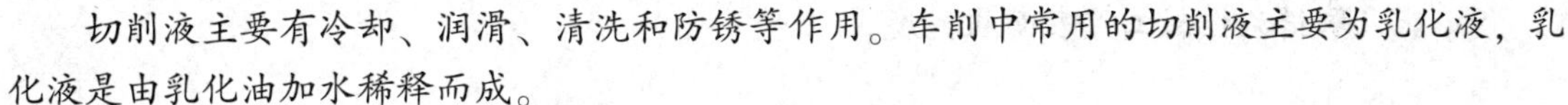

切削液主要有冷却、润滑、清洗和防锈等作用。车削中常用的切削液主要为乳化液，乳化液是由乳化油加水稀释而成。

〔操作提示〕

使用切削液时应注意的事项

（1）切削液必须浇注在切削区域（见图2－23），因为该区域是切削热源。

（2）用硬质合金车刀切削时，一般不加切削液。如果使用切削液必须一开始就连续充分地浇注，否则硬质合金刀片会因骤冷而产生裂纹。

（3）控制好切削液的流量。流量太小或断续使用都起不到应有的作用；流量太大则会造成切削液的浪费。

（4）因切削液会造成对环境的污染，应尽量不用或少用，或尽量使用环保型的切削液。

加注切削液可以采用浇注法和高压冷却法。浇注法（见图2－24a）是一种简便易行、应用广泛的方法，一般车床均有这种冷却系统。高压冷却法（见图2－24b）是以较高的压力和流量将切削液喷向切削区域，这种方法一般在半封闭加工或车削难加工材料时采用。

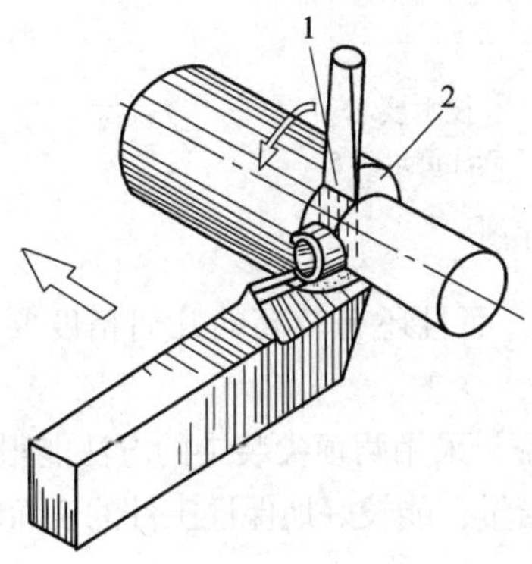

图2－23　切削液浇注的区域

1—切削液喷嘴　2—过渡表面

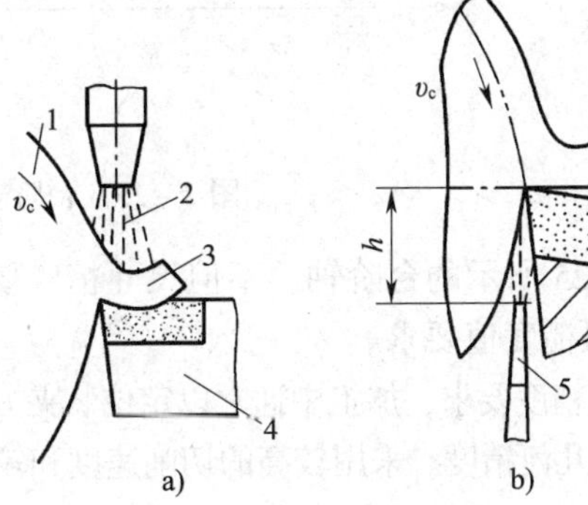

图2－24　加注切削液的方法

a）浇注法　b）高压冷却法

1—工件　2—切削液　3—切屑　4—车刀　5—喷嘴

任务三　精车台阶轴

学习目标

1．掌握用两顶尖装夹工件的方法。
2．会选择精车时的切削用量。
3．掌握用百分表检测台阶轴几何精度的方法。
4．能分析车削轴类工件时产生废品的原因。

5．能采取措施控制工件表面粗糙度。

工作任务

将半成品（已经过粗车的台阶轴）按图 2－25 完成全部加工。

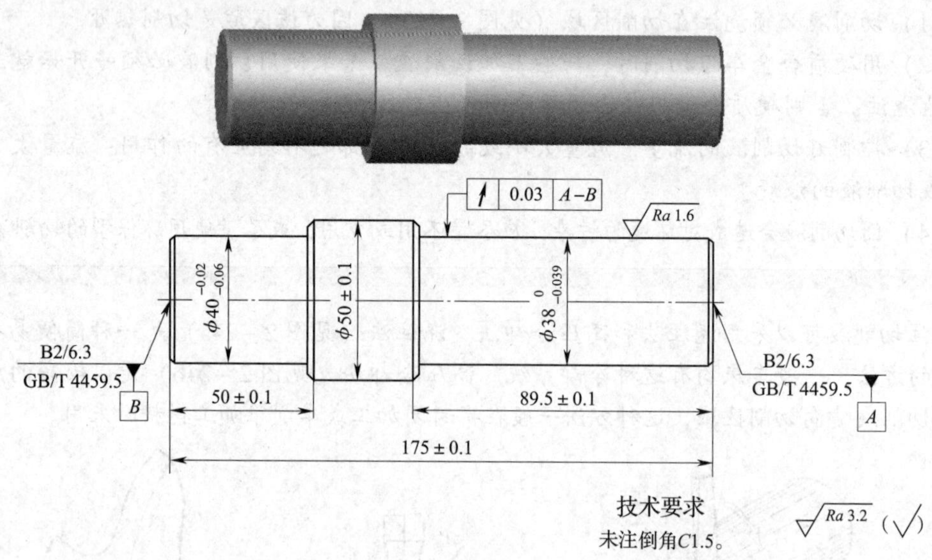

图 2－25　台阶轴精车工序图

如图 2－25 所示的台阶轴，不但尺寸精度要求较高，而且还有较高的几何精度要求以及较小的表面粗糙度值要求。

对于几何精度要求，加工中通常以定位装夹方法来保证。采用两顶尖装夹的方法能很好地保证轴类工件的几何精度。采用较高的切削速度和较小的进给量，能较好地保证工件的表面质量。

相关知识

一、用两顶尖装夹工件

1．装夹形式

用两顶尖装夹工件如图 2－26 所示，工件由前顶尖和后顶尖定位，用鸡心夹头夹紧并由卡爪带动鸡心夹拨杆和工件同步转动。

2．适用场合

两顶尖装夹适用于装夹轴类工件或必须经过多次装夹才能完成加工的工件，以及工序较多、在车削后还要铣削或磨削的工件。

3．装夹特点

采用两顶尖装夹工件的优点是装夹方便，不需找正，装夹精度高；其缺点是装夹刚度低，影响切削用量的提高。

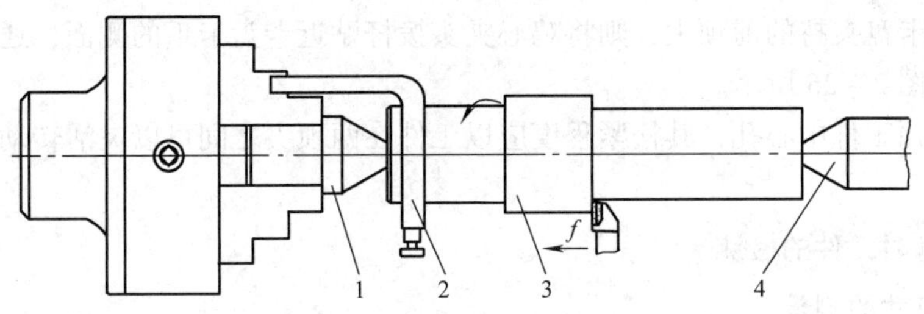

图 2－26 用两顶尖装夹工件

1—前顶尖 2—鸡心夹头 3—工件 4—后顶尖

4. 前顶尖

前顶尖分为装夹在主轴锥孔内的前顶尖和在卡盘上夹持的前顶尖两种，如图 2－27 所示。工作时前顶尖随同工件一起旋转，与中心孔无相对运动，不产生摩擦。

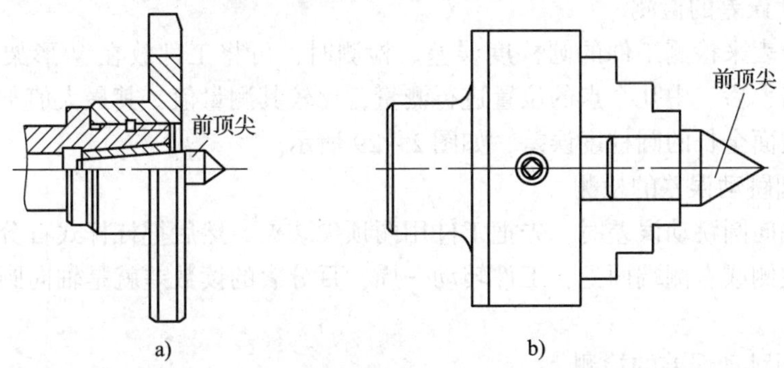

图 2－27 前顶尖

a）主轴锥孔内的前顶尖 b）在卡盘上夹持的前顶尖

5. 鸡心夹头

用鸡心夹头和前顶尖装夹工件时，靠鸡心夹头 4 和紧固螺钉 1 夹紧工件 5 一端外圆处，并使夹头上的拨杆 2 伸出工件轴端，插入拨盘 3 的凹槽中，通过拨盘来带动工件回转，如图 2－28 所示。

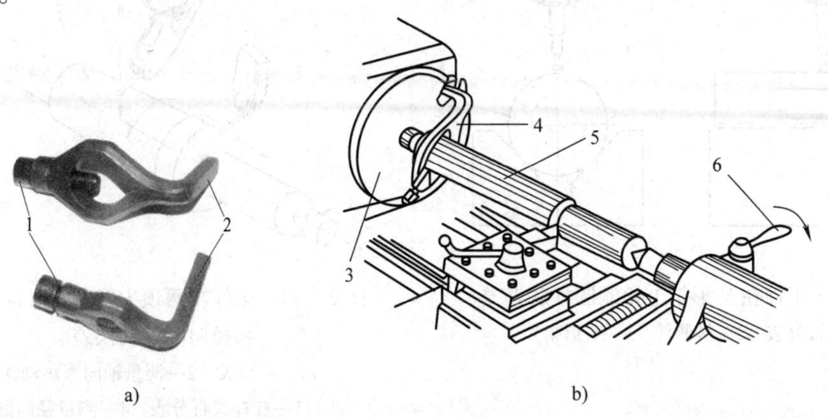

图 2－28 用拨盘带动工件转动

1—紧固螺钉 2—拨杆 3—拨盘 4—鸡心夹头 5—工件 6—尾座锁紧手柄

如果是用卡盘夹持的前顶尖，则将鸡心夹头拨杆贴近卡盘卡爪的侧面，通过卡盘来带动工件回转，如图 2－26 所示。

后顶尖支顶工件中心孔，其松紧程度应以工件在两顶尖之间可以灵活转动而又没有轴向窜动为宜。

二、精车时工件的检测

1. 长度尺寸的测量

可用游标卡尺或游标深度尺测量长度尺寸。

2. 外径尺寸的测量

可用千分尺测量外径尺寸。

3. 几何精度的检测

在生产现场，常用百分表来检测工件的几何误差。

（1）圆柱度误差的检测

一般用百分表来检测工件的圆柱度误差。检测时，可将工件放在 V 形架上，在被测表面的全长上取前、后、中几个点的位置进行测量，比较其测量值，其最大值与最小值之差的一半即为被测表面全长的圆柱度误差，如图 2－29 所示。

（2）轴向圆跳动误差的检测

检测工件轴向圆跳动误差时，先把工件用两顶尖装夹，然后把杠杆式百分表的圆测头靠在需要测量的左侧或右侧端面上，工件转动一周，百分表的读数差就是轴向圆跳动误差，如图 2－30 所示。

（3）径向圆跳动误差的检测

检测一般轴类工件的径向圆跳动误差时，可将工件用两顶尖装夹，用杠杆式百分表来检测。工件转一周时，百分表所测得的读数差就是径向圆跳动误差，如图 2－30 所示。

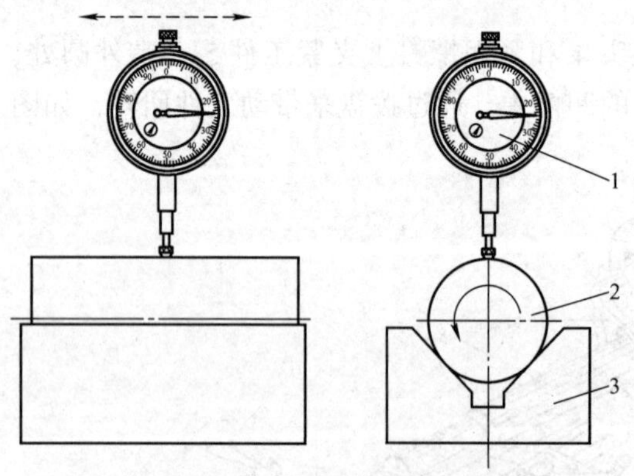

图 2－29　工件在 V 形架上检测圆柱度误差

1—百分表　2—被测件　3—V 形架

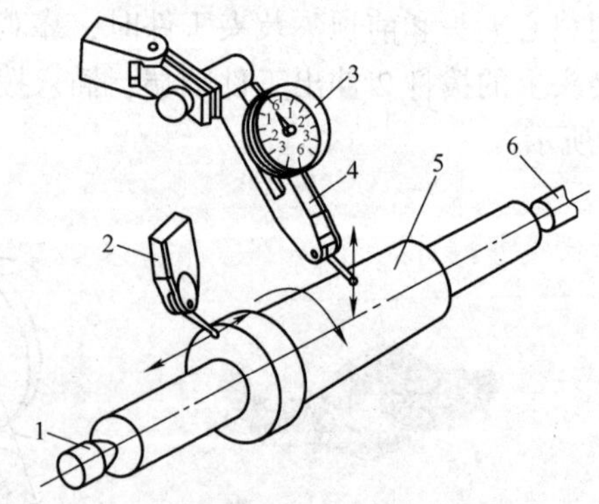

图 2－30　工件在两顶尖间测量轴向圆跳动和径向圆跳动误差

1、6—顶尖　2—测量轴向圆跳动误差　3—杠杆式百分表　4—测量径向圆跳动误差　5—工件

三、百分表

百分表是一种指示式量仪，常用的百分表有钟表式和杠杆式两种，如图 2 - 31 所示。

1. 钟表式百分表（见图 2 - 31a）

大分度盘一格的分度值为 0.01 mm，沿圆周共有 100 小格。当大指针沿大分度盘转过 1 周时，小指针转过 1 格，测量头移动 1 mm，因此，小分度盘 1 格的分度值为 1 mm。钟表式百分表常用测量范围有 0 ~ 3 mm、0 ~ 5 mm 和 0 ~ 10 mm。测量时，测量头移动的距离等于小指针的读数（整数部分）加上大指针的读数（小数部分）。

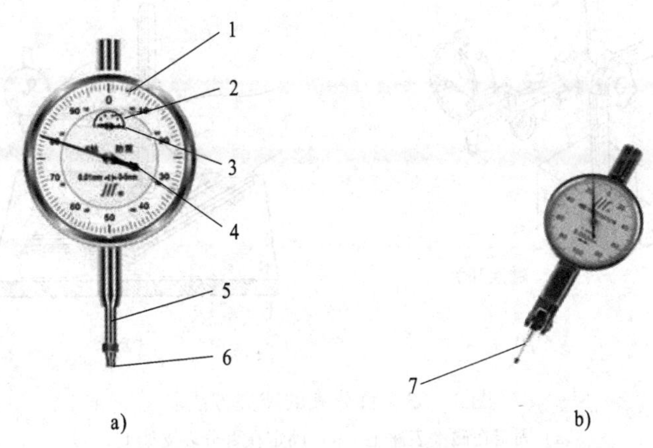

图 2 - 31 百分表

a）钟表式百分表 b）杠杆式百分表

1—大分度盘 2—小分度盘 3—小指针 4—大指针

5—测量杆 6—测量头 7—球面测杆

2. 杠杆式百分表

杠杆式百分表是利用杠杆齿轮放大的原理制成的，其体积较小，如图 2 - 31b 所示。由于杠杆式百分表的球面测杆可以根据测量需要改变位置，因此使用灵活、方便。

杠杆式百分表表面上 1 格的分度值为 0.01 mm，测量范围为 0 ~ 0.8 mm。

3. 数显百分表

新式的钟表式百分表用数字计数器计数和读数，又称为数显百分表，如图 2 - 32 所示。

图 2 - 32 数显百分表

数显百分表可在其测量范围内任意给定位置，按动表体上的置零钮使显示屏上的读数置零，然后直接读出被测工件尺寸的正、负偏差值。保持钮可以使其正、负偏差值保持不变。

数显百分表的测量范围为 0 ~ 30 mm，分辨率为 0.01 mm。其特点是体积小，质量小，功耗小，测量速度快，结构简单，便于实现机电一体化，且对环境要求不高。

〔操作提示〕

使用百分表时的注意事项

1. 百分表应固定在磁性表座或百分表支架上使用，表架的接头即伸缩杆，可以调节百分表的上下、前后、左右位置。如图 2－33 所示为百分表的装夹方法。表架要放稳，以免百分表掉落摔坏。使用磁性表座时要注意表座的旋钮位置。

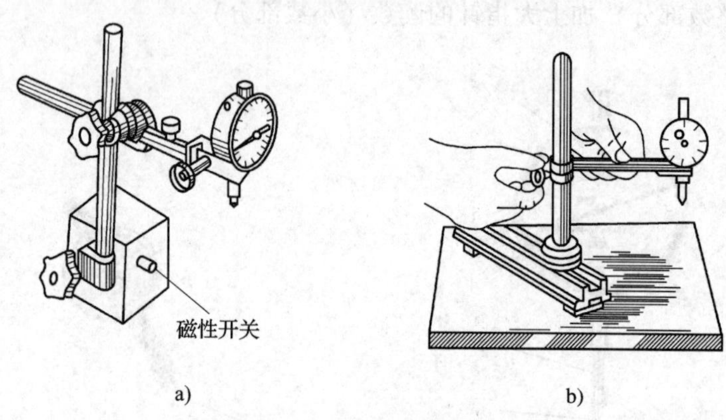

图 2－33　百分表的装夹方法

a）固定在磁性表座上　b）固定在百分表支架上

2. 测量前，应转动罩壳使表的长指针对准“0”刻线。

3. 测量杆的行程不要超出示值范围，以免损坏表内零件。

4. 提压测量杆的次数不要过多，距离不要过大，以免损坏机件、加剧零件磨损。

5. 测量平面或圆形工件时，钟表式百分表的测头应与平面垂直或与圆柱形工件的中心线垂直，否则百分表测量杆移动不灵活，测量结果不准确，如图 2－34 所示为用百分表检测工件外圆跳动误差时的测头位置。

6. 为避免剧烈振动和碰撞，不要使测量头突然撞击被测表面，以防止测量杆产生弯曲变形，更不能敲打表的任何部分。

7. 严防水、油、灰尘等进入表内，不要随便拆卸表的后盖。百分表使用完毕要擦净放回盒内，使测量杆处于自由状态，以免表内弹簧失效。

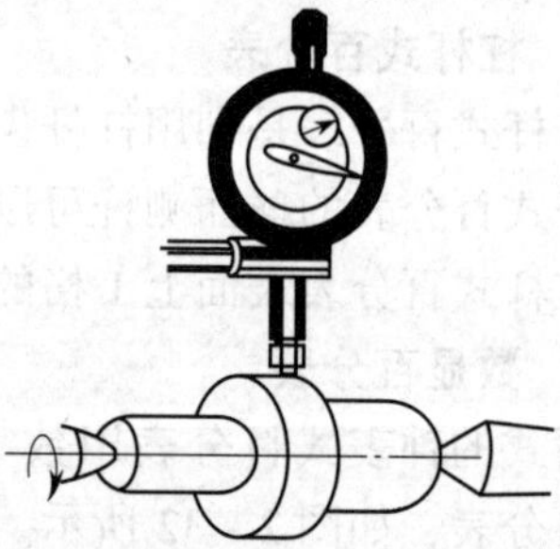

图 2－34　用百分表检测工件外圆跳动误差时的测头位置

知识链接

一、积屑瘤

精车时，表面粗糙度达不到要求的主要原因之一是积屑瘤的影响。

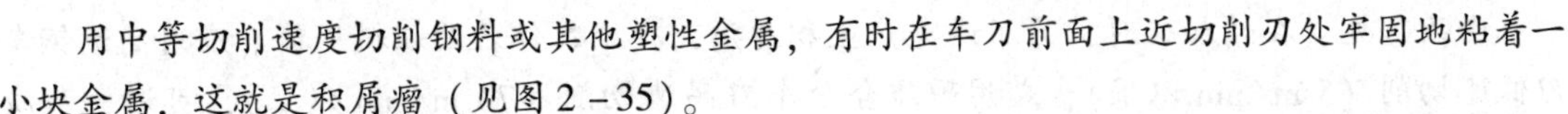

用中等切削速度切削钢料或其他塑性金属，有时在车刀前面上近切削刃处牢固地粘着一小块金属，这就是积屑瘤（见图 2－35）。

1. 积屑瘤的形成

切削过程中，由于金属的变形和摩擦，使切屑和车刀前面之间产生很大的压力和很高的温度。当温度（切削中碳钢时 300 °C 左右）和压力条件适当时，切屑和前面之间产生很大的摩擦力（尤其当前面表面粗糙度值较大时，摩擦力就更大）。当摩擦力大于切屑内部的结合力时，切屑底层的一部分金属就黏结在前面上靠近切削刃处，形成积屑瘤。

由于切屑底层的一部分金属与前面的黏结还未达到焊接的熔化温度，因此，这种现象也可称为“冷焊”现象。

2. 积屑瘤对加工的影响

(1) 保护刀具

积屑瘤的硬度为工件材料硬度的 2～3 倍，好像一个刃口圆弧半径较大的楔块，能代替切削刃进行切削，减少了刀具的磨损。

(2) 增大实际前角

积屑瘤的存在使刀具实际前角 $\gamma_{瘤}$ 可增大至 30°～35°（见图 2－36），进而减少了切屑的变形，降低切削力。

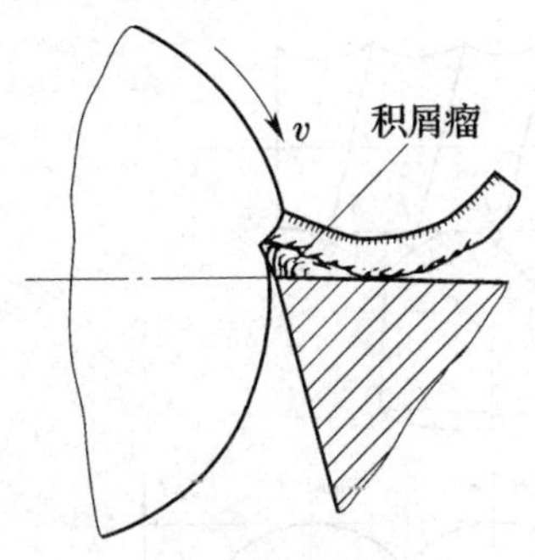

图 2－35　积屑瘤

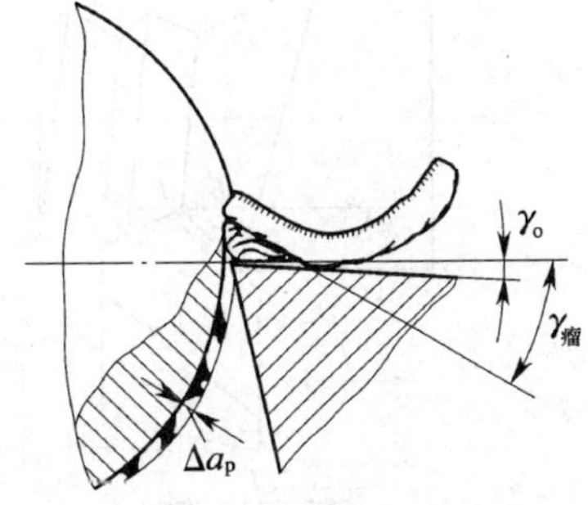

图 2－36　积屑瘤对加工的影响

(3) 影响工件表面质量和尺寸精度

积屑瘤通常是不稳定的。它时大时小，时长时灭，在切削过程中，一部分积屑瘤被切屑带走，一部分嵌入工件已加工表面，使工件表面形成硬点和毛刺，表面粗糙度值变大。同时，积屑瘤的产生也会改变切削深度，进而影响工件的尺寸精度。

一般来说，积屑瘤对粗加工是有利的，而精加工则应尽量避免其产生。

3. 影响积屑瘤的主要因素

影响积屑瘤产生的因素有很多，如工件材料、切削速度、刀具前角、前面的表面粗糙度和切削液等。切削速度对积屑瘤的形成影响最大。

用中等切削速度（15～30 m/min）切削塑性金属材料时，切削温度约为 300 ℃，切屑底层金属塑性增加，切屑与前面接触面增大，摩擦因数最大，最易产生积屑瘤。

切削速度达到 70 m/min 以上时，切削温度很高，切屑底层金属变软，摩擦因数明显下降，一般不会产生积屑瘤。

低速切削（5 m/min 以下）时，切削温度达不到冷焊温度，不会产生积屑瘤。

由此可见，在精加工时，为了避免产生积屑瘤，减小工件表面粗糙度值，应用高速钢车刀低速切削（5 m/min 以下），或用硬质合金车刀高速切削（70 m/min 以上），可避免和减少积屑瘤的产生。

此外，增大前角 γ_o，减小进给量 f，减小前面的表面粗糙度值和注入充足的切削液，都可减少积屑瘤的产生。

二、工件表面粗糙度的控制

工件的质量包括尺寸精度、几何精度和表面粗糙度。精车时，保证工件表面粗糙度要求，是体现车削加工技术的主要方面之一。

1. 影响表面粗糙度的因素

生产中若发现工件表面粗糙度达不到要求，应通过观察分析表面粗糙度值大的现象，采取相应措施去解决。影响工件表面粗糙度的因素有以下几点：

（1）残留面积

工件上的已加工表面是由刀具主、副切削刃切削后形成的。刀具切削刃在已加工表面上留下的痕迹如图 2－37 所示。这些在已加工表面上未被切去部分的截面积，称为残留面积。残留面积越大，高度越高，则表面粗糙度值越大。

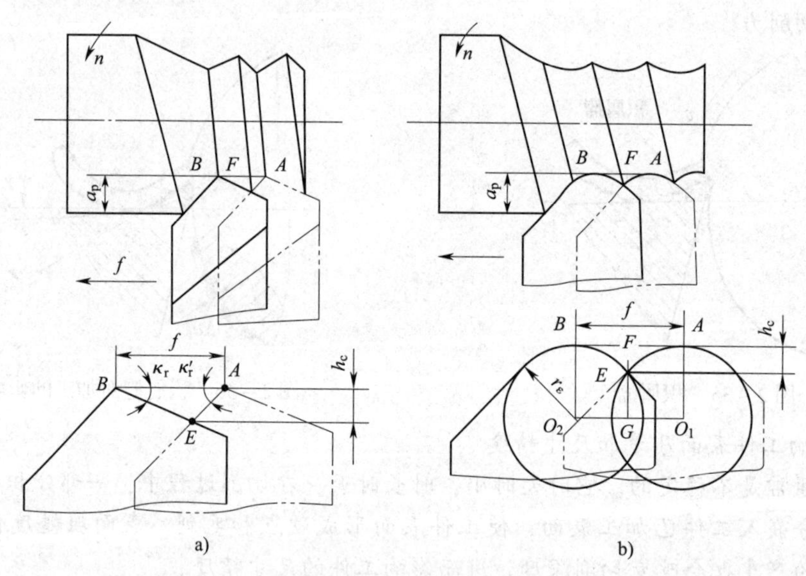

图 2－37　残留面积

从图 2－37 可以看出，进给量 f、刀具主偏角 κ_r、副偏角 κ_r'和刀尖圆弧半径 r_ε，都影响残留面积的高度。

此外，切削刃的表面粗糙度值大也会复映在工件已加工表面上。而且切削时，切削刃还会将残留部分挤歪。因此，实际的残留面积高度比理论值大。

（2）积屑瘤

用中等切削速度切削塑性金属产生积屑瘤后，因积屑瘤既不规则又不稳定，一方面其不规则部分代替切削刃切削，留下深浅不一的痕迹；另一方面一部分脱落的积屑瘤嵌入已加工表面，形成硬点和毛刺，表面粗糙度值变大。

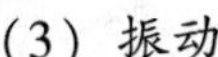

(3) 振动

刀具、工件或机床部件产生周期性的振动会使已加工表面出现周期性的振纹，使表面粗糙度值明显变大。

2. 减小工件表面粗糙度值的方法

(1) 减小残留面积高度

车削时，如果因工件表面刀痕明显，即残留面积高度高（见图2－38a），而造成表面粗糙度值大，可采取以下措施改善：

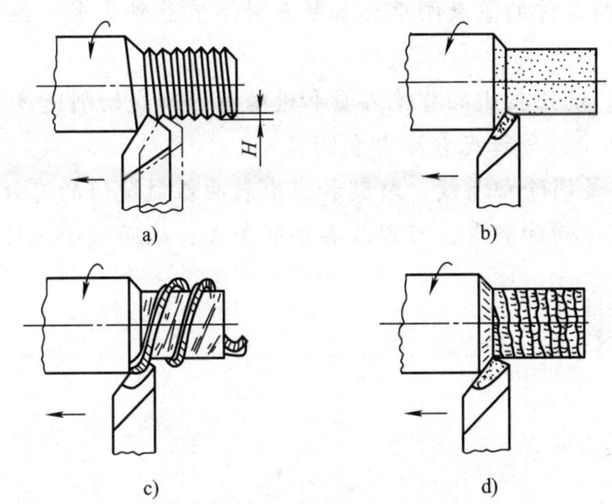

图2－38 常见表面粗糙度值大的现象

a）残留面积 b）毛刺 c）切屑拉毛 d）振纹

1）减小主偏角和副偏角。减小主偏角会使背向力 F_p 增大，若工艺系统刚度低，会引起振动。一般情况下，减小副偏角对减小表面粗糙度值效果较明显。

2）增大刀尖圆弧半径。如果机床刚度不足，刀尖圆弧半径 r_ε 过大会使背向力 F_p 增大而产生振动，反而使表面粗糙度值变大。

3）减小进给量。进给量 f 是影响表面粗糙度最显著的一个因素，进给量 f 越小，残留面积高度越小。

(2) 防止工件表面产生毛刺

工件表面毛刺（见图2－38b）一般是由于积屑瘤而引起的，可用改变切削速度的方法来控制积屑瘤的产生。如果用高速钢车刀车削，应降低切削速度（$v_c<3$ m/min），并加注切削液；用硬质合金车刀车削时，应提高切削速度（$v_c>70$ m/min），不易产生积屑瘤。另外应尽量减小车刀前、后面的表面粗糙度值。

(3) 避免磨损亮斑

车削工件时，若已加工表面出现亮斑或亮点，同时切削时有噪声，说明刀具已严重磨损。这是由于刀面对工件已加工表面的挤压造成的。

(4) 防止切屑拉毛加工表面

被切屑拉毛的工件表面一般会出现无规则的很浅的痕迹，如图2－38c所示。这时，应选用正值刃倾角的车刀，使切屑流向工件待加工表面，并采取卷屑或断屑措施。

(5) 防止和消除振纹

切削时，工件表面有时会出现周期性的横向或纵向振纹（见图 2－38d）。防止和消除振纹可从以下几方面入手：

1) 机床方面。调整车床主轴间隙，提高轴承精度；调整滑板镶条，使间隙小于0.04 mm，并使其移动平稳、轻便。

2) 刀具方面。合理选择刀具几何参数，经常刃磨车刀以保持切削刃光滑和锋利；提高刀具的装夹刚度。

3) 工件方面。提高工件的装夹刚度，如装夹时不宜悬伸太长，细长轴应采用中心架或跟刀架支撑等。

4) 切削用量方面。选用较小的背吃刀量和进给量，改变切削速度。

(6) 合理选用切削液，保证充分冷却和润滑

选用合适的切削液是消除积屑瘤、鳞刺和减小表面粗糙度值的有效方法。车削时，合理选用切削液并保证充分冷却和润滑，可以改善切削条件，从而减小工件的表面粗糙度值。

任务实施

一、准备工作

1. 工件毛坯

按图 2－14 所示检查经过粗车的半成品，看其尺寸是否留出精加工余量，几何精度是否达到要求。

2. 工艺装备

普通车床（配三爪自定心卡盘），前、后顶尖，鸡心夹头，0.02 mm/0～150 mm 游标卡尺，25～50 mm 千分尺，百分表，45°车刀，90°精车刀。

二、车削步骤

台阶轴精车操作步骤见表 2－5。

表 2－5　台阶轴精车操作步骤

操作步骤	操作步骤内容	图示
1. 修研中心孔	(1) 用三爪自定心卡盘夹住油石的圆柱部分 (2) 在顶尖与油石间装夹已粗车的工件 (3) 主轴低速旋转，手握工件分别修研两端中心孔	

续表

操作步骤	操作步骤内容	图示
2. 车削前顶尖	（1）用活扳手将小滑板转盘上的前、后螺母松开 （2）将小滑板逆时针方向转动30°，使小滑板上的基准“0”线与30°刻线对齐，然后锁紧转盘上的螺母 （3）用双手配合，均匀且不间断地转动小滑板手柄，手动进给分层车削前顶尖锥面（车刀应对准中心高） （4）再将转盘上的螺母松开，将小滑板恢复到原来位置后紧固	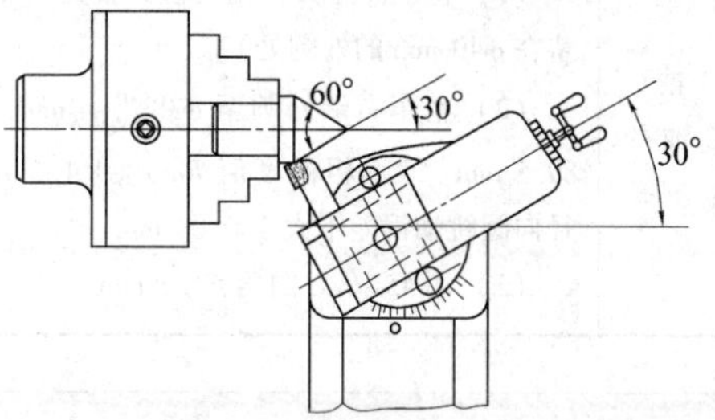 60°　30°　30° 车削前顶尖
3. 在两顶尖间装夹工件	（1）用鸡心夹头夹紧台阶轴右端ϕ39 mm的外圆处，并使夹头的拨杆伸出工件轴端 （2）根据工件长度调整好尾座的位置并紧固 （3）将夹有夹头一端工件的中心孔放置在前顶尖上，并使夹头的拨杆贴近卡盘的卡爪侧面 （4）同时用右手摇动尾座手轮，使后顶尖顶入工件中心孔 （5）支顶合适后将尾座套筒的固定手柄压紧	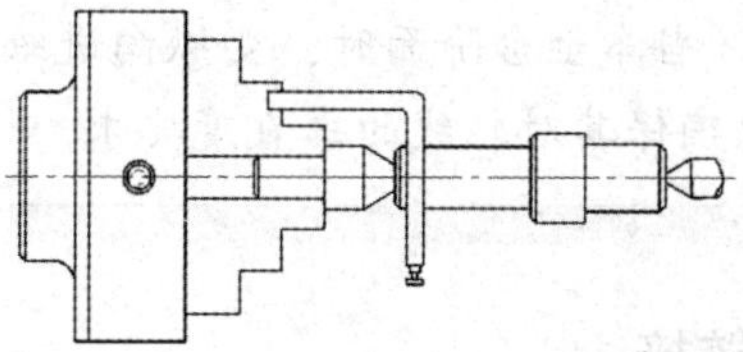
4. 精车台阶轴的左端	（1）选取背吃刀量a_p = 0.48 mm，进给量f = 0.1 ~ 0.2 mm/r，转速n = 500 r/min （2）将90°车刀调整至工作位置，精车ϕ（50 ± 0.1）mm的外圆，表面粗糙度值Ra达到3.2 μm （3）精车左端外圆$\phi40^{-0.02}_{-0.06}$ mm，长度为（50 ± 0.1）mm，表面粗糙度值Ra达到3.2 μm，圆柱度误差不大于0.015 mm （4）用45°车刀倒角C1.5 mm	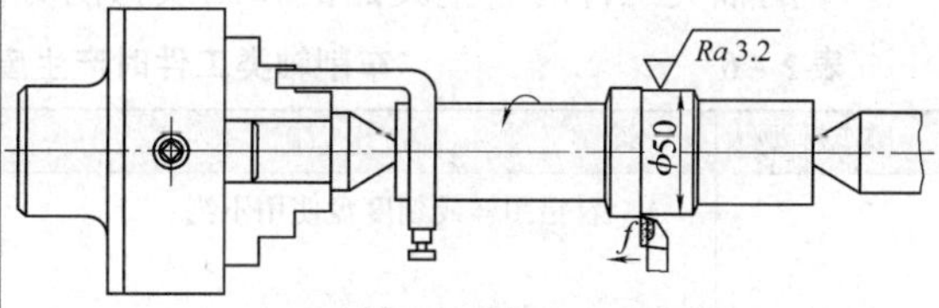 Ra 3.2　ϕ50　f 精车ϕ（50 ± 0.1）mm外圆 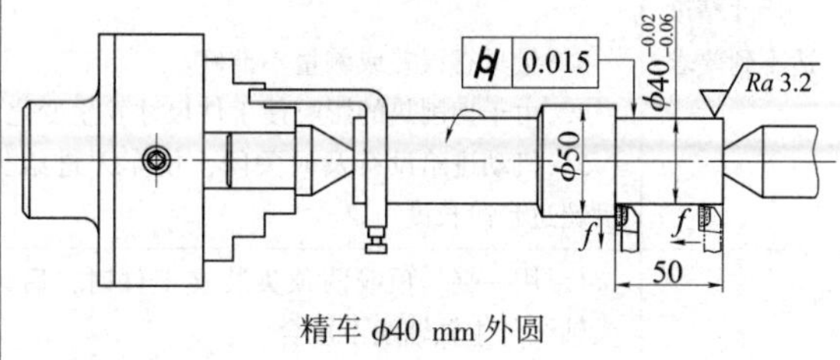 0.015　$\phi40^{-0.02}_{-0.06}$　Ra 3.2　ϕ50　f　f　50 精车ϕ40 mm外圆 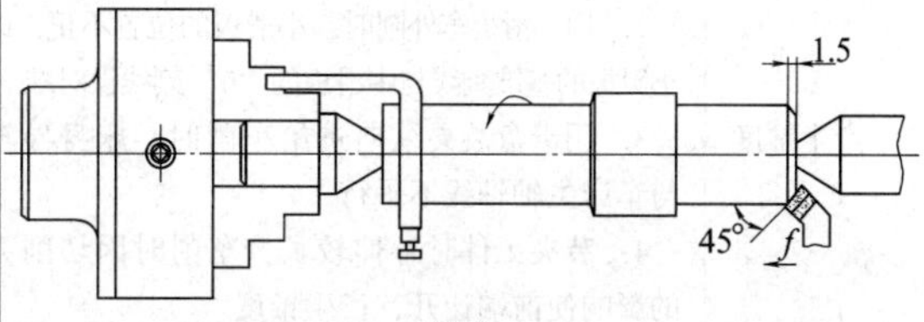 1.5　45°　f 倒角

续表

操作步骤	操作步骤内容	图示
5. 精车台阶轴的右端	（1）将工件掉头，用两顶尖装夹（铜皮垫在 $\phi40$ mm 的外圆处） （2）精车右端外圆至 $\phi38_{-0.039}^{0}$ mm，长 89.5 mm，表面粗糙度值 Ra 达到 1.6 μm，径向圆跳动误差不大于 0.03 mm （3）用45°车刀倒角 $C1.5$ mm	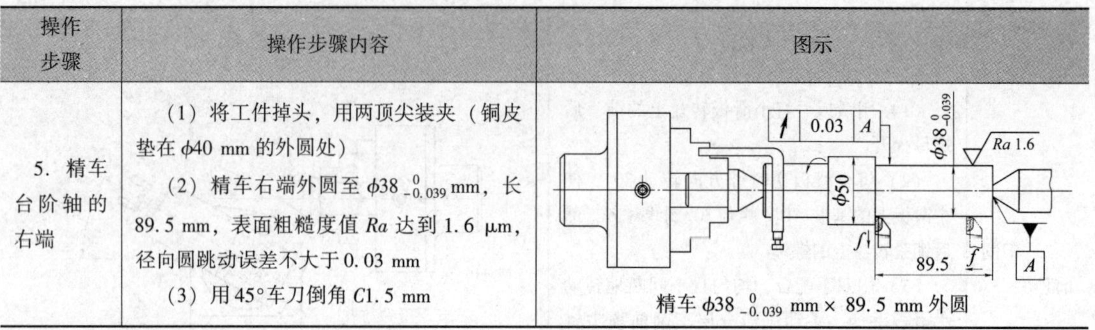精车 $\phi38_{-0.039}^{0}$ mm × 89.5 mm 外圆

〔操作提示〕

1. 鸡心夹头必须牢靠地夹住工件，以防止车削时移动、打滑，损坏工件和车刀。
2. 注意安全，防止鸡心夹头钩住工作服伤人。
3. 精车台阶时，应在机动进给精车外圆至接近台阶处时改为手动进给。
4. 当车至台阶面时，变纵向进给为横向进给，移动中滑板由里向外慢慢精车台阶平面，以确保其对轴线的垂直度要求。

知识链接

轴类工件的车削质量分析

车削轴类工件时产生废品的原因及预防方法见表 2－6。

表 2－6　　车削轴类工件时产生废品的原因及预防方法

废品种类	产生原因	预防方法
尺寸精度达不到要求	1. 看错图样或刻度盘使用不当 2. 没有进行试车削 3. 量具有误差或测量不准确 4. 由于切削热的影响使工件尺寸发生变化 5. 机动进给没有及时关闭，使车刀进给长度超过台阶长度	1. 必须看清楚图样的尺寸要求，正确使用刻度盘，看清楚刻度值 2. 根据加工余量算出背吃刀量，进行试车削，然后修正背吃刀量 3. 量具使用前必须检查和调整零位，正确掌握测量方法 4. 不能在工件温度较高时测量 5. 注意及时关闭机动进给，或提前关闭机动进给，再手动进给到所要求的长度尺寸
产生锥度	1. 用一夹一顶或两顶尖装夹工件时，后顶尖轴线与主轴轴线不重合 2. 用小滑板车外圆时，小滑板的位置不正，即小滑板的基准刻线与中滑板的“0”刻线没对准 3. 用卡盘装夹纵向进给车削时，床身导轨与车床主轴轴线不平行 4. 装夹工件时悬伸较长，车削时因切削力的影响使前端让开，产生锥度 5. 车刀中途逐渐磨损	1. 车削前必须检查尾座，若有偏移则进行调整 2. 检查小滑板转盘的基准刻线是否对“0”，若没有对准则进行调整 3. 检查车床主轴，其轴线应与床身导轨平行，否则应进行调整 4. 尽量减小工件的悬伸长度，或采用后顶尖支顶，以提高装夹刚度 5. 选用合适的刀具材料

续表

废品种类	产生原因	预防方法
圆柱度超差	1. 车床主轴轴承间隙太大 2. 毛坯余量不均匀，车削过程中背吃刀量变化太大 3. 工件用两顶尖装夹时，中心孔接触不良，或后顶尖顶得不紧，或前、后顶尖产生径向跳动	1. 车削前检查主轴轴承间隙，并进行调整。如主轴轴承磨损严重，则需更换 2. 经半精车后再精车 3. 工件用两顶尖装夹时必须松紧适当，若顶尖产生径向跳动，应及时修复或更换
表面粗糙度达不到要求	1. 车床刚度不够，如滑板镶条太松，传动零件（如带轮）不平衡或主轴太松引起振动 2. 车刀刚度不够或伸出太长引起振动 3. 工件刚度不够引起振动 4. 车刀几何参数不合理，如选用过小的前角、后角和主偏角等；或车刀严重磨损 5. 切削用量选用不当	1. 消除或防止由于车床刚度不足而引起的振动（如调整车床各部分的间隙等） 2. 提高车刀刚度及正确装夹车刀 3. 提高工件的装夹刚度 4. 选用合理的车刀几何参数（如适当增大前角，选择合理的后角和主偏角等）；重磨车刀 5. 进给量不宜太大，精车余量和切削速度应选择恰当

任务四 车槽（切断）

学习目标

1. 了解沟槽的种类。
2. 掌握车槽刀和切断刀的几何参数及刃磨要求。
3. 掌握车槽刀的装夹方法。
4. 掌握车沟槽的方法及沟槽的检测。

工作任务

按图 2－39 所示的台阶轴车槽工序图，将外沟槽车至要求。

工件上的槽一般安排在半精车之后进行加工。对于刚度较高的工件，可安排在精车后进行。

如图 2－39 所示的台阶轴已经过粗车和精车，由于台阶轴右端面对两端中心孔的轴向圆跳动公差为 0.02 mm，要求较高，而工件的刚度也较高，因此，可在精车外圆之后再加工外沟槽。

（1）车削该外沟槽时可选用高速钢车槽刀。该沟槽宽度较窄，精度要求一般，因此，可将车槽刀的主切削刃宽度刃磨成与工件槽宽相等，即 $a = 3$ mm。在刃磨车槽刀两侧的副后面时，必须使两副切削刃、两副后角和两副偏角对称，刃磨难度较大。

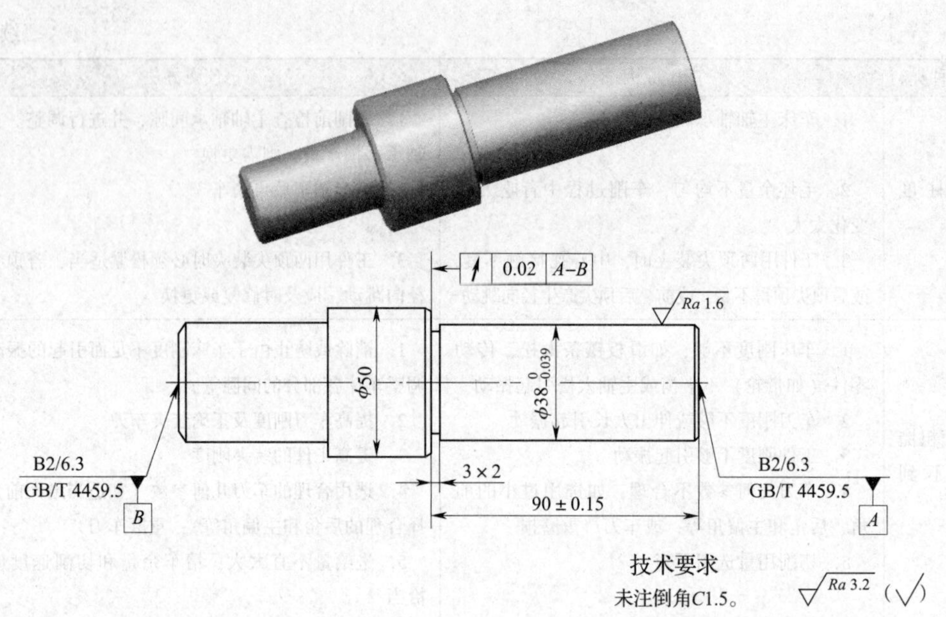

图 2－39　台阶轴车槽工序图

（2）车槽时采用两顶尖装夹，一次直进车出。由于沟槽宽度较窄，在选择车槽刀的几何参数和切削用量时要特别注意保证车槽刀的刀头强度。

相关知识

用车削方法加工工件的沟槽称为车槽。

一、沟槽的种类

常见的外沟槽有外圆沟槽、45°轴肩槽、外圆端面轴肩槽和圆弧轴肩槽等，如图 2－40 所示。

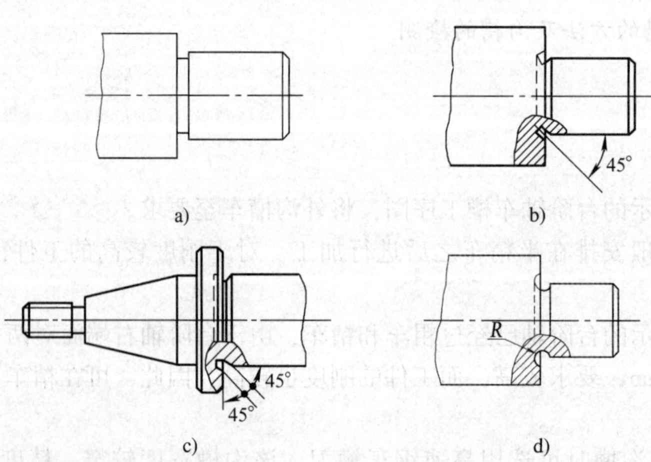

图 2－40　常见的外沟槽

a）外圆沟槽　b）45°轴肩槽　c）外圆端面轴肩槽　d）圆弧轴肩槽

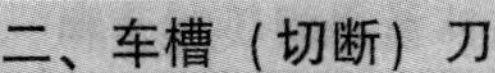

二、车槽（切断）刀

按切削部分的材料不同，车槽（切断）刀分为高速钢车槽（切断）刀和硬质合金车槽（切断）刀两种。

1. 高速钢车槽（切断）刀

(1) 高速钢车槽（切断）刀的几何形状

高速钢车槽（切断）刀的几何形状如图 2－41 所示。高速钢车槽（切断）刀几何参数的选择原则见表 2－7。

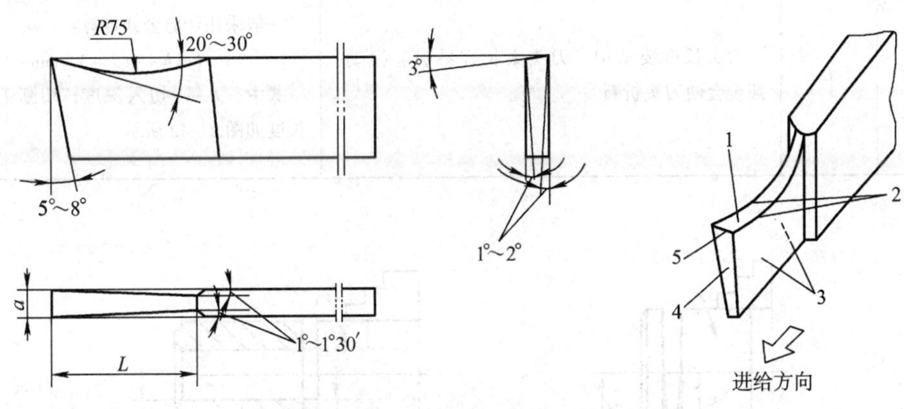

图 2－41　片状高速钢车槽（切断）刀

1—前面　2—副切削刃　3—副后面　4—主后面　5—主切削刃

表 2－7　　高速钢车槽（切断）刀几何参数的选择原则

几何参数	符号	作用和要求	数据和公式
主偏角	κ_r	车槽刀以横向进给为主	$\kappa_r = 90°$
副偏角	κ_r'	车槽刀的两个副偏角必须对称，其作用是减小副切削刃与工件已加工表面间的摩擦	$\kappa_r' = 1° \sim 1°30'$
前角	γ_o	前角增大能使车刀刃口锋利，切削省力，并使切屑顺利排出	车削中碳钢工件时，取 $\gamma_o = 20° \sim 30°$；车削铸铁工件时，取 $\gamma_o = 0° \sim 10°$
后角	α_o	减小车槽刀主后面与工件过渡表面间的摩擦	一般取 $\alpha_o = 5° \sim 8°$
副后角	α_o'	减小车槽刀副后面与工件已加工表面间的摩擦。考虑到车槽刀的刀头窄长，两个副后角应取较小	车槽（切断）刀有两个对称的副后角，取 $\alpha_o' = 1° \sim 2°$
刃倾角	λ_s	使切屑呈直线状并自动流出，然后再卷成“宝塔形”切屑，则不会堵塞在工件槽中	通常 $\lambda_s = 0°$，也可取 $\lambda_s = 3°$，一般可取左高右低

续表

几何参数	符号	作用和要求	数据和公式
主切削刃宽度	a	车狭窄的外沟槽时，将车槽刀的主切削刃宽度刃磨成与工件槽宽相等。对于较宽的沟槽，选择好车槽刀的主切削刃宽度 a，分几次车出	一般采用经验公式计算： $a\approx(0.5\sim0.6)\sqrt{d}$ 式中 d——工件直径，mm
刀头长度	L	刀头长度要适中。刀头太长容易引起振动，甚至会使刀头折断	一般采用经验公式计算： $L=h+(2\sim3)$ mm 式中 h——切入深度，切断刀的刀头长度如图2－42所示

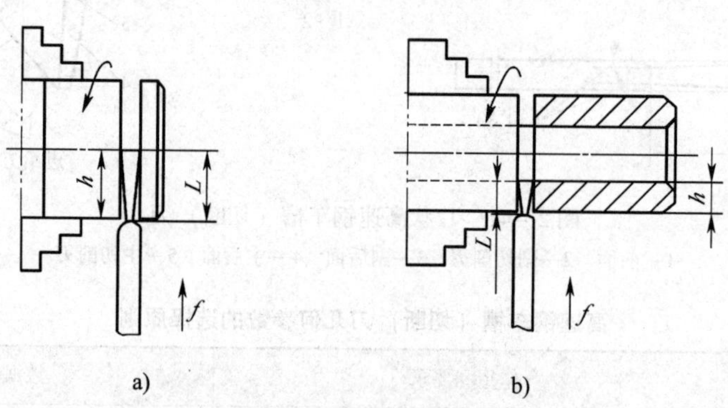

图2－42 切断刀的刀头长度

a）切断实心工件时 b）切断空心工件时

例 切断外径为36 mm，孔径为16 mm的空心工件，试计算切断刀的主切削刃宽度和刀头长度。

解 $a\approx(0.5\sim0.6)\times\sqrt{d}=(0.5\sim0.6)\times\sqrt{36}$ mm $=3\sim3.6$ mm

$$L=h+(2\sim3)=\frac{36-16}{2}+(2\sim3)\text{ mm}=12\sim13\text{ mm}$$

为了使切削顺利，在切断刀的弧形前面上磨出卷屑槽，卷屑槽的长度应超过切入深度，但卷屑槽不可过深，一般槽深为0.75～1.5 mm，否则会降低刀头强度。

（2）高速钢弹性车槽（切断）刀

车槽（切断）刀做成片状后节省了高速钢，刃磨方便，但必须装夹在弹性刀柄上方可使用，如图2－43所示为弹性车槽（切断）刀及其应用。

弹性车槽（切断）刀的优点是：当进给量过大时，弹性刀柄会因受力而产生变形，由于刀柄的弯曲中心在上面，所以刀头就会自动向后退让，从而避免了因扎刀而导致刀折断的现象。

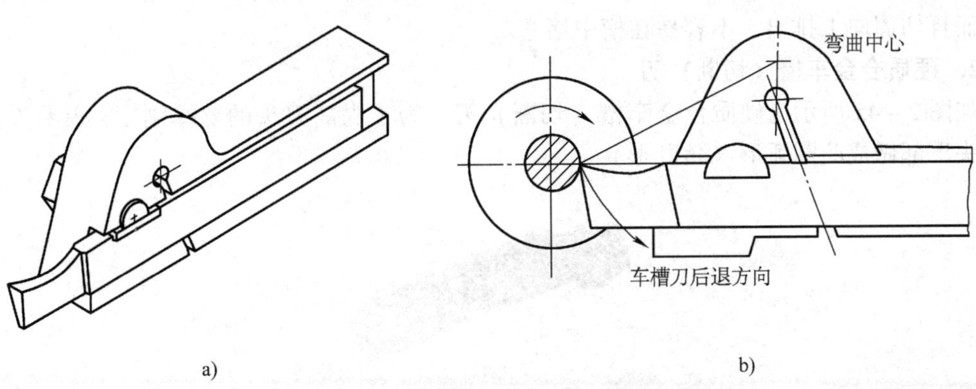

图 2－43　弹性车槽（切断）刀及其应用

a）弹性车槽刀　b）应用

（3）高速钢反切刀

若沟槽的直径较大，由于刀头较长，刚度较低，很容易产生振动，这时可采用反向切削法，即工件反转，用高速钢反切刀进行车削，如图 2－44 所示为反切刀及其应用。

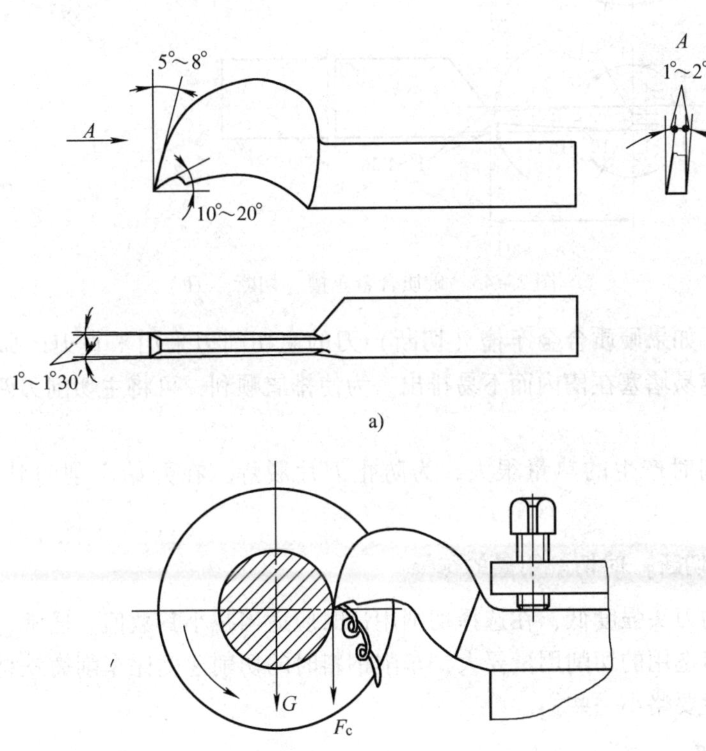

图 2－44　反切刀及其应用

a）高速钢反切刀　b）应用

反向车削时，作用在工件上的切削力 F_c 与工件重力 G 的方向一致，这样不容易产生振动，而且切屑向下排出，不容易在槽中堵塞。

2．硬质合金车槽（切断）刀

如图 2－45 所示为硬质合金车槽（切断）刀，为了提高刀头的支撑刚度，常将车槽刀的刀头下部做成凸圆弧形（鱼肚形）。

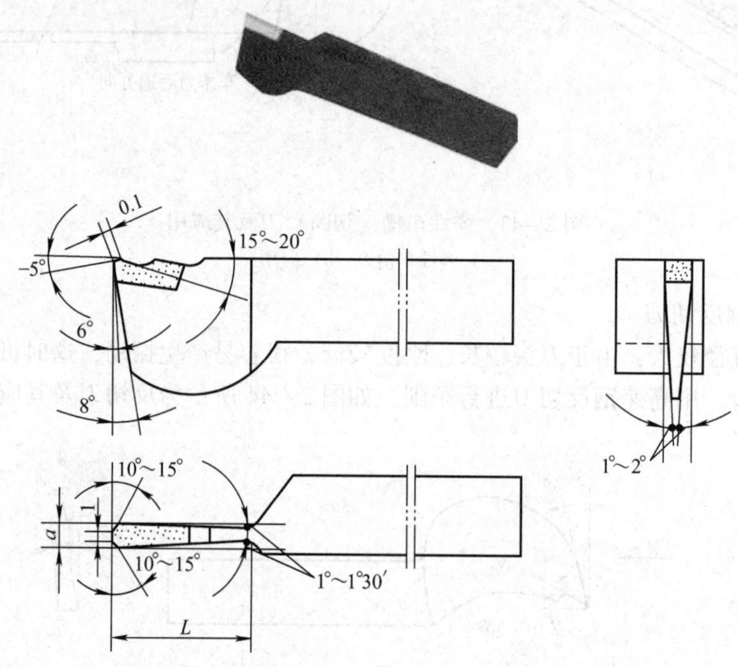

图 2－45　硬质合金车槽（切断）刀

高速切削时，如果硬质合金车槽（切断）刀的主切削刃采用平直刃，那么切屑宽度和工件槽宽相等，容易堵塞在槽内而不易排出。为使排屑顺利，可将主切削刃两边倒角或磨成“人”字形。

由于高速车削时产生的热量很大，为防止刀片脱焊，在开始车削时就应充分浇注切削液。

三、车槽（切断）时切削用量的选择

由于车槽刀的刀头强度低，在选择切削用量时应适当减小其数值。通常，硬质合金车槽刀比高速钢车槽刀选用的切削用量要大，车削钢料时的切削速度比车削铸铁材料时的切削速度要高，而进给量要略小一些。

1．背吃刀量 a_p

车槽为横向进给车削，背吃刀量是垂直于已加工表面方向所测得的切削层宽度的数值。所以，车槽时的背吃刀量等于车槽刀主切削刃的宽度。

2．进给量 f 和切削速度 v_c

车槽时进给量 f 和切削速度 v_c 的选择见表 2－8。

表 2－8　　车槽时进给量和切削速度的选择

刀具材料	高速钢车槽刀		硬质合金车槽刀	
工件材料	钢料	铸铁	钢料	铸铁
进给量 f（mm/r）	0.05～0.1	0.1～0.2	0.1～0.2	0.15～0.25
切削速度 v_c（m/min）	25～30	15～25	60～80	50～70

四、车槽的方法

1. 车精度不高且宽度较窄的沟槽时，可用主切削刃宽度等于槽宽的车槽刀，采用直进法一次进给车出，如图 2－46 所示。

2. 车精度要求比较高的沟槽时，一般采用两次进给车成。第一次进给车沟槽时，槽壁两侧留有精车余量，第二次进给时用等宽车槽刀修整，如图 2－47 所示。

3. 车宽度较大的沟槽时，可用多次直进法，如图 2－48 所示，并在槽壁两侧留有精车余量，然后根据槽深和槽宽精车至尺寸要求。

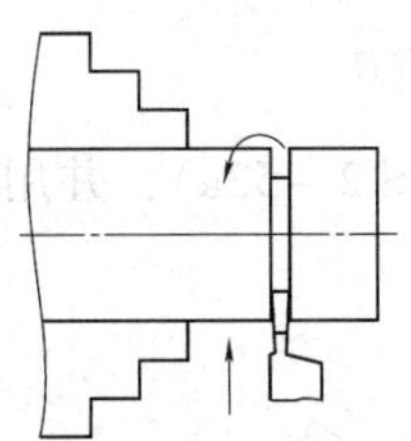

图 2－46　车精度不高且宽度较窄的沟槽

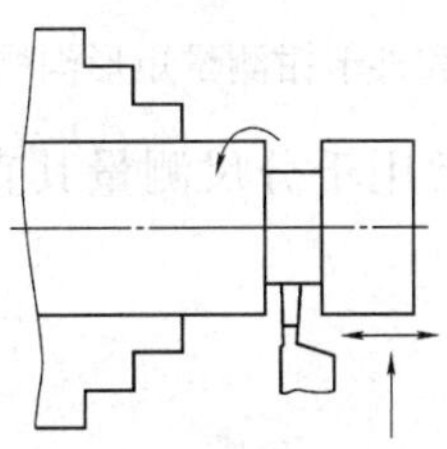

图 2－47　车精度要求比较高的沟槽

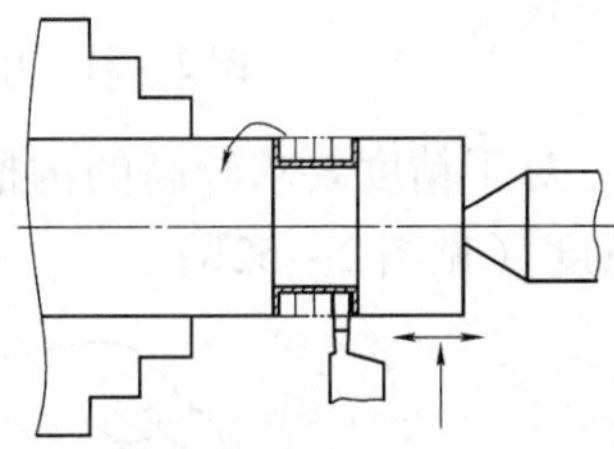

图 2－48　车宽度较大的沟槽

五、沟槽的检测

1. 如图 2－39 所示台阶轴的沟槽精度要求一般，宽度较窄，可用游标卡尺测量其直径（见图 2－49），用钢直尺测量其槽宽（见图 2－50）。

2. 对于精度要求较低的沟槽，可用钢直尺和外卡钳分别测量其宽度和直径，如图 2－51 所示。

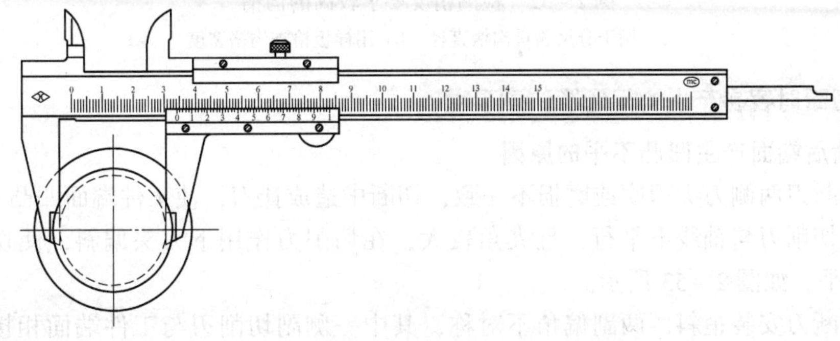

图 2－49　用游标卡尺测量沟槽直径

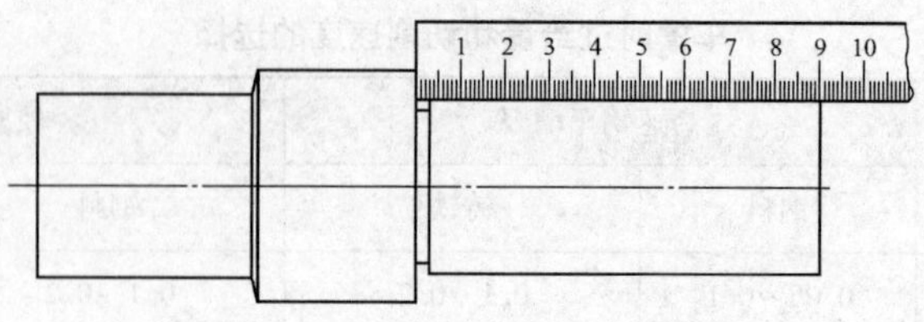

图 2－50　用钢直尺测量沟槽宽度

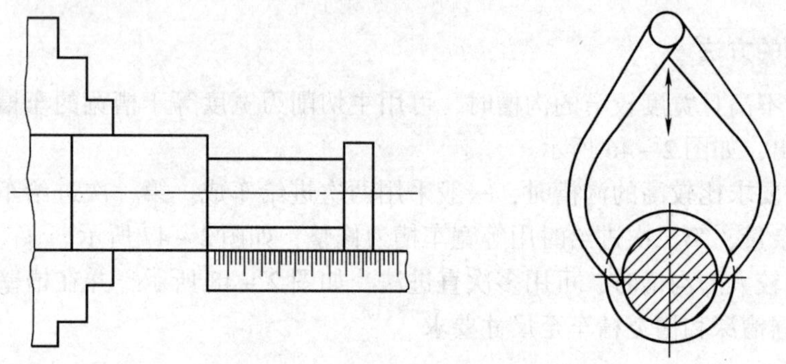

图 2－51　用钢直尺和外卡钳测量矩形沟槽的宽度和直径

3. 对于精度要求较高的沟槽，通常用千分尺测量其直径（见图 2－52a），并用样板检查其宽度（见图 2－52b）。

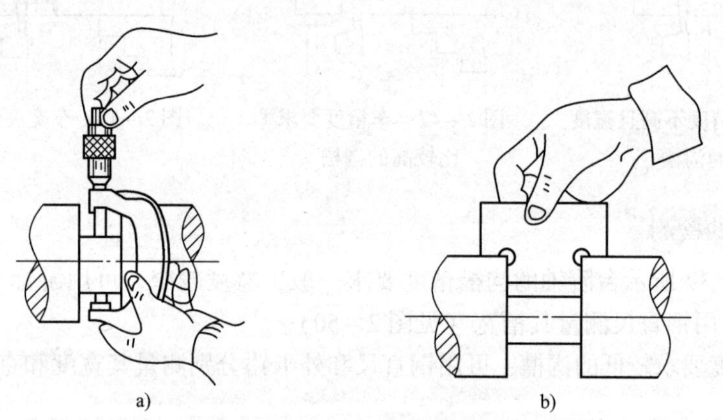

图 2－52　检测精度要求较高的沟槽

a）用千分尺测量沟槽直径　b）用样板检查沟槽宽度

六、切断时容易产生的问题及注意事项

1. 切断后端面产生凹凸不平的原因

（1）切断刀两侧刀尖刃磨或磨损不一致，切断中造成让刀，使工件端面凹凸不平。

（2）主切削刃与轴线不平行，且夹角较大，在切削力作用下刀头偏斜，使切断的工件端面凹凸不平，如图 2－53 所示。

（3）切断刀安装歪斜，两副偏角不对称，其中一侧副切削刃与工件端面相接触，并挤压工件端面，使切断的工件端面凹凸不平。

2. 切断时产生振动的原因

（1）主轴轴承间隙过大。

（2）切断时转速过高，进给量过小。

（3）切断的棒料过长，在惯性力作用下产生振动。

（4）切断刀远离工件支撑点或切断刀伸出过长。

（5）工件刚度不足。

3. 切断刀折断的原因

（1）工件装夹不牢固，切断部位远离卡盘夹持处，切断时在切削力作用下工件被抬起而打断切断刀。

（2）切断时排屑不畅而产生堵屑，造成切削部位负荷增大而折断刀头。

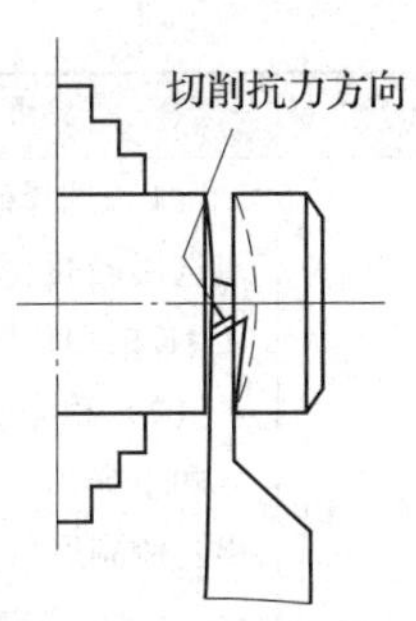

图 2－53　主切削刃与工件轴线不平行产生的凹凸现象

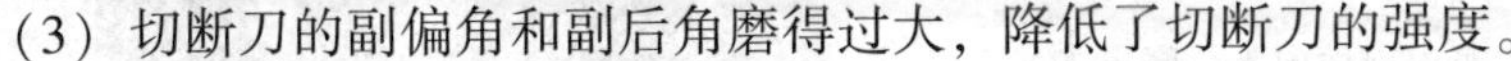

（3）切断刀的副偏角和副后角磨得过大，降低了切断刀的强度。

（4）切断刀主切削刃与工件轴线不平行，切断时被挤偏而折断。

（5）切断刀前角过大，切削时进给量过大。

（6）床鞍、中滑板、小滑板间隙过大，切断时产生“扎刀”而折断刀头。

4. 不能在一夹一顶装夹中直接切断工件，可在工件将要切断时停止车削，退出尾座顶尖，将工件折断或拆下工件将其敲断。工件不能在两顶尖装夹时切断。

任务实施

一、选用、刃磨和装夹车槽刀

1. 准备工作

工艺装备：砂轮机、粒度号为 46#～60#和 80#～120#的白色氧化铝砂轮、油石、12 mm×4 mm的高速钢刀片。

量具：钢直尺、90°角度样板、0.02 mm/0～150 mm 游标卡尺。

2. 操作步骤

车槽刀的刃磨与装夹操作步骤见表 2－9。

表 2－9　车槽刀的刃磨与装夹

操作步骤	操作步骤内容	图示
1. 选用车槽刀	刀具材料：高速钢刀片，横截面尺寸为 12 mm×4 mm 几何参数：主切削刃宽度 $a=3$ mm，刀头长度 $L=11$ mm，主偏角 $\kappa_r=90°$，前角 $\gamma_o=25°$，后角 $\alpha_o=6°$，副后角 $\alpha'_o=1°30'$	

续表

操作步骤	操作步骤内容	图示
2. 粗磨车槽刀	（1）选择砂轮 选用粒度号为46#～60#、硬度为H～K的白色氧化铝砂轮 （2）粗磨两侧副后面 两手握刀，车刀前面向上，同时磨出左侧副后角 $\alpha_o'=1°30'$ 和副偏角 $\kappa_r'=1°\sim1°30'$。同理，磨出右侧副偏角和副后角 对于主切削刃宽度，要注意留出0.5 mm的精磨余量 （3）粗磨主后面 两手握刀，车刀前面向上，磨出主后面，保证后角 $\alpha_o=6°$ （4）粗磨前面 两手握刀，车刀前面对着砂轮磨削表面，粗磨前面和卷屑槽，保证前角 $\gamma_o=25°$	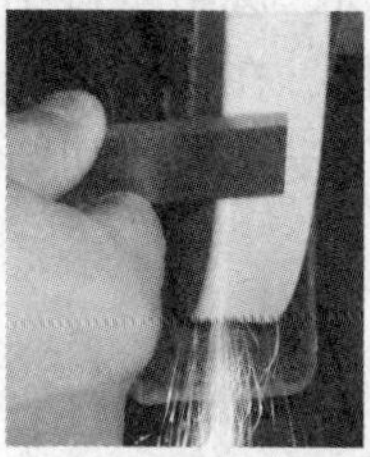 粗磨左侧副后面 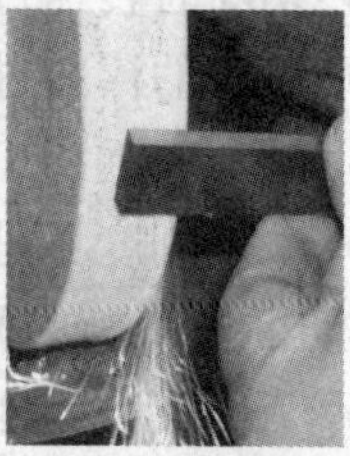　粗磨右侧副后面 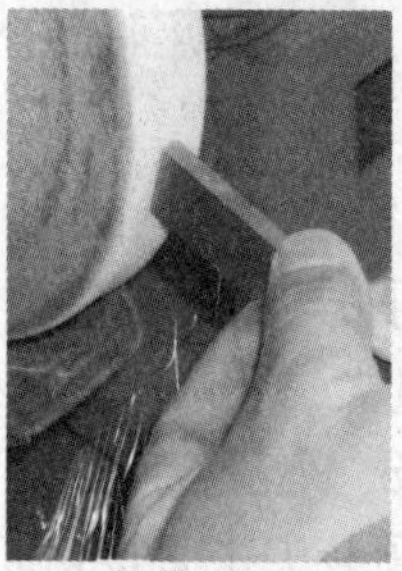 粗磨主后面 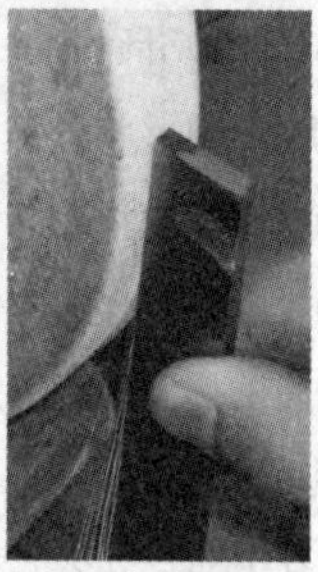　粗磨前面
3. 精磨车槽刀	（1）精磨车槽刀时选用粒度为80#～120#、硬度为H～K的白色氧化铝砂轮 （2）修磨主后面，保证主切削刃平直 （3）修磨两侧副后面，保证两副后角和两副偏角对称，主切削刃宽度 $a=3$ mm（工件槽宽） （4）修磨前面的卷屑槽，保证主切削刃平直、锋利 （5）修磨刀尖，可在两刀尖处各磨出一小圆弧过渡刃	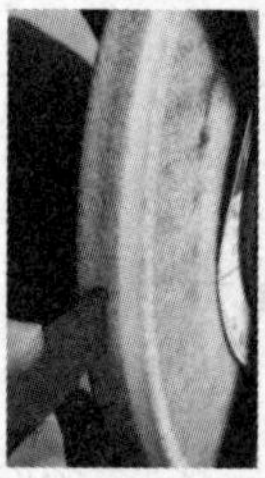 修磨主后面 　修磨右侧副后面 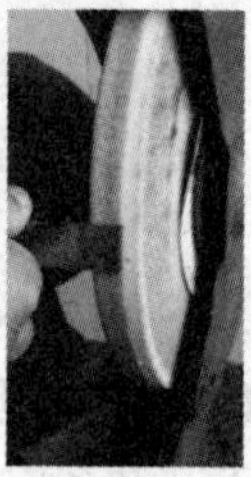　修磨左侧副后面  修磨卷屑槽 　修磨刀尖（两侧）
4. 车槽刀的装夹	（1）把刃磨好的车槽刀装夹在刀架上，要符合车刀装夹的一般要求，如车槽刀不宜伸出过长等 （2）车槽刀的主切削刃必须与工件轴线平行 （3）车槽刀的中心线必须与工件轴线垂直，以保证两个副偏角对称。可用工件端面检查副偏角的安装情况	 主切削刃与工件轴线平行的检查 　副偏角的检查

3. 刃磨车槽刀容易出现的问题及正确要求（见表2－10）

表2－10　　刃磨车槽刀时容易出现的问题及正确要求

名称	缺陷类型	后果	正确要求
前面	卷屑槽太深	刀头强度低，容易使刀头折断	0.75～1.5 卷屑槽刃磨正确
	前面被磨低	切削不顺畅，排屑困难，切削负荷大，刀头易折断	
副后角	副后角为负值	与工件侧面发生摩擦，不能正常切削	副后角的检查
	副后角太大	刀头强度低，车削时刀头易折断	
副偏角	副偏角太大	刀头强度低，容易折断	1°～1.5°　1°～1.5° 副偏角刃磨正确
	副偏角为负值 副切削刃不平直	不能用直进法进行车削，切削负荷大	
	左侧刃磨得太多	不能车削高台阶的工件	

二、车槽

1. 准备工作

工件毛坯：精车后的台阶轴，如图 2－25 所示。

工艺装备：普通车床、三爪自定心卡盘、后顶尖、高速钢车槽刀。

量具：0.02 mm/0～150 mm 游标卡尺。

2. 操作步骤

台阶轴车槽操作步骤见表 2－11。

表 2－11　台阶轴车槽操作步骤

操作步骤	操作步骤内容	图示
1. 装夹工件	（1）两顶尖装夹工件，鸡心夹头螺钉压工件处垫铜皮 （2）选取进给量 $f=0.15$ mm/r，将车床主轴转速调整为 200 r/min	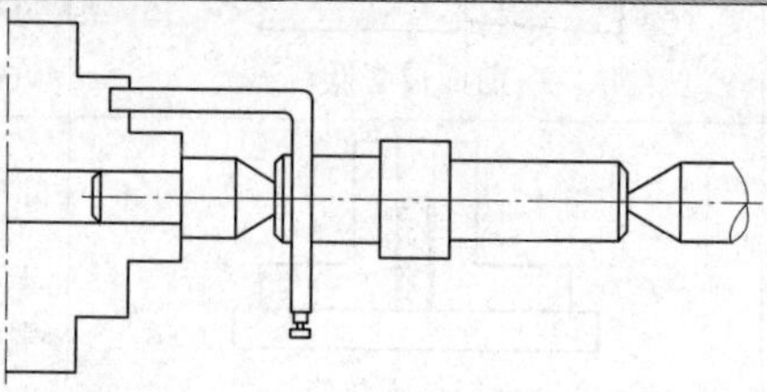
2. 对刀	（1）启动车床，左手摇动床鞍手轮，右手摇动中滑板手柄，使刀尖趋近并轻轻接触工件右端面进行对刀，然后横向退刀 （2）记住床鞍刻度盘的刻度	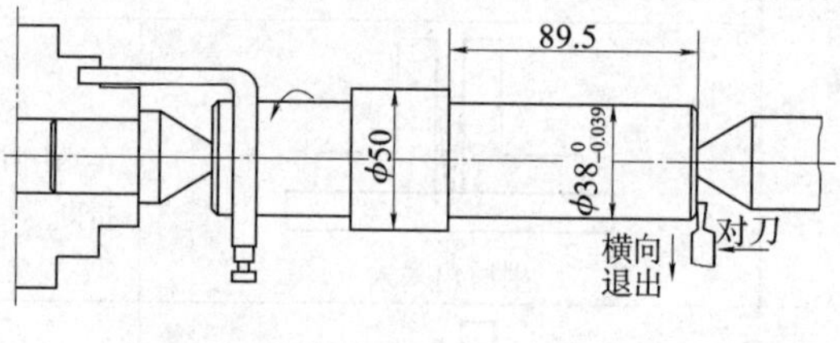 89.5 $\phi 50$ $\phi 38^{\ 0}_{-0.039}$ 对刀 横向退出 对刀
3. 确定沟槽位置	摇动床鞍，利用床鞍刻度盘的刻度使车刀向左移动 90 mm，确定沟槽位置	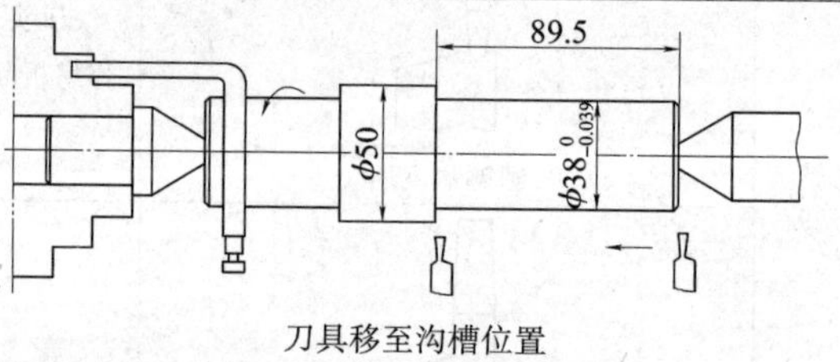 89.5 $\phi 50$ $\phi 38^{\ 0}_{-0.039}$ 刀具移至沟槽位置
4. 试车沟槽	（1）摇动中滑板手柄，使车刀轻触工件 $\phi 50$ mm 外圆，记下中滑板刻度盘的刻度，或把此位置调至中滑板刻度盘的“0”位，用以作为横向进给的起点 （2）算出中滑板的横向进给量，中滑板应进给 160 格 （3）横向进给车削工件 2 mm 左右，横向快速退出车刀 （4）停车，测量沟槽左侧槽壁与工件右端之间的距离，根据测量结果，利用小滑板刻度盘相应调整车刀位置，直至测量结果符合要求	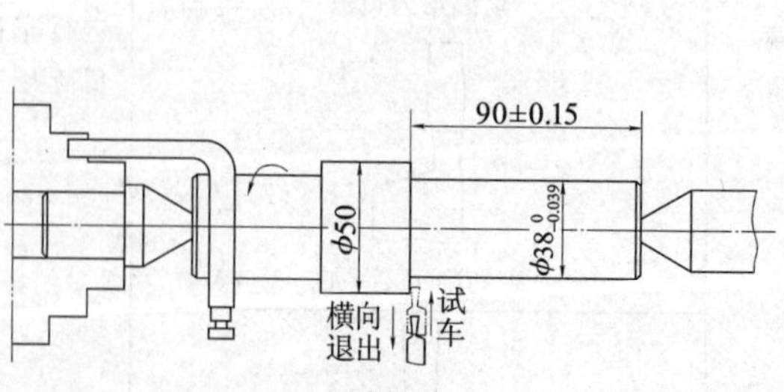 90±0.15 $\phi 50$ $\phi 38^{\ 0}_{-0.039}$ 横向退出 试车 试车沟槽

续表

操作步骤	操作步骤内容	图示
5. 车沟槽	双手均匀摇动中滑板手柄，车外沟槽至 ϕ（34 ±0.15）mm	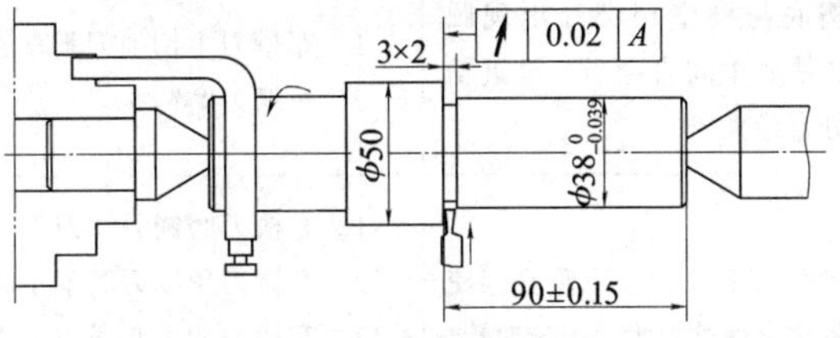 车外沟槽
6. 倒角	（1）将 45°车刀调整至工作位置，车床主轴转速为 500 r/min （2）倒角 $C1.5$ mm	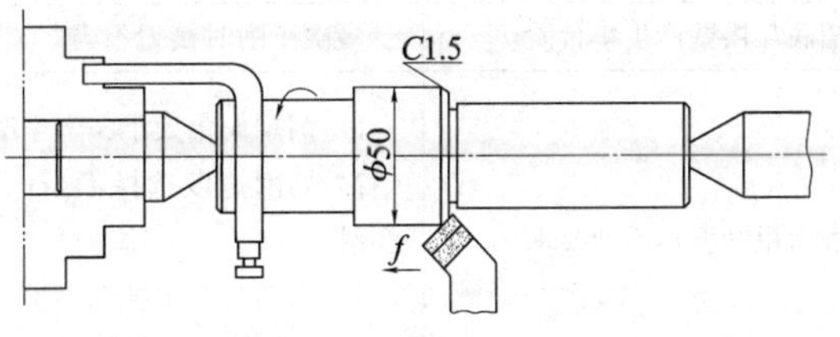 倒角
7. 检测	（1）用游标卡尺测量沟槽的位置尺寸（90 ±0.15）mm （2）用游标卡尺测量沟槽的宽度 $a=$（3 ±0.1）mm （3）用游标卡尺测量沟槽尺寸 3 mm ×2 mm （4）检查倒角 $C1.5$ mm	（略）

3. 车外沟槽时产生废品的原因及预防方法（见表 2 – 12）

表 2 – 12　　车外沟槽时产生废品的原因及预防方法

废品种类	产生原因	预防方法
沟槽的宽度不正确	1. 车槽刀主切削刃刃磨得不正确 2. 测量不正确	1. 根据沟槽宽度刃磨车槽刀 2. 仔细、正确测量
沟槽位置不对	测量和定位不正确	正确定位，并仔细测量
沟槽深度不正确	1. 没有及时测量 2. 尺寸计算错误	1. 车槽过程中及时测量 2. 仔细计算尺寸，对留有磨削余量的工件，车槽时必须把磨削余量考虑进去
沟槽槽底一侧直径大，一侧直径小	车槽刀的主切削刃与工件轴线不平行	装夹车槽刀时必须使主切削刃与工件轴线平行

续表

废品种类	产生原因	预防方法
槽底与槽壁相交处出现圆角，槽底中间直径小、靠近槽壁处直径大	1. 车槽刀主切削刃不直或刀尖圆弧太大 2. 车槽刀磨钝	1. 正确刃磨车槽刀 2. 车槽刀磨钝后应及时修磨
槽壁与工件轴线不垂直，使内槽狭窄而外口大，呈喇叭形	1. 车槽刀磨钝后让刀 2. 车槽刀角度刃磨不正确 3. 车槽刀的中心线与工件轴线不垂直	1. 车槽刀磨钝后应及时刃磨 2. 正确刃磨车槽刀 3. 装夹车槽刀时应使其中心线与工件轴线垂直
槽底与槽壁产生小台阶	多次车削时接刀不当	正确接刀或留出一定的精车余量
表面粗糙度达不到要求	1. 两副偏角太小，产生摩擦 2. 切削速度选择不当，没有加注切削液润滑 3. 切削时产生振动 4. 切屑拉毛已加工表面	1. 正确选择两副偏角的数值 2. 选择适当的切削速度，并浇注切削液润滑 3. 采取防振措施 4. 控制切屑的形状和排出方向

模块三　加工套类工件

机器零件中，有不少带孔的零件，这类零件常称为套类零件，如图 3－1 所示的衬套就属于套类零件。

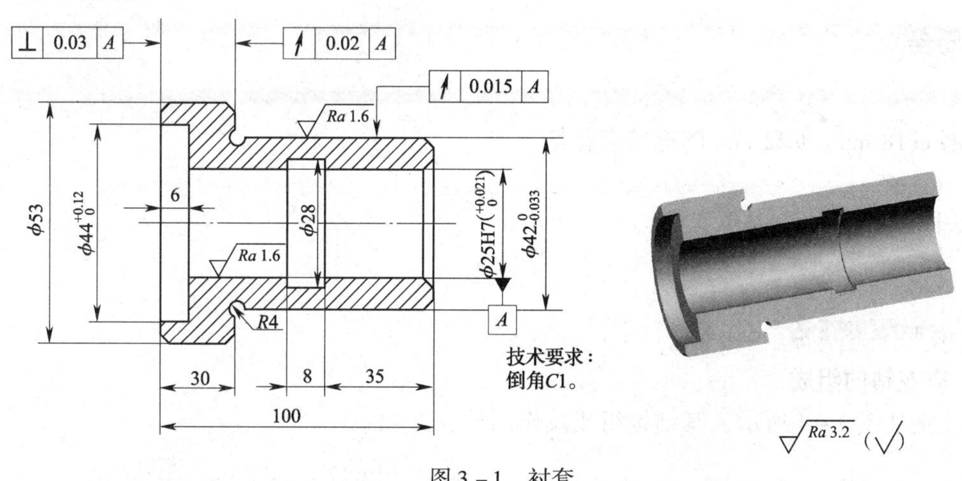

图 3－1　衬套

如果用实心毛坯加工套类工件，则必须先钻出孔，然后根据孔的精度要求，选择不同的加工方法。要满足图 3－1 中孔的加工要求，合理的加工工艺为：钻孔→扩孔→车孔→铰孔。而钻孔最常用的刀具是麻花钻。

要将 ϕ55 mm×103 mm 的衬套毛坯（见图 3－2）按衬套加工工序图（见图 3－3）加工，其中孔的加工可用钻削的方法完成。钻削大孔由于切削力大，钻削时难度大，所以通常分两次或三次钻出，即先钻出小孔，然后再通过扩孔完成。根据图 3－3 所示孔的尺寸，可考虑先钻出 ϕ16 mm 的孔，然后再扩至 ϕ22 mm。

麻花钻用钝后须经刃磨才能继续使用。新买的麻花钻使用前通常也应进行修磨。因此，车工必须掌握麻花钻的刃磨技术。

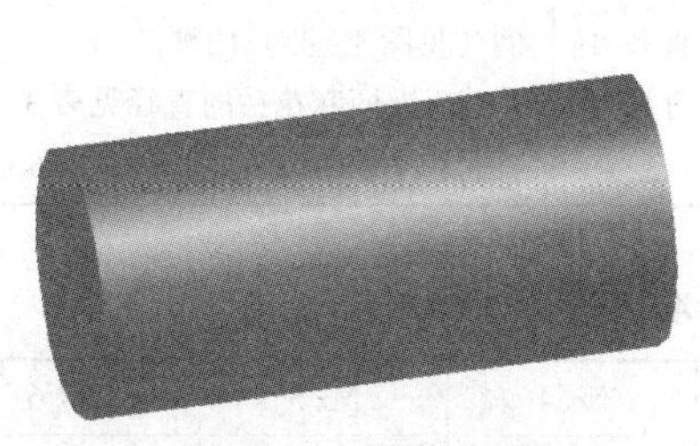

图 3－2　衬套毛坯

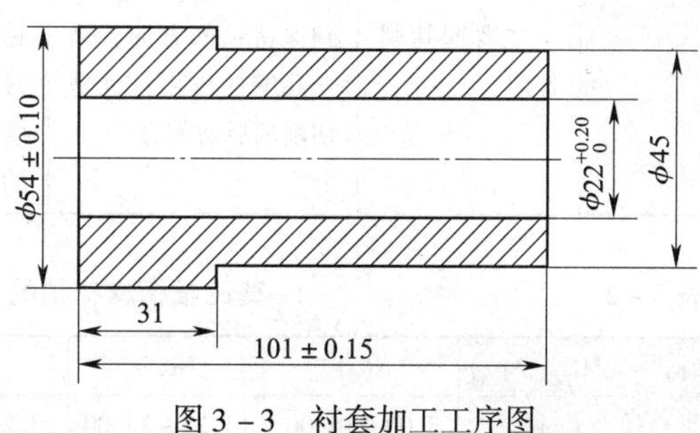

图 3－3　衬套加工工序图

任务一　麻花钻的刃磨

学习目标

1. 掌握麻花钻的几何形状。
2. 掌握麻花钻的刃磨和基本修磨方法。

工作任务

刃磨 ϕ 18 mm、ϕ 22 mm 的标准麻花钻。

相关知识

一、认识麻花钻

1. 麻花钻的组成

麻花钻如图 3－4 所示，其结构组成及作用见表 3－1。

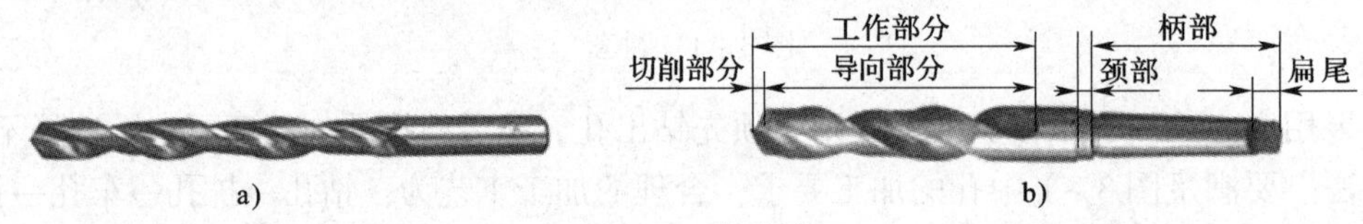

图 3－4　麻花钻

a）直柄麻花钻　b）锥柄麻花钻

表 3－1　　麻花钻结构组成及作用

麻花钻的组成部分	工作部分		颈部	柄部
	切削部分	导向部分		
作用	主要起切削作用	在钻削过程中能起到保持钻削方向、修光孔壁的作用，也是切削的后备部分	直径较大的麻花钻在颈部标有麻花钻的直径、材料牌号和商标，直径小的麻花钻没有明显的颈部	麻花钻的夹持部分，装夹时起定心作用，钻削时起传递转矩的作用 有莫氏锥柄（见图 3－4b）和直柄（见图 3－4a）两种 莫氏锥柄麻花钻的直径见表 3－2，直柄麻花钻的直径一般为 0.3～16 mm

表 3－2　　莫氏锥柄麻花钻的直径（标准柄）

莫氏锥柄号（Morse No.）	No. 1	No. 2	No. 3	No. 4	No. 5	No. 6
钻头直径 d（mm）	3.00～14.00	14.25～23.00	23.25～31.75	32.00～50.50	51.00～76.00	77.00～100.00

2. 麻花钻工作部分的几何要素

麻花钻工作部分的几何要素见表3－3。它有两条主切削刃、两条副切削刃和一条横刃。麻花钻相当于由正、反两把车刀组成，故其几何角度的概念与车刀基本相同，但也具有其特殊性。麻花钻切削刃上不同位置处的螺旋角、前角和后角的变化见表3－4。麻花钻顶角的大小对切削刃和加工的影响见表3－5。

表3－3　麻花钻工作部分的几何要素

图示	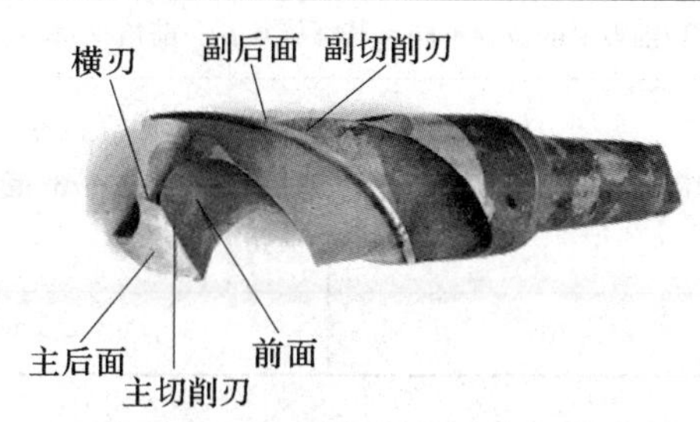
结构要素	定义及作用
前面（螺旋槽面）	构成切削刃、排出切屑和流通切削液
主切削刃	前面与主后面的交线称为主切削刃，担负着主要的钻削任务。麻花钻有两条对称的主切削刃
主后面	麻花钻钻顶的螺旋圆锥面称为主后面
横刃	麻花钻两主切削刃的连接线称为横刃，也就是两主后面的交线。横刃担负着钻心处的钻削任务。横刃太短会影响麻花钻的钻尖强度，横刃太长会影响定心精度，增大轴向切削力
副后面（棱边）	起减小钻削时麻花钻与孔壁之间的摩擦

表3－4　麻花钻切削刃上不同位置处的螺旋角、前角和后角的变化

图示	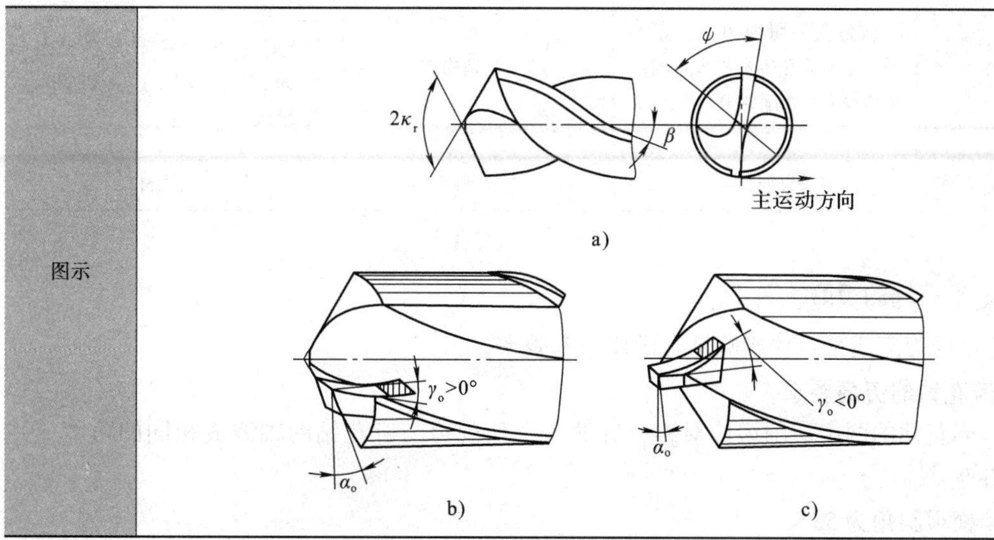

续表

角度	螺旋角	前角	后角
符号	β	γ_o	α_o
定义	螺旋槽上最外缘的螺旋线的切线与麻花钻轴线之间的夹角，见图 a	基面与前面间的夹角，外缘处前角见图 b，钻心处前角见图 c	切削平面与后面的夹角
变化规律	麻花钻切削刃上的位置不同，其螺旋角 β、前角 γ_o 和后角 α_o 也不同		
	自外缘向钻心逐渐减小	自外缘向钻心逐渐减小，并且在钻心至 $d/3$ 范围内为负前角	自外缘向钻心逐渐增大
变化范围	18°～30°	-30°～+30°	8°～12°

表 3－5　　麻花钻顶角的大小对切削刃和加工的影响

顶角	$2\kappa_r>118°$	$2\kappa_r=118°$（标准顶角）	$2\kappa_r<118°$
图示	>118°　凹形切削刃	118°　直线形切削刃	凸形切削刃　<118°
两主切削刃的形状	凹曲线	直线	凸曲线
对加工的影响	顶角大，切削刃短，定心差，钻出的孔容易扩大；同时前角增大，切削省力	适中	顶角小，切削刃长，定心好，钻出的孔不容易扩大；同时前角减小，切削力增大
适用钻削材料	较硬材料	中等硬度材料	较软材料

二、麻花钻的刃磨

麻花钻的刃磨质量直接影响钻孔的质量和效率。

1. 麻花钻的刃磨要求

（1）麻花钻的两主切削刃应对称，即两条主切削刃与麻花钻的轴线成相同的角度，并且长度相等。

（2）横刃斜角为 55°。

2. 麻花钻刃磨质量对加工的影响（见表 3－6）

表 3－6　　麻花钻刃磨质量对加工的影响

刃磨情况	刃磨正确	刃磨不正确		
		顶角不对称	切削刃长度不等	顶角不对称且切削刃长度不等
图示				
钻削情况	钻削时，两条主切削刃同时切削，受力平衡，切削刃磨损均匀	钻削时，只有一条主切削刃在切削，两边受力不平衡，钻头很快磨损	钻削时，麻花钻的工作中心由 $O—O$ 移到 $O'—O'$，切削不均匀，钻头很快磨损	钻削时，两条主切削刃受力不平衡，而且麻花钻的工作中心由 $O—O$ 移到 $O'—O'$，使钻头很快磨损
对钻孔质量的影响	钻出的孔质量好	钻出的孔易扩大和倾斜	钻出的孔径扩大	钻出的孔不仅孔径扩大，而且还会产生台阶

任务实施

一、准备工作

1. 钻头

ϕ12 mm 左右的废钻头 1 支，ϕ18 mm、ϕ22 mm 的麻花钻各 1 支。

2. 工艺装备

砂轮机、粒度号为 46#～60#的白色氧化铝砂轮、油石、万能角度尺。

二、操作方法步骤

以 ϕ18 mm 麻花钻为例，刃磨和修磨见表 3－7。

表 3－7　　麻花钻的刃磨和修磨

内容	图示及说明
选择麻花钻	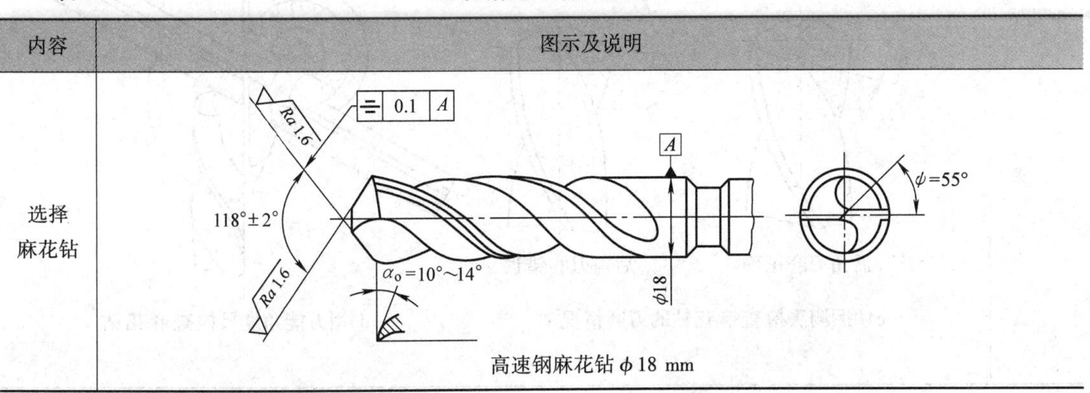 高速钢麻花钻 ϕ18 mm

续表

<table>
<tr><th>内容</th><th>图示及说明</th></tr>
<tr><td>修整砂轮</td><td>先检查砂轮表面是否平整，如有不平或跳动现象，须先对砂轮进行修整</td></tr>
<tr><td>刃磨标准麻花钻</td><td>1. 将麻花钻主切削刃置于与砂轮面平行的位置，使麻花钻的轴线与砂轮圆周素线在水平面内的夹角等于1/2顶角（即59°），钻尾向下倾斜（见图a）
2. 右手握住麻花钻前端并以此处作为支点，左手握钻尾。以麻花钻前端的支点为圆心，钻尾做上下摆动，并略做旋转（见图b）。为保证在麻花钻近中心处磨出较大的后角，还应做适当的右移运动
3. 当一条主切削刃刃磨后，将麻花钻转过180°，刃磨另一条主切削刃
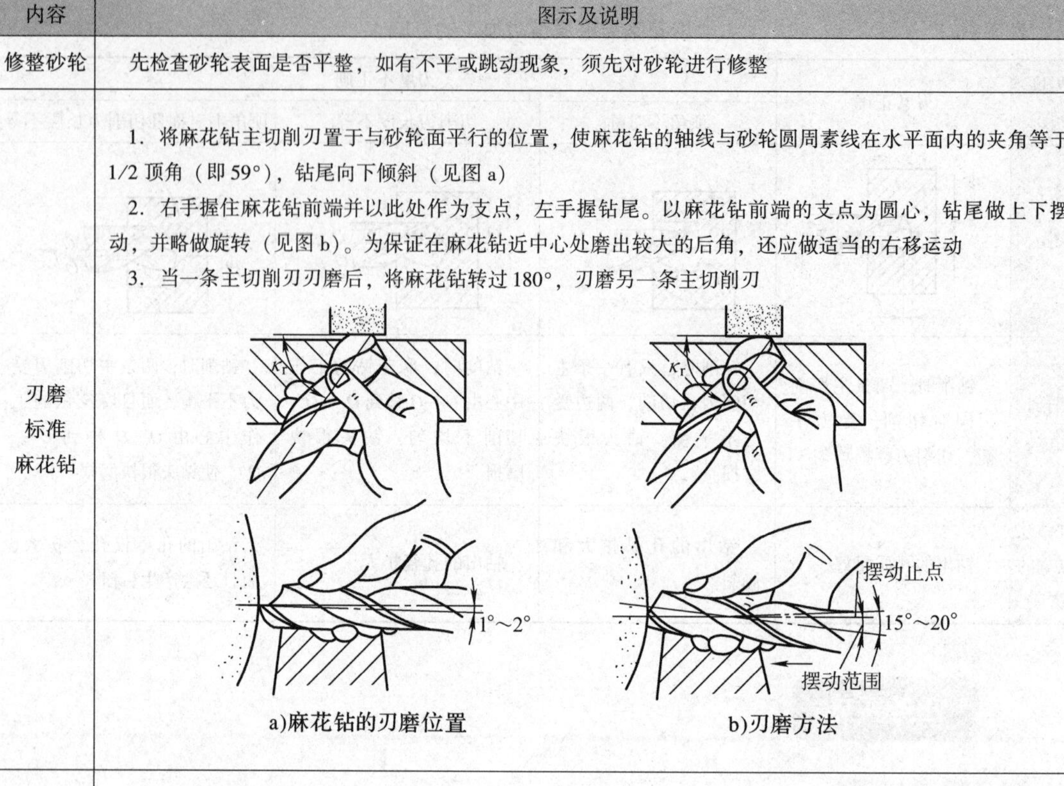
a)麻花钻的刃磨位置　　b)刃磨方法</td></tr>
<tr><td>检测麻花钻</td><td>1. 用目测法检查
目测时（见图c），将麻花钻竖直放在与眼睛等高的位置上，观察两条主切削刃的长短、两钻尖的高低、后角等。由于视觉差异，开始往往会感觉到左尖高右尖低，故应将麻花钻转过180°再观察，看是否仍然是左尖高右尖低；经反复观察、刃磨，直到两刃基本对称
2. 用万能角度尺检查
检查时，只需将基尺贴在麻花钻的棱边上，直尺置于钻头主切削刃上，测量其切削刃的长度和角度，如图d所示。然后将麻花钻转过180°，对另一主切削刃用同样的方法检查即可
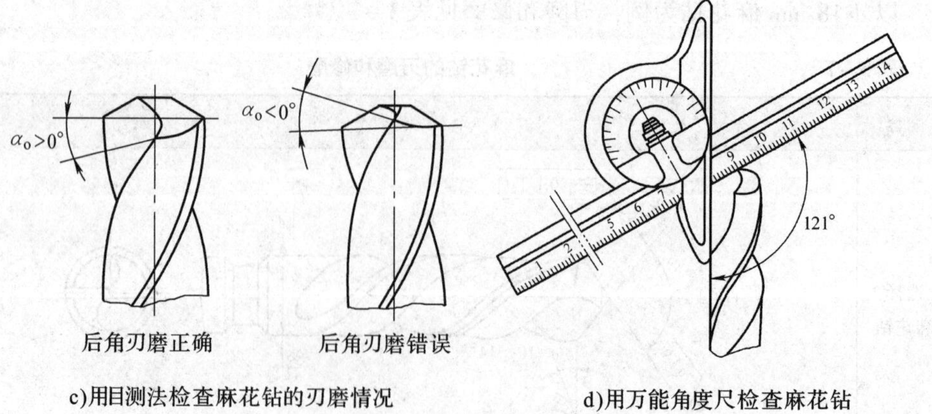
c)用目测法检查麻花钻的刃磨情况　　d)用万能角度尺检查麻花钻</td></tr>
</table>

续表

内容	图示及说明
麻花钻的基本修磨	麻花钻的基本修磨：修短横刃和增大横刃处的前角，如图 e 所示。通常直径 5 mm 以上钻头的横刃需修磨 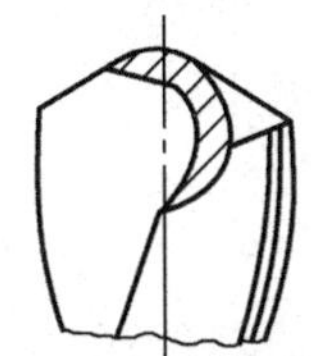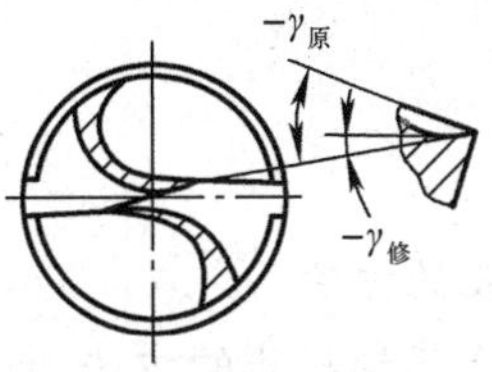 e)麻花钻横刃的修磨 修磨时，麻花钻轴线在水平面内与砂轮侧面左倾约 15°角，在竖直平面内与刃磨点的砂轮半径方向约成 55°角（见图 f）。修磨后应使横刃长度为原长的 1/5 ~ 1/3 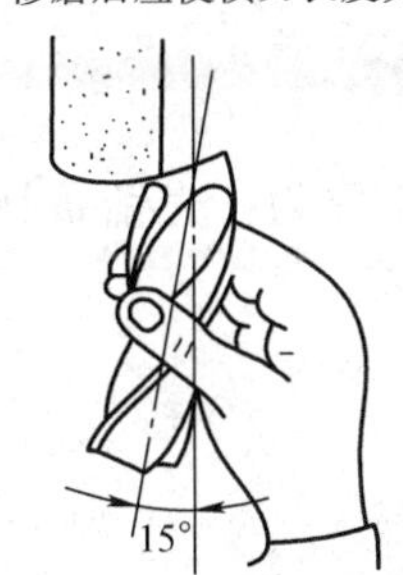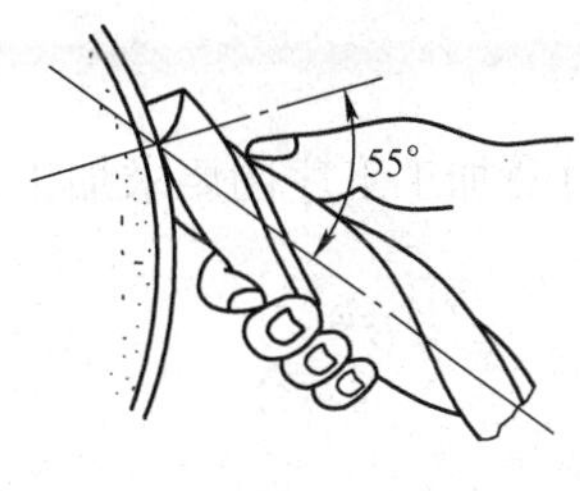 f)修磨麻花钻横刃的方法

〔操作提示〕

刃磨麻花钻时的注意事项

1. 只刃磨麻花钻的两个主后面，但要保证后角、顶角、横刃斜角等刃磨角度同时正确，技术要求高，比刃磨偏刀困难得多，是车工必须掌握的一项基本功。

2. 建议先用废旧麻花钻进行练习。

3. 麻花钻主切削刃的位置应略高于砂轮中心平面，以免磨出负后角。

4. 钻尾做上下摆动，并略做旋转。注意不能摆动太大而高出水平面，以防止磨出负后角；也不能转动过多，以防将另一条主切削刃磨掉。

5. 刃磨另一条主切削刃时，要保持原来的位置和姿势，采用相同的刃磨方法才能使磨出的两条主切削刃对称。

6. 不要把一条主切削刃刃磨好后再刃磨另一条主切削刃；而应该使两条主切削刃经常交替刃磨，边刃磨边检查，随时修正，直至达到要求。

7. 用力要均匀，防止用力过大而打滑伤手。

8. 不要由刃背磨向刃口，以免使麻花钻刃口退火或变为锯齿状。

9. 刃磨时，需注意磨削温度不应过高，要经常在水中冷却麻花钻，以防因退火而降低硬度，影响正常切削。

任务二 钻孔和扩孔

学习目标

1. 掌握钻孔的方法。
2. 掌握用麻花钻扩孔的方法。
3. 了解扩孔钻和锪孔钻。

工作任务

按图 3 - 3 衬套加工工序图要求加工，孔的加工工序为：先钻 ϕ16 mm 孔，然后扩孔。

相关知识

一、麻花钻的装拆

直柄麻花钻的装夹与用钻夹头装夹中心钻的方法基本相同。

锥柄麻花钻的装夹如图 3 - 5 所示。麻花钻的锥柄如果与尾座套筒锥孔的规格相同，可直接将麻花钻插入尾座套筒的锥孔中（见图 3 - 5b）。如果麻花钻的锥柄与尾座套筒锥孔的规格不相同，可增加一个合适的莫氏过渡锥套（见图 3 - 5c）后插入尾座锥孔中。

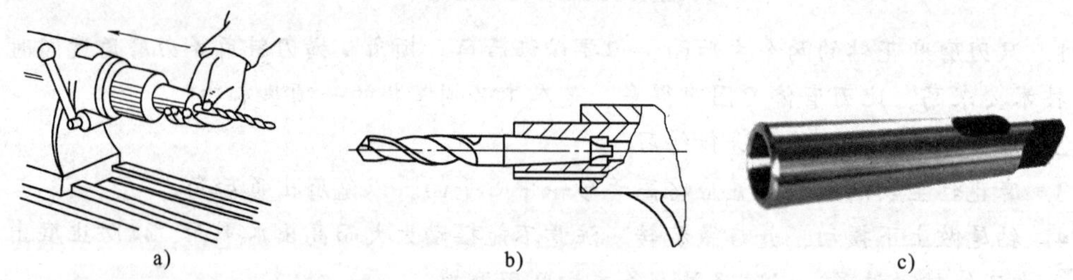

图 3 - 5　锥柄麻花钻的装夹

a）装夹　b）直接插入尾座套筒的锥孔中　c）过渡锥套

拆卸莫氏过渡锥套中的麻花钻时，可用楔铁插入腰形孔，敲击楔铁就可把钻头卸下，如图 3 - 6 所示。

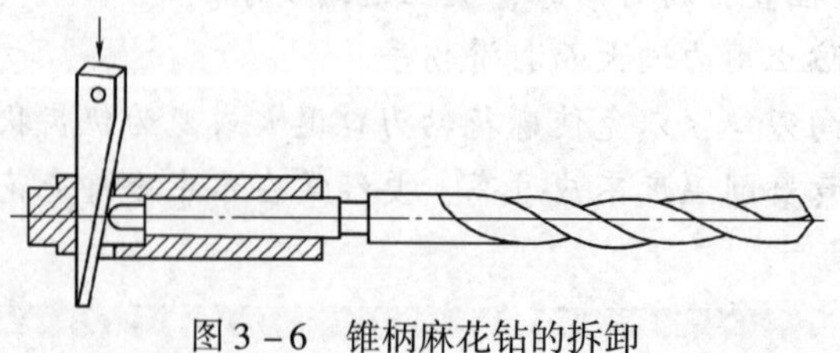

图 3 - 6　锥柄麻花钻的拆卸

二、钻孔时的切削用量

钻孔时的切削用量如图 3－7 所示。

1. 背吃刀量 a_p

钻孔时的背吃刀量为麻花钻的半径（见图 3－7），即：

$$a_p = \frac{d}{2} \tag{3-1}$$

式中　a_p——背吃刀量，mm；

d——麻花钻的直径，mm。

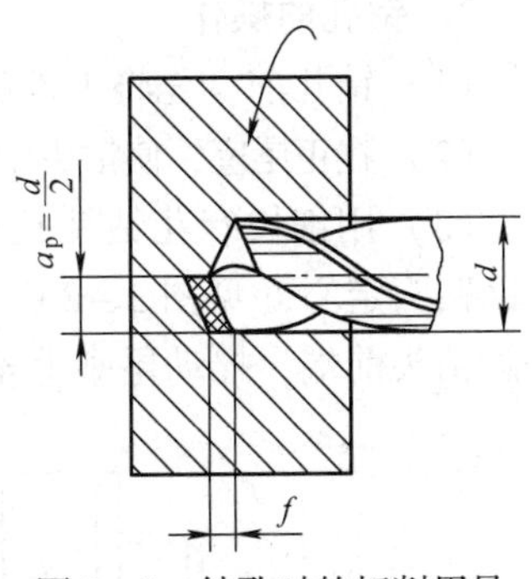

图 3－7　钻孔时的切削用量

2. 进给量 f

在车床上钻孔时的进给量通常是用手转动车床尾座手轮来控制的。转动尾座手轮时应缓慢均匀。

3. 切削速度 v_c

钻孔时的切削速度 v_c 可按下式计算：

$$v_c = \frac{\pi dn}{1\ 000} \tag{3-2}$$

式中　v_c——切削速度，m/min；

d——麻花钻的直径，mm；

n——车床主轴转速，r/min。

用高速钢麻花钻钻钢料时，切削速度一般取 v_c = 15～30 m/min；钻铸铁时，取 v_c = 10～25 m/min；钻铝合金时，取 v_c = 75～90 m/min。

三、钻孔时切削液的选用（见表 3－8）

在车床上钻孔属于半封闭加工，切削液很难进入到切削区域，因此，钻孔时对切削液要求也比较高。在加工过程中，切削液的浇注量和压力也要大一些；同时还应经常退出钻头，以利于排屑和冷却。

表 3－8　钻孔时切削液的选用

麻花钻的种类	被钻削的材料		
	低碳钢	中碳钢	淬硬钢
高速钢麻花钻	用 1%～2% 的低浓度乳化液、电解质水溶液或矿物油	用 3%～5% 的中等浓度乳化液或极压切削油	用极压切削油
硬质合金麻花钻	一般不用，如用可选 3%～5% 的中等浓度乳化液		用 10%～20% 的高浓度乳化液或极压切削油

四、钻孔的方法

1. 麻花钻的选用

（1）麻花钻直径的选择

对于精度要求不高的内孔，可用与孔径大小相同的麻花钻直接钻出。

（2）麻花钻长度的选择

选用麻花钻长度时，一般应使麻花钻螺旋槽部分略长于孔深；过长则刚度差，过短则排屑困难。

2. 钻孔的操作

（1）钻孔前，先将工件端面车平，中心处不允许留有凸台，以利于钻头正确定心。

（2）找正尾座，使钻头中心对准回转中心，否则可能会将孔径钻大、钻偏，甚至折断钻头。

（3）用细长麻花钻钻孔时，为防止钻头晃动，可在刀架上夹一挡铁，支顶钻头头部，帮助钻头定心（见图3－8）。先使钻尖接近工件端面，然后控制中滑板，使挡铁逐渐接近并轻触钻头前端，摇动尾座手轮使钻头进给，当钻头定心后即可退出挡铁，继续钻进。

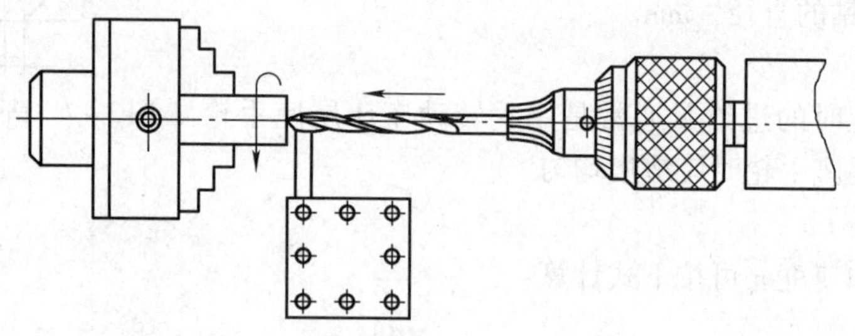

图3－8　用挡铁支顶麻花钻

（4）钻小孔时，可先钻中心孔，再进行钻孔，以便于定心。

（5）对于孔径不大的孔，可以用钻头一次钻出；若孔径较大（超过30 mm），应采用扩孔的方法加工。

（6）钻孔后需铰孔的工件，由于所留铰孔余量较少，因此当钻头钻进工件1～2 mm后，应将钻头退出，停机检查孔径，防止因孔径扩大没有铰削余量而报废。

（7）钻盲孔与钻通孔的方法基本相同，只是钻孔时需要控制孔的深度。常用的控制方法是：钻削开始时，摇动尾座手轮，当麻花钻切削部分切入工件端面时，用钢尺直接测量尾座套筒的伸出长度，钻孔时用套筒伸出的长度加上孔深来控制尾座套筒的伸出量，如图3－9所示。

图3－9　钻盲孔时孔深的控制

五、扩孔的方法

用扩孔刀具扩大工件孔径的方法称为扩孔。孔径大于30 mm的孔一般采用扩孔的方法加工，即先用小直径钻头钻出底孔，再用大直径钻头钻至所要求的孔径。通常第一次选用钻头的直径为孔径的0.5～0.7倍。

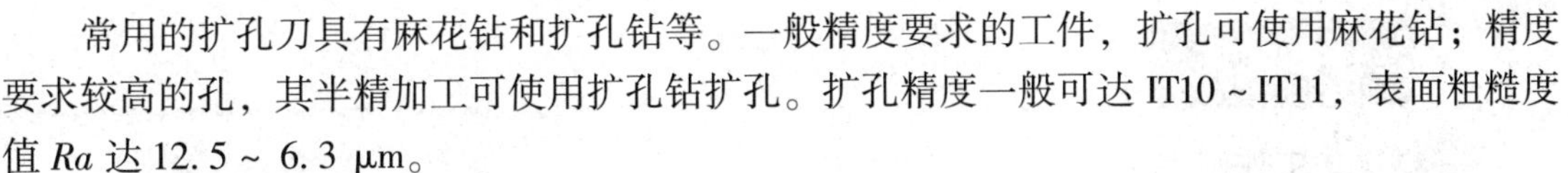

常用的扩孔刀具有麻花钻和扩孔钻等。一般精度要求的工件，扩孔可使用麻花钻；精度要求较高的孔，其半精加工可使用扩孔钻扩孔。扩孔精度一般可达 IT10 ~ IT11，表面粗糙度值 Ra 达 12.5 ~ 6.3 μm。

1. 用麻花钻扩孔

用麻花钻扩孔（见图 3 – 10a）时，由于横刃不参与切削，轴向切削力小，进给省力。但因外缘处的前角较大，容易将钻头拉出，使钻头在尾座套筒里打滑，因此，扩孔时应将钻头外缘处的前角修磨小些，如图 3 – 10b 所示，并对进给量适当控制，不要因为钻削轻松而盲目加大进给量。

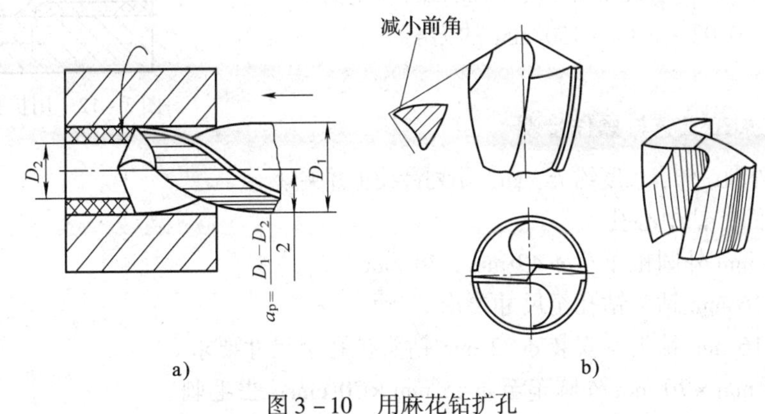

图 3 – 10　用麻花钻扩孔

2. 用扩孔钻扩孔

扩孔钻有高速钢扩孔钻和硬质合金扩孔钻两种，如图 3 – 11 所示。扩孔钻在自动车床和镗床上用得较多，它的特点主要有：

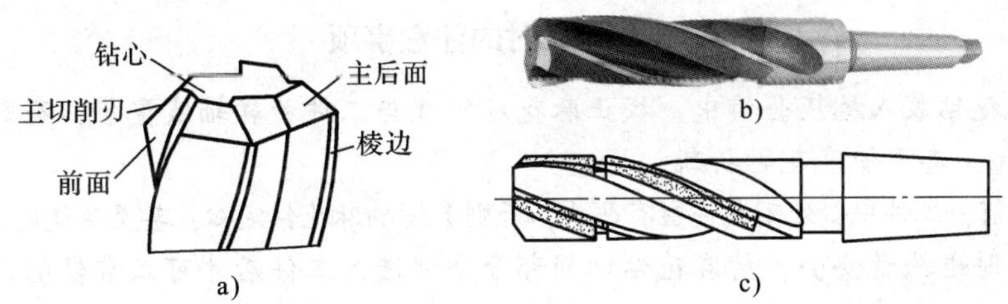

图 3 – 11　扩孔钻

a）高速钢扩孔钻外形图　b）高速钢扩孔钻　c）镶硬质合金扩孔钻

（1）扩孔钻的钻心粗，刚度高，且扩孔时背吃刀量小，切屑少，排屑容易，可提高切削速度和进给量。

（2）扩孔钻一般有 3 ~ 4 个刀齿，周边的棱边数量增多，导向性比麻花钻好，可以校正孔的轴线偏差，使其获得较正确的几何形状。

（3）如图 3 – 12 所示，用扩孔钻扩孔，可避免横刃引起的不良影响，提高生产效率。

任务实施

一、准备工作

1. 工件毛坯

毛坯尺寸：ϕ55 mm×103 mm。材料：45 钢。数量：1 件。

2. 工艺装备

普通车床、砂轮机、划线盘、钻夹头、B2 mm/6.3 mm 的中心钻、90°粗车刀、ϕ16 mm 和 ϕ22 mm 的麻花钻各 1 支、莫氏过渡锥套、0.02 mm/0～150 mm 的游标卡尺、10%～15%的乳化液。

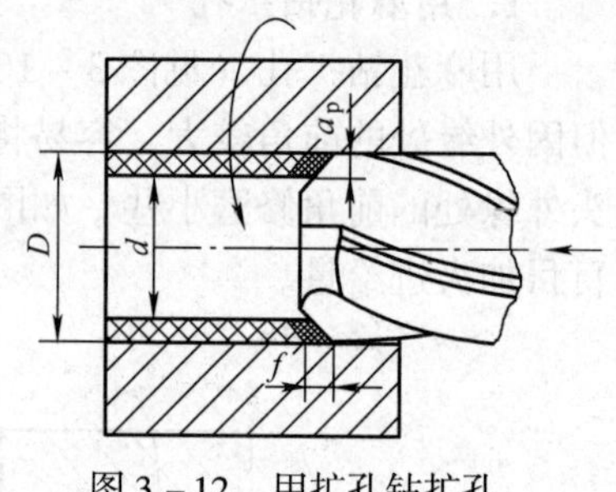

图 3－12　用扩孔钻扩孔

二、钻孔加工工艺与操作步骤

1. 夹毛坯外圆，伸出长度约 75 mm，用划针找正并夹紧。
2. 车平端面，钻中心孔。
3. 将 ϕ55 mm 外圆粗车至 ϕ49 mm×70 mm。
4. 安装 ϕ16 mm 钻头钻孔至尺寸要求。
5. 拆出 ϕ16 mm 钻头，安装 ϕ22 mm 钻头扩孔至尺寸要求。
6. 将 ϕ49 mm×70 mm 外圆车至 ϕ45 mm×70 mm，去毛刺。
7. 掉头夹 ϕ45 mm 外圆，找正后，车端面取总长 101 mm。车 ϕ55 mm 外圆至 ϕ54 mm，去毛刺。

〔操作提示〕

钻孔及扩孔时的注意事项

1. 将麻花钻装入尾座套筒中，找正麻花钻轴线与工件旋转轴线重合，否则可能会将孔钻大、钻偏，甚至使麻花钻折断。

2. 钻孔前，工件中心处不允许留有凸头，否则会影响麻花钻定心，甚至会使麻花钻折断。

3. 起钻时进给量要小，待麻花钻切削部分全部进入工件后才可正常钻削。

4. 钻孔时，如果麻花钻刃磨正确，切屑会从两螺旋槽均匀排出。如果两条主切削刃不对称，切屑会从主切削刃高的螺旋槽向外排出。可卸下钻头，将较高一边的主切削刃磨低一些，以免影响钻孔质量。

5. 必须充分浇注切削液，以防止麻花钻过热而退火。

6. 必须经常退出麻花钻，清除切屑，防止切屑堵塞而使麻花钻被“咬死”或折断。

7. 工件即将钻穿时进给量要小，以防止麻花钻被“咬住”。

8. 扩孔前应先将钻头外缘处的前角修小。

9. 扩孔时，由于麻花钻的横刃不参加切削，进给力减小，进给省力，故可采用比麻花钻钻孔时大一倍的进给量。

10. 在扩孔时应适当控制手动进给量，不要因为钻削轻松而盲目地加大进给量。

三、钻孔的质量分析

钻孔的质量分析见表3－9。

表3－9　　**钻孔的质量分析**

废品种类	产生原因	预防措施
孔歪斜	1. 工件端面不平或与轴线不垂直 2. 尾座偏移 3. 麻花钻刚度低，初钻时进给量过大 4. 麻花钻顶角不对称	1. 钻孔前车平端面，中心不能有凸台 2. 调整尾座轴线与主轴轴线同轴 3. 选用较短的麻花钻或用中心钻先钻导向孔；初钻时进给量要小，钻削时应经常退出麻花钻，待清除切屑后再钻 4. 正确刃磨麻花钻
孔直径扩大	1. 麻花钻直径选错 2. 麻花钻主切削刃不对称 3. 麻花钻未对准工件中心	1. 看清图样，仔细检查麻花钻直径 2. 仔细刃磨，使两条主切削刃对称 3. 检查麻花钻是否弯曲，钻夹头、钻套是否装夹正确

知识链接

锪　　孔

用锪削方法加工平底或锥形沉孔的方法称为锪孔。车削中常用圆锥形锪钻锪锥形沉孔。圆锥形锪钻有60°、90°和120°等几种，如图3－13所示。60°和120°锪钻用于锪削圆柱孔直径$d>6.3$ mm的中心孔的圆锥孔和护锥，90°锪钻用于孔口倒角或锪沉头螺钉孔。锪内圆锥时，为减小表面粗糙度值，应选取进给量$f\leqslant 0.05$ mm/r，切削速度$v_c\leqslant 5$ m/min。

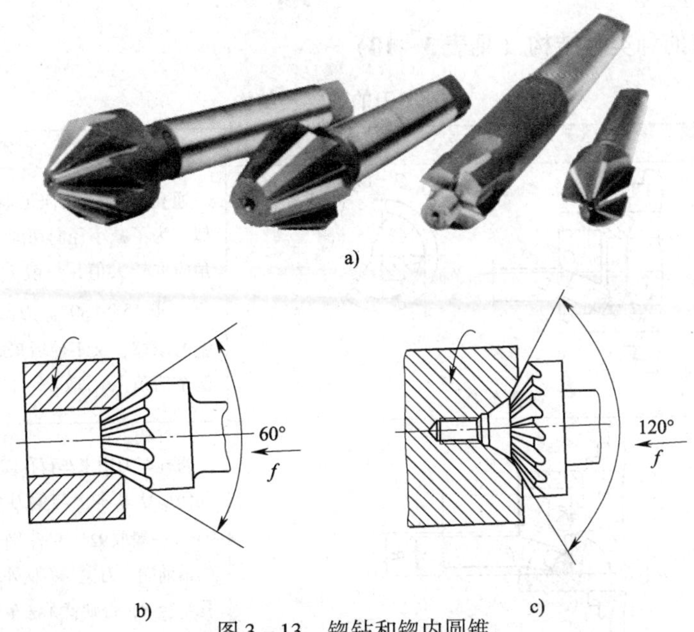

图3－13　锪钻和锪内圆锥

a）实物图　b）锪60°内圆锥　c）锪120°护锥

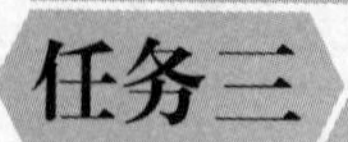

任务三　车孔和铰孔

学习目标

1. 掌握通孔车刀、盲孔车刀的刃磨和应用。
2. 掌握内沟槽车刀和端面槽刀的刃磨和应用。
3. 掌握车孔的关键技术。
4. 了解软卡爪的制作方法。
5. 掌握常用心轴的设计和制作。
6. 掌握几何精度误差的测量。
7. 掌握铰孔的方法。

工作任务

将图 3－3 所示的衬套半成品加工成图 3－1 所示的成品。

相关知识

一、内孔车刀

1. 内孔车刀的种类及结构（见表 3－10）

表 3－10　　内孔车刀的种类及结构

内容	图示	说明
内孔车刀的种类及结构	通孔车刀	通孔车刀的几何形状与 75°外圆车刀相似，为了减小径向切削力，防止振动，主偏角应取较大值，一般 κ_r 取 60°～75°；副偏角 κ_r' 取 15°～30°。为防止车孔刀后面和孔壁的摩擦，又不使后角磨得太大，一般磨成两个后角，α_{o1} 取 6°～12°，α_{o2} 取 30°左右
	盲孔车刀	盲孔车刀用来车盲孔或台阶孔，切削部分的几何形状基本上与偏刀相似，主偏角 κ_r 大于 90°，一般取 92°～95°。车盲孔时，刀尖在刀柄的最前端，刀尖与刀柄外端的距离 a 应小于内孔半径 R，否则就无法车平盲孔的底平面。车台阶孔时，只要车刀与孔壁不碰触即可

续表

内容	图示	说明
内孔车刀的种类及结构	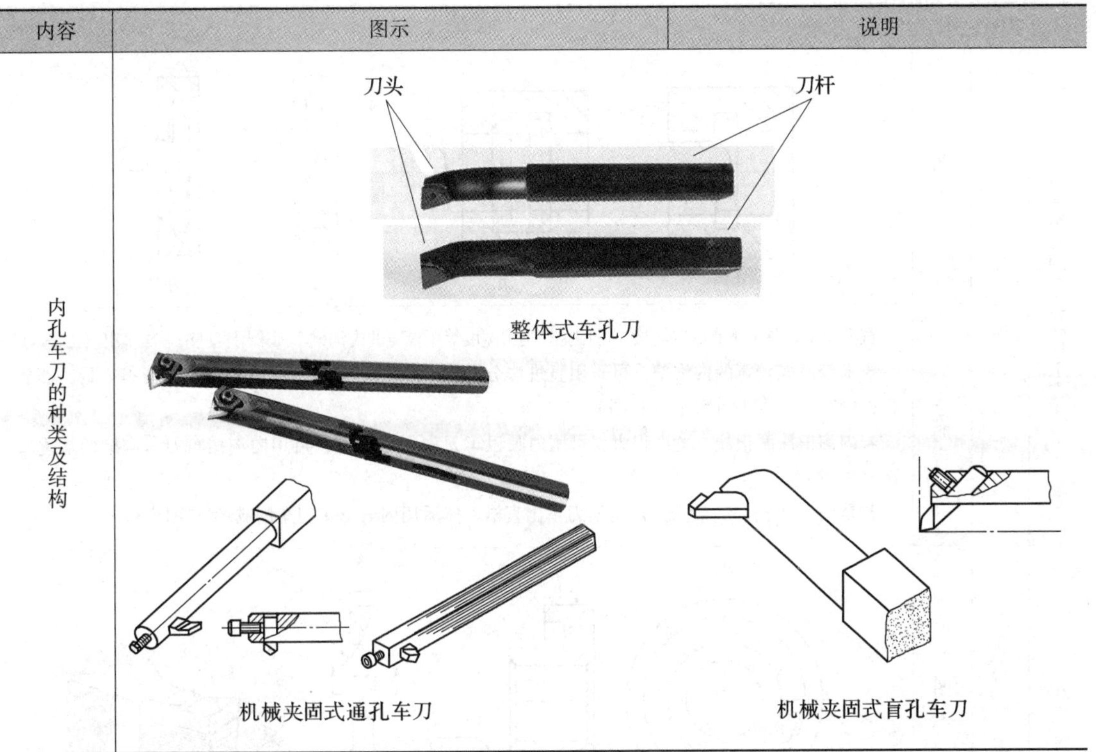 整体式车孔刀 机械夹固式通孔车刀 机械夹固式盲孔车刀	

2. 内孔车刀的刃磨

内孔车刀的刃磨步骤：粗磨前面→粗磨主后面→粗磨副后面→粗磨、精磨前角并控制刃倾角→精磨主后面→精磨副后面→修磨刀尖圆弧。

二、内沟槽刀和端面槽刀

1. 内沟槽刀和端面槽刀的结构及应用（见表3－11）

表3－11　　内沟槽刀和端面槽刀的结构及应用

内容			图示及说明
内沟槽刀的结构及加工方法	内沟槽刀结构	图示	a)　　b)
		说明	内沟槽刀与切断刀的几何形状相似，只是装夹方向相反，且在内孔中车槽。加工小孔中的内沟槽车刀做成整体式（见图a） 在大直径内孔中车内沟槽的车刀可做成车槽刀体，然后装夹在刀柄上使用（见图b），由于内沟槽通常与孔轴线垂直，因此要求内沟槽车刀的刀体与刀柄轴线垂直，装夹内沟槽车刀时，应使主切削刃与内孔中心等高或略高，两侧副偏角必须对称

续表

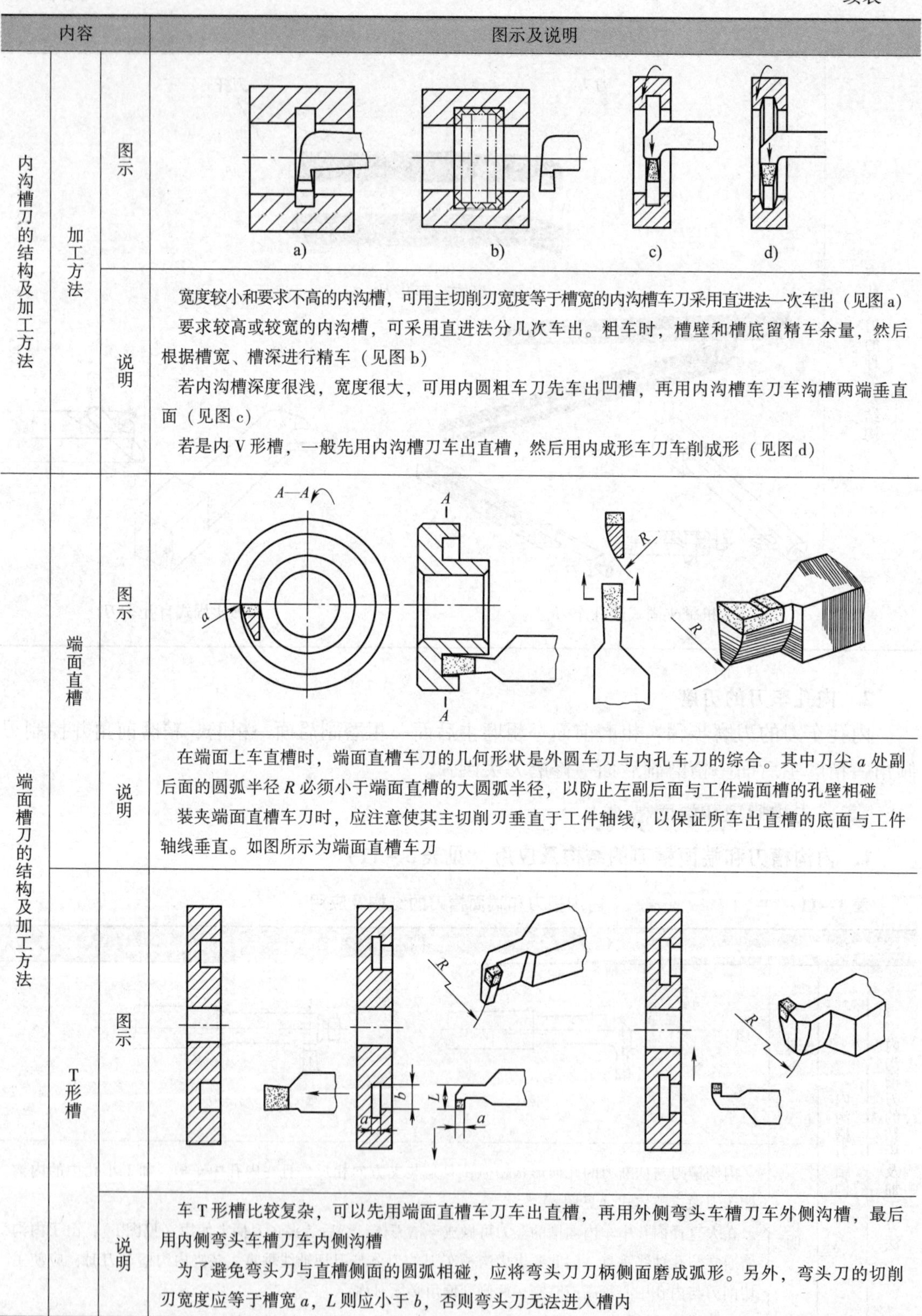

内容			图示及说明
内沟槽刀的结构及加工方法	加工方法	图示	a)　b)　c)　d)
		说明	宽度较小和要求不高的内沟槽，可用主切削刃宽度等于槽宽的内沟槽车刀采用直进法一次车出（见图 a） 要求较高或较宽的内沟槽，可采用直进法分几次车出。粗车时，槽壁和槽底留精车余量，然后根据槽宽、槽深进行精车（见图 b） 若内沟槽深度很浅，宽度很大，可用内圆粗车刀先车出凹槽，再用内沟槽车刀车沟槽两端垂直面（见图 c） 若是内 V 形槽，一般先用内沟槽刀车出直槽，然后用内成形车刀车削成形（见图 d）
端面槽刀的结构及加工方法	端面直槽	图示	
		说明	在端面上车直槽时，端面直槽车刀的几何形状是外圆车刀与内孔车刀的综合。其中刀尖 a 处副后面的圆弧半径 R 必须小于端面直槽的大圆弧半径，以防止左副后面与工件端面槽的孔壁相碰 装夹端面直槽车刀时，应注意使其主切削刃垂直于工件轴线，以保证所车出直槽的底面与工件轴线垂直。如图所示为端面直槽车刀
	T 形槽	图示	
		说明	车 T 形槽比较复杂，可以先用端面直槽车刀车出直槽，再用外侧弯头车槽刀车外侧沟槽，最后用内侧弯头车槽刀车内侧沟槽 为了避免弯头刀与直槽侧面的圆弧相碰，应将弯头刀刀柄侧面磨成弧形。另外，弯头刀的切削刃宽度应等于槽宽 a，L 则应小于 b，否则弯头刀无法进入槽内

续表

内容			图示及说明
端面槽刀的结构及加工方法	燕尾槽	图示	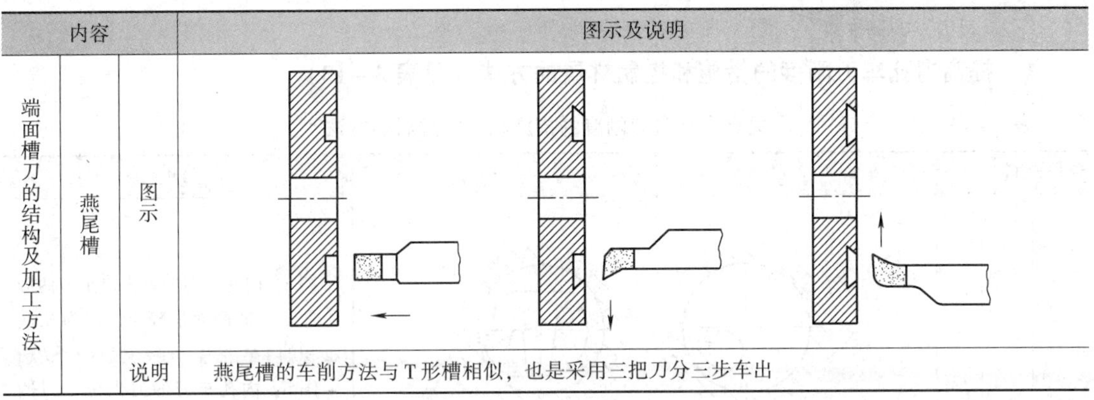
		说明	燕尾槽的车削方法与T形槽相似，也是采用三把刀分三步车出

2. 内沟槽刀和端面槽刀的刃磨

（1）刃磨内沟槽刀和端面槽刀与刃磨外圆车槽刀时的方法基本相同。其刃磨顺序是：粗磨前面→粗磨主、副后面→精磨前面→精磨主、副后面。

（2）刃磨内沟槽刀应注意切削刃的平直以及角度、形状的正确与对称。

（3）刃磨硬质合金车槽刀时不能用力过猛，以防止刀片烧结处产生高热脱焊，使刀片脱落。

（4）刃磨车槽刀时，通常先将左侧副后面磨出，切削刃宽度的余量应放在车刀右侧磨出。

（5）在刃磨车槽刀的副切削刃时，刀头与砂轮表面的接触点应放在砂轮边缘上，轻轻移动并仔细观察和修整副切削刃的直线度。

（6）刃磨圆弧轴肩槽车刀时，左手握住刀头前端为支点，右手转动刀柄尾部，使刀头成圆弧状，并用样板检查后不断修整。

3. 控制内沟槽深度和位置的方法

车内沟槽时的尺寸较难控制，控制内沟槽深度和位置的方法见表3-12。

表3-12　控制内沟槽深度和位置的方法

内容	图示	说明
控制内沟槽的深度		1. 摇动床鞍与中滑板，将内沟槽车刀伸入孔中，使主切削刃与孔壁刚好接触，此时中滑板的刻度线在“0”位（即横向起始位置） 2. 根据内沟槽的深度计算出中滑板的进给格数，并在终止进给时相应的刻度位置用记号笔做出标记或记下该刻度值
控制内沟槽的轴向尺寸	L　b	1. 移动床鞍和中滑板，使内沟槽车刀的左刀尖与工件端面轻轻接触，将床鞍刻度盘的刻度线对准“0”位（即纵向起始位置） 2. 内沟槽轴向尺寸的小数部分用小滑板刻度控制，也要将小滑板刻度线调整到“0”位 3. 用床鞍和小滑板刻度控制内沟槽车刀进入孔的深度，即内沟槽的位置尺寸 L 与内沟槽车刀主切削刃宽度 b 之和，即 $L+b$

三、车孔的关键技术

1. 提高内孔车刀刚度的措施和控制排屑的方法（见表 3－13）

表 3－13　　提高内孔车刀刚度的措施和控制排屑的方法

内容			图示	说明
车孔的关键技术	增加车刀的刚度	尽可能增加刀柄的截面积	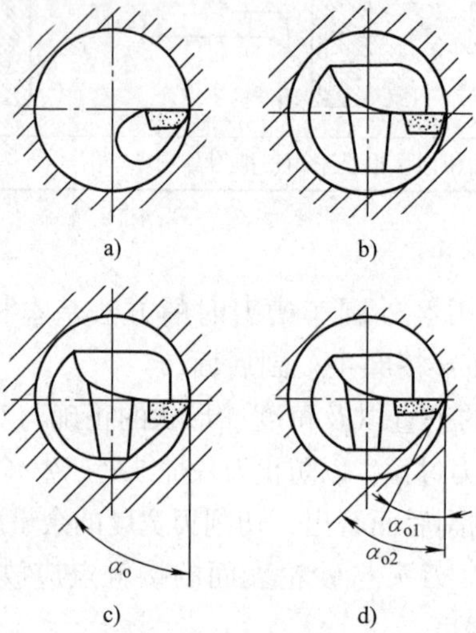 a)　b) c)　d)	图 a：内孔车刀的刀头位于刀柄最上面，刀柄截面积较小，仅为孔截面积的 1/4 左右 图 b：内孔车刀的刀尖位于刀柄的中心线上，这样刀柄的截面积可达到最大程度 图 c：内孔车刀的后面如果刃磨成一个大后角，刀柄的截面积必然减小 图 d：如果将内孔车切削磨成两个后角，或将后面磨成圆弧状，则既可防止内孔车刀的后面与孔壁产生摩擦，又可使刀柄的截面积增大
		减小刀柄伸出长度	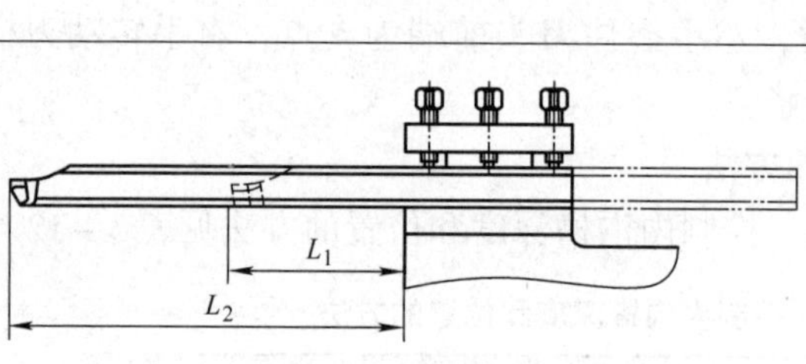 e)	刀柄伸出越长，车刀的刚度越低，容易引起振动。刀柄的伸出长度只要略大于孔深即可，这样有利于使刀柄以最大刚度的状态工作
	控制切屑流向	前排屑	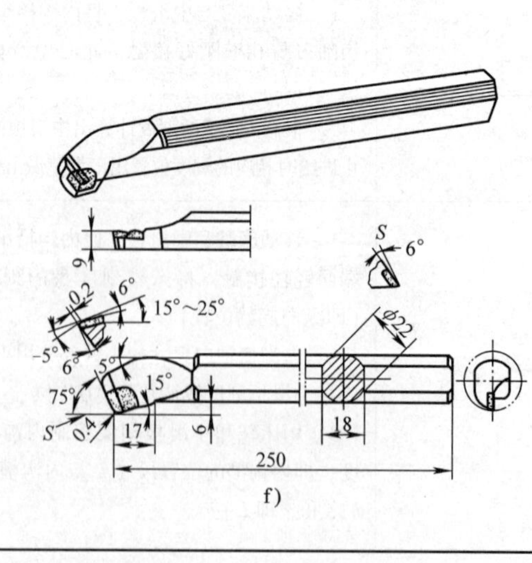 f)	车通孔或精车孔时要求切屑流向待加工表面（前排屑），为此，需采用正值刃倾角的内孔车刀（见图 f）

续表

内容			图示	说明
车孔的关键技术	控制切屑流向	后排屑	g)	车盲孔时采用负值刃倾角，使切屑向孔口方向排出（见图 g）

2. 车孔时的切削用量

内孔车刀的刀柄细长，刚度差，车孔时排屑较困难，故车孔时的切削用量应选得比车外圆时小。车孔时的背吃刀量 a_p 是车孔余量的一半；进给量 f 比车外圆时小 20% ~40%；切削速度 v_c 比车外圆时低 10% ~20%。

3. 车台阶孔和盲孔

车台阶孔和盲孔的方法见表 3－14。

表 3－14　车台阶孔和盲孔的方法

内容	图示	说明
车台阶孔的方法	刻线记号 a) 铜片 b)	1. 车直径较小的台阶孔时，由于观察困难，尺寸精度不易控制，操作步骤是：粗车小孔→精车小孔→粗车大孔→精车大孔 2. 车直径较大的台阶孔时，在便于测量和观察小孔的前提下，操作步骤是：粗车大孔→粗车小孔→精车小孔→精车大孔 3. 车孔径相差较大的台阶孔时，最好先使用主偏角 κ_r = 85°~88°的车刀进行粗车，再用盲孔车刀精车至要求。如果直接用盲孔车刀车削，背吃刀量不可太大，否则刀尖容易损坏 4. 车孔深度的控制 （1）在刀柄上划线痕（见图 a） （2）装夹内孔车刀时安装限位铜片（见图 b） （3）利用床鞍和小滑板刻度控制孔深 （4）用游标深度尺测量控制
车盲孔的方法	0.5～1.0 c)	1. 车端面，钻中心孔 2. 钻底孔。选择比孔径小 1.5 ~2 mm 的钻头先钻出底孔，其钻孔深度从麻花钻顶尖量起，并在麻花钻上刻线痕做记号。然后用相同直径的平头钻将底孔扩成平底，底平面处留余量 0.5 ~1 mm 3. 粗车孔和底平面，留精车余量 0.2 ~0.3 mm 4. 精车孔和底平面至要求

续表

内容	图示	说明
平头钻的刃磨	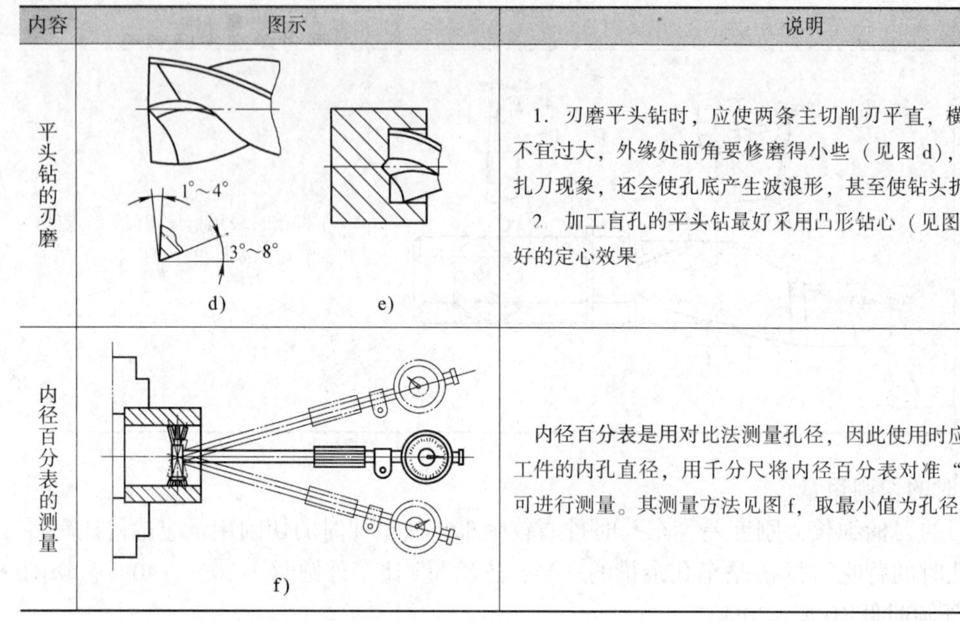 d) e)	1. 刃磨平头钻时，应使两条主切削刃平直，横刃要短，后角不宜过大，外缘处前角要修磨得小些（见图 d），否则容易引起扎刀现象，还会使孔底产生波浪形，甚至使钻头折断 2. 加工盲孔的平头钻最好采用凸形钻心（见图 e），以获得良好的定心效果
内径百分表的测量	f)	内径百分表是用对比法测量孔径，因此使用时应先根据被测量工件的内孔直径，用千分尺将内径百分表对准“零”位后，方可进行测量。其测量方法见图 f，取最小值为孔径的实际尺寸

四、保证套类零件几何精度的方法

1. 尽可能在一次装夹中完成所有表面的车削

单件、小批量车削套类工件时，可在一次装夹中尽可能把工件全部或大部分表面车削完成（见图 3－14）。这种方法不存在因装夹而产生的定位误差。

采用这种方法车削时，需要经常转换刀架。车削如图 3－14 所示工件，需轮流使用 90°车刀、45°车刀、麻花钻、铰刀和切断刀等。如果刀架定位精度较差，则尺寸较难掌握，切削用量也要经常改变。

在数控车床上加工套类工件时，大多采用在一次装夹中完成主要表面的加工。这样既可保证加工精度，又提高了生产效率。

2. 以外圆为基准保证几何精度

在加工外圆直径很大、内孔直径较小、定位长度较短的工件时，多以外圆为基准来保证工件的几何精度。采用软卡爪来装夹工件是常用的方法。

软卡爪用未经淬火的 45 钢制成，并在本身车床上车削成形，因此可确保装夹精度。当装夹已加工表面或软金属时，不易夹伤工件表面。另外，还可根据工件的形状相应地加工软卡爪，以装夹不同的工件。因此，软卡爪得到了广泛的应用。

软卡爪的形状及制作方法如图 3－15 所示，车削夹紧工件的软卡爪的内限位台阶时，定位圆柱应放在卡爪的里面，并用卡爪底部将其夹紧。

3. 以内孔为基准保证几何精度

车削中小型轴套、带轮和齿轮等工件时，一般可用已加工好的内孔为定位基准，并根据内孔配制合适的心轴，将套类工件装在心轴上，精加工套类工件的外圆、端面等。常用的心轴有实体心轴和胀力心轴等。

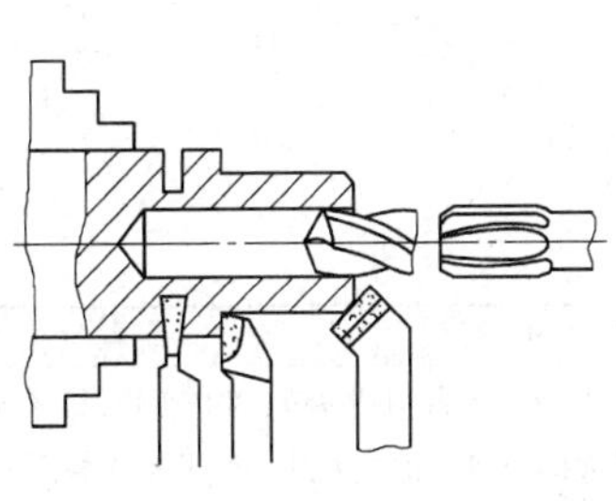

图 3－14　尽可能在一次装夹中完成车削

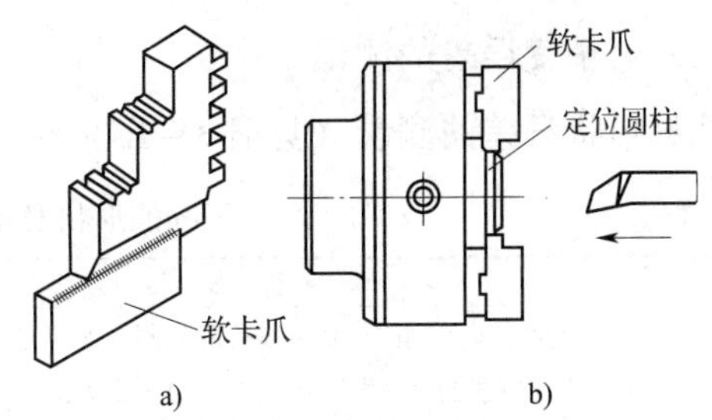

图 3－15　软卡爪的形状及制作方法

a）焊接式软卡爪　b）车软卡爪的内限位台阶

（1）实体心轴

实体心轴有不带台阶和带台阶的两种。不带台阶的实体心轴又称小锥度心轴（见图 3－16a），其锥度 C 为 1∶1 000～1∶5 000，这种心轴的特点是制造容易、定心精度高，但轴向无法定位，承受切削力小，工件装卸时不太方便。台阶心轴如图 3－16b 所示，其配合圆柱面与工件孔保持较小的间隙配合，工件靠螺母压紧，常用来一次装夹多个工件。若装上快换垫圈，则装卸工件就更加方便，但其定心精度较低，只能保证 0.02 mm 左右的同轴度公差。

（2）胀力心轴

胀力心轴依靠自身材料的弹性变形所产生的胀紧力来胀紧工件。胀力心轴的圆锥角最好为 30°左右（见图 3－16c），最薄部分的壁厚可为 3～6 mm。为了使胀力均匀，其槽可三等分，如图 3－16d 所示。长期使用的胀力心轴可用 65Mn 弹簧钢制成。胀力心轴装卸方便，定心精度高，故应用广泛。

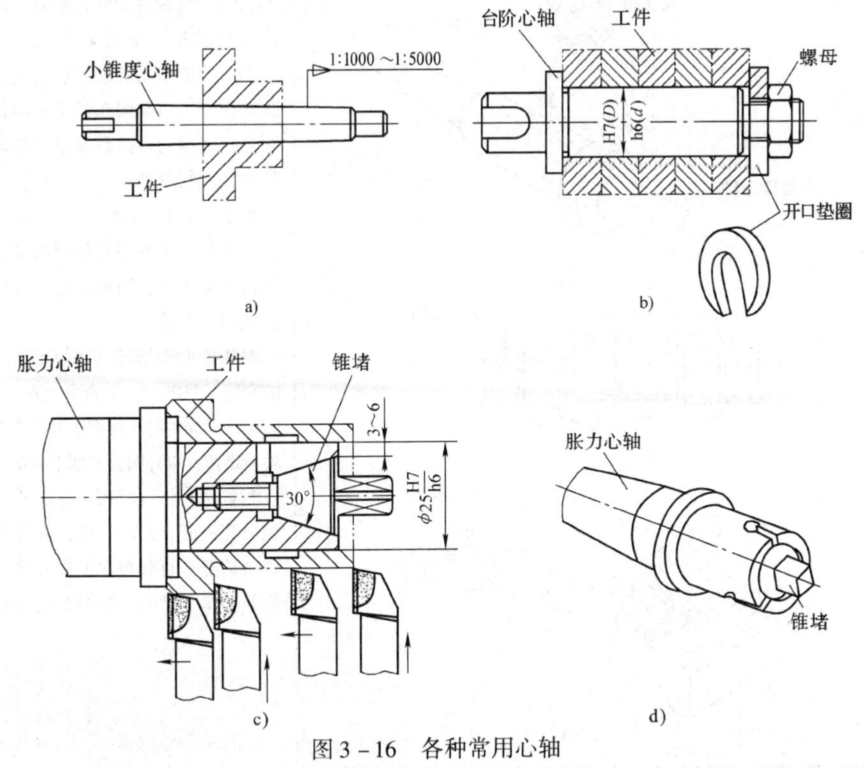

图 3－16　各种常用心轴

五、几何精度误差的测量

1. 孔的形状误差的测量（见表3－15）

表3－15　孔的形状误差的测量

项目	方法
圆度误差	孔的圆度误差可用内径百分表检测。测量前应先用千分尺将内径百分表调到零位，测量时将测量头放入孔内，在垂直于孔轴线的某一截面内几个方向上测量，百分表读数最大值与最小值之差的一半即是该截面的圆度误差
圆柱度误差	孔的圆柱度误差可用内径百分表在孔全长的前、中、后各位置测量若干个截面，比较各个截面的测量结果，取所有读数中最大值与最小值之差的一半，即是孔全长的圆柱度误差

内径百分表的测量方法见表3－14中的图f。

2. 跳动和方向误差的测量（见表3－16）

表3－16　跳动和方向误差的测量

项目	图示	说明
径向圆跳动误差的测量	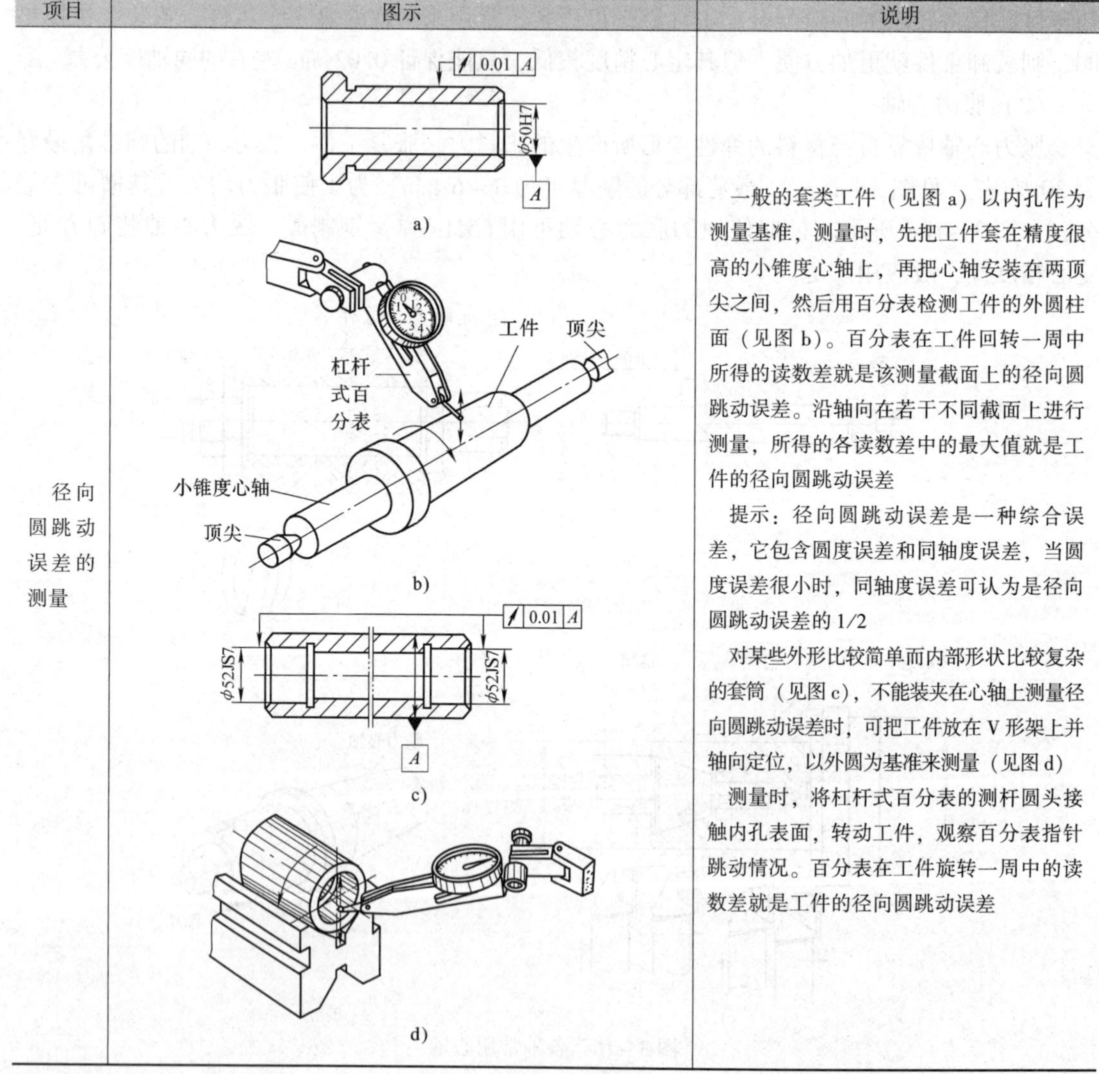	一般的套类工件（见图a）以内孔作为测量基准，测量时，先把工件套在精度很高的小锥度心轴上，再把心轴安装在两顶尖之间，然后用百分表检测工件的外圆柱面（见图b）。百分表在工件回转一周中所得的读数差就是该测量截面上的径向圆跳动误差。沿轴向在若干不同截面上进行测量，所得的各读数差中的最大值就是工件的径向圆跳动误差 提示：径向圆跳动误差是一种综合误差，它包含圆度误差和同轴度误差，当圆度误差很小时，同轴度误差可认为是径向圆跳动误差的1/2 对某些外形比较简单而内部形状比较复杂的套筒（见图c），不能装夹在心轴上测量径向圆跳动误差时，可把工件放在V形架上并轴向定位，以外圆为基准来测量（见图d） 测量时，将杠杆式百分表的测杆圆头接触内孔表面，转动工件，观察百分表指针跳动情况。百分表在工件旋转一周中的读数差就是工件的径向圆跳动误差

续表

项目	图示	说明
轴向圆跳动误差的测量	e) f)	套类工件（见图 e）轴向圆跳动误差的检测方法（见图 f）为： 先把工件装夹在精度较高的小锥度心轴上，然后把杠杆式百分表的圆测头靠在需要测量的端面上。转动心轴，百分表在工件回转一周中所得的读数差就是工件的轴向圆跳动误差
端面对轴线垂直度的测量	g)	测量端面垂直度误差时，必须经过两个步骤：首先要测量端面圆跳动误差是否合格，如果符合要求，再测量端面对轴线的垂直度误差。如果必须测出垂直度误差值，可把工件装夹在 V 形架的小锥度心轴上，并放在精度很高的平板上检查端面的垂直误差。检查时，先找正心轴的垂直度，然后用杠杆式百分表从端面的最里一点向外拉出（见图 g），百分表指示的读数差就是端面对内孔轴线的垂直度误差

六、铰刀及其铰孔方法

1. 铰刀

(1) 铰刀的分类

铰刀按动力来源不同可分为机用铰刀和手用铰刀。机用铰刀的柄有直柄和锥柄两种。铰孔时由于车床尾座定向，因此机用铰刀工作部分较短，主偏角较大，标准机用铰刀的主偏角为 15°。手用铰刀的柄部做成方榫形，以便套入铰杠铰削工件。手用铰刀工作部分较长，主偏角较小，一般为 40′~4°。

铰刀按切削部分材料分为高速钢铰刀和硬质合金铰刀。

（2）铰刀的组成及各部分作用（见表 3－17）

表 3－17　　铰刀的组成及各部分作用

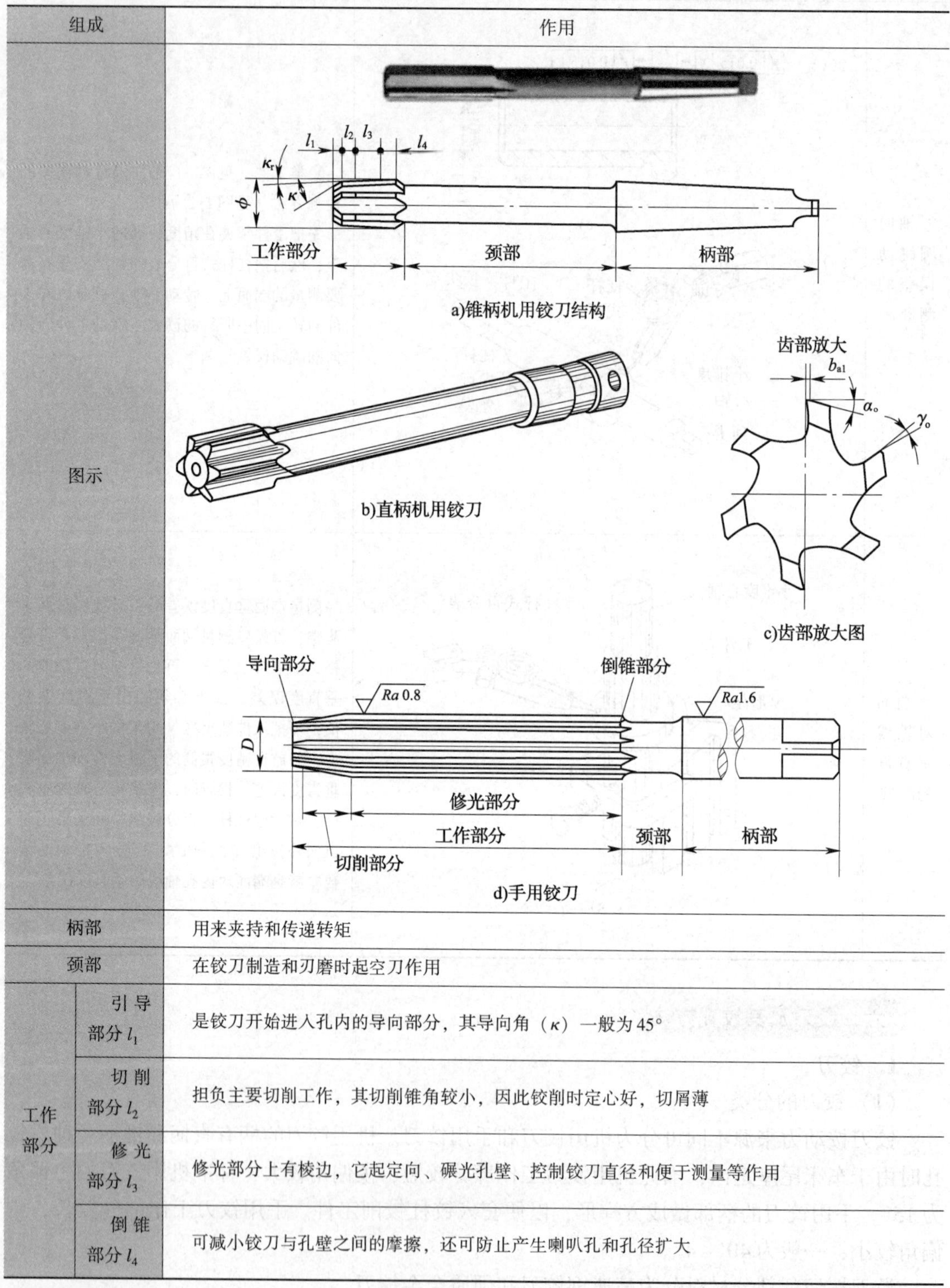

a)锥柄机用铰刀结构

b)直柄机用铰刀

c)齿部放大图

d)手用铰刀

组成		作用
图示		
柄部		用来夹持和传递转矩
颈部		在铰刀制造和刃磨时起空刀作用
工作部分	引导部分 l_1	是铰刀开始进入孔内的导向部分，其导向角（κ）一般为 45°
	切削部分 l_2	担负主要切削工作，其切削锥角较小，因此铰削时定心好，切屑薄
	修光部分 l_3	修光部分上有棱边，它起定向、碾光孔壁、控制铰刀直径和便于测量等作用
	倒锥部分 l_4	可减小铰刀与孔壁之间的摩擦，还可防止产生喇叭孔和孔径扩大

铰刀的刃齿数一般为4～10，为了便于测量直径，应采用偶数齿。

(3) 铰刀的选择

铰刀的基本尺寸与孔的基本尺寸相同。铰刀的公差是根据孔的精度等级、加工时可能出现的扩大量或收缩量及允许铰刀的磨损量来确定的。一般可按下面的计算方法来确定铰刀的上、下偏差：

$$\text{上偏差} = \frac{2}{3} \times \text{被加工孔公差}$$

$$\text{下偏差} = \frac{1}{3} \times \text{被加工孔公差}$$

(4) 铰刀的装夹

在车床上铰孔时，一般将机用铰刀的锥柄插入尾座套筒的锥孔中，并调整尾座套筒轴线与主轴轴线相重合，同轴度应小于0.02 mm，但对一般精度的车床要求其主轴轴线与尾座轴线非常精确地在同一轴线上是比较困难的，为保证工件的同轴度，常采用浮动套筒（见图3－17）。铰刀通过浮动套筒插入主体的孔中，利用套筒与主体、轴销与套筒之间存在一定的间隙而产生浮动。铰削时，铰刀通过微量偏移来自动调整其轴线与孔的轴线重合，从而消除由于车床尾座套筒锥孔与主轴同轴度误差对铰孔质量的影响。

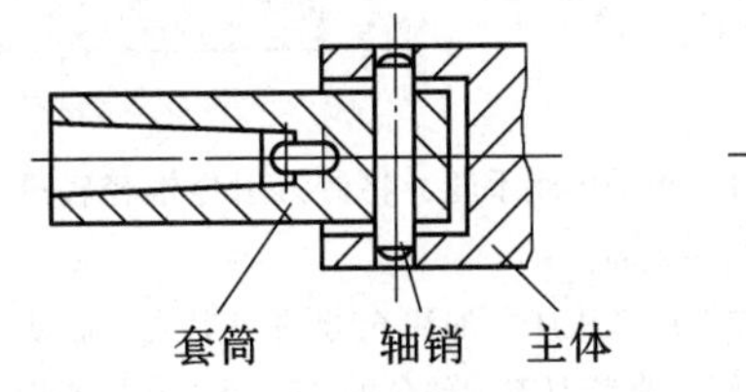

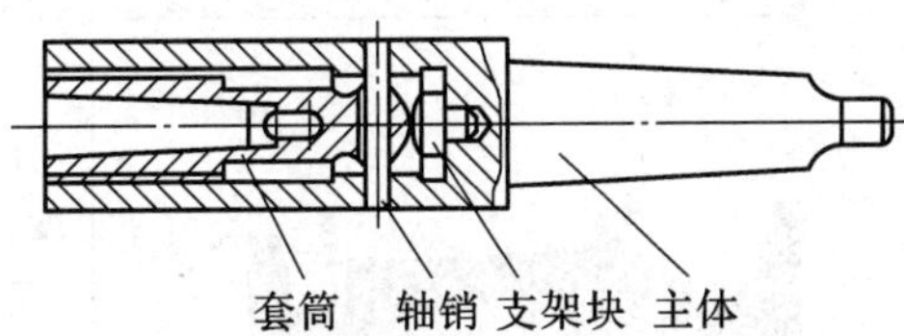

图3－17　浮动套筒

2. 铰孔方法

(1) 铰孔余量的确定

铰孔之前，一般先车孔或扩孔，并留出铰削余量，余量的大小直接影响铰孔质量。余量太小，不能把前道工序所留下的加工痕迹铰去。余量太大，切屑挤满在铰刀的齿槽中，使切削液不能进入切削区，增大表面粗糙度值或使切削刃负荷过大而迅速磨损，甚至崩刃。铰削余量一般为0.08～0.15 mm，高速钢铰刀取小值，硬质合金铰刀取大值。

(2) 切削用量的选择

铰削时的背吃刀量是铰削余量的一半。

铰削时，切削速度越低，表面粗糙度值越小。铰削钢件时，其切削速度 $v_c \leqslant 5$ m/min；铰削铸铁时，其切削速度 $v_c \leqslant 8$ m/min。

铰削时，由于切屑少，而且铰刀上有修光部分，进给量可取大些。铰削钢件时，选用进给量 $f = 0.2 \sim 1.0$ mm/r；铰削铸铁时，进给量 $f = 0.4 \sim 1.5$ mm/r。粗铰用大值，精铰用小值。铰削盲孔时，进给量 $f = 0.2 \sim 0.5$ mm/r。

（3）切削液的选择

铰孔时切削液对孔径和孔的表面粗糙度的影响，见表 3 – 18。

表 3 – 18　　铰孔时切削液对孔径和孔的表面粗糙度的影响

切削液	孔径变化情况	表面粗糙度值 *Ra*
水溶性切削液（如乳化液）	实际孔径最小	小
油类切削液（机油、柴油、煤油）	比使用乳化液铰出的孔稍大，而使用煤油比使用机油铰出的孔大	中
干铰	最大	大

根据切削液对表面粗糙度的影响和铰孔实验，铰孔时必须加注充分的切削液。铰削钢件及韧性材料时，可用乳化液、极压乳化液；铰削铸件及脆性材料时，可采用煤油作为切削液；铰削青铜或铝合金材料时，可用 L – FD – 2 轴承油或煤油。

（4）铰孔方法

铰孔方法见表 3 – 19。

表 3 – 19　　铰孔方法

类型	图示	说明
铰通孔		1. 摇动尾座手轮，将铰刀引导锥轻轻进入孔口，深度 1 ~ 2 mm 2. 启动机床，加注充分的切削液，摇动手轮均匀地进给，当铰刀工作部分的 3/4 超出孔末端时，反向转动尾座手轮，将铰刀从孔内退出。注意铰刀退出时工件不能反转或停止转动
铰盲孔		1. 启动机床，加切削液，摇动尾座手轮进行铰孔，当铰刀端部与孔底接触后会对铰刀产生轴向抗力，手动进给当感觉到轴向抗力明显增加时，表明铰刀端部已到孔底，应立即将铰刀退出 2. 铰较深的不通孔时，切屑排出比较困难，通常中途应退刀数次，用切削液和刷子清除切屑后再继续铰孔

任务实施

一、准备工作

1. 工件毛坯

按图 3－3 所示检查经过扩孔后的半成品，看其尺寸是否留出余量，几何精度是否达到要求。

2. 工艺装备

普通车床、前排屑通孔车刀、后排屑盲孔车刀、45°车刀、装夹式内沟槽车刀、*R*4 mm 圆弧轴肩槽车刀、半径样板、90°粗车刀、90°精车刀、铰刀、浮动套筒、三爪自定心卡盘、软卡爪、胀力心轴、活扳手、弹簧内卡钳、宽度为 8 mm 的样板、钩形游标深度尺、0.02 mm/0～150 mm 游标卡尺、0～25 mm 和 25～50 mm 千分尺、内径百分表、ϕ25H7 塞规、90°角尺以及切削液。

二、操作步骤

衬套加工的操作步骤见表 3－20。

表 3－20　衬套加工的操作步骤

加工步骤	操作步骤内容	图示
1. 刃磨刀具	（1）修整砂轮 （2）刃磨前排屑通孔车刀（见表 3－13 图 f）和后排屑盲孔车刀（见表 3－13 图 g） （3）刃磨内沟槽车刀（见图 a）和 *R*4 mm 轴肩槽车刀（见图 b）	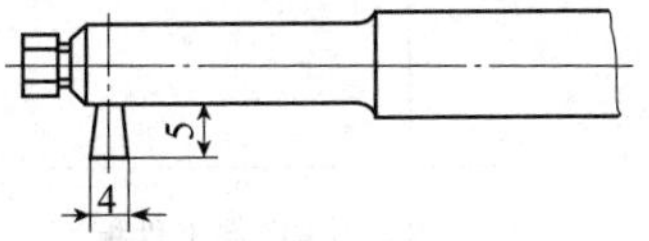 a) 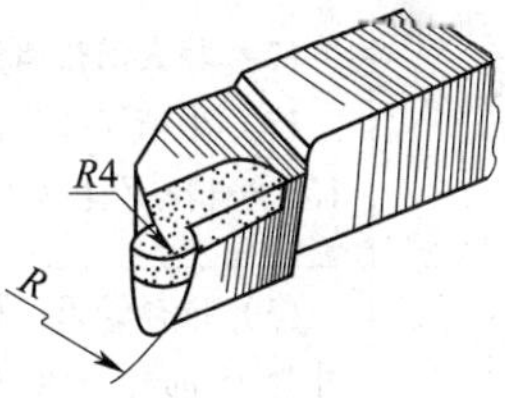 b)
2. 车孔	（1）装夹前排屑通孔车刀、后排屑盲孔车刀、45°车刀 （2）装夹工件：为防止车孔时工件移动，以及便于多次装夹，可利用 ϕ45 mm×70 mm 的外圆部分作为限位台阶，装夹衬套后粗车孔，如图 c 所示 （3）用 45°车刀车平端面 （4）用前排屑通孔车刀将 ϕ22 mm 孔车至 ϕ24 mm （5）用后排屑盲孔车刀车 ϕ44 mm×6.3 mm 的孔至尺寸要求（分粗车、精车）	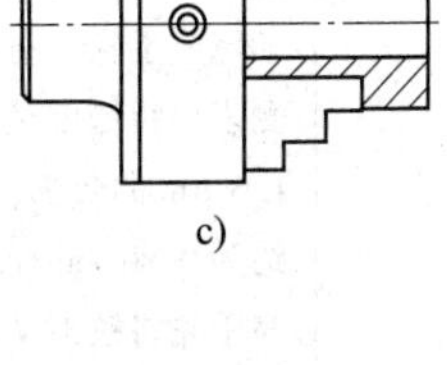 c)

续表

加工步骤	操作步骤内容	图示
3. 车内沟槽和轴肩槽	（1）将工件拆下，用软卡爪装夹 $\phi 54$ mm 外圆，如图 d 所示 （2）将刀架上的刀具拆下，装内沟槽车刀、90° 粗车刀、*R*4 mm轴肩槽车刀 （3）按图 e 所示的加工顺序，车 $\phi 28$ mm × 8 mm 的内沟槽 先粗车内沟槽，槽壁和槽底留精车余量 0.5 mm，注意槽距的位置和偏差；精车 $\phi 28$ mm × 8 mm 的内沟槽时，同时保证内沟槽的位置尺寸 35 mm （4）扳转 90° 粗车刀至工作位置，将 $\phi 45$ mm 外圆车削至$\phi 43$ mm （5）同时操纵中、小滑板，车 *R*4 mm 圆弧轴肩槽至要求，如图 f 所示	d) 6 5 4 3 2 1 e) *a* *R* f)
4. 半精车内孔	（1）将工件拆下，为防止车孔时工件移动，可利用 $\phi 43$ mm 的外圆端面作为限位台阶 （2）装夹前排屑通孔车刀、90°精车刀 （3）半精车孔：留铰削余量 0.08 ~ 0.12 mm，确定半精车孔径，半精车孔径至要求	
5. 铰孔	（1）选择铰刀：根据孔径公差 0.021 mm，可确定铰刀基本尺寸为 25 mm，上偏差为 0.021 mm × 2/3 = 0.014 mm，下偏差为 0.021 mm × 1/3 = 0.007 mm；将铰刀的莫氏锥柄装入浮动套筒的内锥面，再装入尾座套筒内 （2）铰孔：移动尾座，在铰刀前端离工件端面 5 ~ 10 mm 处锁紧尾座；摇动尾座手轮，让铰刀的引导部分轻轻进入孔口，深度为 1 ~ 2 mm。启动车床，主轴低速转动，充分浇注切削液，双手摇动尾座手轮均匀进给至铰刀工作部分的 3/4 处时，立即反向摇动尾座手轮，将铰刀从孔内退出；用内径百分表测量孔径，并检测表面粗糙度值 *Ra* 是否小于 1.6 μm。若达到 ϕ25H7 和 $Ra \leq$ 1.6 μm 的要求，继续双手摇动尾座手轮均匀进给，手动进给量约为 0.80 mm/r，直到铰削完毕。让车床停止回转，反向摇动尾座手轮将铰刀从孔内退出	

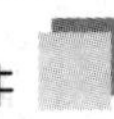

续表

加工步骤	操作步骤内容	图示
6. 精车端面	（1）扳转90°精车刀至工作位置 （2）用90°精车刀车 ϕ54 mm 圆柱左端面，使端面表面粗糙度和轴向圆跳动达到要求，同时保证 ϕ44 mm 台阶孔的长度为6 mm	
7. 倒角	旋转90°精车刀，使副切削刃与工件端面成45°，紧固车刀，倒角 $C1$ mm	
8. 精车外表面	（1）拆下工件，卸下卡盘 （2）装夹胀力心轴 （3）装夹工件：擦净工件的内孔及端面，将衬套轻轻套在胀力心轴上，并使端面靠紧；用扳手拧紧锥堵的方榫，胀紧工件 （4）精车 ϕ53 mm 外圆 （5）精车 $\phi42_{-0.033}^{\ 0}$ mm 外圆 （6）精车 ϕ53 mm×圆柱右端面 （7）定总长 （8）倒角 $C1$ mm：ϕ53 mm 圆柱右端倒角、$\phi42_{-0.033}^{\ 0}$ mm 圆柱右端倒角、ϕ25H7 内孔右孔口处倒角	

〔操作提示〕

1. 车孔时中滑板进、退方向与车外圆相反；车内沟槽与在外圆上车槽的横向进给方向相反，需小心并判断准确。

2. 车内沟槽时，中滑板刻度已到槽深尺寸时不要马上退出内沟槽车刀，应稍作停留，可使槽底经主切削刃修整后降低表面粗糙度值。

三、质量分析

套类零件加工产生废品的原因及预防措施见表3－21。

表3－21　套类零件加工产生废品的原因及预防措施

废品种类	产生原因	预防方法
尺寸不对	1. 测量不准确 2. 铰刀直径不对 3. 产生积屑瘤 4. 工件热胀冷缩 5. 铰削余量大	1. 仔细测量，并进行试车 2. 仔细测量铰刀尺寸，根据孔径尺寸要求研磨铰刀 3. 选择合理的切削速度 4. 应使工件冷却后再精车，加注切削液 5. 正确选择铰削余量
内孔有锥度	1. 刀具磨损 2. 刀柄刚度低，产生让刀 3. 主轴轴线歪斜	1. 延长刀具寿命，采用耐磨刀具 2. 尽量选择大截面刀柄，增加刚度 3. 检查车床精度

续表

废品种类	产生原因	预防方法
内孔不圆	1. 孔壁薄，装夹产生变形 2. 主轴呈椭圆状，轴承间隙大 3. 工件加工余量与材料组织不均匀	1. 选择合理的装夹方法 2. 检修机床 3. 增加半精加工工序，使精车余量尽量减小、均匀
内孔不光	1. 车刀磨损 2. 车刀几何角度不合理 3. 切削用量选择不合理 4. 铰孔余量不合理 5. 刀具振动	1. 重新刃磨车刀 2. 合理选择刀具角度 3. 合理选择切削用量 4. 选择适当的铰孔余量 5. 加粗刀柄并降低切削速度

模块四　加工圆锥工件

圆锥在机械制造中应用广泛，圆锥配合具有配合紧密、自动定心、自锁性好、装拆方便、互换性好等优点，常用于机床主轴、尾座锥孔、锥齿轮、顶尖和刀具锥柄等，如图 4－1 所示。

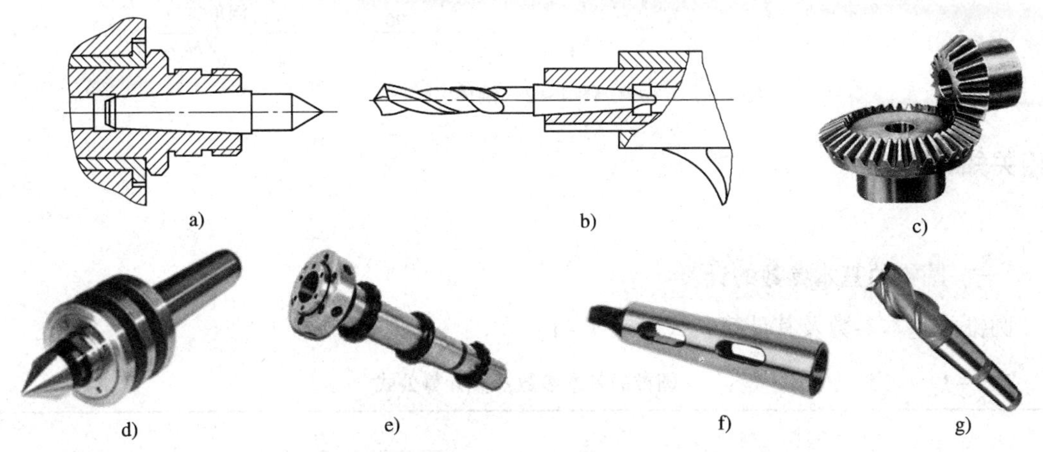

图 4－1　常见圆锥零部件

a）主轴锥孔与顶尖的配合　b）车床尾座锥孔与麻花钻锥柄的配合

c）锥齿轮　d）顶尖　e）锥形主轴　f）锥套　g）铣刀

圆锥面配合的主要特点：当圆锥角较小（在 3°以下）时，可以传递很大的转矩；同轴度较高，能做到无间隙配合。

圆锥的加工主要在车床上完成。在车床上加工圆锥面的方法有多种，主要有转动小滑板法、偏移尾座法、铰内圆锥法、仿形法、宽刃刀法等。

任务一　用转动小滑板法车圆锥

学习目标

1. 掌握用转动小滑板法车圆锥。
2. 掌握对称圆锥、配套圆锥的车削技巧。

3. 掌握用万能角度尺和圆锥量规检测圆锥的方法。

工作任务

把 ϕ 65 mm × 100 mm 毛坯车成如图 4－2 所示的锥体。

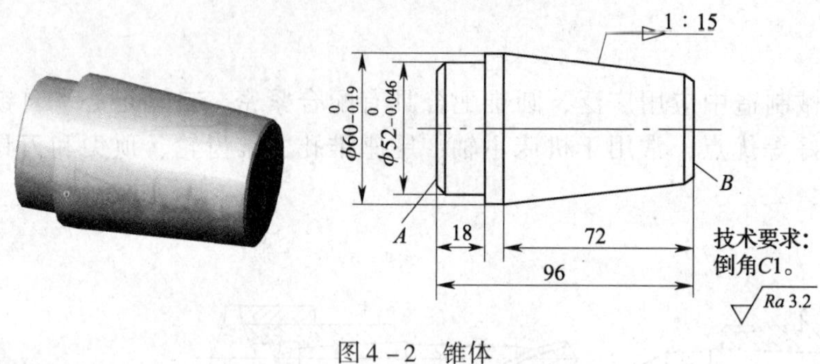

图 4－2　锥体

相关知识

一、圆锥的基本参数的计算

圆锥的基本参数及其计算公式见表 4－1。

表 4－1　　圆锥的基本参数及其计算公式

图示	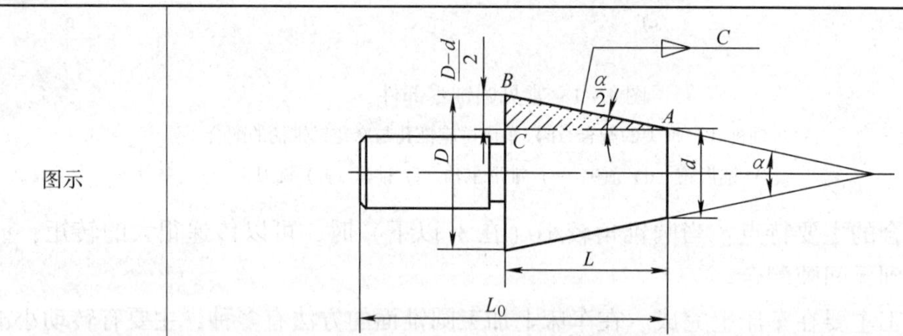		
基本参数	代号	定义	计算公式
锥度	C	圆锥大、小端直径之差与锥长之比	$C=\frac{D-d}{L}$
圆锥半角	$\alpha/2$	圆锥角 α 是通过圆锥轴线的截面内，两条素线间的夹角。圆锥半角 $\alpha/2$ 即圆锥角 α 的一半	（1）$\tan\frac{\alpha}{2}=\frac{D-d}{2L}=\frac{C}{2}$ （2）近似计算 $\frac{\alpha}{2}\approx 28.7℃=28.7°\times\frac{D-d}{L}$ 注：用于 $\alpha/2<6°$时
最大圆锥直径	D	圆锥最大端处直径	$D=d+CL=d+2L\tan\frac{\alpha}{2}$

续表

基本参数	代号	定义	计算公式
最小圆锥直径	d	圆锥最小端处直径	$d = D - CL = D - 2L\tan\frac{\alpha}{2}$
圆锥长度	L	圆锥最大端直径处与圆锥最小端直径处的轴向距离	$L = \frac{D-d}{C} = \frac{D-d}{2\tan\frac{\alpha}{2}}$

例　计算图 4－2 中的圆锥半角和小端直径。

解　$d = D - CL = 60 - \frac{1}{15} \times 72\ \text{mm} = 55.2\ \text{mm}$

$$\frac{\alpha}{2} \approx 28.7°C = 28.7° \times \frac{1}{15} \approx 1.913°$$

二、转动小滑板法车圆锥及其特点

车圆锥前，将小滑板旋转一个与工件圆锥半角（$\alpha/2$）相同的角度（小滑板转角）。车削时，双手转动小滑板手柄控制小滑板进给，使车刀移动轨迹与工件轴线成 $\alpha/2$ 角（即与所要加工的圆锥素线平行），如图 4－3 所示。

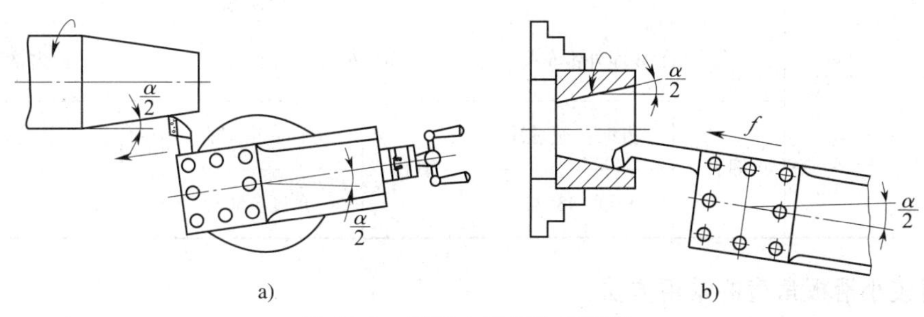

图 4－3　转动小滑板法车圆锥

a）车外圆锥　b）车内圆锥

转动小滑板法车圆锥的特点：

1. 因受小滑板行程的限制，只能加工圆锥角大但锥面不长的工件。
2. 同一工件上加工不同角度的圆锥时调整方便。
3. 只能手动进给，劳动强度大，表面粗糙度较难控制。

转动小滑板法操作简便，角度调整范围广，适用于单件、小批量生产。

三、转动小滑板法车圆锥的技术要点

1. 确定小滑板的转向和转角（$\alpha/2$）

车外圆锥和内圆锥工件时，如果圆锥大端直径靠近主轴，圆锥小端直径靠近尾座方向，小滑板应逆时针方向转动一个圆锥半角 $\alpha/2$；反之，则应顺时针方向转动一个圆锥半角 $\alpha/2$。

零件图中有时没有直接标注出圆锥半角 $\alpha/2$，这时就必须经过计算或换算才能得出小滑板应转动的角度。小滑板转向和转角示例见表 4－2。

表 4－2　　小滑板转向和转角示例

<table>
<tr><th>工件图示</th><th colspan="6">车削示意图及说明</th></tr>
<tr><td rowspan="2"> 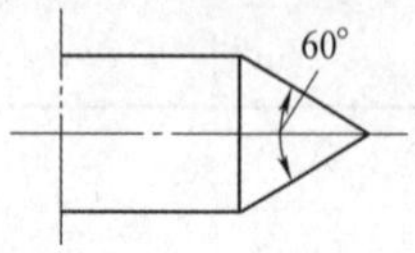</td><td colspan="4" rowspan="2"> 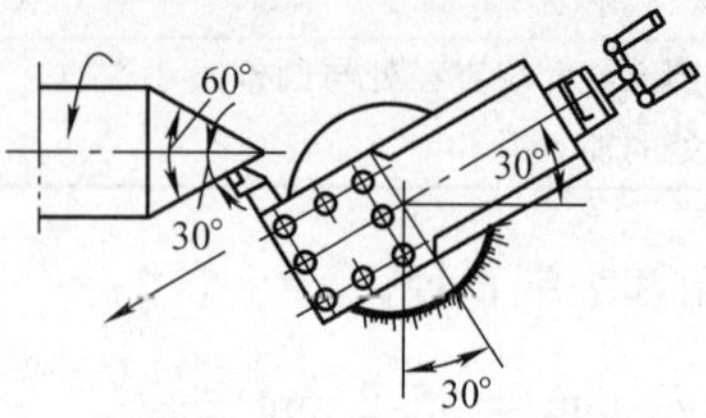</td><td colspan="2">方向：逆时针</td></tr>
<tr><td colspan="2">角度：30°</td></tr>
<tr><td rowspan="3"> 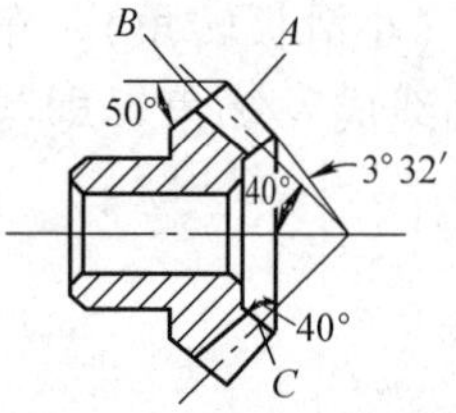</td><td colspan="2"> 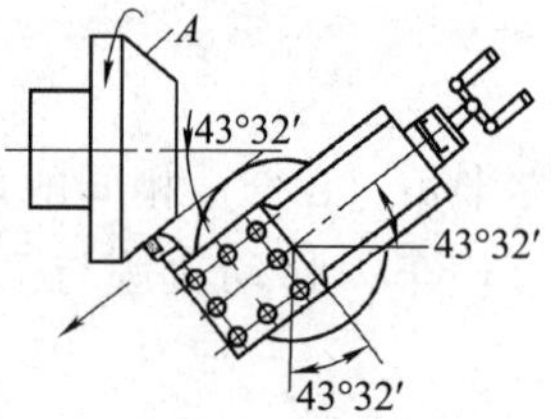a）A 面外锥车削</td><td colspan="2"> 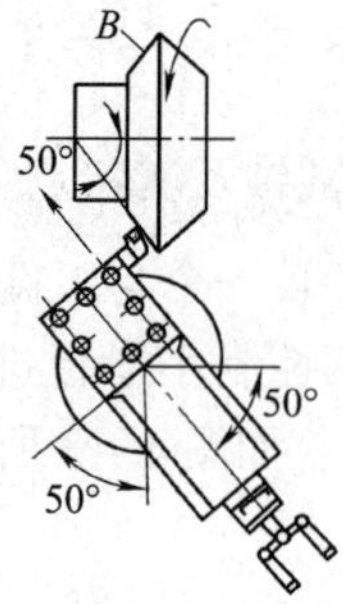b）B 面背锥车削</td><td colspan="2"> 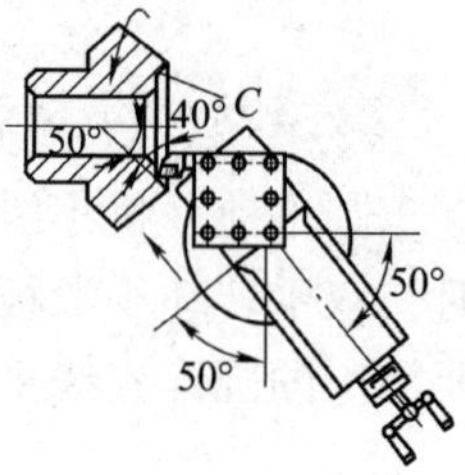c）C 面内锥车削</td></tr>
<tr><td rowspan="2">图 a</td><td>方向：逆时针</td><td rowspan="2">图 b</td><td>方向：顺时针</td><td rowspan="2">图 c</td><td>方向：顺时针</td></tr>
<tr><td>角度：43°32′</td><td>角度：50°</td><td>角度：50°</td></tr>
</table>

2．调校小滑板角度的常用方法

（1）用样件和百分表调校

如果待加工的工件已有样件或标准塞规，可采用百分表找正小滑板转角，如图 4－4 所示。先将样件或圆锥塞规用两顶尖安装，把小滑板试转动一个所需的圆锥半角（$\alpha/2$）。然后在刀架上安装一磁座百分表，使百分表的测头垂直接触样件（必须对准样件中心）。转动小滑板手柄带动百分表移动，若百分表指针摆动为零，则锥度已经校正。否则需继续调整小滑板转角，直至百分表指针摆动为零即可。

（2）直接用百分表调校

在刀架上安装一磁座百分表，使百分表的测头垂直接触尾座套筒（套筒伸出一定长度），把小滑板试转动一个所需的圆锥半角（$\alpha/2$），转动小滑板手柄带动百分表移动，如图 4－5 所示，移动距离（以小滑板刻度折算）为圆锥素线长度（或其倍数），若百分表指针摆动量为圆锥工件的大小端直径之差的 1/2，则锥度已经校正。否则需继续调整小滑板转角。

例如，要车削图 4－2 所示工件，可先以 L 为 60 mm 计算出圆锥素线长度，则有大小端直径之差的 1/2 为 2 mm，把小滑板试转动一个所需的圆锥半角（$\alpha/2$），转动小滑板手柄带动百分表移动一个素线长度，百分表指针摆动量之差等于 2 时即可。

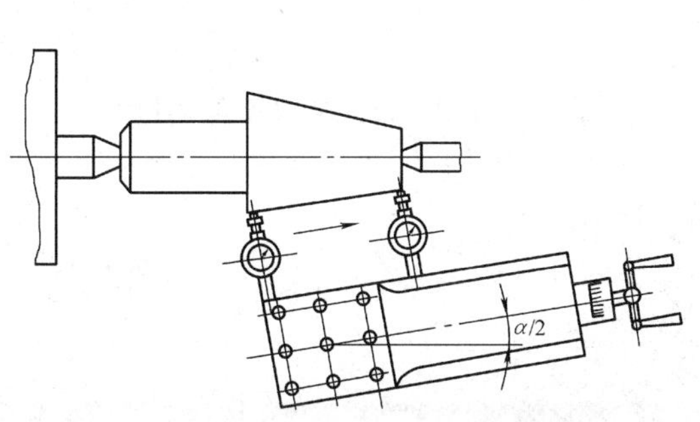

图 4－4　用样件和百分表找正圆锥角度

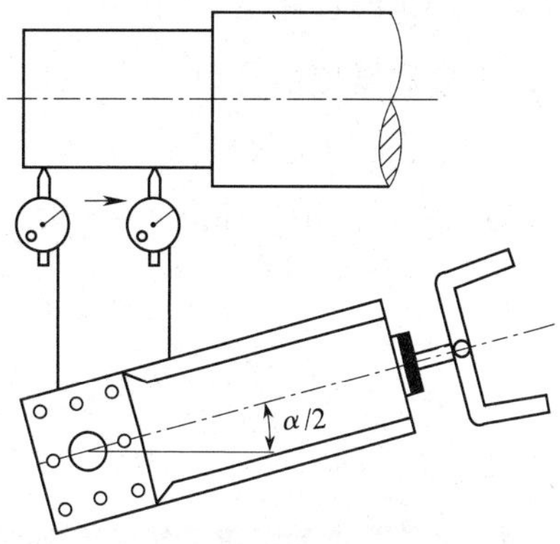

图 4－5　直接用百分表找正圆锥角度

3. 转动小滑板车圆锥的基本操作

转动小滑板车圆锥的方法见表 4－3。

表 4－3　　**转动小滑板车圆锥的方法**

内容	图示	说明
小滑板间隙的调整	小滑板转盘　小滑板镶条　中滑板	小滑板导轨与镶条间的配合间隙应调整合适，过紧或过松都会使车出的锥面表面粗糙度值增大，且圆锥的素线不直 小滑板导轨与镶条间的配合间隙过紧，手动进给费力，小滑板移动不均匀；配合间隙过松，则小滑板间隙太大，车削时刀纹时深时浅
圆锥角度的初调与试车	起始角　α/2 a）起始角大于α/2 起始角　α/2 b）起始角小于α/2 α/2　α/2 c）确定起始位置 d）试车外圆锥	1. 按最大圆锥直径（加余量 1 mm）和圆锥长度车出圆柱 2. 用扳手将小滑板下面的转盘螺母拧松 3. 把转盘按转向转至需要的圆锥半角 α/2，锁紧转盘螺母 圆锥半角 α/2 的值通常不是整数，其小数部分目测估计，大致对准后再通过试车逐步校正。初调时小滑板转角应大于计算值 10′～20′，但不能小于计算值，角度偏小会使圆锥素线车长而难以修整 4. 中滑板控制背吃刀量，双手均匀转动小滑板手柄控制进给进行试车

四、圆锥的检测

1. 角度和锥度的检测

(1) 用万能角度尺检测

万能角度尺的结构如图 4－6 所示。它可以测量 0°～320°范围内的任意角度。

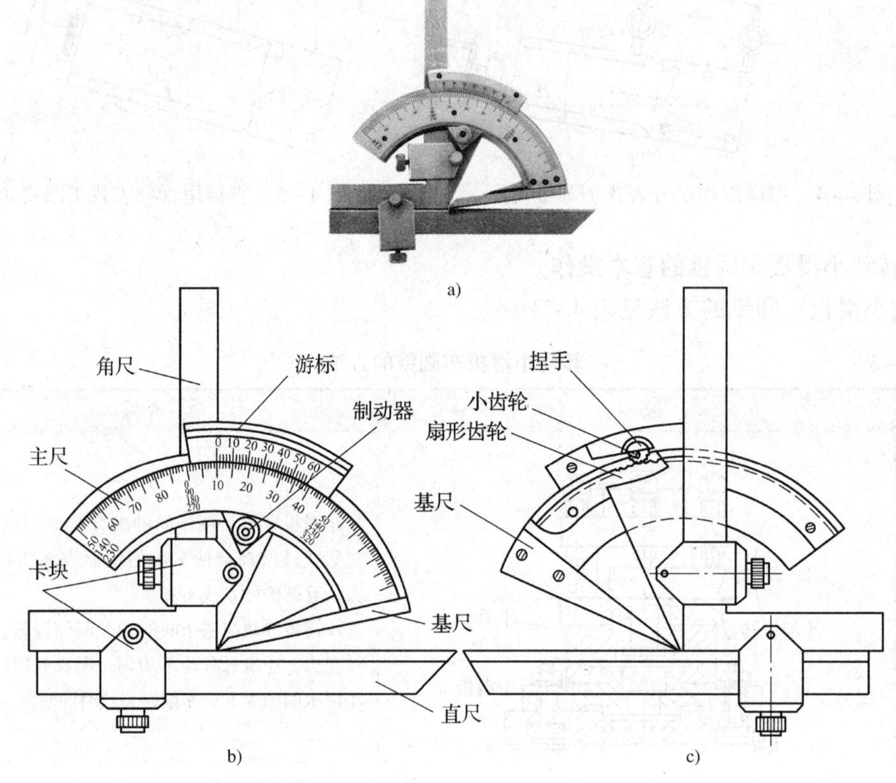

图 4－6 万能角度尺的结构

a）实物图 b）主视图 c）后视图

测量时，转动背面捏手，通过小齿轮转动扇形齿轮，使基尺改变角度。当转到所需角度时，可用制动器锁紧。卡块用于将角尺和直尺固定在所需位置上。

万能角度尺的读数方法与游标卡尺的读数方法相似。游标万能角度尺的分度值一般有 2′和 5′两种，分度值为 2′的万能角度尺最常用。

用万能角度尺测量工件角度的方法示例见表 4－4。

(2) 用角度样板检测

角度样板属于专用量具，常用于批量生产，以减少辅助时间。如图 4－7 所示为用角度样板测量圆锥角度。用角度样板检测快捷方便，但精度较低，且不能测得实际的角度值。

表 4－4　用万能角度尺测量工件角度的方法示例

测量方法	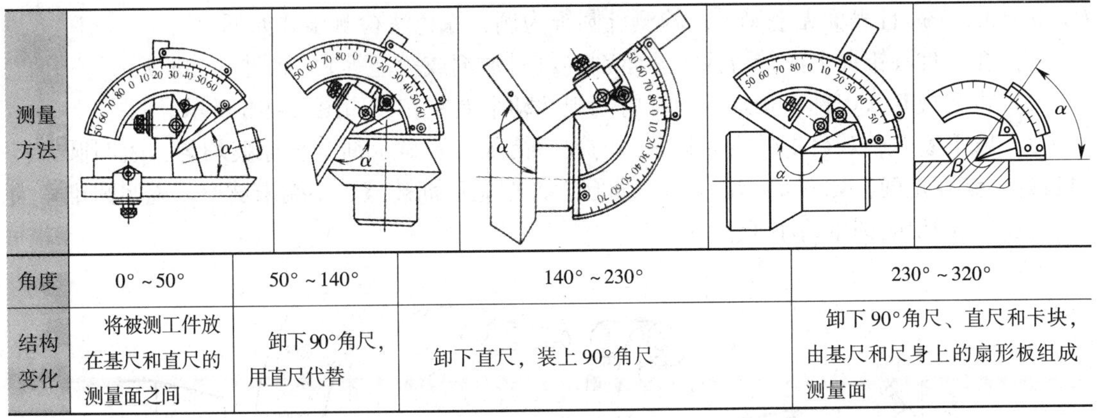			
角度	0°～50°	50°～140°	140°～230°	230°～320°
结构变化	将被测工件放在基尺和直尺的测量面之间	卸下 90°角尺，用直尺代替	卸下直尺，装上 90°角尺	卸下 90°角尺、直尺和卡块，由基尺和尺身上的扇形板组成测量面

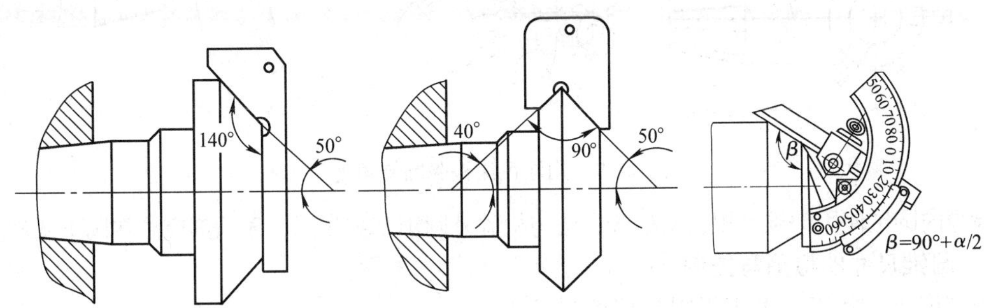

图 4－7　用角度样板测量圆锥角度

（3）用涂色法检验

对于标准圆锥或配合精度要求较高的圆锥工件，通常使用圆锥量规（套规和塞规）检测。圆锥套规（见图 4－8a）用于检测外圆锥，圆锥塞规（见图 4－8b）用于检测内圆锥。

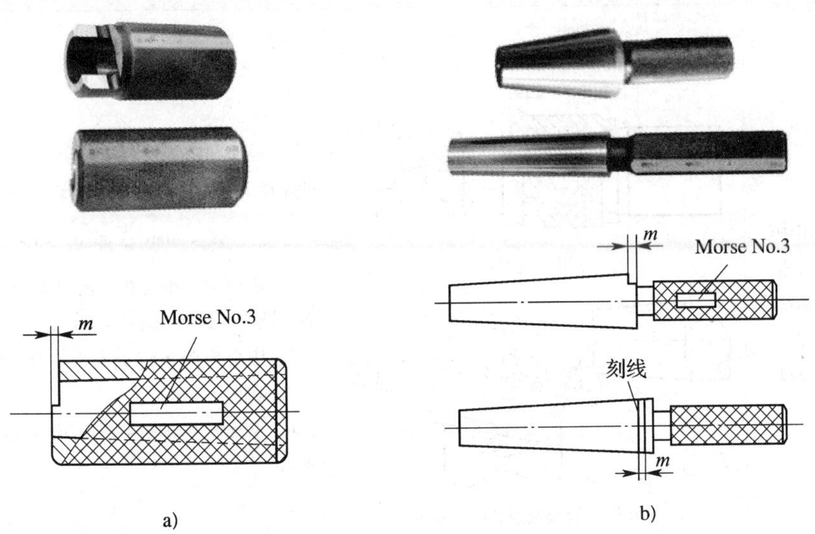

图 4－8　圆锥套规和圆锥塞规

a）圆锥套规　b）圆锥塞规

用圆锥套规检验外圆锥时，要求工件和套规的表面清洁，工件外圆锥面的表面粗糙度值 Ra 小于 3.2 μm 且表面无毛刺。以检测外圆锥为例，涂色法检测步骤如下：

1）在工件圆锥面上三等分涂上显示剂（红丹油剂或粉笔等），如图 4－9a 所示。

2）将套规套入工件，稍加推力并将套规转动半圈左右，如图 4－9b 所示。

3）取下套规，观察工件表面显示剂的被擦情况。若显示剂全长擦痕均匀，表明圆锥接触良好，锥度正确，如图 4－9c 所示。如圆锥大端显示剂被擦，小端未被擦，说明圆锥角大了；反之，则说明圆锥角小了。

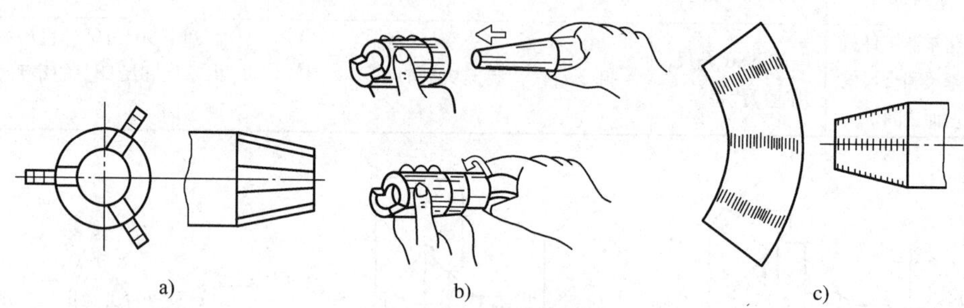

图 4－9　用涂色法检验圆锥角度

检验内圆锥使用圆锥塞规，其检验方法与检验外圆锥基本相同，显示剂应涂在圆锥塞规上。

2. 圆锥尺寸的检测与控制

当锥度已经找正，可用界限量规控制尺寸。

圆锥界限量规的端面分别有一个台阶（或刻线），台阶的长度 m（或刻线之间的距离 m）就是圆锥大端或小端直径的公差范围，如图 4－8 所示。用界限量规控制尺寸方法示例见表 4－5。

表 4－5　　用界限量规控制尺寸

内容	图示		说明
车圆锥时尺寸测量与背吃刀量的控制	用中滑板调整背吃刀量	a) 用套规测量 b) 用中滑板调整背吃刀量 a_p	1. 测出圆锥量规台阶（刻线）到工件小端面的距离为 a（见图 a），用下式计算背吃刀量： $a_p = a\tan\dfrac{\alpha}{2}$ 或 $a_p = a \times \dfrac{C}{2}$ 2. 移动中、小滑板，使刀尖轻触工件圆锥小端外圆表面后移动床鞍退出 3. 中滑板按 a_p 值进刀，移动床鞍使车刀轻触工件端面 4. 小滑板手动进给精车圆锥面至尺寸，如图 b 所示

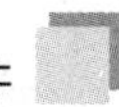

续表

内容		图示	说明
车圆锥时尺寸测量与背吃刀量的控制	用移动床鞍法调整背吃刀量	 a) 退出小滑板调整背吃刀量 a_p b) 移动床鞍调整背吃刀量 a_p	根据测出的长度 a，使车刀轻触工件小端处外圆表面，然后移动小滑板，使车刀离开工件端面一个距离 a（见图 a），再移动床鞍使车刀与工件端面轻触，此时车刀已切入一个需要的切削深度 a_p。小滑板手动进给精车圆锥面至尺寸，如图 b 所示

任务实施

一、准备工作

1. 工件毛坯

毛坯尺寸：ϕ 65 mm × 100 mm。材料：45 钢。数量：1 件。

2. 工艺装备

普通车床、45°车刀、90°粗车刀、90°精车刀、三爪自定心卡盘、活扳手、0.02 mm/0 ~ 150 mm 游标卡尺、50 ~ 75 mm 千分尺、万能角度尺、铜皮。

二、操作步骤

车锥体（见图 4 – 2）的操作步骤见表 4 – 6。

表 4 – 6　车锥体的操作步骤

操作步骤	操作步骤内容
1. 粗车、精车左端各表面	（1）三爪自定心卡盘夹毛坯外圆，伸出长度为 25 mm 左右 （2）车平端面 A （3）粗车、精车外圆 ϕ52 mm × 18 mm 至尺寸要求 （4）倒角 $C1$ mm
2. 车右端各表面	（1）用铜皮包住 $\phi 52_{-0.046}^{\ 0}$ mm 外圆，夹住 15 mm 左右，校正并夹紧 （2）车端面 B，保证总长 96 mm （3）粗车、精车 ϕ 60 mm 外圆至尺寸要求 （4）粗车外圆锥：小滑板逆时针转动（圆锥半角为 $\alpha/2$ = 1°54′33″）粗车外圆锥 （5）用万能角度尺检查圆锥角，并把小滑板转角调整准确 （6）精车外圆锥至要求 （7）倒角

〔操作提示〕

1. 车圆锥时，车刀刀尖中心高必须装准，以避免产生双曲线（圆锥素线的直线度）误差（见图 4－10）。

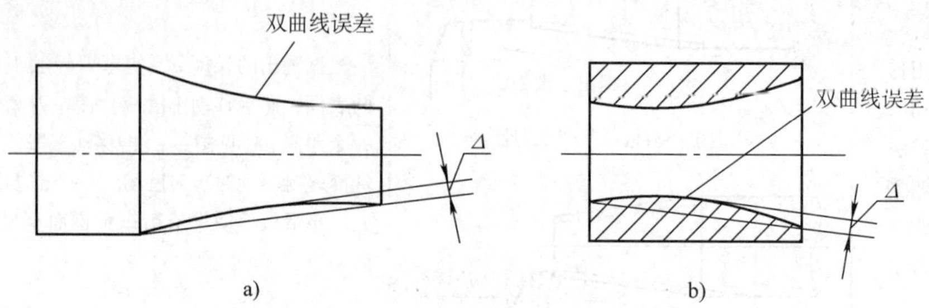

图 4－10　圆锥面的双曲线误差

2. 车外圆锥前所加工的圆柱直径一般应按圆锥大端直径放余量 1 mm 左右。

3. 注意消除小滑板间隙。小滑板不宜过松，以防圆锥表面车削痕迹粗细不一。

4. 粗车时，背吃刀量不宜过大，应先校正锥度，以防将工件车小而报废。一般留精车余量 0.5 mm。

5. 在转动小滑板角度时，初始应稍大于圆锥半角（$\alpha/2$），然后逐步校正。当小滑板的角度需要微小调整时，只需把紧固螺母稍松一些，用左手拇指紧贴在小滑板转盘与中滑板底盘上，沿小滑板所需找正的方向用铜棒轻敲，凭手指感觉微调量。

6. 车刀切削刃要始终保持锋利。两手应尽可能匀速并连续转动小滑板手柄控制进给。

7. 用万能角度尺测量锥度时，测量边应通过工件中心。

8. 防止活扳手在紧固小滑板螺母时打滑而伤手。

9. 用圆锥量规检测时，量规和工件表面须擦干净；涂色要薄而均匀，转动量应在半圈以内，不可来回旋转。

知识链接

配合圆锥和对称圆锥的车削

一、配合圆锥的车削（见图 4－11）

为了保证内、外锥面的良好配合，车配合圆锥时，关键在于小滑板在同一调整位置状态下完成内、外锥面的车削。车削时，先把外锥体车削正确，这时不要变动小滑板的角度，然后用下述方法车削内圆锥面：

1. 车刀反装法

只需把车孔刀反装，使切削刃向下，即可车削内圆锥，由于小滑板角度不变，因此可以获得正确的圆锥配合表面。

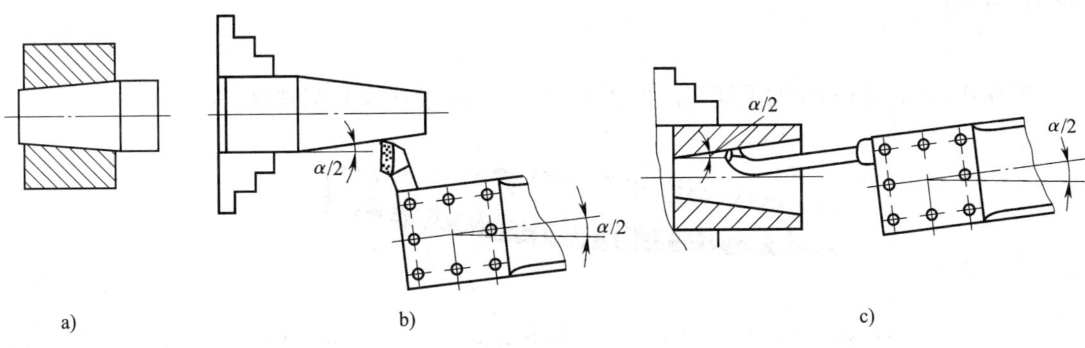

图 4－11　配合圆锥的车削

a）配合圆锥　b）外圆锥车削　c）内圆锥车削

2. 车刀正装法

采用与一般内孔车刀弯头方向相反的锥孔车刀，如图 4－12 所示。车刀正装，使车刀前面向上，刀尖对准工件回转中心。车床主轴反转。车刀相对工件的切削位置与车刀反装法时的切削位置相同。

二、对称圆锥的车削（见图 4－13）

对于左右对称的圆锥孔工件，一般也可以用上述方法来保证精度。先把外端圆锥孔车削正确，不变动小滑板的角度，把车刀反装，摇向对面，再车削里面的圆锥孔。此方法操作方便，不但能使两对称圆锥孔锥度相等，而且工件不需卸下，两锥孔可获得很高的同轴度。

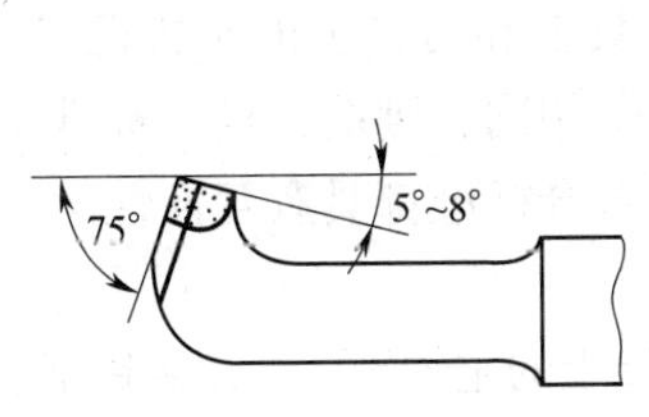

图 4－12　弯头方向相反的锥孔车刀

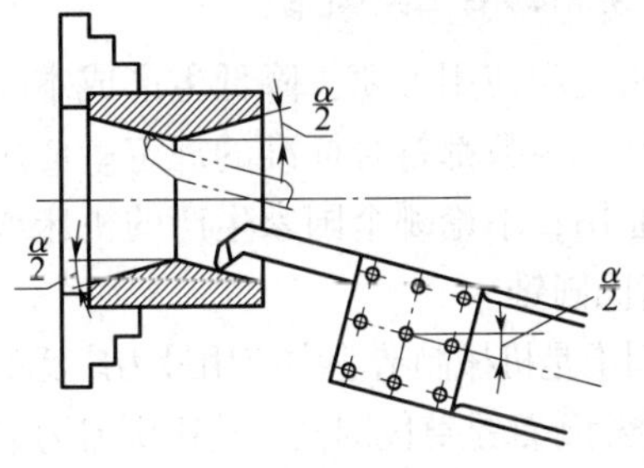

图 4－13　对称圆锥的车削

任务二　用偏移尾座法车圆锥

学习目标

1. 掌握常用标准工具圆锥的特点和应用。
2. 掌握用偏移尾座法车圆锥。
3. 了解宽刃刀车圆锥、仿形法车圆锥的方法。

工作任务

将 $\phi40$ mm × 335 mm 的毛坯车成如图 4－14 所示的莫氏 4 号圆锥棒。

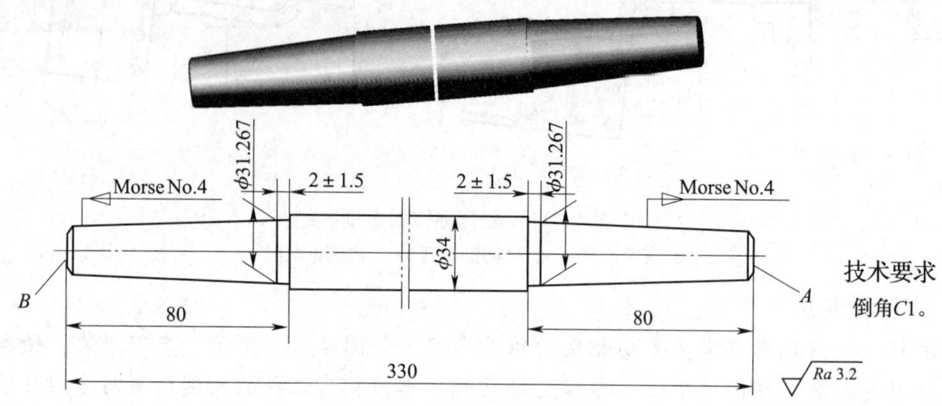

图 4－14　莫氏 4 号圆锥棒

相关知识

一、常用标准工具圆锥

为了制造和使用方便，降低生产成本，机床上、工具上和刀具上的圆锥已实现标准化，即圆锥的基本参数都符合标准的规定。使用时，只要号码相同，则能互换。标准工具圆锥已在国际上通用，不论哪个国家生产的机床或工具，只要符合标准都具有互换性。

1. 莫氏圆锥

莫氏圆锥是机械制造业中应用最为广泛的一种，如车床上的主轴锥孔、顶尖锥柄、麻花钻锥柄和铰刀锥柄等都是莫氏圆锥。莫氏圆锥号有 0、1、2、3、4、5、6 七个号，其中尺寸规格最小的是 0 号，最大的是 6 号。莫氏圆锥号码不同，其尺寸和锥度均不相同，莫氏圆锥常用参数见表 4－7。

表 4－7　莫氏圆锥常用参数

号数 Morse No.	锥度 C	圆锥角 α	圆锥半角 $\alpha/2$	tan（$\alpha/2$）
Morse No. 0	1∶19.212 = 0.052 05	2°58′54″	1°29′27″	0.026
Morse No. 1	1∶20.047 = 0.049 88	2°51′20″	1°25′43″	0.024 9
Morse No. 2	1∶20.020 = 0.049 95	2°51′41″	1°25′50″	0.025
Morse No. 3	1∶19.922 = 0.050 20	2°52′32″	1°26′16″	0.025 1
Morse No. 4	1∶19.254 = 0.051 94	2°58′31″	1°29′15″	0.026
Morse No. 5	1∶19.002 = 0.052 63	3°00′53″	1°30′26″	0.026 3
Morse No. 6	1∶19.180 = 0.052 14	2°59′12″	1°29′36″	0.026 1

2. 公制圆锥

公制圆锥有7个号码，即4号、6号、80号、100号、120号、160号和200号。号码代表圆锥的大端直径，其锥度固定不变，即 $C=1:20$。如100号公制圆锥的大端直径 $D=100$ mm，锥度 $C=1:20$。公制圆锥的优点是锥度不变。

3. 常用标准圆锥

除了常用的莫氏圆锥和公制圆锥等工具圆锥外，还经常遇到各种专用的标准圆锥。常用标准锥度大小及应用场合见表4－8。

表4－8　常用标准锥度大小及应用场合

锥度 C	圆锥角 α	圆锥半角 $\alpha/2$	应用举例
1:4	14°15′	7°7′30″	车床主轴法兰及轴头
1:5	11°25′16″	5°42′38″	易于拆卸的连接，砂轮主轴与砂轮法兰的接合，锥形摩擦离合器等
1:7	8°10′16″	4°5′8″	管件的开关塞、阀等
1:12	4°46′19″	2°23′9″	部分滚动轴承内环锥孔
1:15	3°49′6″	1°54′33″	主轴与齿轮的配合部分
1:16	3°34′47″	1°47′24″	圆锥管螺纹
1:20	2°51′51″	1°25′56″	公制工具圆锥，锥形主轴颈
1:30	1°54′35″	0°57′17″	装柄的铰刀和扩孔钻
1:50	1°8′45″	0°34′23″	圆锥定位销及锥铰刀
7:24	16°35′39″	8°17′50″	铣床主轴及刀杆的锥体
7:64	6°15′38″	3°7′49″	刨齿机工作台的心轴孔

二、用偏移尾座法车圆锥（见图4－15）

偏移尾座法适用于加工锥度小、锥形部分长的外圆锥工件。

采用偏移尾座法车圆锥，需将工件装夹在两顶尖之间，把尾座上的滑板偏移（横向）一个距离 S 后，使工件回转轴线与车床主轴轴线相交，并使其夹角等于工件圆锥半角 $\alpha/2$。由于刀具轨迹与主轴轴线平行，故车出的工件就成了圆锥。

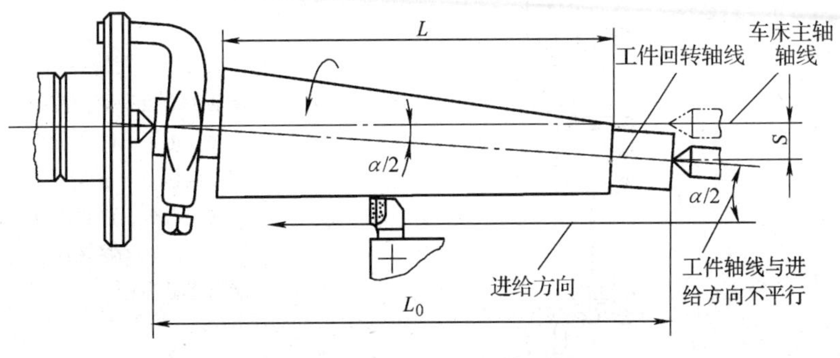

图4－15　用偏移尾座法车圆锥

1. 尾座偏移量 S 的确定

用偏移尾座法车圆锥时，尾座的偏移量不仅与圆锥长度 L 有关，还与两顶尖之间的距离（近似看作工件全长 L_0）有关。尾座偏移量 S 的近似计算公式：

$$S = L_0 \tan\frac{\alpha}{2} = L_0 \frac{D-d}{2L}$$

或

$$S = \frac{C}{2}L_0$$

式中 S—— 尾座偏移量，mm；

D—— 圆锥大端直径，mm；

d—— 圆锥小端直径，mm；

L—— 圆锥长度，mm；

L_0—— 工件总长，mm；

C—— 锥度。

2. 工件的装夹

用两顶尖装夹工件，装夹前要在工件中心孔内加润滑脂。在未开机状态下，工件在两顶尖之间的松紧程度，以手不太用力能拨动工件，而工件无轴向窜动为宜。

3. 偏移尾座的方法（见表 4－9）

表 4－9　　偏移尾座的方法

方法	图示	说明
利用尾座刻度偏移	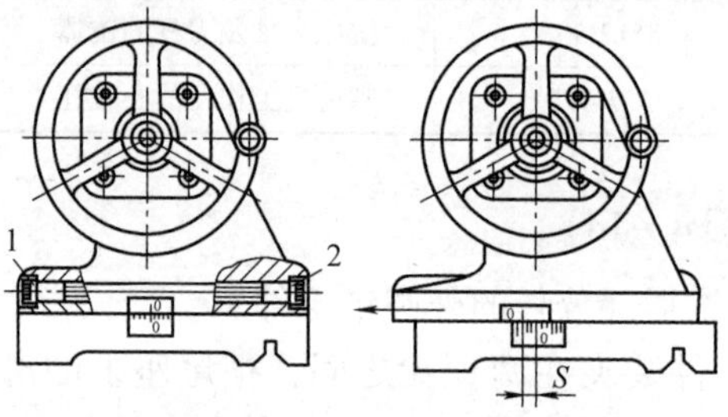 1　2　S a)“0”线对齐　b) 偏移距离 S 1、2—螺钉	偏移时，先松开尾座紧固螺母，然后用内六角扳手转动尾座上层两侧内六角螺钉（根据正、倒锥确定向里或向外），按尾座刻度把尾座上层移动一个距离 S。最后拧紧尾座紧固螺母。一般车床的尾座上都有刻度
利用中滑板刻度偏移	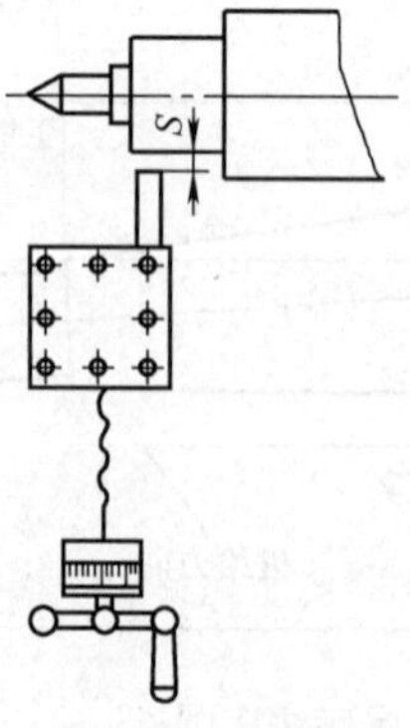 S	在刀架上夹持一端面比较平整的铜棒，摇动中滑板手柄，使铜棒端面与尾座套筒接触，记下此时中滑板刻度值，根据计算所得偏移量 S 算出中滑板应转过的格数，移动中滑板，注意消除中滑板丝杠的间隙影响，然后偏移尾座，使尾座套筒与铜棒端面接触为止

续表

方法	图示	说明
利用百分表偏移		将百分表固定在刀架上，使百分表测头与尾座套筒接触（百分表应位于通过尾座套筒轴线的水平面内，且百分表测量杆垂直于套筒表面），然后偏移尾座。当百分表指针转动至一个 S 值时，把尾座固定。用此方法偏移尾座比较准确
利用锥度样件偏移		先将锥度量棒或试件装夹在两顶尖之间，在刀架上固定一百分表，使百分表测量头与量棒或试件锥面接触。百分表的测量杆要垂直于量棒或试件表面，且测头位于通过量棒或试件轴线的水平面内。然后偏移尾座，纵向移动床鞍，使百分表在两端的读数一致后，再将尾座固定。使用这种方法时，必须选用与工件等长的锥度量棒或样件，否则车出的锥度不准确

4. 车圆锥的方法

（1）粗车外圆锥面

确定好切削用量，粗车外圆锥面。此时，可以采用自动进给。检测圆锥角度的方法与转动小滑板法车外圆锥面的检测方法一样。若锥度 C 偏大，则反向偏移尾座，即减小尾座偏移量 S；若锥度 C 偏小，则同向偏移尾座，即增大尾座偏移量 S。反复调整试车，直至圆锥角度找正，然后粗车外圆锥面，留 0.5～1 mm 精车余量。

（2）精车外圆锥面

利用计算法或移动床鞍法确定背吃刀量 a_p，自动进给精车外圆锥面至尺寸。

5. 偏移尾座法车圆锥的特点

（1）适宜加工锥度小、精度不高、锥体较长的工件；因受尾座偏移量的限制，不能加工锥度大的工件。

（2）可以采用纵向自动进给，使表面粗糙度值 Ra 减小，工件表面质量较好。

（3）顶尖在中心孔中是歪斜的，因而接触不良，顶尖和中心孔磨损不均匀，故可采用球头顶尖（见图 4－16）或 R 型中心孔（见图 4－17）。

（4）不能加工整锥体或内圆锥。

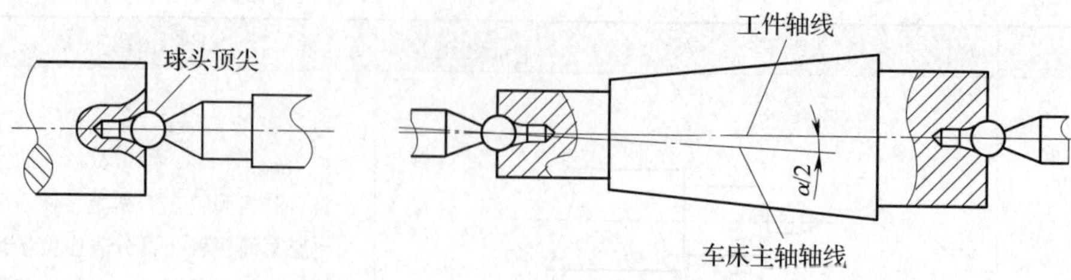

图 4－16　球头顶尖及与中心孔的接触方式

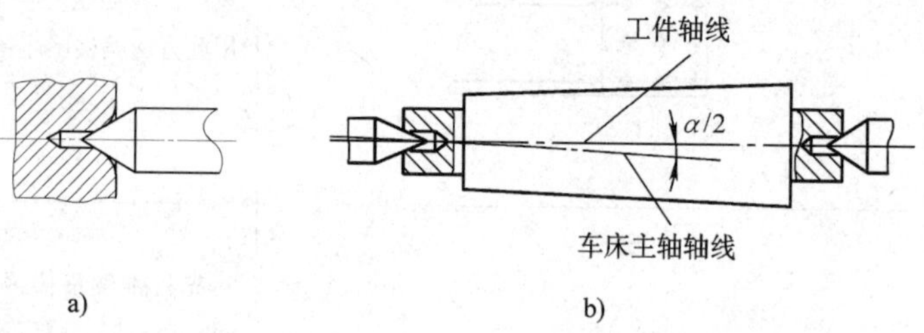

图 4－17　R 型中心孔及与 60°顶尖的接触方式

任务实施

一、准备工作

1. 工件毛坯

毛坯尺寸：ϕ40 mm ×335 mm。材料：45 钢。数量：1 件。

2. 工艺装备

普通车床、45°车刀、90°粗车刀、90°精车刀、中心钻、三爪自定心卡盘、活动顶尖、活扳手、内六角扳手、0.02 mm/0～150 mm 游标卡尺、25～50 mm 千分尺、莫氏 4 号圆锥套规。

二、操作步骤

用偏移尾座法车圆锥的具体操作步骤见表 4－10。

表 4－10　　用偏移尾座法车圆锥的操作步骤

工序步骤	操作内容
1. 车一端端面，钻中心孔	（1）三爪夹毛坯外圆，伸出长度为 30 mm 左右，车平端面 （2）钻中心孔
2. 粗车外圆	一夹一顶装夹（夹持长度 30 mm 左右），粗车外圆至 ϕ35 mm
3. 车另一端面，取总长，钻中心孔	（1）工件掉头，夹 ϕ35 mm 外圆，找正 （2）以端面 A 为基准，车端面取总长 330 mm （3）钻中心孔

续表

工序步骤	操作内容
4. 车外圆	（1）在两顶尖间装夹工件 （2）车外圆 ϕ34 mm 至尺寸 （3）车两端外圆至尺寸 ϕ32 mm，长 80 mm
5. 车一端外圆锥	（1）根据偏移量偏移尾座 （2）粗车并检测锥度，修正偏移量 （3）精车锥面至尺寸 （4）倒角 $C1$ mm
6. 车另一端外圆锥	（1）掉头装夹 （2）粗车并检测锥度，调整尾座偏移量 （3）精车锥面至尺寸 （4）倒角 $C1$ mm

〔操作提示〕

1. 粗车时，进刀不宜过深，检测并找正锥度，以防止工件报废；精车圆锥面时，a_p 和 f 都不能太大，否则影响锥面加工质量。

2. 随时注意两顶尖间松紧和前顶尖的磨损情况，以防工件飞出伤人。

3. 偏移尾座时，应仔细、耐心调整，熟练掌握偏移方向。

4. 若工件数量较多，其长度和中心孔的深浅、大小必须一致，否则会使加工出的工件锥度不一致。

知识链接

用宽刃刀车圆锥

用宽刃刀车圆锥，实质上属于成形法车削，即用成形刀具对工件进行加工。

宽刃刀车圆锥适用于车削锥面较短、圆锥直径较大、圆锥精度要求不高的圆锥工件。

使用宽刃刀车圆锥时，要求机床具有较高的刚度，以免车削时引起振动。

1. 对宽刃刀的刃磨与装夹要求

宽刃锥孔车刀一般选用高速钢车刀，前角 γ_o 取 20°～30°，后角 α_o 取 8°～10°，刃倾角应为 0°。切削刃必须刃磨平直，与刀柄底面平行，且与刀柄轴线夹角为圆锥半角 $\alpha/2$（见图 4－18）。

在装夹车刀时，切削刃应与工件回转中心等高，把主切削刃与主轴轴线的夹角调整到与工件的圆锥半角 $\alpha/2$ 相等（见图 4－19）。

2. 用宽刃刀车圆锥的方法

（1）先用车孔刀粗车内圆锥面，留精车余量。

（2）换宽刃刀精车，将宽刃刀的切削刃伸入孔内，长度大于锥长，采用横向进给的方法加工出内圆锥，如图 4－19a 所示。

(3) 车削时，应用切削液，可使车出的内圆锥面的表面粗糙度值 Ra 达到 1.6 μm。

用宽刃刀车外圆锥（见图 4－19b）时，车床、刀具和工件等组成的工艺系统必须具有较高的刚度，而且背吃刀量应小于 0.1 mm，切削速度宜低些，否则容易引起振动。

当工件的圆锥面长度大于切削刃长度时，可以采用多次接刀的方法，但接刀处必须平直。

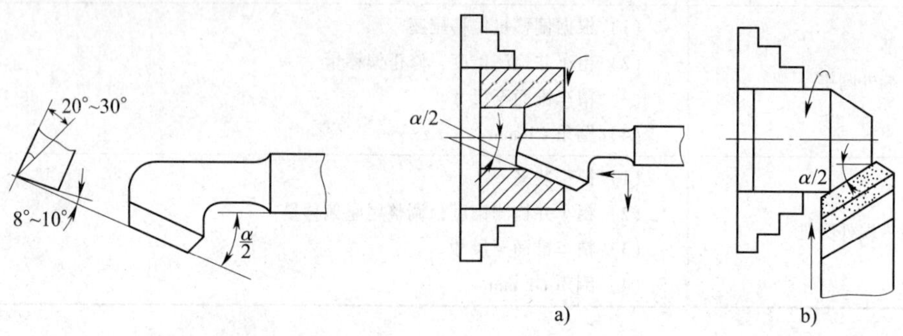

图 4－18　宽刃锥孔车刀

图 4－19　用宽刃刀车圆锥

任务三　铰内圆锥

学习目标

1. 了解圆锥铰刀的结构组成。
2. 了解铰锥孔的方法。

工作任务

将如图 4－2 所示的锥体加工成如图 4－20 所示的莫氏锥套。

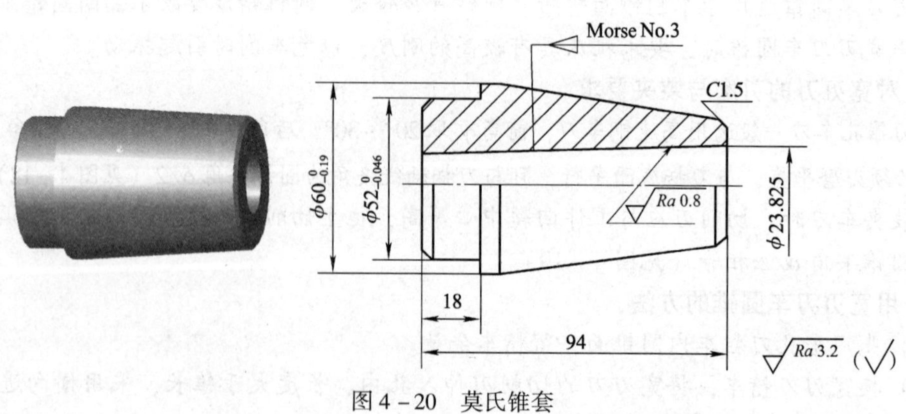

图 4－20　莫氏锥套

相关知识

对于直径较小、精度要求较高的内圆锥面，用车刀车削时因刀杆刚度低，难以达到要求，可选择用锥形铰刀铰削的方法。用铰削方法加工的内圆锥面，精度比车削加工的高，表面粗糙度值 Ra 可达 1.6 ~ 0.8 μm。

一、圆锥铰刀

锥形铰刀一般分为粗铰刀（见图 4－21a）和精铰刀（见图 4－21b）两种。粗铰刀的槽数比精铰刀少，容屑空间大，对排屑有利。粗铰刀的切削刃上开有一条右螺旋分屑槽，将原来较长的切削刃分割成若干段短切削刃，因而在铰削时把切屑分成几段，使切屑容易排出。精铰刀做成锥度很准确的直线刀齿，并留有很小的棱边（0.1 ~ 0.2 mm），以保证内圆锥面质量。

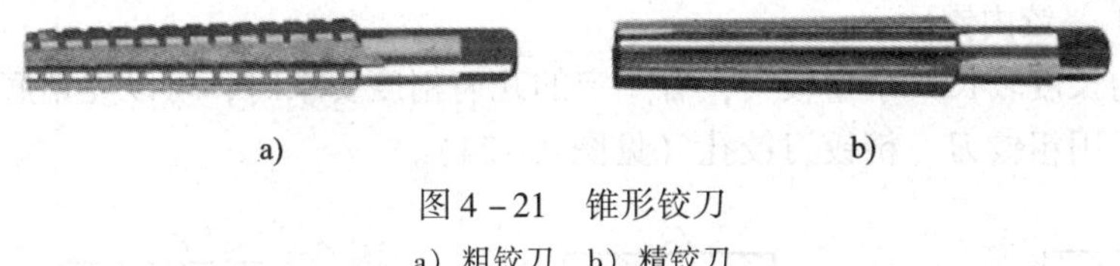

a) b)

图 4－21 锥形铰刀

a）粗铰刀 b）精铰刀

二、铰锥孔的方法及注意事项

铰圆锥孔时，将铰刀安装在尾座套筒内。铰孔前必须用百分表把尾座中心调整到与主轴轴线重合，否则铰出的锥孔不正确，表面质量也不高。

1. 铰削锥孔的方法

根据锥孔直径大小、锥度大小和精度高低不同，铰内圆锥面有以下三种加工工艺方法：

（1）钻→车→铰内锥面

当内圆锥的直径和锥度较大，且有较高的几何精度时，可以先钻底孔，然后粗车成锥孔，并在直径上留铰削余量 0.1 ~ 0.2 mm，再用铰刀铰削（见图 4－22）。

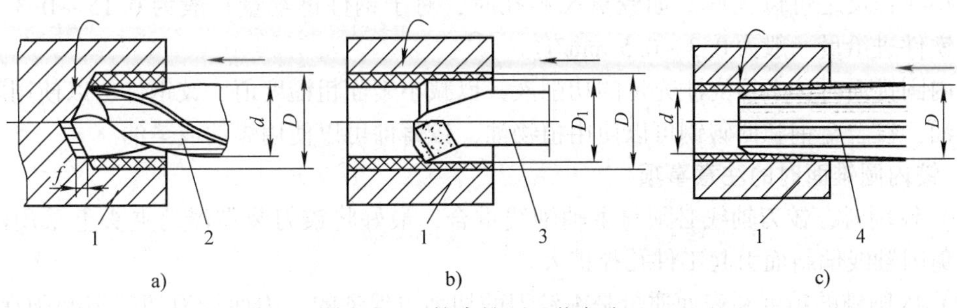

图 4－22 铰内锥面工艺方法一

a）钻孔 b）车圆柱孔 c）铰内圆锥面

1—工件 2—钻头 3—内孔车刀 4—锥形铰刀

（2）钻→铰内锥面

当内圆锥的直径较小时，可先钻底孔，然后用锥形粗铰刀铰锥孔，最后用精铰刀铰削成形（见图 4－23）。

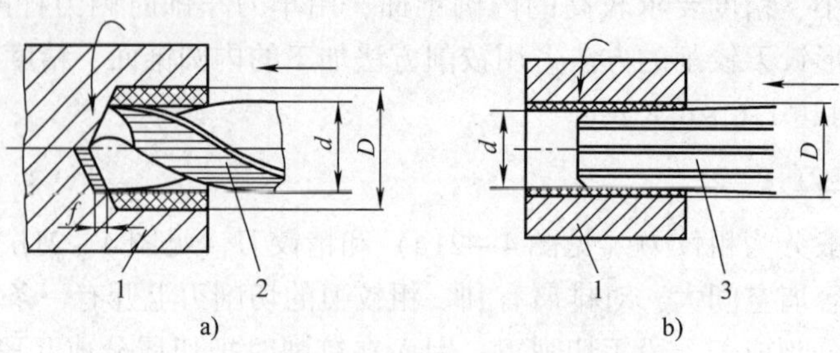

图 4－23　铰内锥面工艺方法二

a）钻孔　b）铰内圆锥面

1—工件　2—钻头　3—锥形铰刀

（3）钻→扩→铰内锥面

当内圆锥的长度较长，余量较大，有一定的几何精度要求时，可以先钻底孔，然后用扩孔钻扩孔，最后用粗铰刀、精铰刀铰孔（见图 4－24）。

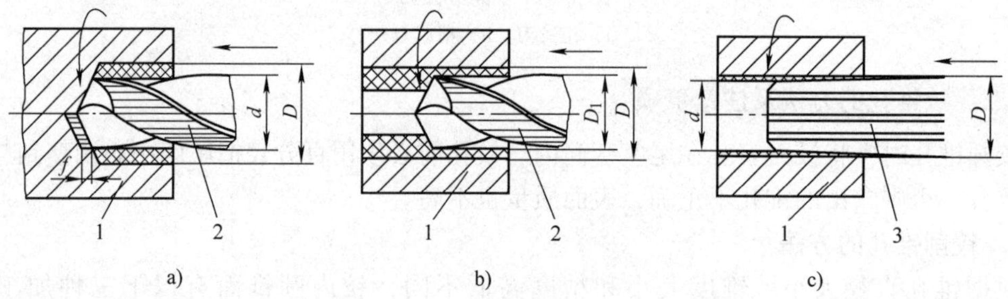

图 4－24　铰内锥面工艺方法三

a）钻孔　b）用钻头扩孔　c）铰内圆锥面

1—工件　2—钻头　3—锥形铰刀

切削速度一般为 5 m/min 以下，进给要均匀。进给量应根据锥度大小选取，锥度大，进给量要小些；反之可以大些。如铰莫氏锥孔时，对于钢件进给量一般为 0.15～0.3 mm/r，对于铸铁件进给量一般为 0.3～0.5 mm/r。

铰内圆锥面时，必须浇注充足的切削液，以减小表面粗糙度值。铰钢件可以使用乳化液或切削油，铰合金钢和低碳钢可以使用植物油，铰铸件可以使用煤油或柴油。

2. 铰内圆锥面时的注意事项

（1）铰削时，铰刀轴线必须与主轴轴线重合，最好将铰刀装在浮动夹头上采用浮动铰削，以免因轴线偏斜而引起工件孔径扩大。

（2）内圆锥的精度和表面质量是由铰刀的切削刃保证的，因而铰刀切削刃必须保护好，不准碰毛，使用前要先检查切削刃是否完好；铰刀磨损后，应在工具磨床上修磨（不要用油石研磨刃带）；铰刀用毕要擦干净，涂上防锈油，并妥善保管。

（3）铰削时要求孔内清洁，无切屑及有较小的表面粗糙度值；在铰孔过程中应经常退

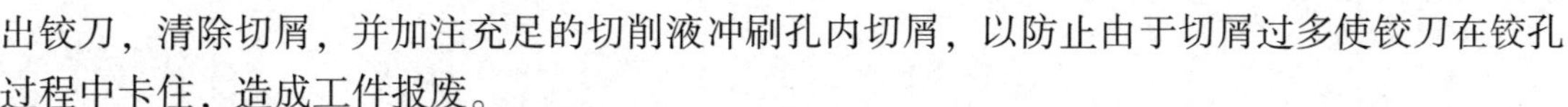

出铰刀，清除切屑，并加注充足的切削液冲刷孔内切屑，以防止由于切屑过多使铰刀在铰孔过程中卡住，造成工件报废。

（4）铰削时，车床主轴只能正转，不能反转，否则会使铰刀切削刃损坏。

（5）铰削中若碰到铰刀锥柄在尾座套筒内打滑旋转，必须立即停车，绝不能用手抓，以防划伤手；铰削完毕，应先退铰刀，后停车。

（6）铰削时，手动进给应缓慢而均匀。

任务实施

一、准备工作

1. 工件毛坯

按图 4－2 检查半成品尺寸。材料：45 钢。数量：1 件。

2. 工艺装备

普通车床、端面车刀、内孔车刀、ϕ16 mm 麻花钻、ϕ18.8 mm 麻花钻、中心钻、软卡爪、三爪自定心卡盘、百分表、0.02 mm/0～150 mm 游标卡尺、莫氏 3 号圆锥形粗铰刀、莫氏 3 号圆锥形精铰刀、莫氏 3 号圆锥塞规。

二、操作步骤

锥套内锥面加工步骤见表 4－11。

表 4－11　锥套内锥面加工步骤

工序步骤	操作内容
1. 车端面	（1）用软卡爪装夹 $\phi52\ _{-0.046}^{0}$ mm 外圆，找正并夹紧 （2）车端面，保证总长 94 mm （3）倒角 $C1.5$ mm
2. 钻孔	（1）钻中心孔 （2）钻 ϕ16 mm 通孔 （3）按内锥面小端直径，用 ϕ18.8 mm 麻花钻扩孔
3. 车孔	用转动小滑板法车莫氏 3 号内圆锥，留余量 0.2 mm 左右（大端直径 23.5 mm左右）
4. 铰孔	（1）用莫氏 3 号圆锥形粗铰刀铰削内孔 （2）用莫氏 3 号圆锥形精铰刀铰削内孔

模块五　滚花和车成形面

任务一　滚　花

学习目标

1. 了解滚花刀的种类和选用。
2. 掌握滚花的方法和注意事项。

工作任务

加工如图 5－1 所示的滚花销。

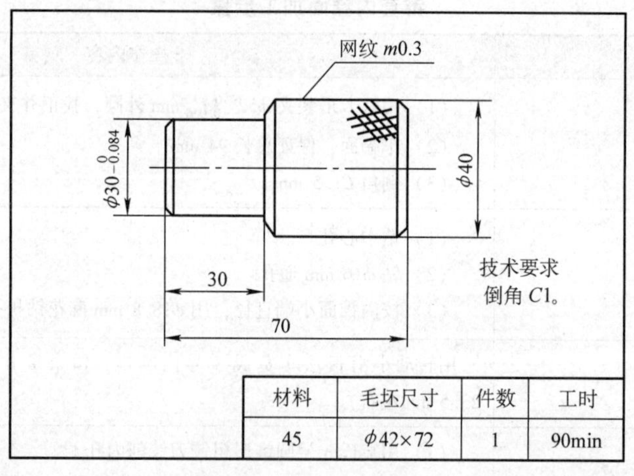

材料	毛坯尺寸	件数	工时
45	$\phi42\times72$	1	90min

图 5－1　滚花销

相关知识

一、滚花刀的种类和选用

1. 滚花的花纹

滚花花纹的种类和选择见表 5－1。

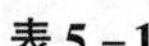

表 5 – 1　　　　**滚花花纹的种类和选择**

图示	说　明
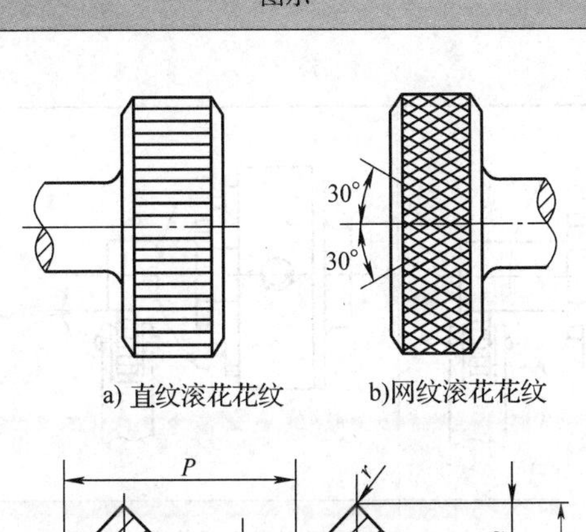 a) 直纹滚花花纹　b)网纹滚花花纹 c) 花纹的形状	1. 滚花花纹有直纹（见图 a）和网纹（见图 b）两种。花纹有粗细之分，以模数 m 区分，模数越大，花纹越粗 2. 滚花花纹粗细的设计应根据工件滚花表面的直径大小选择，直径大选用大模数花纹，直径小则选用小模数花纹 3. $h = 0.785m - 0.414r$ 4. 滚花标记示例 （1）模数 $m = 0.2$ mm 的直纹滚花标记为： 直纹 $m0.2$ （2）模数 $m = 0.3$ 的网纹滚花标记为： 网纹 $m0.3$

滚花花纹的各部分尺寸　　mm

模数m	h	r	节距$P=\pi m$
0.2	0.132	0.06	0.628
0.3	0.198	0.09	0.942
0.4	0.264	0.12	1.257
0.5	0.326	0.16	1.571

2. 滚花刀的种类

滚花刀的种类见表 5 – 2。

表 5 – 2　　　　**滚花刀的种类**

种类	单轮滚花刀	双轮滚花刀	六轮滚花刀
图示			
结构	由直纹滚轮和刀柄组成	由两只旋向不同的滚轮、浮动连接头及刀柄组成	由三对不同模数的滚轮，通过浮动连接头与刀柄组成一体
用途	用于滚直纹	用于滚网纹	可根据需要滚出三种不同模数的网纹

二、滚花的方法及注意事项

1. 滚花的方法（见表 5－3）

表 5－3　　滚花的方法

图示	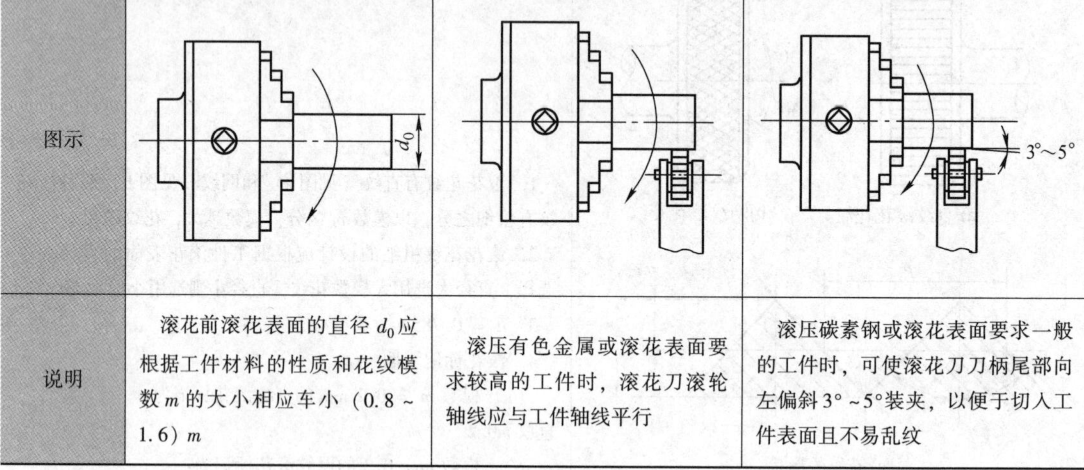		
说明	滚花前滚花表面的直径 d_0 应根据工件材料的性质和花纹模数 m 的大小相应车小（0.8～1.6）m	滚压有色金属或滚花表面要求较高的工件时，滚花刀滚轮轴线应与工件轴线平行	滚压碳素钢或滚花表面要求一般的工件时，可使滚花刀刀柄尾部向左偏斜 3°～5°装夹，以便于切入工件表面且不易乱纹

2. 滚花的注意事项

（1）安装滚花刀时，滚花刀的装刀中心要与工件回转中心等高，如图 5－2 所示。

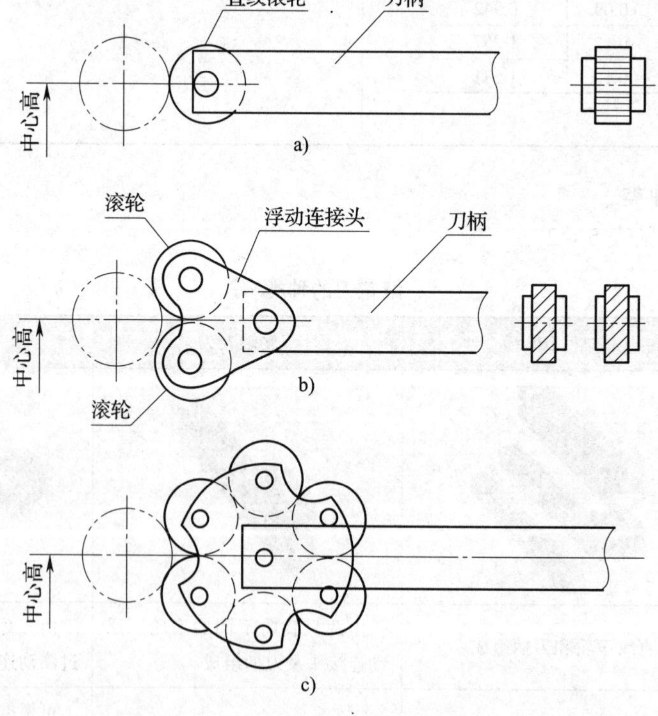

图 5－2　滚花刀的安装

a）直纹滚花刀　b）网纹滚花刀　c）六轮滚花刀

（2）开始滚压时，挤压力要大一些，使工件圆周上一开始就形成较深的花纹，这样不易产生乱纹。

（3）为了减小滚花开始时的径向力，可以使滚轮表面宽度的1/3～1/2与工件表面接触，使滚花刀容易切入工件表面，如图5－3所示。停车检查花纹符合要求后，即可纵向机动进给。反复滚压1～3次，直至花纹凸起达到要求。

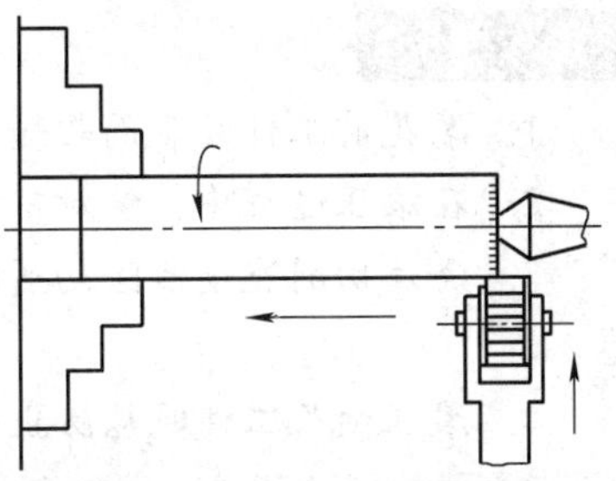

图5－3　滚轮开始接触工件

（4）滚花时，应选较低的切削速度，一般为5～10 m/min。纵向进给量选择大些，一般为0.3～0.6 mm/r。

（5）滚花时，应充分浇注切削液以润滑滚轮并防止滚轮发热损坏，并应经常清除滚压产生的碎屑。

（6）滚花时的径向力很大，所用车床的刚度应较高，工件必须装夹牢靠。

任务实施

一、准备工作

1. 工件毛坯

毛坯尺寸：ϕ42 mm×72 mm。材料：45钢。数量：1件。

2. 工艺装备

普通车床、外圆粗车刀、外圆精车刀、游标卡尺、千分尺、模数0.3 mm的双轮滚花刀。

二、操作步骤

如图5－1所示的滚花销的加工工艺步骤见表5－4。

表5－4　滚花销的加工工艺步骤

加工工序	操作步骤
1. 粗车滚花销的左端外圆	（1）夹毛坯外圆，伸长约35 mm，找正夹紧 （2）车平端面 （3）将图样上$\phi30_{-0.084}^{0}$ mm的毛坯外圆粗车至ϕ31.2 mm，长度30 mm
2. 车滚花销的右端外圆	（1）工件掉头，装夹ϕ31.2 mm的外圆，找正夹紧 （2）车端面，保证总长70.5 mm （3）车外圆至ϕ39.6 mm
3. 滚花	（1）扳转m0.3 mm的滚花刀到工作位置 （2）滚压m0.3 mm的网纹至要求 （3）倒角C1 mm
4. 精车$\phi30_{-0.084}^{0}$ mm外圆，保证总长	（1）掉头加铜皮夹持滚花表面，找正并夹紧 （2）车端面，保证总长70 mm （3）精车$\phi30_{-0.084}^{0}$ mm×30 mm至要求 （4）倒角C1 mm两处

〔操作提示〕

1. 滚花前工件的表面粗糙度值 Ra 应为 12.5 μm。

2. 在滚压过程中，绝对不能用手或棉纱去接触滚压表面，以防止手指被卷入。

3. 浇注切削液或清除切屑时，应避免毛刷接触工件与滚轮的咬合处，以防止毛刷被卷入。

4. 滚压细长工件时应防止工件弯曲，滚压薄壁工件时应防止变形。

知识链接

滚花时产生乱纹的原因及预防措施见表 5－5。

表 5－5　　滚花时产生乱纹的原因及预防措施

产生原因	预防措施
1. 工件外圆周长不能被滚花刀节距 P 除尽	可把外圆略车小一些
2. 滚花开始时，吃刀压力太小	开始滚花时就要使用较大的压力
3. 滚花刀与工件表面接触过大	装刀时把滚花刀偏 3°～5°，类似副偏角的角度
4. 滚花刀转动不灵，或滚花刀与刀柄小轴配合间隙太大	检查原因或调换小轴
5. 工件转速太高，滚花刀与工件表面产生滑动	降低转速
6. 滚花前没有清除滚花刀中的细屑	清除细屑
7. 滚花刀齿部磨损	更换滚花刀

任务二　成形面的加工

学习目标

1. 掌握球手柄的有关尺寸计算。
2. 掌握用双手控制法车成形面的技巧。
3. 掌握在车床上对工件进行修整和抛光的方法。

工作任务

把 $\phi28$ mm×50 mm 的毛坯车成如图 5－4 所示的单球手柄。

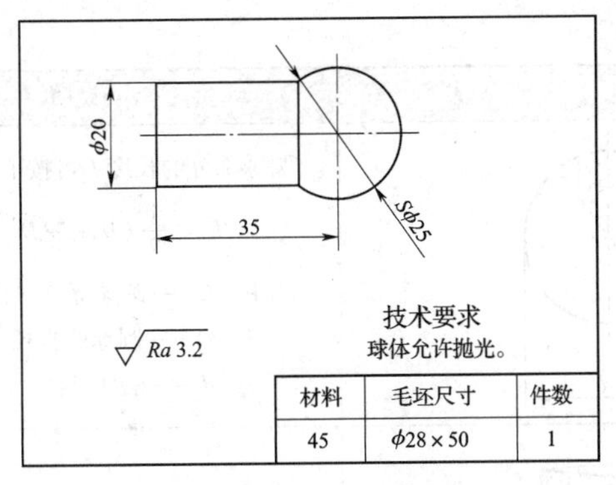

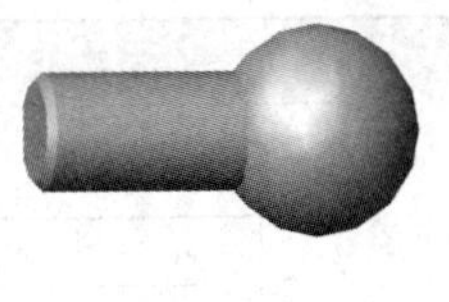

图 5-4 单球手柄

相关知识

一些机械设备上的手柄、把手等，要求手感舒服且美观，零件的这些具有曲线特征的表面称为成形面，也叫特形面，如球手柄、橄榄球手柄等（见图 5-5）。成形面通常由车床加工完成。

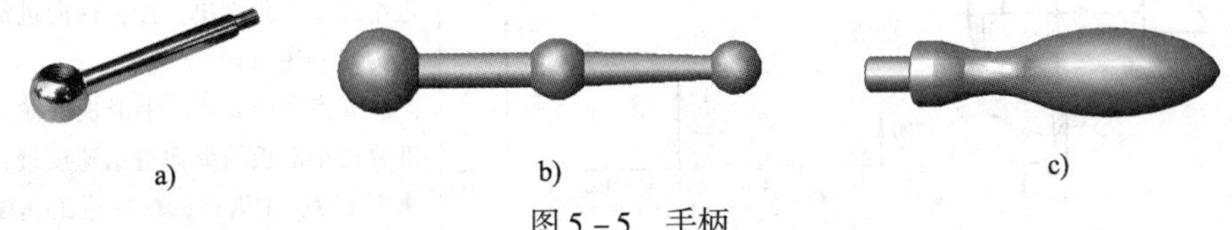

图 5-5 手柄

a）单球手柄 b）三球手柄 c）橄榄球手柄

成形面一般不能作为工件的装夹表面，所以车削带有成形面的工件时，应安排在粗车之后、精车之前进行，也可以在一次装夹中车削完成。

一、车成形面的方法

1. 双手控制法

双手控制法车单球手柄的方法见表 5-6。

表 5-6 双手控制法车单球手柄的方法

内容	图示	说明
双手控制法及其特点		用双手控制中、小滑板或者控制中滑板与床鞍的合成运动，使刀尖的运动轨迹与工件所需求的成形面曲线重合，以实现车成形面的方法称为双手控制法 该方法的特点是灵活、方便，不需要其他辅助工具，但需操作者具有较高的操作水平 双手控制法适用于单件或数量较少的成形面工件的加工

续表

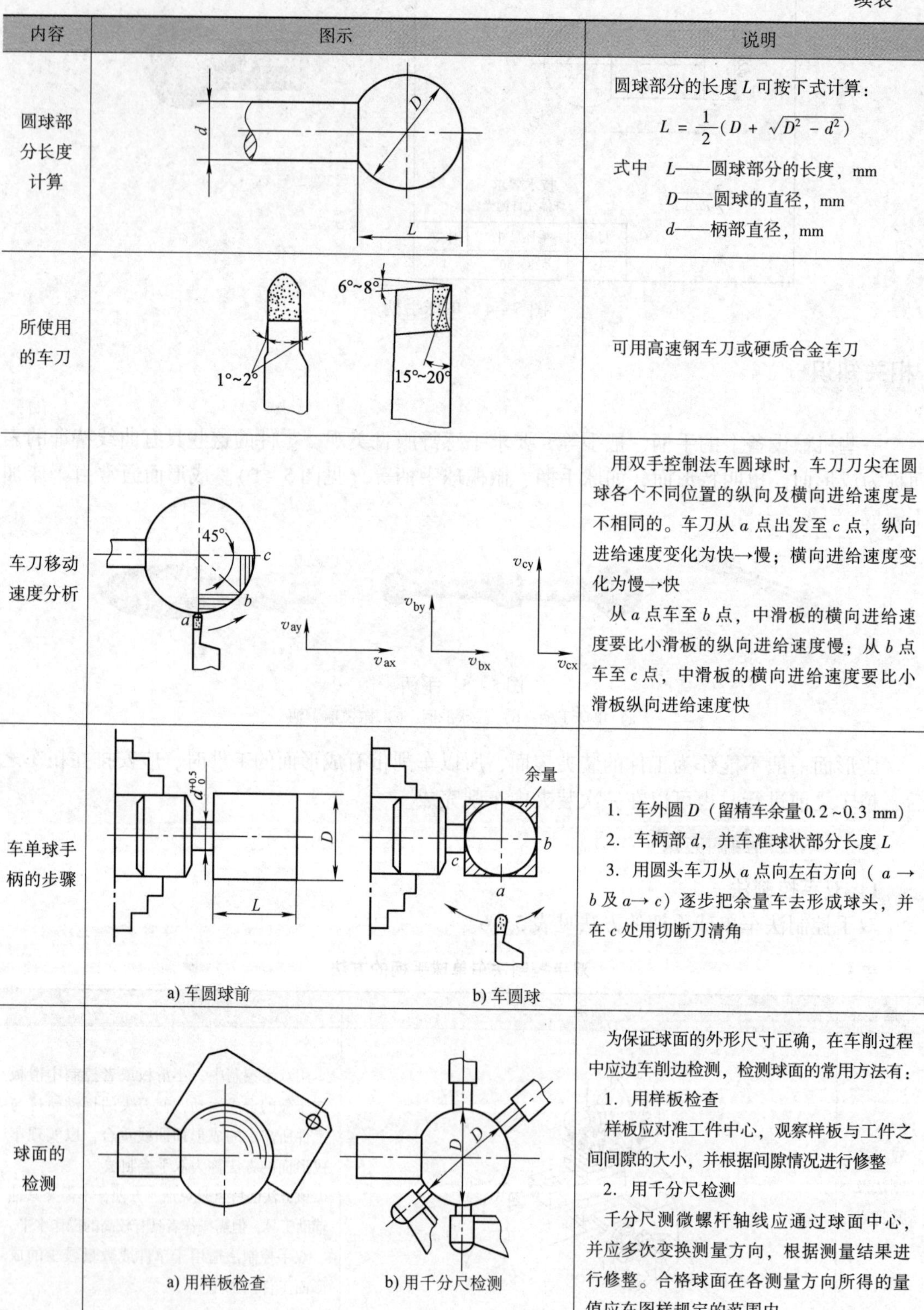

内容	图示	说明
圆球部分长度计算		圆球部分的长度 L 可按下式计算： $$L=\frac{1}{2}(D+\sqrt{D^2-d^2})$$ 式中 L——圆球部分的长度，mm D——圆球的直径，mm d——柄部直径，mm
所使用的车刀		可用高速钢车刀或硬质合金车刀
车刀移动速度分析		用双手控制法车圆球时，车刀刀尖在圆球各个不同位置的纵向及横向进给速度是不相同的。车刀从 a 点出发至 c 点，纵向进给速度变化为快→慢；横向进给速度变化为慢→快 从 a 点车至 b 点，中滑板的横向进给速度要比小滑板的纵向进给速度慢；从 b 点车至 c 点，中滑板的横向进给速度要比小滑板纵向进给速度快
车单球手柄的步骤	a) 车圆球前　b) 车圆球	1. 车外圆 D（留精车余量 0.2～0.3 mm） 2. 车柄部 d，并车准球状部分长度 L 3. 用圆头车刀从 a 点向左右方向（$a\rightarrow b$ 及 $a\rightarrow c$）逐步把余量车去形成球头，并在 c 处用切断刀清角
球面的检测	a) 用样板检查　b) 用千分尺检测	为保证球面的外形尺寸正确，在车削过程中应边车削边检测，检测球面的常用方法有： 1. 用样板检查 样板应对准工件中心，观察样板与工件之间间隙的大小，并根据间隙情况进行修整 2. 用千分尺检测 千分尺测微螺杆轴线应通过球面中心，并应多次变换测量方向，根据测量结果进行修整。合格球面在各测量方向所得的量值应在图样规定的范围内

2. 成形法

成形法是用成形刀对工件进行加工的方法。切削刃的形状与工件成形表面轮廓形状相同的车刀叫作成形刀，又称样板刀。

数量较多、轴向尺寸较小的成形面可用成形法车削。

如图 5 – 6 所示为整体式成形刀，它与普通车刀相似，其特点是将切削刃磨成与成形面轮廓素线相同的曲线形状。

对车削精度要求不高的成形面，其切削刃可用手工刃磨；对车削精度要求较高的成形面，切削刃可用线切割加工后再用工具磨床刃磨。

整体式成形刀常用于车简单的成形面。

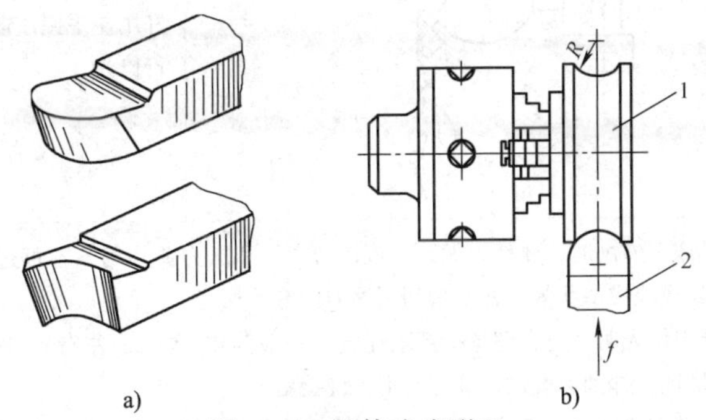

图 5 – 6　整体式成形刀

a）整体式高速钢成形刀　b）整体式成形刀的使用

1—成形面　2—整体式成形刀

〔操作提示〕

成形法车削的注意事项

1. 车床要有足够的刚度，同时应尽量将车床各部分的间隙，尤其是主轴、中滑板、床鞍的运动间隙调整得较小。

2. 成形刀的角度选择要恰当，并始终保持锋利。为减少振动，成形刀的后角一般选得较小（$\alpha_o = 2° \sim 5°$），其前角比 90°车刀的前角略大（15° ~ 20°），以保证车刀的楔角 β_o 较小，切削刃锋利。

3. 成形刀的刃口要对准工件轴线，装高容易扎刀，装低会引起振动。

4. 必要时可将成形刀反装，采用反切法进行车削。此时工件反转，正好使切削力与主轴、工件的重力方向相同，可减少振动。

5. 选用较小的进给量和切削速度。

6. 注意正确的润滑方法。车削钢件时须加乳化液，车削铸铁件时可加煤油作为切削液。

二、成形面的修整与抛光

利用机械、化学或电化学的作用，使工件获得光亮、平整表面的加工方法称为抛光。

由于双手控制法为手动进给车削，成形面不可避免地留下不均匀的刀痕，所以必须经锉刀修光和砂布抛光。

1. 用锉刀修光

用锉刀修光的方法见表 5－7。

表 5－7　　　　用锉刀修光的方法

内容	图示	说明
握锉刀方法		在车床上用锉刀修光时，为保证安全最好用左手握住锉刀柄，右手扶锉刀前端进行修光
锉刀修光要点	1. 在车床上锉削时，要努力做到：推锉的力量和压力要均匀，不可过大或过猛，以免把工件表面锉出沟纹或锉成节状等，并尽量利用锉刀的有效长度 2. 用锉刀修光时，应合理选择锉削速度（一般为 40 次/min 左右）。锉削速度不宜过高，否则容易使锉齿磨钝；锉削速度过低则容易把工件锉扁 3. 进行精细修锉时，除选用油光锉外，可在锉刀的锉齿面上涂一层粉笔末，并经常用钢丝刷清理齿缝，以防止锉屑嵌入齿缝而划伤工件表面	

2. 用砂布抛光

工件表面经过精车或用锉刀修光后，如果表面粗糙度值还不够小，可用砂布进行抛光。抛光时常用的砂布有 0 号或 1 号。砂布越细，抛光后获得的表面粗糙度值就越小，用砂布抛光的方法见表 5－8。

表 5－8　　　　用砂布抛光的方法

内容	图示和说明	
抛光外表面的方法	a）用双手捏住砂布两端 b）将砂布夹在抛光夹内	1. 把砂布垫在锉刀下面进行抛光 2. 用双手直接捏住砂布两端，右手在前，左手在后进行抛光（见图 a）。抛光时，双手用力不可过大，防止砂布因摩擦过度而被拉断 3. 将砂布夹在抛光夹的圆弧槽内，套在工件上，手握抛光夹纵向移动抛光工件（见图 b）。用抛光夹抛光比用手捏砂布安全，适用于形状简单的外表面抛光

续表

内容	图示和说明	
抛光内孔的方法		1. 用砂布抛光内孔时，可用一根比内孔直径小的木棒，在一端开槽 2. 将砂布撕成条状，一端插在木棒槽内，并按顺时针方向将砂布缠紧在木棒上，然后进行内孔的抛光
砂布抛光要点	1. 用砂布抛光工件时，应选择较高的转速，并使砂布在工件表面上来回缓慢而均匀地移动。在最后精抛光时，可在砂布上加些机油或金刚砂粉，这样可以获得更好的表面质量 2. 抛光内孔时，若孔径较大，除用抛光棒抛光外，还可以用手捏住砂布进行抛光，但抛光小孔时必须使用抛光棒，严禁将砂布缠绕在手指上伸入孔内抛光，以免发生人身事故	

任务实施

一、准备工作

1. 检查毛坯

毛坯尺寸为 ϕ28 mm × 50 mm。

2. 工艺装备

普通车床、外圆车刀、圆弧刃车刀、细齿纹平锉、1 号或 0 号砂布、0 ~ 150 mm 游标卡尺、0 ~ 25 mm 千分尺、圆弧样板。

二、操作步骤

如图 5－4 所示的单球手柄的加工工艺步骤见表 5－9。

表 5－9　　单球手柄的加工工艺步骤

加工工序	操作步骤
1. 车手柄部分外圆	（1）夹毛坯外圆，伸出长度约 30 mm，找正并夹紧 （2）车平端面 （3）车外圆至 ϕ20 mm × 27.5 mm （4）倒角
2. 车圆球部分	（1）掉头装夹 ϕ20 mm 的外圆，找正并夹紧 （2）车端面，保证总长 47.5 mm （3）车外圆至 ϕ25.5 mm （4）车圆球
3. 球面修整与抛光	（1）用锉刀修整球面 （2）用砂布抛光球面

〔操作提示〕

1. 用双手控制法车成形面时，双手配合应协调。

2. 车成形面时，车刀一般应从曲面高处向低处进给。为了提高工件的刚度，应先车离卡盘远的曲面段，后车离卡盘近的曲面段。

3. 用锉刀修整弧面时，锉刀应绕弧面运动。

4. 用锉刀修整工件时，车床导轨面上应垫有防护板或防护纸，防止散落在床面上的锉屑损伤导轨，从而保护导轨，使其具有良好的精度。

知识链接

用数控车床车成形面和圆锥面

随着数控车床的日益普及，成形面和圆锥面的加工已多采用数控车床。

利用数控车床加工成形面，只需在数控车床上输入数控程序，或在与数控车床连接的计算机上作图自动生成数控程序，刀具便会按程序指令走出成形面廓形，从而完成成形面的加工。用数控车床车削成形面加工质量好、效率高、廓形准确。

典型的数控车床如图 5－7 所示。普通车床上能够完成的加工内容，在数控车床上都能完成。对于成形面的车削，如各种内、外回转表面和由自由曲线形成的回转面（见图 5－8）等，数控车床都能轻易完成。

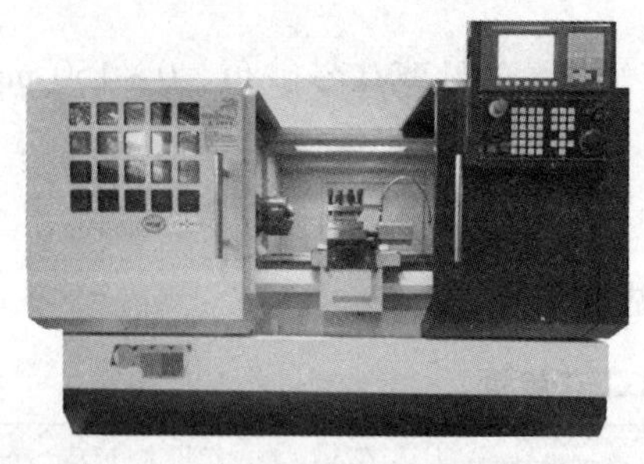

图 5－7　数控车床

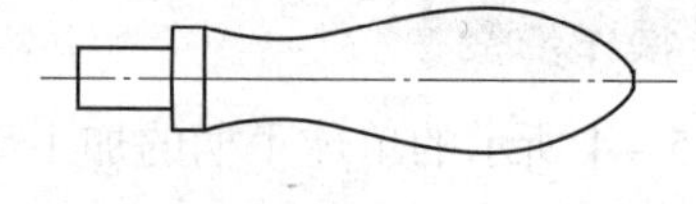

图 5－8　回转面

采用数控车床加工时，车刀刀尖运动的轨迹由加工程序控制，“高难度”问题由车床的数控功能可以方便地解决。对于由非圆曲线或列表曲线（如流线形曲线）构成其旋转面的零件，各种非标准螺距的螺纹或变螺距螺纹等多种特殊螺旋类零件，以及表面粗糙度值要求小的变径表面类零件，都可通过车床数控系统所具有的同步运行及恒线速度等功能完成。

模块六　螺纹与蜗杆的加工

螺纹在机械设备中应用广泛，例如，将两个或两个以上的零件连接起来可采用螺钉或螺栓，车床上的床鞍、中滑板、小滑板、尾座套筒的移动均为螺旋传动。螺纹的加工方法有多种，采用车床加工是常用的方法之一。

任务一　低速车削普通外螺纹

学习目标

1. 了解螺纹的种类。
2. 掌握加工普通外螺纹的有关计算。
3. 掌握普通螺纹有关技术参数资料的查阅方法。
4. 掌握普通外螺纹车刀的刃磨方法。
5. 掌握普通外螺纹的加工方法。
6. 掌握普通螺纹的常用检测方法。
7. 理解乱牙的知识，能根据乱牙知识选择车螺纹的操作方法。

工作任务

将 $\phi45$ mm × 155 mm 的毛坯车成如图 6－1 所示的普通螺纹轴。

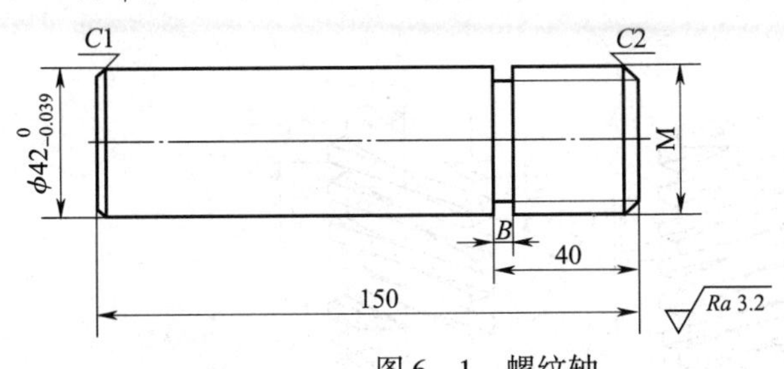

图 6－1　螺纹轴

次数	M	B
1	M42 × 1.5	3 × 2
2	M36 × 1.5	3 × 2
3	M30 × 2	4 × 2
4	M24 × 2	4 × 2
5	M20	5 × 2
6	M16	5 × 2

相关知识

一、三角形螺纹概述

1. 螺旋线

螺旋线可以看作是底边等于圆柱周长 πd 的直角三角形 ABC 绕圆柱面旋转一周，斜边 AC 在该表面上所形成的曲线，其形成原理如图 6－2所示。

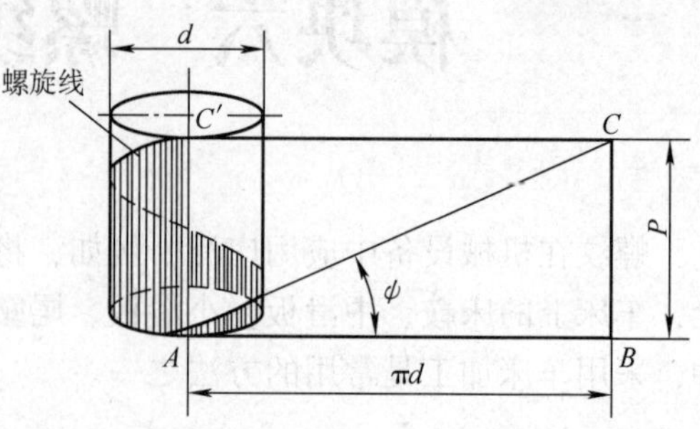

图 6－2　螺旋线的形成原理

2. 螺纹

在圆柱或圆锥表面上，沿着螺旋线所形成的具有规定牙型的连续凸起称为螺纹。在圆柱表面上所形成的螺纹称为圆柱螺纹，如图 6－3a 所示。在圆锥表面上所形成的螺纹称为圆锥螺纹，如图 6－3b 所示。

在圆柱或圆锥外表面上所形成的螺纹称为外螺纹，如图 6－3 所示；在内圆柱或内圆锥表面上所形成的螺纹称为内螺纹，如图 6－4 所示。

a)　b)

图 6－3　外螺纹

a）圆柱外螺纹　b）圆锥外螺纹

图 6－4　内螺纹

沿一条螺旋线所形成的螺纹称为单线螺纹，如图 6－5a 所示；沿两条或两条以上螺旋线所形成的螺纹，该螺旋线在轴向等距分布，称为多线螺纹，如图 6－5b、c 所示。

顺时针旋转时旋入的螺纹称为右旋螺纹，如图 6－5a、c 所示；逆时针旋转时旋入的螺纹称为左旋螺纹，如图 6－5b 所示。

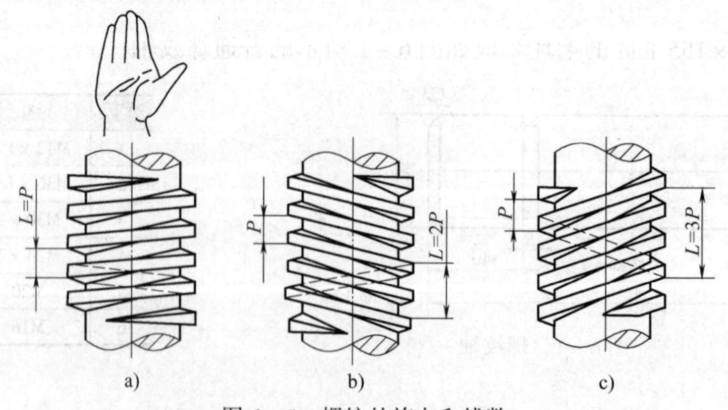

图 6－5　螺纹的旋向和线数

a）单线右旋螺纹　b）双线左旋螺纹　c）三线右旋螺纹

二、螺纹的分类

螺纹按用途不同可分为紧固螺纹、管螺纹和传动螺纹等；按形成螺纹的表面不同可分为圆柱螺纹和圆锥螺纹；按螺旋线的方向不同可分为右旋螺纹和左旋螺纹（LH）；按螺旋线的线数可分为单线螺纹和多线螺纹；按牙型不同可分为三角形螺纹、梯形螺纹、锯齿形螺纹、矩形螺纹和圆形螺纹（滚珠丝杠）等。

螺纹的一般分类方法如下：

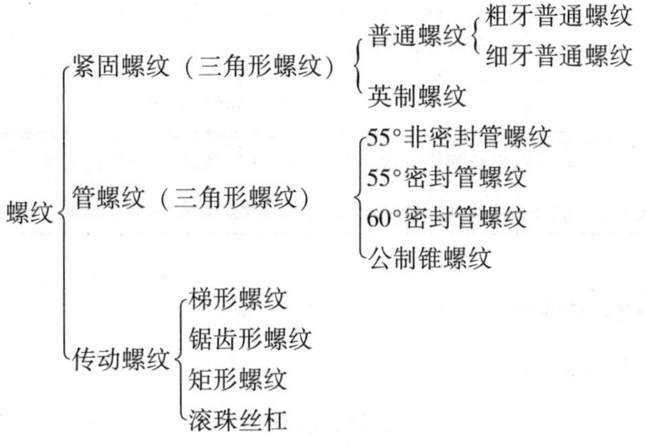

三、普通螺纹的主要参数

螺纹牙型是指在通过螺纹轴线的剖面上的螺纹轮廓形状。

三角形螺纹各部分的名称及主要参数如图 6－6 所示。通过内螺纹和外螺纹的轴向剖视图，可以清楚地看到普通螺纹的牙型并确定牙型的主要参数。

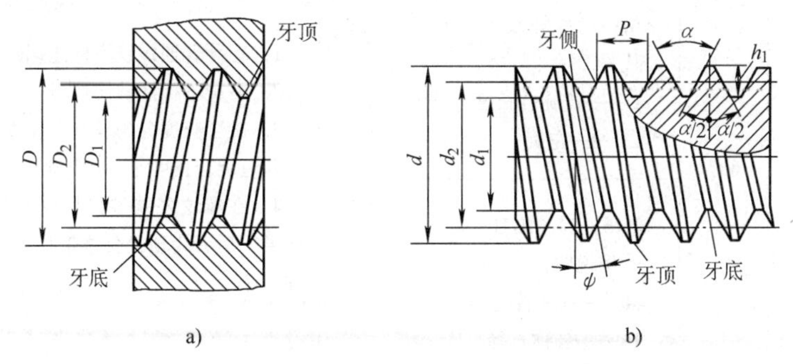

图 6－6　三角形螺纹各部分的名称及主要参数

a）内螺纹　b）外螺纹

普通螺纹主要参数的代号和定义见表 6－1。

表 6－1　　普通螺纹主要参数的代号和定义

<table>
<tr><th rowspan="2">主要参数</th><th colspan="2">代号</th><th rowspan="2">定义</th></tr>
<tr><th>内螺纹</th><th>外螺纹</th></tr>
<tr><td>牙型角</td><td colspan="2">α</td><td>在螺纹牙型上，相邻两牙侧间的夹角</td></tr>
<tr><td>牙型高度</td><td colspan="2">h_1</td><td>在螺纹牙型上，牙顶到牙底在垂直于螺纹轴线方向上的距离</td></tr>
</table>

续表

主要参数	代号		定义
	内螺纹	外螺纹	
螺纹大径（公称直径）	D	d	与内螺纹牙底或外螺纹牙顶相切的假想圆柱（或圆锥）的直径，是代表螺纹尺寸的直径，是公称直径
螺纹小径	D_1	d_1	与内螺纹牙顶或外螺纹牙底相切的假想圆柱（或圆锥）的直径
螺纹中径	D_2	d_2	是指一个假想圆柱（或圆锥）的直径，该圆柱（或圆锥）的母线通过牙型上沟槽和凸起宽度相等的地方
螺距	P		相邻两牙在中径线上对应两点间的轴向距离
螺纹升角	ψ		在中径圆柱（或中径圆锥）上，螺旋线的切线与垂直于螺纹轴线的平面之间的夹角

四、普通螺纹的标记代号

普通螺纹的标记见表 6－2。

表 6－2　　普通螺纹的标记

螺纹种类		代号	牙型角	标注示例	标注方法
普通螺纹	粗牙	M	60°	M16－6g－L－LH 示例说明： M——粗牙普通螺纹 16——公称直径 6g——外螺纹中径和顶径公差带代号 L——长旋合长度 LH——左旋	1. 粗牙普通螺纹不标注螺距 2. 右旋不标注旋向代号 3. 旋合长度分为长旋合长度 L、中等旋合长度 N 和短旋合长度 S，中等旋合长度不标注 4. 在螺纹公差带代号中，前者为中径公差带代号，后者为顶径公差带代号，两者相同时只标注一个
	细牙			M16×1－6H7H 示例说明： M——细牙普通螺纹 16——公称直径 1——螺距 6H——内螺纹中径公差带代号 7H——内螺纹顶径公差带代号	

五、常用普通螺纹的主要参数及尺寸计算

1. 普通螺纹的基本尺寸

普通螺纹的基本尺寸有：公称直径、螺距、中径和小径。常见普通螺纹的基本尺寸见表 6－3。其中，粗牙普通螺纹 M6～M24 是生产中常用的螺纹。

表 6－3　　常见普通螺纹的基本尺寸

公称直径 D、d	螺距 P		中径 D_2 或 d_2	小径 D_1 或 d_1	公称直径 D、d	螺距 P		中径 D_2 或 d_2	小径 D_1 或 d_1
4	粗牙	0.7	3.545 35	3.242 25	16	粗牙	2	14.701	13.835
	细牙	0.5	3.675 25	3.458 75		细牙	1.5	15.026	14.376
5	粗牙	0.8	4.480 4	4.134			1	15.350	14.917
	细牙	0.5	4.675 25	4.457 5	18	粗牙	2.5	16.376	15.294
6	粗牙	1	5.350	4.917		细牙	2	16.701	15.835
	细牙	0.75	5.513	5.188			1.5	17.026	16.376
8	粗牙	1.25	7.188	6.647			1	17.350	16.917
	细牙	1	7.350 3	6.917	20	粗牙	2.5	18.376	17.294
		0.75	7.513	7.188		细牙	2	18.701	17.835
10	粗牙	1.5	9.026	8.376			1.5	19.026	18.376
	细牙	1.25	9.188	8.647			1	19.350	18.917
		1	9.350	8.917	22	粗牙	2.5	20.376	19.294
		0.75	9.513	9.188		细牙	2	20.701	19.835
12	粗牙	1.75	10.863	10.106			1.5	21.026	20.376
	细牙	1.5	11.026	10.376			1	21.350	20.917
		1.25	11.188	10.647	24	粗牙	3	22.051	20.752
		1	11.350	10.917		细牙	2	22.701	21.835
14	粗牙	2	12.701	11.835			1.5	23.026	22.376
	细牙	1.5	13.026	12.376			1	23.350	22.917
		1	13.350	12.917					

2. 普通螺纹主要参数的尺寸计算

普通螺纹的牙型及主要参数的计算公式见表 6－4。

表 6－4　　普通螺纹的牙型及主要参数的计算公式　　mm

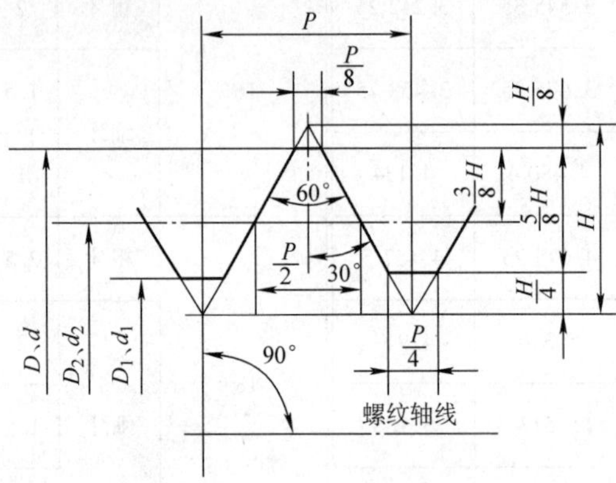

基本参数	外螺纹	内螺纹	计算公式
牙型角	α		$\alpha=60°$
螺纹大径（公称直径）	d	D	$d=D$
螺纹中径	d_2	D_2	$d_2=D_2=d-0.6495P$
牙型高度	$h_1\left(\frac{5}{8}H\right)$		$h_1=0.5413P$
螺纹小径	d_1	D_1	$d_1=D_1=d-1.0825P$

例　计算普通外螺纹 M16 的主要参数值。

解　已知 $d=16$ mm，M16 为粗牙普通螺纹，查表 6－3 可知其螺距 $P=2$ mm。根据表 6－4 中的公式计算可得：

$$d_2=d-0.6495P=16-0.6495\times2\ \text{mm}=14.701\ \text{mm}$$

$$d_1=d-1.0825P=16-1.0825\times2\ \text{mm}=13.835\ \text{mm}$$

$$h_1=0.5413P=0.5413\times2\ \text{mm}\approx1.083\ \text{mm}$$

六、三角形螺纹车刀

1. 螺纹车刀切削部分材料的选用

一般情况下，螺纹车刀切削部分的材料有高速钢和硬质合金两种。在选用时应注意以下问题：

（1）低速车削螺纹时，用高速钢车刀；高速车削螺纹时，用硬质合金车刀。

（2）如果工件材料是有色金属、橡胶，可选用高速钢或 K 类（如 K30）硬质合金；若工件材料是钢料，则选用 P 类（如 P10）或 M 类（如 M10）硬质合金。

2. 三角形螺纹车刀的刃磨

由于螺纹车刀的刀尖受刀尖角限制，刀体面积较小，因此刃磨时比一般车刀难。

（1）螺纹车刀的刃磨要求

1）当螺纹车刀径向前角 $\gamma_p = 0°$ 时，刀尖角应等于牙型角；当螺纹车刀径向前角 $\gamma_p > 0°$ 时，刀尖角必须修正。

2）螺纹车刀两侧切削刃必须是直线。

3）螺纹车刀切削刃应具有较小的表面粗糙度值。

4）螺纹车刀两侧后角是不相等的，应考虑受螺纹升角的影响而加或减一个螺纹升角ψ。

（2）螺纹车刀具体刃磨步骤

1）粗磨前面。

2）磨两侧后面，以初步形成两刃夹角。其中先磨进给方向侧刃（控制刀尖半角 $\varepsilon_r/2$ 及后角 $\alpha_o + \psi$），再磨背离进给方向侧刃（控制刀尖角 ε_r 及后角 $\alpha_o - \psi$）。

3）精磨前面，以形成前角。

4）精磨后面，刀尖角用螺纹车刀样板来检验，采用加厚对刀样板可测量磨有较大径向前角的螺纹车刀的刀尖角，并能得到正确的刀尖角，如图 6-7 所示。

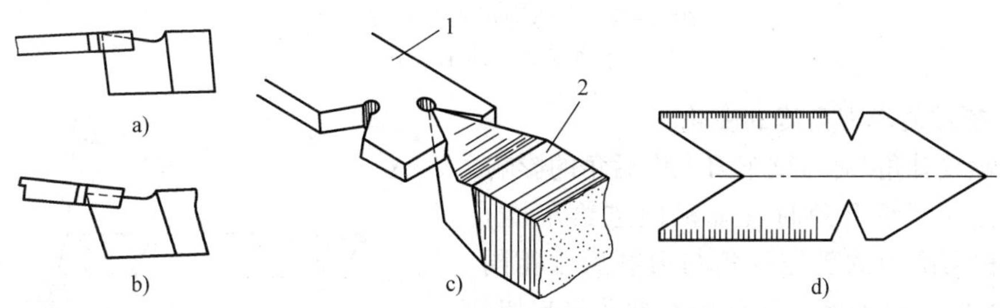

图 6-7　用对刀样板检验刀尖角

a）正确　b）错误　c）测量示意图　d）对刀样板

1—样板　2—螺纹车刀

5）修磨刀尖，刀尖侧棱宽度约为 0.2P。

6）用油石研磨切削刃处的前面、后面（注意保持刃口锋利）。

（3）刃磨时应注意的问题

1）磨外螺纹车刀时，刀尖角平分线应平行于刀柄中线；磨内螺纹车刀时，刀尖角平分线应垂直于刀柄中线。

2）车削高台阶的螺纹车刀靠近台阶一侧的切削刃应短些，以防止碰撞轴肩，如图 6-8 所示。

3）刃磨时要用车刀样板检查。对径向前角 $\gamma_p > 0°$ 的螺纹车刀，粗磨时两刃夹角应略大于牙型角。待磨好前角后再修磨两刃夹角。

4）刃磨切削刃时，要稍带做左右、上下的移动，以使切削刃平直。

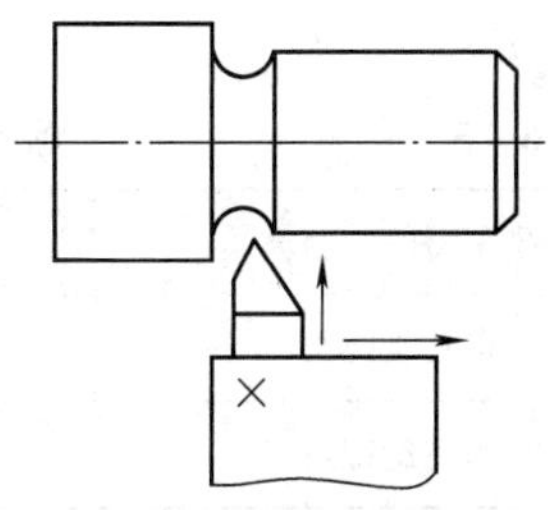

图 6-8　车削高台阶的螺纹车刀

3. 高速钢普通外螺纹车刀

高速钢普通外螺纹车刀如图6－9所示。为了使车削顺利，螺纹粗车刀选用较大的径向前角（$\gamma_p=15°$）。为了获得较正确的牙型，螺纹精车刀应选用比粗车刀稍小些的径向前角（$\gamma_p=6°\sim10°$）。车削右旋螺纹时，为了消除螺纹升角的影响，粗车刀、精车刀左侧切削刃的刃磨后角α_{oL}应磨得比右侧切削刃的刃磨后角α_{oR}大一些（一般选择$\alpha_{oL}=10°\sim12°$，$\alpha_{oR}=6°\sim8°$）。

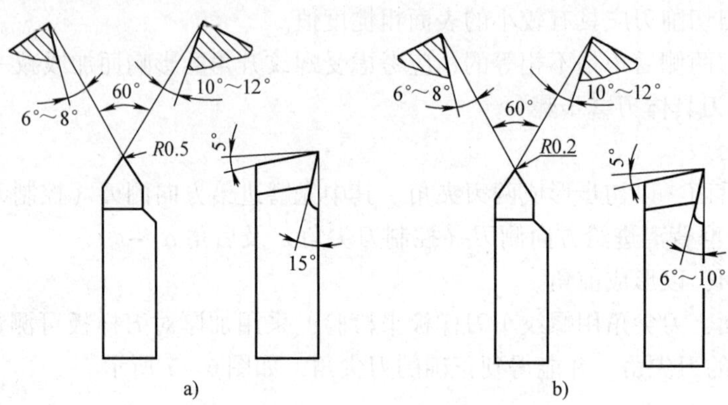

图6－9　高速钢普通外螺纹车刀

a）粗车刀　b）精车刀

4. 车螺纹时车刀角度的变化

（1）螺纹升角ψ对螺纹车刀工作后角的影响

当不存在螺纹升角时（如横向进给车槽），车刀左、右切削刃的工作后角与刃磨后角相同。但在车螺纹时，由于螺纹升角的影响，引起切削平面和基面位置的变化，从而使车刀工作时的后角与车刀静止时的后角数值不相同，如图6－10所示为车右旋螺纹时螺纹升角对螺纹车刀工作后角的影响。螺纹升角ψ越大，对工作后角影响越明显。

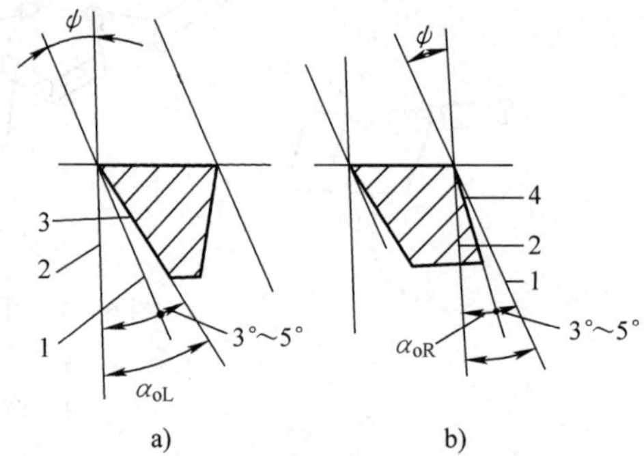

图6－10　车右旋螺纹时螺纹升角对螺纹车刀工作后角的影响

a）左侧切削刃　b）右侧切削刃

1—螺旋线（工作时的切削平面）

2—静止时的切削平面

3—左侧后面　4—右侧后面

螺纹车刀左、右切削刃刃磨后角的计算公式见表6－5。车刀的工作后角一般取3°～5°。

表6－5　螺纹车刀左、右切削刃刃磨后角的计算公式

螺纹车刀的刃磨后角	左侧切削刃的刃磨后角 α_{oL}	右侧切削刃的刃磨后角 α_{oR}
车右旋螺纹	$\alpha_{oL}=(3°\sim5°)+\psi$	$\alpha_{oR}=(3°\sim5°)-\psi$
车左旋螺纹	$\alpha_{oL}=(3°\sim5°)-\psi$	$\alpha_{oR}=(3°\sim5°)+\psi$

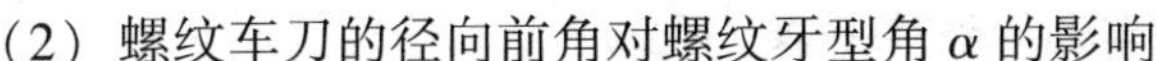

（2）螺纹车刀的径向前角对螺纹牙型角 α 的影响

螺纹车刀两刃夹角 ε_r' 的大小取决于螺纹的牙型角 α。螺纹车刀的径向前角 γ_P 对螺纹加工和螺纹牙型的影响见表 6－6。

表 6－6　　螺纹车刀的径向前角 γ_P 对螺纹加工和螺纹牙型的影响

径向前角 γ_P	前面上的两刃夹角与螺纹牙型角 α 的关系	车出的螺纹牙型角 α 与螺纹车刀两刃夹角 ε'_r 的关系	螺纹牙侧	应用
0°	$\varepsilon_r=60°$ α_{oL} $\varepsilon'_r=\alpha=60°$	$\alpha=60°$ $\alpha=\varepsilon'_r=60°$	直线	适用于车削精度要求较高的螺纹，同时要增大螺纹车刀两侧切削刃的后角，提高切削刃的锋利程度，减小螺纹牙型两侧的表面粗糙度值
5°～15°	$\gamma_P=5°\sim15°$ $\varepsilon_r'=59°\pm30'$ α_{oL} $\varepsilon'_r<\alpha$，即 $\varepsilon'_r=58°30'\sim59°30'$	$\alpha=60°$ $\alpha=\varepsilon'_r=60°$	曲线	车削精度要求不高的螺纹或粗车螺纹
>15°	$\gamma_P>15°$ $\varepsilon_r'=60°$ α_{oL} $\varepsilon'_r=\alpha=60°$	60° α $\alpha>\varepsilon'_r$，即 $\alpha>60°$，γ_P 越大，牙型角 α 的误差也越大	曲线	不允许，必须对车刀两刃夹角 ε'_r 进行修正

七、车螺纹的车床操纵

在车床上车削常用螺距（或导程）的螺纹和蜗杆时，一般只要按照车床进给箱铭牌上标注的数据变换主轴箱和进给箱外手柄的位置，并配合更换交换齿轮箱内的交换齿轮，就可以得到常用的螺距（或导程）。

1. 变换螺距 $P=1$ mm 的手柄位置

（1）查手轮、手柄的位置

首先根据螺纹螺距 $P=1$ mm，查 CA6140 型车床进给箱铭牌表，见表 6－7，查出相关手轮、手柄的位置。

表 6－7　　　　　　CA6140 型车床进给箱铭牌表（部分）

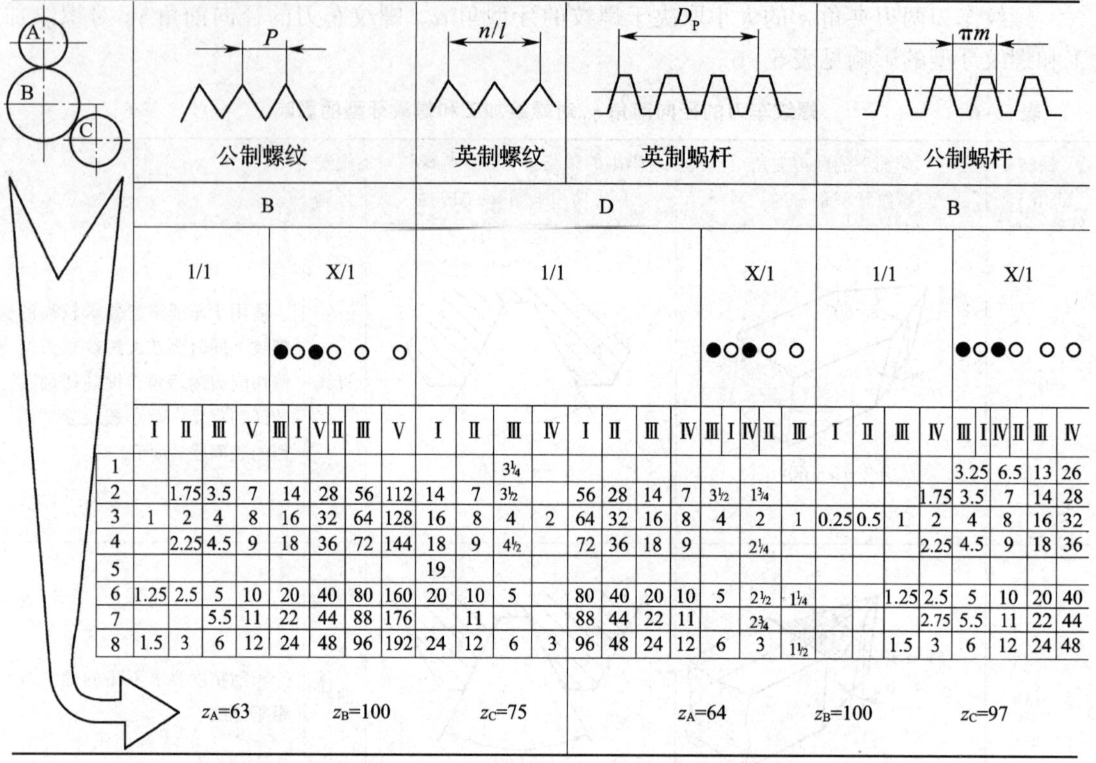

	公制螺纹								英制螺纹				英制蜗杆							公制蜗杆							
	B								D											B							
	1/1				X/1				1/1								X/1			1/1				X/1			
					●○●○	○	○										●○●○	○						●○●○	○	○	
	Ⅰ	Ⅱ	Ⅲ	Ⅴ	ⅢⅠ	ⅤⅡ	Ⅲ	Ⅴ	Ⅰ	Ⅱ	Ⅲ	Ⅳ	Ⅰ	Ⅱ	Ⅲ	Ⅳ	ⅢⅠ	ⅣⅡ	Ⅲ	Ⅰ	Ⅱ	Ⅲ	Ⅳ	ⅢⅠ	ⅣⅡ	Ⅲ	Ⅳ
1											3¼													3.25	6.5	13	26
2		1.75	3.5	7	14	28	56	112	14	7	3½		56	28	14	7	3½	1¾					1.75	3.5	7	14	28
3	1	2	4	8	16	32	64	128	16	8	4	2	64	32	16	8	4	2	1	0.25	0.5	1	2	4	8	16	32
4		2.25	4.5	9	18	36	72	144	18	9	4½		72	36	18	9		2¼					2.25	4.5	9	18	36
5									19																		
6	1.25	2.5	5	10	20	40	80	160	20	10	5		80	40	20	10	5	2½	1¼			1.25	2.5	5	10	20	40
7			5.5	11	22	44	88	176		11			88	44	22	11		2¾					2.75	5.5	11	22	44
8	1.5	3	6	12	24	48	96	192	24	12	6	3	96	48	24	12	6	3	1½			1.5	3	6	12	24	48
	z_A=63				z_B=100				z_C=75				z_A=64					z_B=100						z_C=97			

注：1. ●——主轴转速为 40～125 r/min。

2. ○——主轴转速为 10～32 r/min。

3. 应用此表时应与主轴箱上加大螺距手柄及进给箱手柄 1、2、3 上的各标牌符号配合使用。

（2）变换相关手柄的位置

根据螺距 P＝1 mm 变换相关手柄位置。

2. 调整车床

（1）调整滑板间隙

车削螺纹时，中、小滑板与镶条之间间隙要适当。间隙过大，中、小滑板太松，车削螺纹时容易产生扎刀现象；间隙过小，中、小滑板操作不灵活，摇动费力。

（2）调整开合螺母松紧程度

开合螺母松紧应适度，过松时车削螺纹过程中开合螺母容易跳起，使螺纹产生乱牙；过紧时开合螺母手柄提起或压下不灵活。

（3）检查

提起或压下开合螺母手柄，检查丝杠与开合螺母啮合是否到位，以防止车削时产生乱牙。如图 6－11 所示为开合螺母手柄示意图。

a)

b)

图6－11　开合螺母手柄示意图
a) 开　b) 合

3. 车螺纹的车床操纵练习

(1) 提压开合螺母退刀练习见表6－8。

表6－8　提压开合螺母退刀练习

步骤	操作内容
1	按床鞍上的绿色启动按钮，启动电动机，右手提起操纵杆手柄，主轴正转
2	观察车床丝杠是否旋转。如果丝杠不转，说明相关手轮、手柄的位置不到位，应重新检查、调整，使丝杠旋转
3	左手握中滑板手柄进给0.5 mm，同时右手压下开合螺母手柄，使开合螺母与丝杠啮合到位，床鞍和刀架按照一定的螺距或导程做纵向移动
4	当床鞍移动到一定距离时，左手控制中滑板退刀，右手同时迅速提起开合螺母
5	手摇床鞍手轮，将床鞍移动到起始位置

(2) 开倒顺车退刀练习见表6－9。

表6－9　开倒顺车退刀练习

步骤	操作内容
1、2	与提压开合螺母退刀练习相同
3	左手控制床鞍手轮，右手压下开合螺母手柄，使开合螺母与丝杠啮合到位，左手马上操作操纵杆手柄，并控制床鞍停下，右手转动中滑板手柄进给0.5 mm，提起操纵杆手柄，床鞍和刀架按照一定的螺距或导程做纵向移动
4	当床鞍移动到一定距离时，右手快速控制中滑板退刀，左手同时压下操纵杆手柄，使主轴反转，床鞍纵向退回
5	向上提起操纵杆手柄至中间位置，将床鞍停留到起始位置
6	重复步骤3、4、5

八、车螺纹时乱牙的预防

车削螺纹时，一般要经过数次工作行程才能完成。当一次工作行程结束后，快速把车刀退出，迅速提起开合螺母，使之脱离丝杠，并将床鞍退回到起始位置，进刀后合上开合螺母进行第二次工作行程。若此时车刀未能切入原来的螺旋槽内，把螺旋槽车乱，称为乱牙，也叫乱扣。

1. 产生乱牙的原因

产生乱牙的原因是：当丝杠转过一转时，工件未转过整数转。

车削螺纹时，工件和丝杠都在旋转，车刀沿工件轴线方向进给，当开合螺母提起后，车刀停止自动进给，若要再次进给，至少要等丝杠转过一转后才能重新合上开合螺母。当丝杠转过一转时，工件转过整数转，车刀刀尖刚好在原来切削过的螺旋槽内，即不会产生乱牙。如丝杠转过一转而工件未转过整数转，车刀刀尖不在切削过的螺旋槽内，就会产生乱牙。

2. 预防乱牙的方法

预防乱牙的方法是采用开倒顺车操作法，即在一次工作行程结束时不提起开合螺母，把车刀沿径向退出，主轴反转，使车刀沿纵向退回，再进行第二次车削。在反复车削螺纹的过程中，因主轴、丝杠和刀架之间的传动没有分离，车刀刀尖始终落在原来的螺旋槽内，所以不会产生乱牙。

九、低速车削普通螺纹

1. 低速车削普通螺纹的进刀方法

由于螺纹车刀刀尖强度较低，加上两侧切削刃同时参加切削，会产生较大的切削抗力，从而引起工件振动，影响加工精度和表面质量。所以，应根据不同的加工要求、工件的材质和螺距的大小来选择合适的进刀方法。低速车削普通螺纹的进刀方法见表 6－10。

表 6－10　低速车削普通螺纹的进刀方法

进刀方法	直进法	斜进法	左右切削法
图示	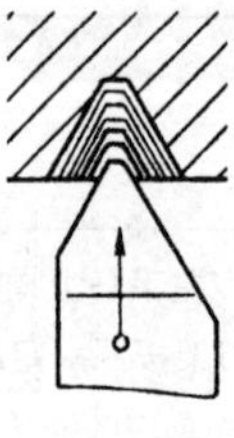	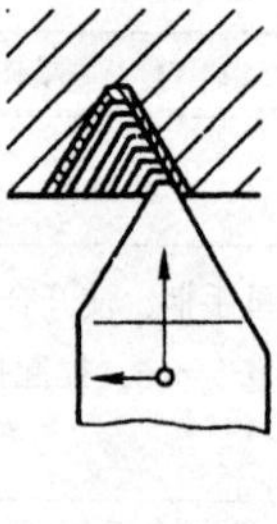	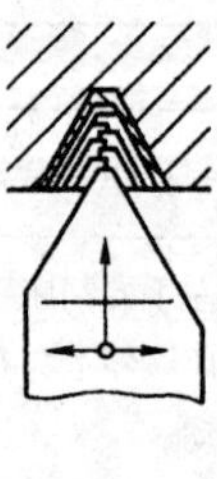
方法	车削时只用中滑板横向进给	在每次往复行程后，除中滑板横向进给外，小滑板只向一个方向做微量进给	除中滑板横向进给外，小滑板同时带动车刀向左或向右做微量进给

续表

进刀方法	直进法	斜进法	左右切削法
加工性质	双面切削	单面切削	
加工特点	容易产生扎刀现象，但是能够获得正确的牙型角	不易产生扎刀现象，用斜进法粗车螺纹后，必须用左右切削法精车	不易产生扎刀现象，但小滑板的左右移动量不宜太大
使用场合	车削螺距较小（$P<2.5$ mm）的普通螺纹	车削螺距较大（$P>2.5$ mm）的普通螺纹	车削螺距较大（$P>2.5$ mm）的普通螺纹

2. 车削外螺纹前的有关计算

（1）车螺纹前外圆直径 $d_{外}$ 的计算公式为：

$$d_{外}=d-0.13P$$

（2）车螺纹时的总切入深度 $h_{深}$ 和中滑板进刀的总格数 a 的计算公式（内、外螺纹相同）：

$$h_{深}=(0.6\sim0.65)P$$

$$a=h_{深}/中滑板刻度值$$

例 在 CA6140 型车床上车削 M16 的外螺纹，车螺纹前的外圆直径为多少？车削时中滑板进刀的总格数是多少？

解

$$\begin{aligned} d_{外}&=d-0.13P\\ &=16-0.13\times2\ \text{mm}\\ &=15.74\ \text{mm}\\ a&=h_{深}/中滑板刻度值\\ &=0.6\times2/0.05\ 格\\ &=24\ 格 \end{aligned}$$

3. 车削螺纹时切削用量的推荐值（见表 6－11）

表 6－11 车削螺纹时切削用量的推荐值

工件材料	刀具材料	螺距（mm）	切削速度 v_c（m/min）	背吃刀量 a_p（mm）
45 钢	高速钢 W18Cr4V	1.5	粗车：15～30 精车：5～7	粗车：0.15～0.30 精车：0.05～0.08

4. 确定进刀次数

合理选择粗车、精车普通螺纹的切削用量后，还要在一定的进刀次数内完成车削。例如在 CA6140 型车床上，低速车削 M24、M20、M16 螺纹时合理进刀次数见表 6－12。

表 6－12　　低速车削 M24、M20、M16 螺纹时合理进刀次数（参考）

进刀次数	M24（$P=3$ mm）			M20（$P=2.5$ mm）			M16（$P=2$ mm）		
	中滑板进刀格数	小滑板进刀格数		中滑板进刀格数	小滑板进刀格数		中滑板进刀格数	小滑板进刀格数	
		左	右		左	右		左	右
1	9	0		9	0		9	0	
2	7	3		6	2		6	3	
3	5	3		4	3		3	2	
4	4	2		3	2		2	2	
5	3	2		3	1		2	1/2	
6	3	1		2	1		1	1/2	
7	2	1		2	0		1	1/2	
8	2	1/2		1	1/2		1/2		2
9	1	1		1/2	1/2		1/2		1/2
10	1	0		1/2		3	1/2		1/2
11	1/2	1/2		1/2		0	1/4		1/2
12	1/2	1/2		1/2		1/2	1/4		0
13	1/4		3	1/4		1/2	螺纹深度＝1.3 mm，$n=26$ 格		
14	1/4		0	1/4		0			
15	1/4		1/2	螺纹深度＝1.625 mm，$n=32.5$ 格					
16	1/4		0						
	螺纹深度＝1.95 mm，$n=39$ 格								

十、螺纹的检测

车削螺纹时，应根据不同的质量要求和生产批量选择不同的测量方法，常见的测量方法有单项测量法和综合检验法两种。外螺纹的测量方法见表 6－13。

表 6－13　　外螺纹的测量方法

测量方法		图示	说明
单项测量法	顶径测量		螺纹的顶径精度通常要求不高，一般可用游标卡尺测量

续表

测量方法		图示	说明
单项测量法	螺距和牙型的测量	 a) 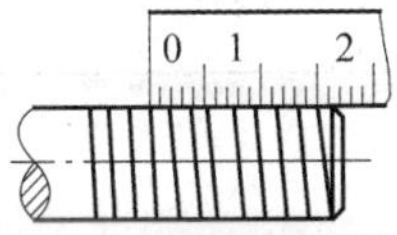 b) 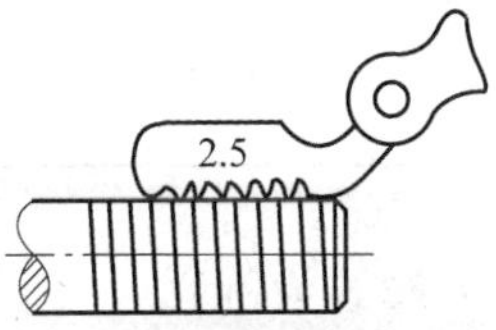　c) 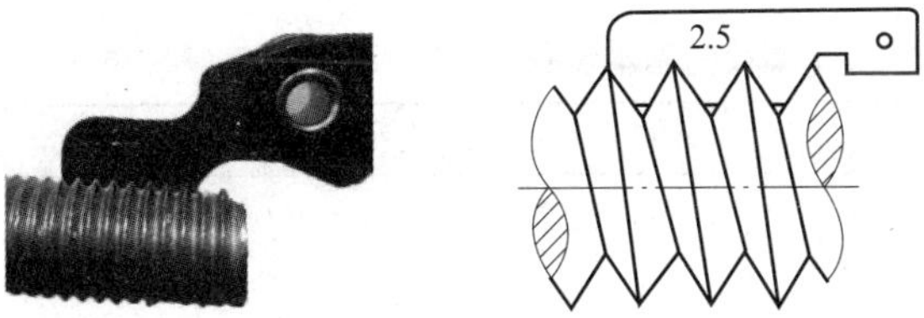 d)	1. 用螺纹车刀在工件外圆上车出一条很浅的螺旋线痕，用钢直尺（见图 b）、游标卡尺或螺距规（见图 a、c）检测螺距 2. 车削后螺距和牙型的检测如图 d 所示
	中径测量	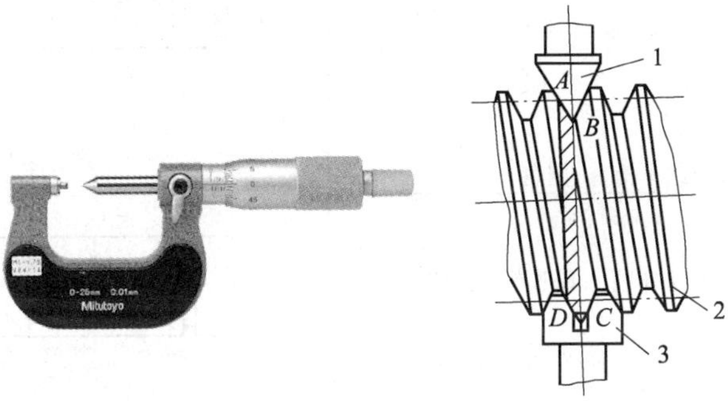 a) 1—锥形测量头　2—螺纹　3—V 形测量头 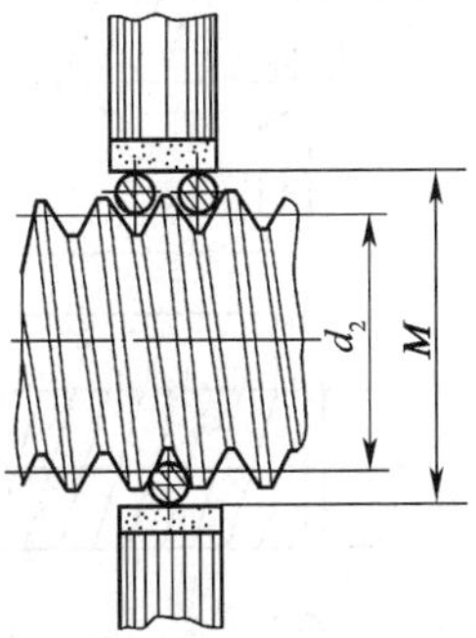 b) 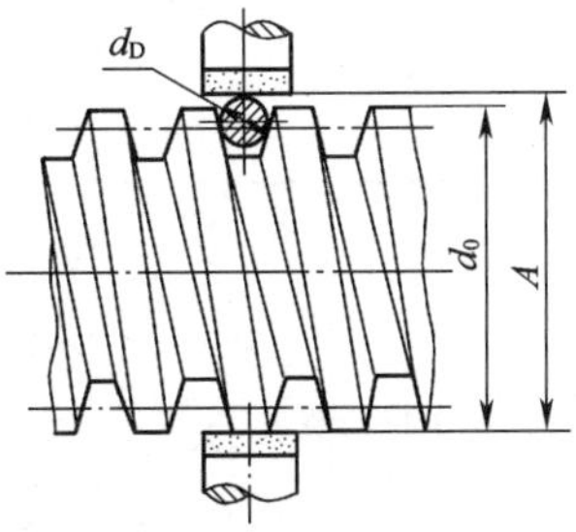　c)	1. 用螺纹千分尺测量（见图 a） 螺纹千分尺的读数原理与千分尺相同 螺纹千分尺有适用于不同牙型角和不同螺距的测量头，可根据测量的需要选择，然后分别插入千分尺的测杆和砧座的孔内。更换测量头后必须调整砧座的位置，使千分尺对准零位 2. 三针测量法（见图 b） 3. 单针测量法（见图 c） 三针和单针测量法在任务七介绍

续表

测量方法		图示	说明
综合检验法	螺纹量规测量	a)　b)	1. 螺纹量规一套有两个，分为通规 T（见图 a）和止规 Z（见图 b） 2. 通规能拧入，止规不能拧入为合格 注：用量规测量前，应对螺纹的各直径尺寸、牙型、螺距和表面粗糙度值等进行测量

十一、车螺纹的基本步骤（以车外螺纹为例）

车螺纹的基本步骤见表 6－14。

表 6－14　　车螺纹的基本步骤

步骤	内容	图示
1	（1）车螺纹前的有关计算 1）车螺纹前外圆直径 $d_{外}$ 的确定，公式为： $d_{外}=d-0.13P$ 2）确定螺纹总切入深度 $h_{深}$，并转换成中滑板进刀总格数 a。公式为： $h_{深}=(0.6\sim0.65)P$ $a=h_{深}/k$ k 为中滑板刻度值 （2）车外圆、定螺纹长度（刻线痕或车槽）、倒角	
2	对刀：开车，控制车刀刀尖轻触工件外圆，退出车刀，停车，记下刻度	
3	调螺距，试车（车螺旋线）：开车，合上开合螺母，进给车出螺旋线，退刀，停车	
4	螺距的检测：用钢直尺、螺距规或游标卡尺检测	

续表

步骤	内容	图示
5	进给车削螺纹： （1）确定进给次数及每次进给的背吃刀量，开车车削 （2）车至螺纹终止处时应先横向退出车刀，再反车退刀（反车时应先过渡停车再快速反车）	
6	循环切削至总切入深度 $h_{深}$，退刀，停车，检测，合格后提起开合螺母手柄	快速退出 开车切削 进刀 开反车返回

任务实施

一、准备工作

1. 工件毛坯

毛坯尺寸：ϕ45 mm×155 mm。材料：45 钢。数量：1 件。

2. 工艺装备

普通车床，90°粗车刀、精车刀，螺纹环规，车槽刀，高速钢普通外螺纹车刀，游标卡尺，25～50 mm 千分尺，对刀样板。

二、操作步骤

螺纹轴车削加工工艺步骤见表 6－15。

表 6－15　　螺纹轴车削加工工艺步骤

加工工序	操作步骤内容	图示
1. 车削螺纹轴左端外圆	（1）夹住毛坯外圆，伸出约 120 mm 长，找正并夹紧 （2）车平端面 （3）粗车、精车 $\phi 42_{-0.039}^{0}$ mm 外圆至尺寸要求 （4）倒角 C1 mm	C1 ϕ45 115 120 $\phi 42_{-0.039}^{0}$

续表

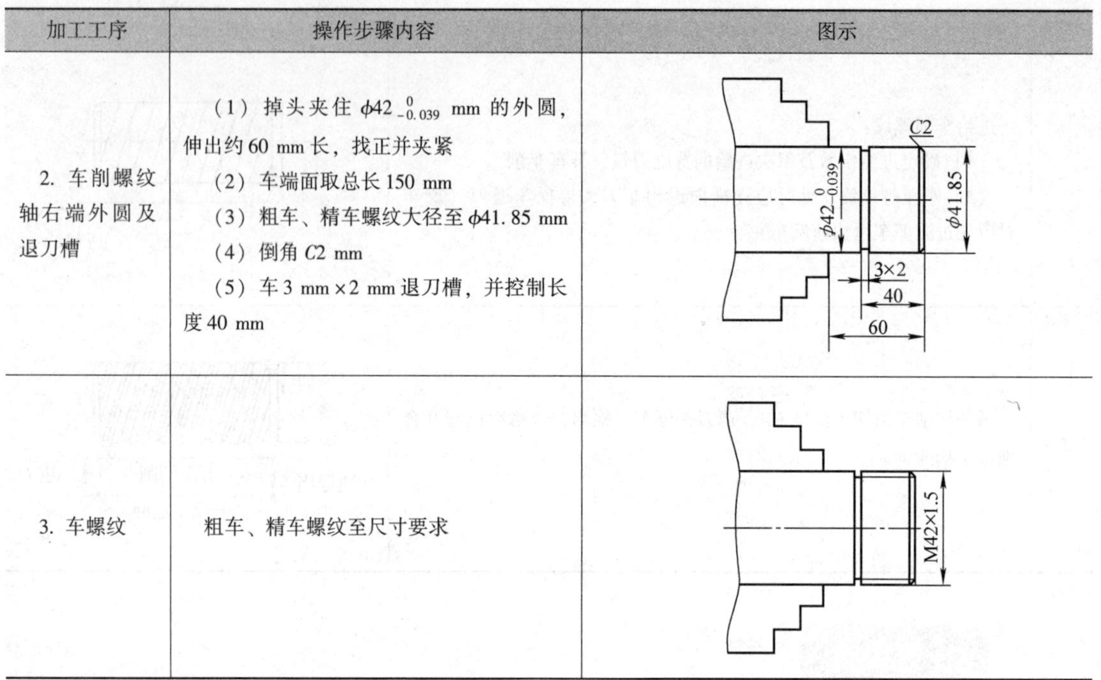

加工工序	操作步骤内容	图示
2. 车削螺纹轴右端外圆及退刀槽	（1）掉头夹住 $\phi42_{-0.039}^{\ 0}$ mm 的外圆，伸出约 60 mm 长，找正并夹紧 （2）车端面取总长 150 mm （3）粗车、精车螺纹大径至 ϕ41.85 mm （4）倒角 $C2$ mm （5）车 3 mm × 2 mm 退刀槽，并控制长度 40 mm	C2 $\phi42_{-0.039}^{\ 0}$ ϕ41.85 3×2 40 60
3. 车螺纹	粗车、精车螺纹至尺寸要求	M42×1.5

根据所要车削的 6 种螺纹，可选择提起开合螺母法（不乱牙时）或开倒顺车法练习。

〔操作提示〕

1. 装刀时要用样板对刀

螺纹车刀的刀尖角平分线应与工件轴线垂直，装刀时可用对刀样板调整，如图 6－12a、b 所示。如果把车刀装歪，会使车出的螺纹两牙型半角不相等，产生如图 6－12c所示的歪斜牙型（俗称“倒牙”）。

a）

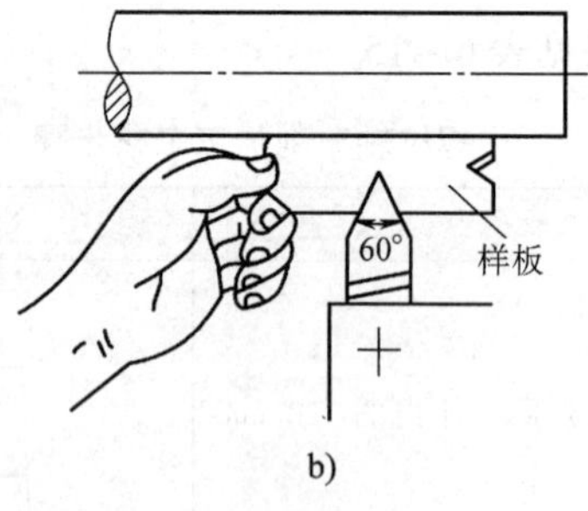

b）

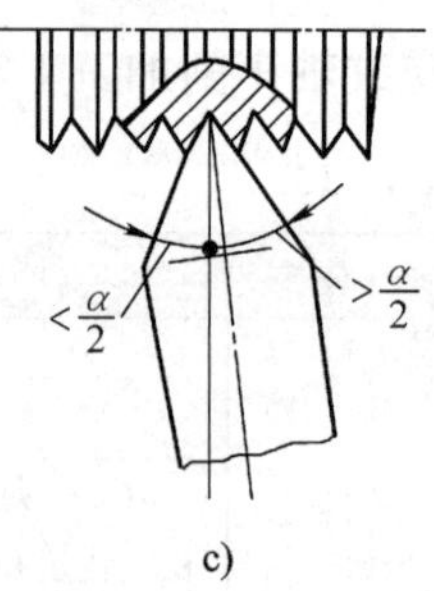

c）

图 6－12 用对刀样板装刀

a）、b）用对刀样板装刀 c）车刀装歪造成牙型歪斜

2. 螺纹车刀不宜伸出过长

一般螺纹车刀的伸出长度为刀柄厚度的 1.5 倍。

1. 车螺纹前，应首先调整好床鞍和中、小滑板的松紧程度以及开合螺母间隙。

2. 调整进给箱手柄时，应在低速下操作或停车后用手拨动卡盘相配合。

3. 车螺纹时，注意不可将中滑板手柄多摇进一圈，否则会使车刀刀尖崩刃或损坏工件。

4. 车螺纹过程中不准用手摸或用棉纱去擦螺纹，以免划伤手。

5. 应始终保持螺纹车刀锋利。中途换刀或刃磨后重新装刀时，必须调整螺纹车刀刀尖的高低并再次对刀。

6. 出现积屑瘤时应及时清除。

7. 车脆性材料螺纹时，背吃刀量不宜过大，否则，会使螺纹牙尖爆裂，产生废品。低速精车螺纹时，最后几刀采取微量进给或无进给车削，以车光螺纹侧面。

任务二　低速车削普通内螺纹

学习目标

1. 能正确选择、刃磨并装夹普通内螺纹车刀。
2. 掌握螺纹底孔尺寸的确定方法。
3. 掌握普通内螺纹的车削技能。

工作任务

将如图 6－1 所示的普通螺纹轴加工成如图 6－13 所示的两个螺母。

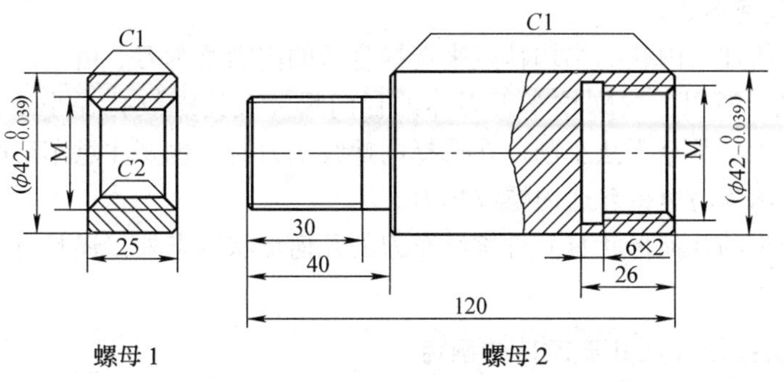

螺母 1　　螺母 2

次数	M
1	M20×1.5
2	M22×1.5
3	M24×2
4	M27×2
5	M30×2

图 6－13　内螺纹加工

相关知识

一、内螺纹

内螺纹通常有通孔内螺纹、盲孔内螺纹和台阶孔内螺纹三种形式，如图 6－14 所示。

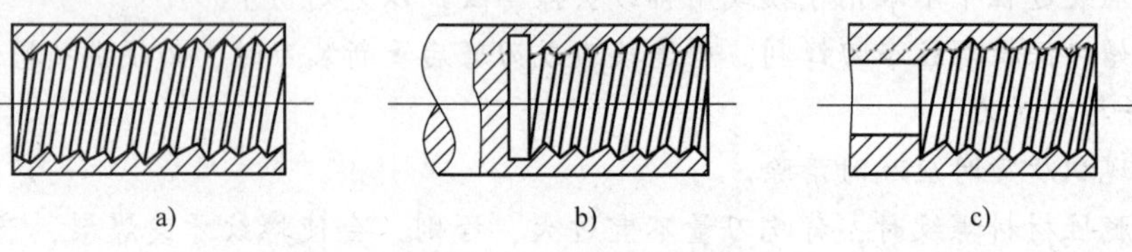

图 6－14　内螺纹的形式

a）通孔内螺纹　b）盲孔内螺纹　c）台阶孔内螺纹

二、三角形内螺纹车刀

1. 三角形内螺纹车刀的选择

车削内螺纹时，应根据螺纹形式选用不同的内螺纹车刀，如图 6－15 所示为三角形内螺纹车刀。

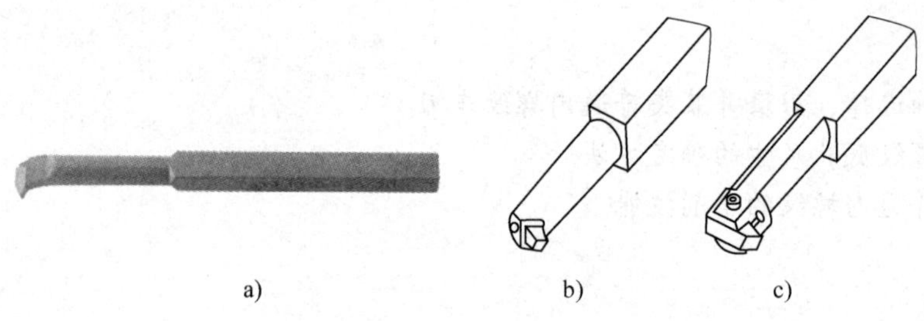

图 6－15　三角形内螺纹车刀

a）整体式内螺纹车刀　b)、c）装配式内螺纹车刀

2. 普通内螺纹车刀的几何形状

在实际生产中，应根据所加工内孔的结构特点来选择合适的内螺纹车刀。由于内螺纹车刀的大小受内螺纹孔的限制，所以，内螺纹车刀刀体的径向尺寸应比螺纹孔径小 4 mm 以上；否则，退刀时易碰伤牙顶，甚至无法车削。在选择内螺纹车刀时，也要注意车刀的刚度和排屑问题。如图 6－16 所示为高速钢普通内螺纹车刀。

内螺纹车刀除了其切削刃的几何形状具有外螺纹车刀的几何形状特点外，还具有内孔车刀的特点。

三、车三角形内螺纹前孔径（底孔直径）的确定

车内螺纹时，因车刀切削时的挤压作用，内孔直径（螺纹小径）会缩小，车削塑性金属时尤为明显，所以，车削内螺纹前的孔径 $D_{孔}$ 应比内螺纹小径 D_1 的基本尺寸略大些。车削三角形内螺纹前的孔径可用下列近似公式计算：

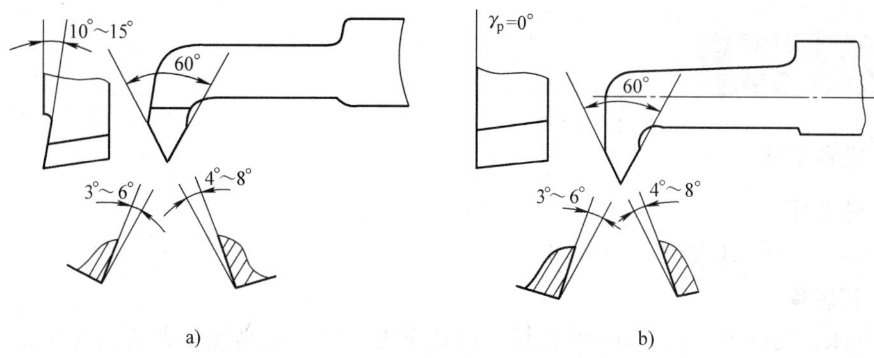

图 6－16　高速钢普通内螺纹车刀

a）粗车刀　b）精车刀

车削塑性金属的内螺纹时：

$$D_{孔} \approx D - P \tag{6-1}$$

车削脆性金属的内螺纹时：

$$D_{孔} \approx D - 1.05P \tag{6-2}$$

式中　$D_{孔}$——车内螺纹前的孔径，mm；

D——内螺纹的大径，mm；

P——螺距，mm。

四、内螺纹车刀的装夹

1．刀柄伸出长度应比内螺纹长度长 15～20 mm。

2．调整车刀的高低位置，使刀尖对准工件回转轴线，并轻轻压住。

3．将螺纹车刀对刀样板的侧面靠在工件端面处，刀尖部分进入样板的槽内进行对刀，调整并夹紧车刀，其对刀方法如图 6－17 所示。

4．装夹好的内螺纹车刀应在底孔内手动试进给一次，检查刀柄与底孔是否相碰而影响车削，如图 6－18 所示。

五、内螺纹的检测

1．采用螺纹塞规（见图 6－19）进行综合检测。

2．检测时，螺纹塞规通端能顺利拧入工件，而止端不能拧入工件，说明螺纹合格。

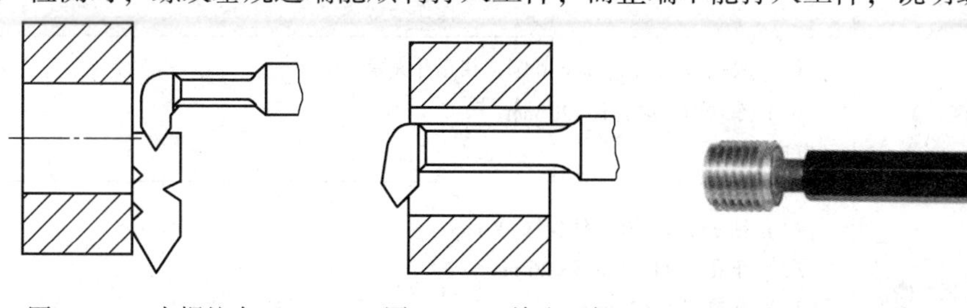

图 6－17　内螺纹车刀的对刀方法

图 6－18　检查刀柄是否与底孔相碰

图 6－19　螺纹塞规

任务实施

一、准备工作

1. 工件毛坯

按照图 6－1 所示检查半成品尺寸。

2. 工艺装备

普通车床，切断刀，ϕ17 mm 麻花钻，内孔车刀，整体式高速钢普通内螺纹粗车刀、精车刀，游标卡尺，对刀样板，螺纹塞规。

二、操作步骤

1. 螺母 1 车削加工工艺步骤见表 6－16。

表 6－16　螺母 1 车削加工工艺步骤

加工工序	操作步骤内容
1. 钻孔并切断	（1）夹住 $\phi42_{-0.039}^{0}$ mm 外圆，伸出约 50 mm 长，找正并夹紧 （2）车平端面，外圆倒角 （3）钻 ϕ17 mm 孔 （4）切断，保证总长 25.5 mm
2. 取总长	（1）掉头装夹 $\phi42_{-0.039}^{0}$ mm 外圆，找正并夹紧 （2）车端面，取总长 25 mm （3）外圆倒角
3. 车内孔（螺纹底孔）	（1）车内孔至 ϕ18.5 mm （2）倒角
4. 车内螺纹	粗车、精车内螺纹至尺寸要求

2. 螺母 2 车削加工工艺步骤见表 6－17。

表 6－17　螺母 2 车削加工工艺步骤

加工工序	操作步骤内容
1. 车端面，取总长	（1）夹住 ϕ 42 $_{-0.039}^{0}$ mm 外圆，找正并夹紧 （2）车端面，取总长 120 mm （3）倒角
2. 钻孔、车孔、车内沟槽	（1）钻 ϕ17 mm 孔，钻尖深 28 mm （2）车孔至 ϕ18.5 mm × 26 mm （3）孔口倒角 C2 mm （4）车槽 6 mm × 2 mm 至尺寸
3. 车螺纹	粗车、精车内螺纹至尺寸要求

〔操作提示〕

1. 装夹内螺纹车刀时，车刀刀尖应对准工件轴线。如果车刀装得过高，车削时容易引起振动，使螺纹表面产生鱼鳞斑现象；如果车刀装得过低，刀头下部会与工件产生摩擦，车刀切不进去。

2. 应将中、小滑板适当调紧些，以防止因中、小滑板产生的位移造成螺纹乱牙现象。

3. 退刀要及时、准确。退刀过早螺纹未车完；退刀过迟车刀容易碰撞孔底。

4. “进刀”量不宜过多，以防止精车螺纹时没有余量。

5. 精车时必须保持车刀锋利，否则容易产生让刀现象，致使螺纹产生锥形误差。一旦产生锥形误差，不能盲目增加背吃刀量，而应让螺纹车刀在原背吃刀量上反复进行无进给车削，以消除误差。

6. 工件在回转中不能用棉纱去擦内孔，绝不允许用手指去摸内螺纹表面，以免手指旋入而发生事故。

7. 车削过程中如果车刀碰撞孔底时，应及时重新对刀，以防止因车刀移位而造成乱牙现象。

8. 车盲孔螺纹或台阶孔螺纹时还需车好内沟槽，内沟槽直径应大于内螺纹大径，槽宽为 $(2\sim3)P$。

任务三　高速车削普通外螺纹

学习目标

1. 掌握螺纹车刀的刃磨技能。
2. 会确定高速车削普通外螺纹的进刀方法、进刀次数和切削用量。
3. 具备高速车削普通外螺纹的技能。

工作任务

把 $\phi18$ mm × 185 mm 的毛坯车成如图 6－20 所示的螺杆。

相关知识

一、硬质合金普通外螺纹车刀

高速车削螺纹和加工脆性材料的螺纹时，应选用硬质合金螺纹车刀。

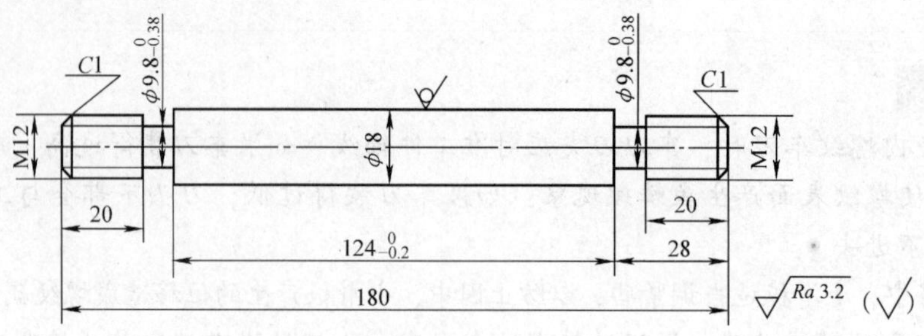

图 6－20　螺杆

硬质合金三角形螺纹车刀如图 6－21 所示。在车削较大螺距（$P>2$ mm）以及材料硬度较高的螺纹时，在车刀两侧切削刃上磨出宽度 $b_{r1}=0.2\sim0.4$ mm、前角 $\gamma_{o1}=-5°$的倒棱。刀尖及左、右侧刃还要经过精细研磨。

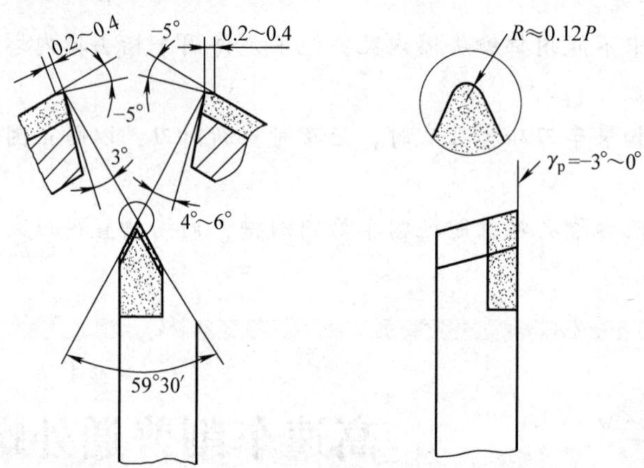

图 6－21　硬质合金三角形螺纹车刀

二、高速车削普通外螺纹

1. 高速车削普通外螺纹时车刀的装夹

高速车削普通外螺纹时，车刀的装夹方法与低速车削普通外螺纹的装刀方法基本相同。为了防止高速车削时产生振动和扎刀现象，车刀刀尖可比工件轴线高 0.1～0.2 mm。

2. 高速车削普通外螺纹的进刀方法

用硬质合金车刀高速车削普通外螺纹时，通常用直进法进刀。但对螺距稍大的螺纹可用微量斜进法（过大易挤脱或挤碎合金刀片）进刀。

三、高速车削普通外螺纹时的切削用量

用硬质合金车刀高速车削中碳钢或中碳合金钢螺纹时，其进给次数可参见表 6－18。

表 6－18　　高速车削中碳钢或中碳合金钢螺纹的进给次数

螺距（mm）		1.5～2	3	4	5	6
进给次数	粗车	2	3～4	4～5	5～6	6～7
	精车	1	2	2	2	2

高速车削普通外螺纹时，背吃刀量开始时应大一些，以后逐步减小，但最后一刀不能小于0.1 mm，其切削用量的推荐值见表6－19。

表6－19 高速车削普通外螺纹时切削用量的推荐值

工件材料	刀具材料	螺距（mm）	切削速度 v_c（m/min）	背吃刀量 a_p（mm）
45钢	P10	2	60～90	余量分2～3次完成
铸铁	K20	2	粗车：15～30	粗车：0.20～0.40
			精车：15～25	精车：0.05～0.10

例 车削螺距 $P=2$ mm 的螺纹时，其进给次数和背吃刀量应如何分配？

解 螺距 $P=2$ mm 的螺纹的牙型高度 $h_1\approx 0.6495P=1.299$ mm。

进给次数和背吃刀量的分配情况如图6－22所示。

第1次的背吃刀量：$a_{p1}=0.6$ mm

第2次的背吃刀量：$a_{p2}=0.4$ mm

第3次的背吃刀量：$a_{p3}=0.2$ mm

第4次的背吃刀量：$a_{p4}=0.1$ mm

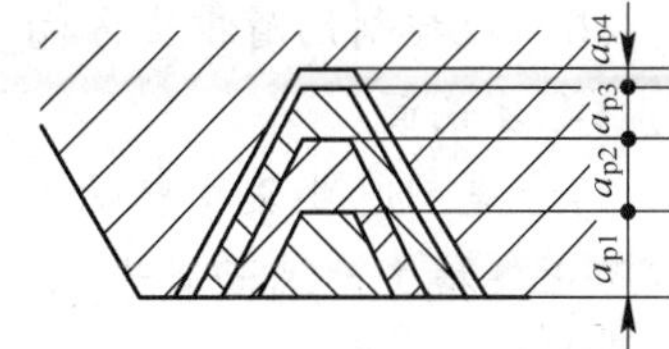

图6－22 背吃刀量的分配情况

任务实施

一、准备工作

毛坯尺寸：ϕ18 mm×185 mm；材料：45钢；数量：1件。

工艺装备：普通车床、外圆车刀、车槽刀、硬质合金普通外螺纹车刀、螺距规、0～25 mm千分尺、游标卡尺、M12螺纹环规。

二、操作步骤

车削加工工艺步骤见表6－20。

表6－20 车削加工工艺步骤

加工工序	操作步骤内容
1. 高速车削右侧M12的螺纹	（1）夹住毛坯外圆，伸出约60 mm长，找正并夹紧 （2）车平端面 （3）将M12的螺纹外径车至ϕ11.8 mm （4）车沟槽$\phi9.8_{-0.38}^{0}$ mm，保证长度28 mm和20 mm （5）用开倒顺车法车螺纹：确定背吃刀量，车螺纹
2. 高速车削左侧M12的螺纹	（1）掉头装夹，伸出长度为60 mm，找正并夹紧 （2）车端面，保证总长180 mm （3）将M12的螺纹外径车成ϕ11.8 mm （4）车沟槽$\phi9.8_{-0.38}^{0}$ mm，保证长度$124_{-0.2}^{0}$ mm和20 mm （5）用开倒顺车法车螺纹：确定背吃刀量，车螺纹

〔操作提示〕

1. 高速车削螺纹时，无论是采用开倒顺车法，还是提压开合螺母法，要求将车床各配合间隙调整合适，以确保操纵准确、灵活。

2. 车削时切削力较大，必须将工件和车刀夹紧，必要时工件应增加轴向定位装置，以防止工件移位。

3. 车削过程中一般不需加注切削液。

4. 若车刀崩刃，应立即停止车削，清除嵌入工件的硬质合金碎粒，然后用高速钢螺纹车刀低速修整有伤痕的牙型侧面。

5. 高速车削螺纹时，最后一刀的背吃刀量一般要大于 0.1 mm。

6. 应控制切屑排出方向，使其垂直于螺纹轴线方向排出，若切屑向倾斜方向排出，易拉毛牙侧面。

7. 车削时要集中精力，胆大心细，及时退刀，以防止碰撞工件端面或卡爪。高速车削螺纹的退刀路线如图 6－23 所示。

8. 不能用手去摸螺纹表面，也不能用棉纱擦工件，否则会造成安全事故。

9. 用量具检查螺纹时，应先用锉刀或油石修去牙顶的毛刺。

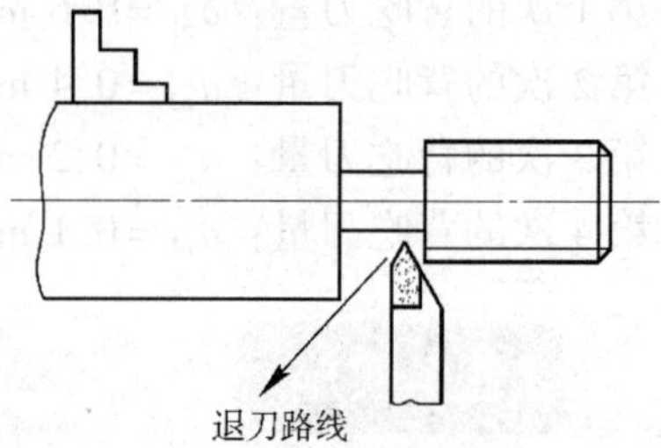

图6－23　高速车削螺纹的退刀路线

任务四　车削管螺纹

学习目标

1. 了解管螺纹的标注代号。
2. 掌握管螺纹的车削方法。

工作任务

用 1/2 in × 82 mm、3/4 in × 82 mm 和 1 in × 82 mm 的镀锌管各 1 根，按图 6－24 所示完成 55°密封管螺纹管接头的加工。

1. 如图 6－24 所示管螺纹的标记属于 55°密封管螺纹，锥度 $C = 1:16$。

2. 用正螺纹车刀车削管螺纹时，需一面进给，一面沿锥角退刀，退刀时由于中滑板丝杠与螺母有间隙，使车刀不断向回冲，将使牙型厚度不均匀。

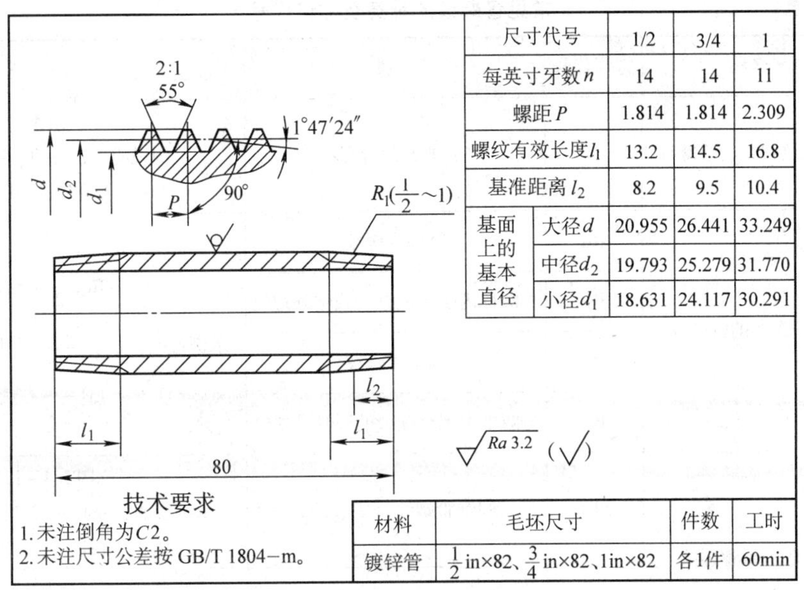

尺寸代号		1/2	3/4	1
每英寸牙数n		14	14	11
螺距P		1.814	1.814	2.309
螺纹有效长度l_1		13.2	14.5	16.8
基准距离l_2		8.2	9.5	10.4
基面上的基本直径	大径d	20.955	26.441	33.249
	中径d_2	19.793	25.279	31.770
	小径d_1	18.631	24.117	30.291

材料	毛坯尺寸	件数	工时
镀锌管	$\frac{1}{2}$in×82、$\frac{3}{4}$in×82、1in×82	各1件	60min

图6－24　55°密封管螺纹的管接头

3．车削管接头的圆锥螺纹时，可以反装螺纹车刀，工件反转，沿锥角手动进给进行车削，如图6－25所示。

4．用反螺纹车刀反向进给车螺纹时，消除了间隙，可以匀速进刀，效果较好。

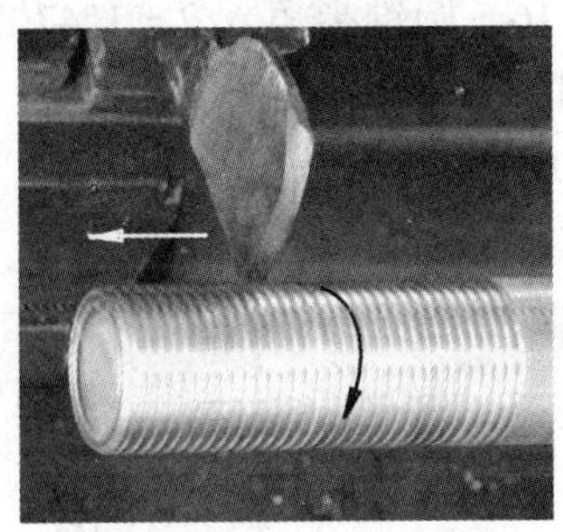

图6－25　反装螺纹车刀，工件反转车削圆锥螺纹

相关知识

一、管螺纹的基础知识

1．管螺纹的种类及标记代号

管螺纹是一种特殊的细牙螺纹，其牙形角有55°和60°两种，用于管路连接，应用广泛。管螺纹标记由螺纹特征代号、螺纹尺寸代号、螺纹公差等级代号和旋向代号组成。

常见管螺纹的种类及标记代号见表6－21。

表 6－21　　常见管螺纹的种类及标记代号

分类	名称	特征代号	代号解释	标注示例
英制 55°	非螺纹密封的管螺纹	G	55°非密封管螺纹	G1A 示例说明：1——尺寸代号，1in A——外螺纹公差等级代号
	螺纹密封的管螺纹	Rp	圆柱内螺纹	
		R_1	与圆柱内螺纹配合的圆锥外螺纹	$Rc1\frac{1}{2}$ - LH 示例说明：$1\frac{1}{2}$——尺寸代号，$1\frac{1}{2}$in LH——左旋
		Rc	圆锥内螺纹	
		R_2	与圆锥内螺纹配合的圆锥外螺纹	
美制 60°	一般密封管螺纹	NPT	圆锥管螺纹（内、外）	NPT3/4 - LH 示例说明：3/4——尺寸代号，3/4in LH——左旋
		NPSC	与圆锥外螺纹配合的圆柱内螺纹	NPSC3/4 示例说明：3/4——尺寸代号，3/4in

2．管螺纹的基本尺寸

管螺纹的公称直径是指管孔直径，以英寸（in）为单位，螺距以每英寸螺纹长度内的牙数表示。圆锥管螺纹的锥度为 1:16，圆锥半角 $\alpha/2 = 1°47'24''$，圆锥管螺纹的大径 d、中径 d_2 和小径 d_1 应在基面内测量，如图 6－26 所示。

常见管螺纹的基本尺寸见表 6－22。

表 6－22　　常见管螺纹的基本尺寸

公称直径（in）	每英寸牙数 n	螺距 P	螺纹直径		
			大径 d	中径 d_2	小径 d_1
1/4	19	1.337	13.158	12.302	11.446
3/8	19		16.663	15.807	14.951
1/2	14	1.814	20.956	19.794	18.632
3/4	14		26.442	25.281	24.119
1	11	2.309	33.250	31.771	30.293
$1\frac{1}{8}$	11		37.898	36.420	34.941
$1\frac{1}{4}$	11		41.912	40.433	38.954
$1\frac{3}{8}$	11		44.325	42.846	41.367
$1\frac{1}{2}$	11		47.805	46.326	44.847
$1\frac{3}{4}$	11		53.748	52.270	59.791
2	11		59.616	58.137	56.659

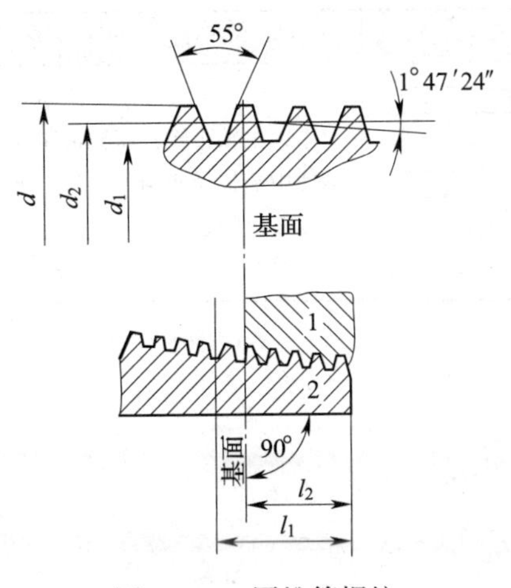

图 6－26　圆锥管螺纹

1—管接头　2—管子

二、车削圆锥管螺纹的方法

圆锥管螺纹的车削方法与三角形螺纹的车削方法相似，所不同的是需要解决螺纹的锥度问题。车削圆锥管螺纹的常用方法有靠模法、偏移尾座法和手赶法等。最常用的方法是手赶法。

手赶法是指在车削螺纹进给时径向手动退刀或进刀，使刀尖沿着与圆锥素线平行的方向进给，车出所需的圆锥螺纹的方法，见表 6－23。由于锥度由手动控制，加工精度不高，一般用于精度较低的单件、小批量生产。

表 6－23　　手赶法车削圆锥管螺纹

车削方法		图示	说明
径向退刀法		退刀	车削螺纹时，床鞍自右向左纵向移动的同时，手动摇动中滑板手柄径向均匀退刀，车出圆锥管螺纹 要求手动退刀动作平稳、均匀，退刀速度与车螺纹协调一致
径向进刀法	车正锥管螺纹	进刀	反装螺纹车刀，即前面向下，车床主轴反转，螺纹车刀由左向右纵向移动的同时，手动使中滑板径向均匀进刀，车出圆锥管螺纹

续表

车削方法		图示	说明
径向进刀法	车倒锥管螺纹	进刀	车床主轴正转，床鞍带动螺纹车刀由右向左纵向移动的同时，手动使中滑板径向均匀进刀，车出圆锥管螺纹。这种方法常用于车削长度较短的管接头

任务实施

一、准备工作

1. 工件毛坯

尺寸为1/2 in×82 mm、3/4 in×82 mm和1 in×82 mm的镀锌管各1根。

2. 工艺装备

普通车床、外圆车刀、螺纹车刀、螺距规、0～150 mm游标卡尺。

3. 查阅有关手册，以确定螺距及车床进给手柄位置。

二、操作步骤

车削加工工艺步骤见表6－24。

表6－24　车削加工工艺步骤

加工工序	操作步骤内容
1. 车右端管螺纹	（1）夹持管料外圆，伸出长度为35～40 mm，找正并夹紧 （2）车平端面 （3）逆时针转动小滑板1°47′24″，车外圆锥面至要求 （4）倒角*C*1 mm （5）用手赶法（径向退刀）车圆锥管螺纹至要求
2. 车左端管螺纹	掉头装夹工件，用同样的方法车左端的圆锥管螺纹

［操作提示］

车削圆锥管螺纹时的注意事项：

1. 注意观察车削圆锥管螺纹过程中牙尖宽度的均匀状况。
2. 动作要协调，进刀要均匀。
3. 装刀时，车刀两刃夹角对称线应垂直于主轴轴线。
4. 手赶速度应与螺纹车刀进给速度配合好，不可时快时慢，否则易损坏螺纹车刀。
5. 用管接头检查螺纹时，应把握“松三紧四”的原则，即管接头拧进3～4圈，螺纹长度收尾在3～4圈。

知识拓展

英制螺纹不常用，但在一些进口设备中有时会碰到。英制螺纹的牙型如图 6－27 所示，其牙型角为 55°，公称直径是指内螺纹的大径，用 in 表示。螺距 P 以 1 in（25.4 mm）内的牙数 n 表示，如 1 in 中有 12 牙，则螺距为 1/12 in。英制螺距与公制螺距的换算公式如下：

$$P = 1\ \text{in}/n = 25.4/n\ \text{mm}$$

英制螺纹 1 in 内的牙数及各基本要素的尺寸可从有关手册中查出。

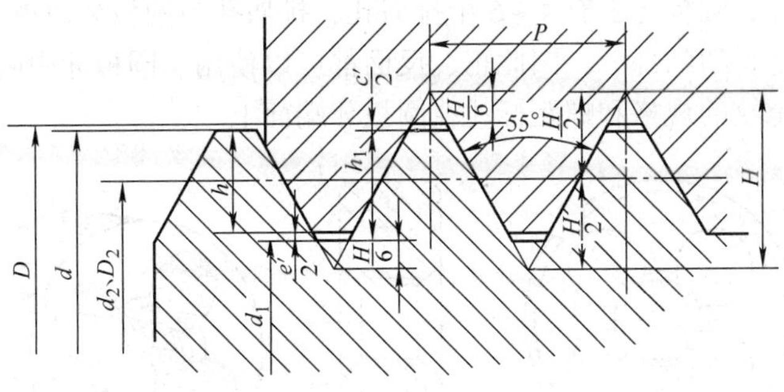

图 6－27　英制螺纹的牙型

任务五　套　螺　纹

学习目标

1. 了解圆板牙的结构。
2. 会确定套螺纹前的外圆直径。
3. 掌握套螺纹的方法。

工作任务

用套螺纹的方法加工如图 6－28 所示的零件。毛坯尺寸：ϕ20 mm×66 mm。材料：45 钢。

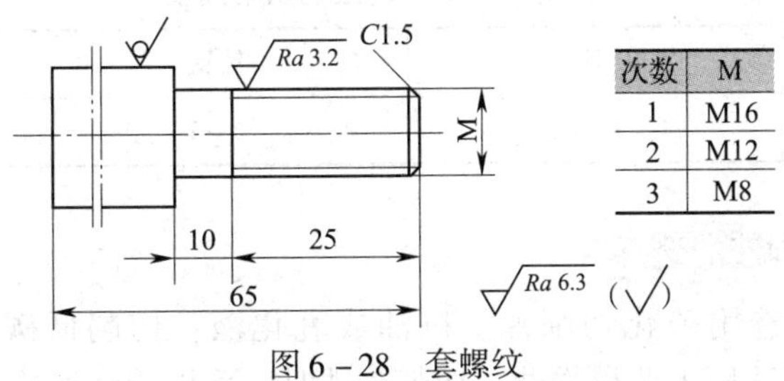

次数	M
1	M16
2	M12
3	M8

图 6－28　套螺纹

相关知识

套螺纹习惯叫套丝或板牙，是指用圆板牙切削外螺纹的一种加工方法，可用手工或机床操作。该方法操作简便，生产效率高。一般用于直径不大于 16 mm 或 $P<2$ mm 的螺纹的加工。

一、圆板牙

圆板牙大多用合金钢制成，它是一种标准的多刃螺纹加工工具，其结构如图 6－29 所示。它像一个圆螺母，圆板牙上有 4～6 个排屑孔，排屑孔与圆板牙内螺纹相交处为切削刃，圆板牙两端的锥角都是切削部分，因此正、反面都可以使用。圆板牙中间完整的齿深为螺纹牙型的校正部分。螺纹的规格和螺距标注在圆板牙端面上。

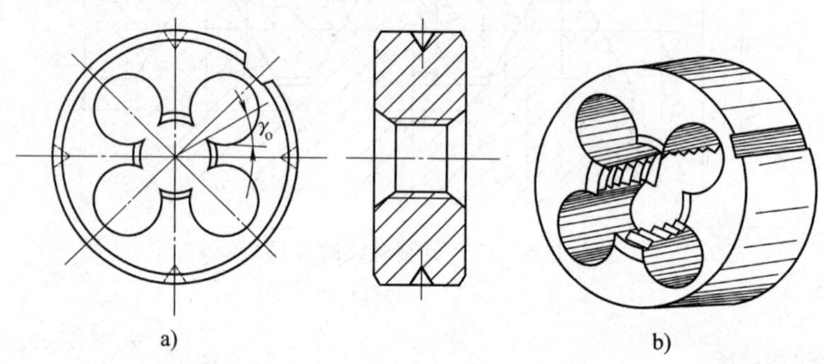

图 6－29　圆板牙的结构

二、套螺纹前外圆直径的确定

由于套螺纹时工件材料受圆板牙的挤压而产生变形，所以套螺纹前的外圆直径应比螺纹的公称直径略小 0.13P。其直径可按以下近似公式计算：

$$d_0 = d - (0.13 \sim 0.15)P$$

式中　d_0——套螺纹前的外圆直径，mm；

d——螺纹大径，mm；

P——螺距，mm。

三、套螺纹时切削速度的选择

不同的工件材料对应的切削速度见表 6－25。

表 6－25　不同的工件材料对应的切削速度　m/min

工件材料	钢	铸铁	黄铜
切削速度 v_c	3～4	2～3	6～9

四、套螺纹时切削液的选择

切削钢件时，一般选用硫化切削油、机油或乳化液；切削低碳钢或韧性较好的材料（如 40Cr 钢等）时，可选用工业植物油；切削铸铁时，可以用煤油或不使用切削液。

五、套螺纹的方法

在车床上套螺纹，如图 6－30 所示，主要用套螺纹工具。

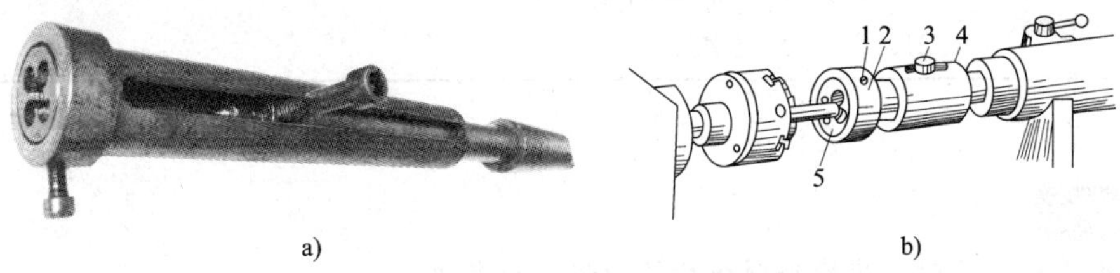

图 6－30　在车床上套螺纹

1—螺钉　2—滑动套筒　3—销钉　4—工具体　5—圆板牙

具体方法如下：

1. 将套螺纹工具的锥柄装入尾座套筒锥孔内。
2. 将圆板牙装入滑动套筒内，使螺钉对准圆板牙上的锥坑拧紧。
3. 将尾座移动到工件前适当位置（约 20 mm）处锁紧。
4. 转动尾座手轮，使圆板牙靠近工件端面，然后启动车床和冷却泵加注切削液。
5. 继续转动尾座手轮，使圆板牙切入工件后停止转动尾座手轮，由滑动套筒在工具体的导向键槽中带着圆板牙沿工件轴线自动进给，切削出工件外螺纹。
6. 当圆板牙切削到所需长度位置时，开反车使主轴反转，退出圆板牙。

任务实施

一、准备工作

1. 工件毛坯

ϕ20 mm × 66 mm 的毛坯，材料为 45 钢，数量为 1 件。

2. 工艺装备

普通车床、外圆车刀、M16（M12、M87）圆板牙、套螺纹工具、0～150 mm 游标卡尺、M16（M12、M87）螺纹环规。

二、操作步骤

车削加工工艺步骤见表 6－26。

表 6－26　车削加工工艺步骤

加工工序	操作步骤内容
1. 车右端外圆	（1）夹持左端外圆，伸出长度约为 40 mm，找正并夹紧 （2）车平端面 （3）粗车、精车外圆至 ϕ15. 74 mm，长 35 mm （4）倒角 C1. 5 mm

续表

加工工序	操作步骤内容
2. 套螺纹	（1）装套螺纹工具 （2）套螺纹

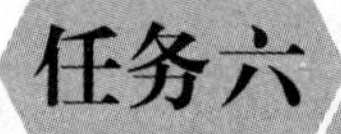

〔操作提示〕

1. 选用圆板牙时，应检查圆板牙的齿形是否有缺损。

2. 套螺纹工具在尾座套筒锥孔中必须装紧，以防止套螺纹时过大的切削力矩引起套螺纹工具锥柄在尾座锥孔内转动，损坏尾座锥孔表面。

3. 圆板牙装入套螺纹工具时不能歪斜。必须使圆板牙端面与主轴轴线垂直。

4. 外圆车至尺寸后，端面倒角要小于或等于45°，使圆板牙容易切入。

5. 加工塑性金属材料时，应加注充分的切削液。

任务六　攻　螺　纹

学习目标

1. 了解丝锥的结构和种类。
2. 确定攻螺纹前的孔径。
3. 掌握攻螺纹的方法。

工作任务

用攻螺纹的方法加工如图 6－31 所示的螺母。毛坯尺寸：ϕ30 mm × 32 mm。材料：45 钢。

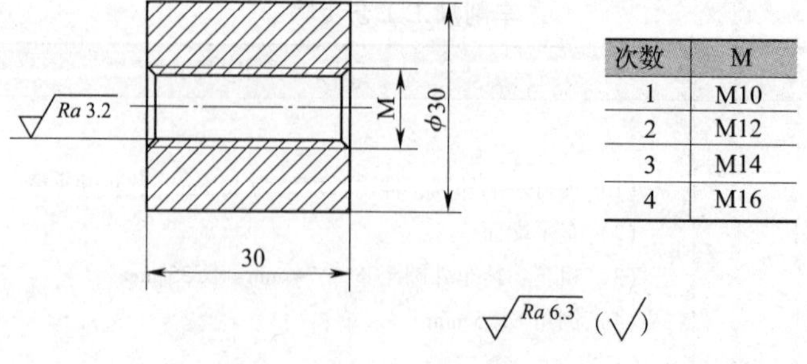

次数	M
1	M10
2	M12
3	M14
4	M16

图 6－31　螺母

相关知识

攻螺纹习惯叫攻丝或攻牙，是用丝锥切削内螺纹的一种加工方法，可用手工或机床操作。该方法操作方便，生产效率高，工件互换性好，可以加工用内螺纹车刀无法或难以车削的小直径或加工困难的内螺纹。

一、丝锥的种类和结构

丝锥是用高速钢制成的一种成形多刃刀具，也叫丝攻，其结构及形状如图 6－32 所示。

丝锥可分为手用丝锥（见图 6－32b）和机用丝锥（见图 6－32c）两类。手用丝锥主要是手工使用，通常为两支一组（攻 M6～M24 的内螺纹）或三支一组（攻 M6 以下或 M24 以上的内螺纹），分别称为初锥（头攻）、中锥（二攻）和底锥（三攻）。

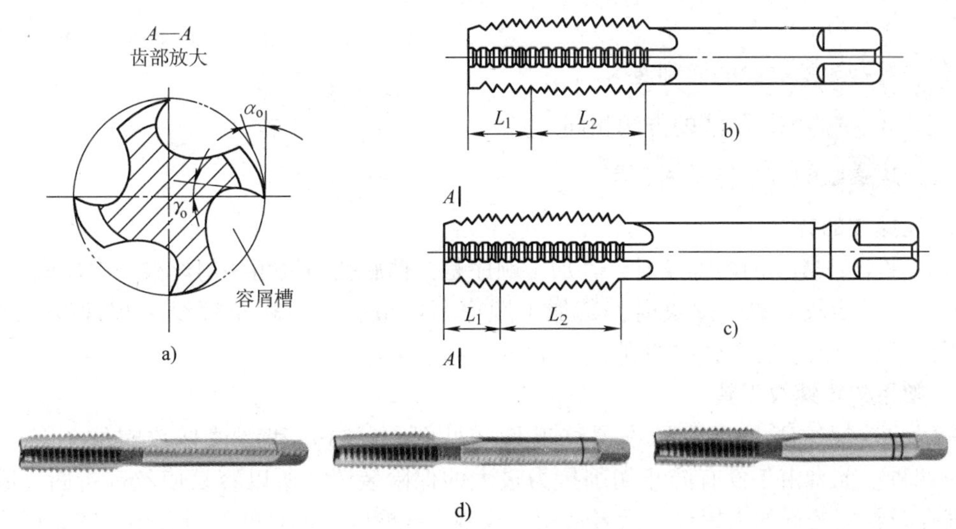

图 6－32　丝锥的结构及形状

a）齿部放大图　b）手用丝锥　c）机用丝锥　d）丝锥外形

机用丝锥通常是用单支攻制螺纹，一次成形，生产效率高。

机用丝锥与手用丝锥的形状基本相似，只是在柄部多一环形槽，用以防止丝锥从攻螺纹工具中脱落，其尾部和工作部分的同轴度比手用丝锥要求高。

丝锥上面开有 4 条容屑槽，以形成切削刃，并起排屑和通入切削液的作用。丝锥前端的锥形部分（L_1）起主要切削作用；后部圆柱部分（L_2）是完整的刀齿，对工件牙型起校正、修光作用，同时也为主要切削部分导向。

二、攻螺纹前的工艺要求

1. 确定攻螺纹前的孔径 $D_{孔}$

为了减小切削抗力并防止丝锥折断，攻螺纹前的孔径必须比螺纹小径稍大些。攻螺纹前孔径的计算公式见式（6－1）和式（6－2）。

2. 确定攻盲孔螺纹的底孔深度 H

攻盲孔螺纹时，由于丝锥前端的切削刃不能攻制出完整的牙型，所以钻孔深度要大于规定的孔深。通常钻孔深度约等于螺纹的有效长度加上螺纹公称直径的0.7倍，即：

$$H \approx h_{有效} + 0.7D \qquad (6-3)$$

式中 H——攻螺纹前底孔深度，mm；

$h_{有效}$——螺纹有效长度，mm；

D——内螺纹大径，mm。

3. 孔口倒角

攻螺纹前用60°锪钻或用车刀在孔口倒角，孔口直径应大于内螺纹大径。

三、选择攻螺纹时的切削速度

攻钢件和塑性较大的材料时，$v_c = 2 \sim 4$ m/min；攻铸件和塑性较小的材料时，$v_c = 4 \sim 6$ m/min。

四、选择攻螺纹时的切削液

与套螺纹时选用切削液的方法相同。

五、攻螺纹的方法与常用工具

1. 攻螺纹的方法

（1）攻小于M16的内螺纹时，其加工顺序是：钻底孔→倒角→用丝锥一次攻成。

（2）攻螺距较大的内螺纹时，其加工顺序是：钻底孔→粗车螺纹→攻螺纹；或钻底孔→用初锥、中锥、底锥分次切削。

2. 常用的攻螺纹工具

常用的攻螺纹工具有简易攻螺纹工具（见图6－33）和摩擦杆攻螺纹工具（见图6－34）两种。前者由于没有防止切削抗力过大的保险装置，所以容易使丝锥折断，适用于攻制通孔及精度较低的内螺纹；后者适用于攻制盲孔螺纹，在攻螺纹过程中，当切削力矩超过所调整的摩擦力矩时，摩擦杆则打滑，丝锥随工件一起转动，不再切削，因而可有效地防止丝锥折断。

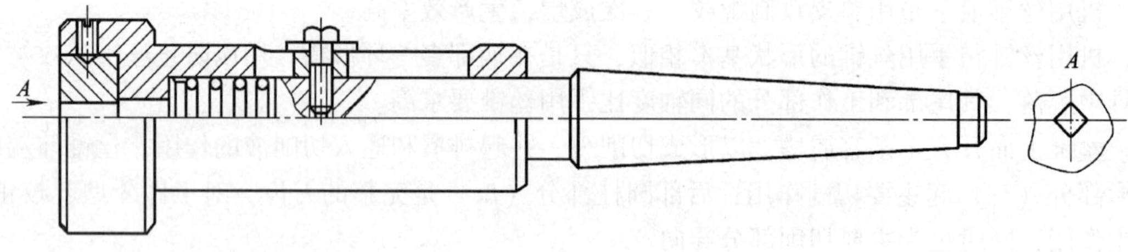

图6－33 简易攻螺纹工具

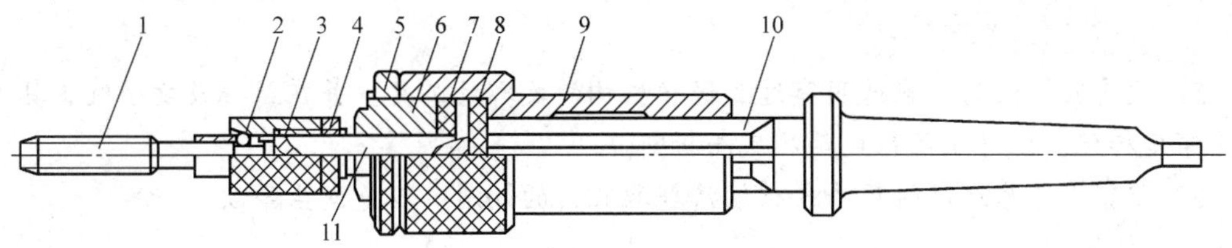

图 6-34　摩擦杆攻螺纹工具

1—丝锥　2—钢球　3—内锥套　4—锁紧螺母　5—并紧螺母　6—调节螺母　7、8—尼龙垫片　9—花键套　10—花键心轴　11—摩擦杆

任务实施

一、准备工作

1. 工件毛坯

ϕ30 mm×32 mm 的毛坯，材料为 45 钢，数量为 1 件。

2. 工艺装备

普通车床，外圆车刀，B2.5 mm 中心钻，ϕ8.5 mm 麻花钻，M10、M12、M14、M16 的机用丝锥，套螺纹工具，游标卡尺，螺纹塞规。

二、攻螺纹加工工艺步骤

攻螺纹加工工艺步骤见表 6-27（以加工 M10 螺纹为例）。

表 6-27　攻螺纹加工工艺步骤

加工工序	操作步骤内容
1. 钻孔	（1）夹持外圆，找正并夹紧 （2）车平端面 （3）用中心钻钻中心孔 （4）钻通孔 ϕ8.5 mm （5）倒角
2. 攻螺纹	（1）装攻螺纹工具 （2）攻螺纹

〔操作提示〕

1. 选用丝锥时，应检查丝锥是否缺齿。
2. 装夹丝锥时，应防止丝锥歪斜。
3. 攻螺纹时应充分浇注切削液。
4. 攻螺纹时一般应分多次进给，即丝锥每攻一段深度后应及时退出，清理切屑后再继续进给。

5. 攻盲孔螺纹时，应选用有过载保护机构的攻螺纹工具，并在丝锥或攻螺纹工具上作出深度标记，以防止丝锥攻至孔底而折断。

6. 严禁在车床运转时用手或棉纱清理螺孔内的切屑，以免发生事故。

任务七 车梯形螺纹

学习目标

1. 掌握梯形螺纹的标注代号。
2. 会计算梯形螺纹的主要参数。
3. 掌握梯形螺纹车刀的刃磨方法。
4. 掌握梯形螺纹的车削方法。
5. 了解矩形、锯齿形螺纹的车削方法。

工作任务

加工如图 6－35 所示的梯形外螺纹工件，毛坯为 ϕ40 mm × 120 mm 的棒料，材料为 45 钢。

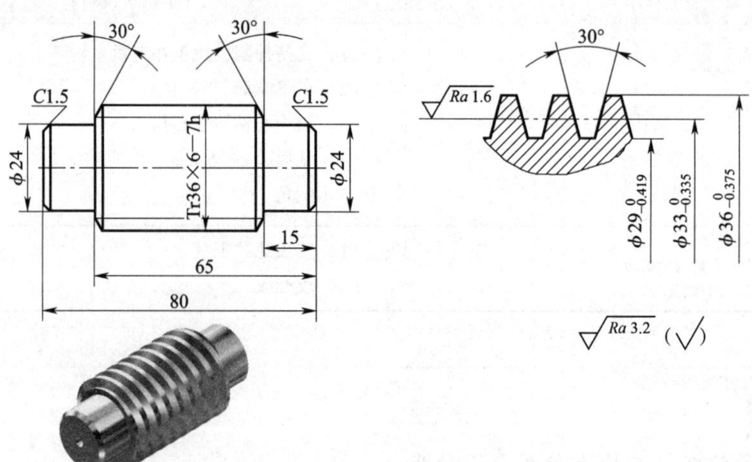

图 6－35　梯形外螺纹工件

相关知识

一、梯形螺纹主要参数的计算

公制梯形螺纹（简称梯形螺纹）的代号用“Tr 公称直径 × 螺距”表示，左旋螺纹需在螺距之后加注“LH”，右旋不标注，如 Tr36 ×6 和 Tr44 ×8LH 等。梯形螺纹主要参数的名称、代号及计算公式见表 6 – 28。

表 6 – 28　　梯形螺纹主要参数的名称、代号及计算公式

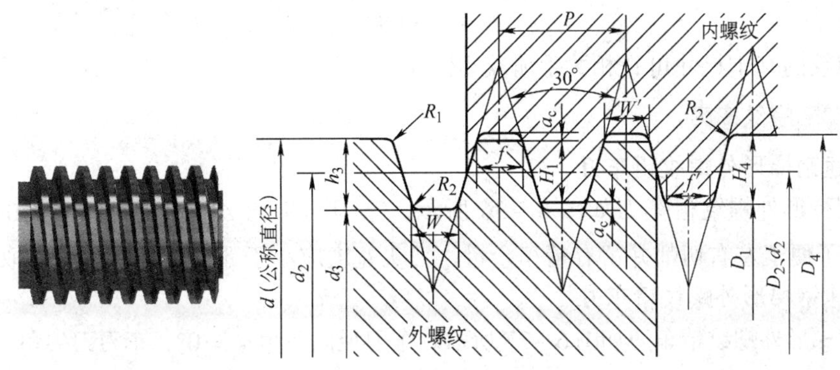

<table>
<tr><th colspan="2">名称</th><th>代号</th><th colspan="4">计算公式</th></tr>
<tr><td colspan="2">牙型角</td><td>α</td><td colspan="4">$\alpha = 30°$</td></tr>
<tr><td colspan="2">螺距</td><td>P</td><td colspan="4">由螺纹标准确定</td></tr>
<tr><td colspan="2" rowspan="2">牙顶间隙</td><td rowspan="2">a_c</td><td>P</td><td>1.5 ~5</td><td>6 ~12</td><td>14 ~44</td></tr>
<tr><td>a_c</td><td>0.25</td><td>0.5</td><td>1</td></tr>
<tr><td rowspan="4">外螺纹</td><td>大径</td><td>d</td><td colspan="4">公称直径</td></tr>
<tr><td>中径</td><td>d_2</td><td colspan="4">$d_2 = d - 0.5P$</td></tr>
<tr><td>小径</td><td>d_3</td><td colspan="4">$d_3 = d - 2h_3$</td></tr>
<tr><td>牙高</td><td>h_3</td><td colspan="4">$h_3 = 0.5P + a_c$</td></tr>
<tr><td rowspan="4">内螺纹</td><td>大径</td><td>D_4</td><td colspan="4">$D_4 = d + 2a_c$</td></tr>
<tr><td>中径</td><td>D_2</td><td colspan="4">$D_2 = d_2$</td></tr>
<tr><td>小径</td><td>D_1</td><td colspan="4">$D_1 = d - P$</td></tr>
<tr><td>牙高</td><td>H_4</td><td colspan="4">$H_4 = h_3$</td></tr>
<tr><td colspan="2">牙顶宽</td><td>f、f'</td><td colspan="4">$f = f' = 0.366P$</td></tr>
<tr><td colspan="2">牙槽底宽</td><td>W、W'</td><td colspan="4">$W = W' = 0.366P - 0.536a_c$</td></tr>
</table>

例　车削 Tr42 ×10 的丝杆和螺母，试求出内、外螺纹的主要参数值和螺纹升角。

解　公称直径 $d = 42$ mm，螺距 $P = 10$ mm，$a_c = 0.5$ mm。根据表 6 – 28 中的公式可得：

$$h_3 = H_4 = 0.5P + a_c = 0.5 \times 10 + 0.5\ \text{mm} = 5.5\ \text{mm}$$

$$d_2 = D_2 = d - 0.5P = 42 - 0.5 \times 10\ \text{mm} = 37\ \text{mm}$$

$$d_3 = d - 2h_3 = 42 - 2 \times 5.5\ \text{mm} = 31\ \text{mm}$$

$$D_1 = d - P = 42 - 10 \text{ mm} = 32 \text{ mm}$$

$$f = f' = 0.366P = 0.366 \times 10 \text{ mm} = 3.66 \text{ mm}$$

$$W = W' = 0.366P - 0.536a_c = 0.366 \times 10 - 0.536 \times 0.5 \text{ mm} = 3.392 \text{ mm}$$

$$\tan\psi = P/(\pi d_2) = 10/(3.14 \times 37) \approx 0.0861$$

$$\psi = 4°55'12''$$

梯形螺纹的基本尺寸可查相关手册获得。

二、梯形螺纹车刀

1. 高速钢梯形外螺纹粗车刀

高速钢梯形外螺纹粗车刀如图 6－36 所示。车刀刀尖角 ε_r 应比牙型角小 30′，一般取 29°30′。为了便于左右切削并留有精车余量，刀头宽度应小于牙槽底宽 W，一般取 $2W/3$。

2. 高速钢梯形外螺纹精车刀

高速钢梯形外螺纹精车刀如图 6－37 所示。车刀径向前角 $\gamma_p = 0°$，车刀刀尖角 ε_r 等于牙型角 α，即 30°。为使两侧切削刃锋利，在有条件刃磨前角时，应磨出较大前角（$\gamma_o = 12° \sim 16°$）的卷屑槽。刀头宽度等于牙槽底宽 W 减去 0.05 mm。但在使用时必须注意：车刀前端切削刃不能参加切削。该车刀只用于精车螺纹牙侧面。

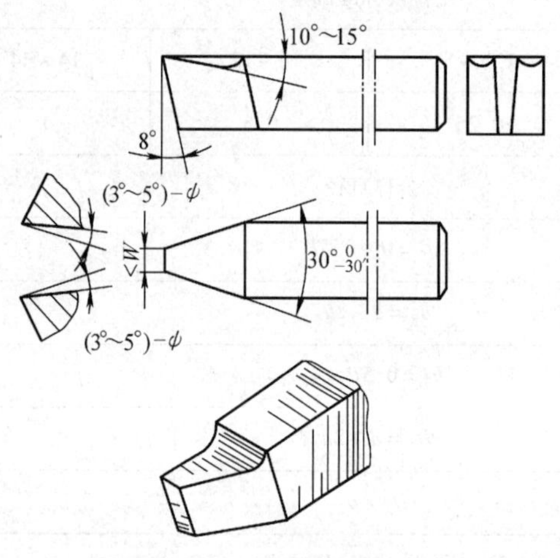

图 6－36　高速钢梯形外螺纹粗车刀

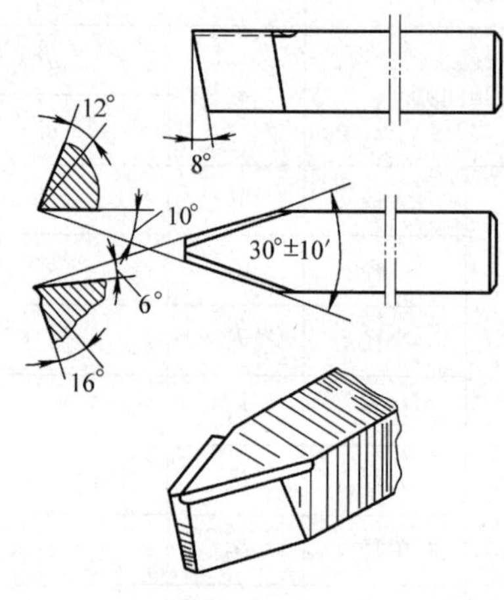

图 6－37　高速钢梯形外螺纹精车刀

3. 硬质合金梯形外螺纹车刀

为了提高生产效率，在加工一般精度的梯形螺纹时，可采用硬质合金螺纹车刀进行高速车削。如图 6－38 所示为硬质合金梯形外螺纹车刀。

高速车削时，由于 3 条切削刃同时参加切削，切削力较大，易引起振动。并且当刀具前面为平面时，切屑呈带状排出，操作很不安全。为此，可在前面上磨出两个圆弧，如图 6－39所示为双圆弧硬质合金梯形外螺纹车刀。

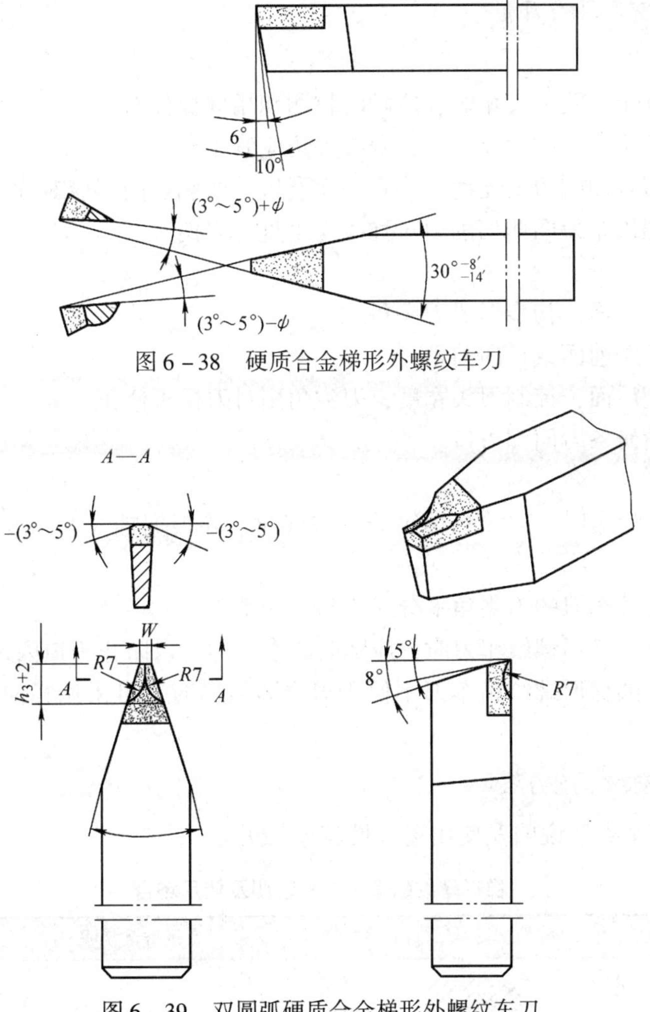

图6－38　硬质合金梯形外螺纹车刀

图6－39　双圆弧硬质合金梯形外螺纹车刀

4. 梯形内螺纹车刀

如图6－40所示为梯形内螺纹车刀，其几何形状与三角形内螺纹车刀基本相同，只是刀尖角应刃磨成30°。

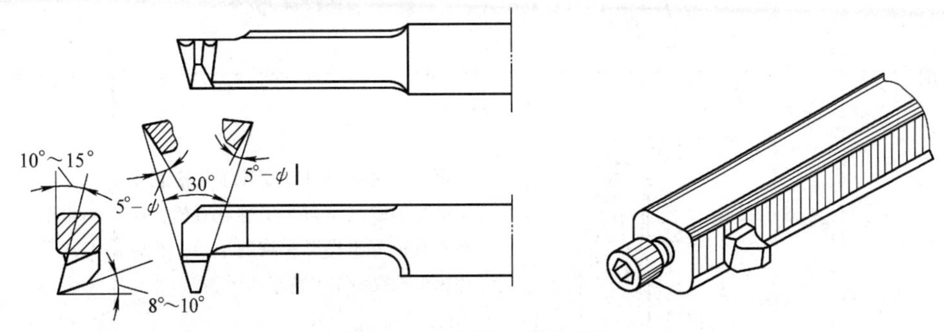

图6－40　梯形内螺纹车刀

三、梯形螺纹车刀的刃磨

1. 刃磨要求

（1）刃磨螺纹车刀两刃夹角时，应随时目测和用样板校对。

（2）径向前角不为零的螺纹车刀，两刃夹角应修正。

（3）螺纹车刀各切削刃要光滑、平直、无裂口，两侧切削刃应对称，刀体不能歪斜。

（4）梯形内螺纹车刀两侧切削刃对称线应垂直于刀柄。

2. 刃磨步骤

（1）粗磨两侧后面，初步形成刀尖角。

（2）粗磨、精磨前面或径向前角。

（3）精磨两侧后面，控制刀头宽度，刀尖角用对刀样板修正。

（4）用油石精研各刀面和刃口。

3. 注意事项

（1）刃磨两侧后角时，要注意螺纹的左右旋向，并根据螺纹升角 ψ 的大小来确定两侧后角的增减。

（2）梯形内螺纹车刀的刀尖角平分线应与刀柄垂直。

（3）刃磨高速钢梯形螺纹车刀时，应随时蘸水冷却，以防止刃口因过热而退火。

（4）螺距较小的梯形螺纹精车刀不便于刃磨断屑槽时，可采用径向前角较小的梯形螺纹精车刀。

四、梯形螺纹的车削方法

梯形螺纹的车削方法说明及使用场合见表 6－29。

表 6－29　　梯形螺纹的车削方法说明及使用场合

车削方法	进刀方法	图示	车削方法说明	使用场合
低速车削	左右车削法		车刀在每次横向进给时同时向左或向右做微量移动，不太方便。此方法可防止因 3 条切削刃同时参加切削而产生振动和扎刀现象	车削 $P \leqslant 8$ mm 的梯形螺纹
	车直槽法		可先用主切削刃宽度等于牙槽底宽 W 的矩形螺纹车刀车出螺旋直槽，使槽底直径等于梯形螺纹的小径，然后用梯形螺纹精车刀精车两牙侧	粗车 $P \leqslant 8$ mm 的梯形螺纹

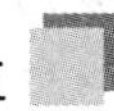

续表

车削方法	进刀方法	图示	车削方法说明	使用场合
低速车削	车阶梯槽法		可用主切削刃宽度小于 $P/2$ 的矩形螺纹车刀，用车直槽法车至接近螺纹中径处，再用主切削刃宽度等于牙槽底宽 W 的矩形螺纹车刀把槽车至接近螺纹牙高 h_3，然后用梯形螺纹精车刀精车两牙侧	粗车 $P>8$ mm 的梯形螺纹
高速车削	直进法		用硬质合金梯形外螺纹车刀粗车、精车	车削 $P\leqslant 8$ mm 的梯形螺纹
	车直槽法 车阶梯槽法		为防止产生振动，可用硬质合金车槽刀采用车直槽法和车阶梯槽法进行粗车，然后用硬质合金梯形螺纹车刀精车	车削 $P>8$ mm 的梯形螺纹

五、梯形螺纹的检测

1. 梯形螺纹顶径、螺距和牙型角的测量

梯形螺纹顶径、螺距和牙型角的测量与普通螺纹的测量基本相同。此外，梯形螺纹的牙型角还可以用万能角度尺来测量，其测量方法如图 6－41 所示。

2. 梯形螺纹中径的测量

(1) 三针法

用三针测量螺纹中径是一种比较精密的测量方法。测量时将三根量针放置在螺旋槽内，用千分尺测出两边量针顶点之间的距离 M，如图 6－42 所示。根据 M 值可以计算出螺纹中径的实际尺寸。用三针测量螺纹中径的计算公式见表 6－30。

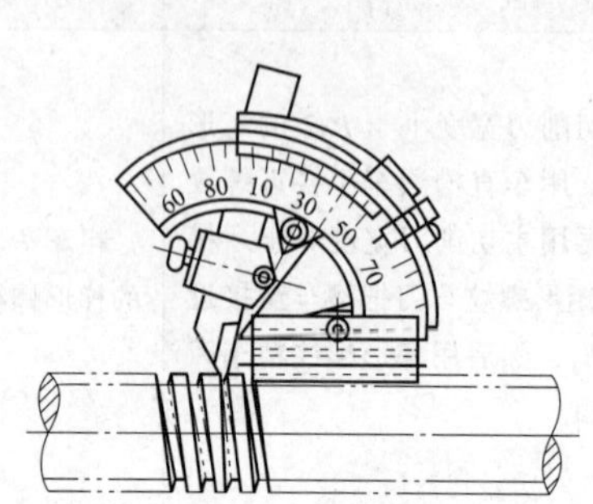

图 6-41　用万能角度尺测量梯形螺纹的牙型角

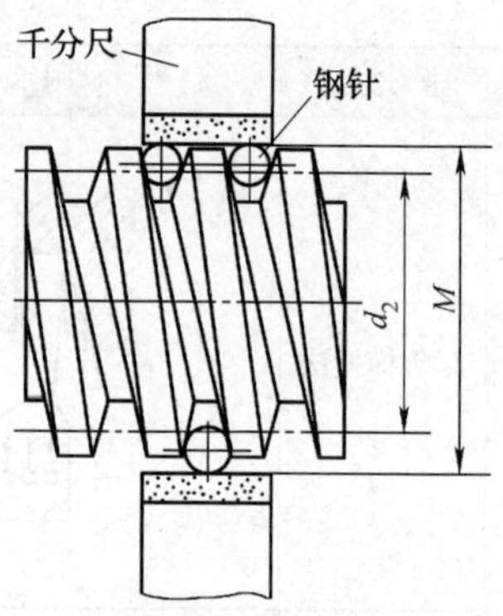

图 6-42　用三针测量螺纹中径

表 6-30　　**用三针测量螺纹中径的计算公式**

螺纹或蜗杆	牙型角 α	M 值计算公式	量针直径 d_D（最好选用最佳值或接近最佳值）		
			最大值	最佳值	最小值
普通螺纹	60°	$M=d_2+3d_D-0.866P$	$1.01P$	$0.577P$	$0.505P$
英制螺纹	55°	$M=d_2+3.166d_D-0.961P$	$0.894P-0.029$	$0.564P$	$0.481P-0.016$
梯形螺纹	30°	$M=d_2+4.864d_D-1.866P$	$0.656P$	$0.518P$	$0.486P$
公制蜗杆	20°（压力角）	$M=d_1+3.924d_D-4.316m_x$	$2.446m_x$	$1.672m_x$	$1.610m_x$

（2）单针法

用单针测量梯形螺纹中径的方法如图 6-43 所示，这种方法比三针测量法简单。测量时只需用一根量针，另一侧利用螺纹大径作为基准，在测量前应先量出螺纹大径的实际尺寸 d_0，其原理与三针测量法相同。

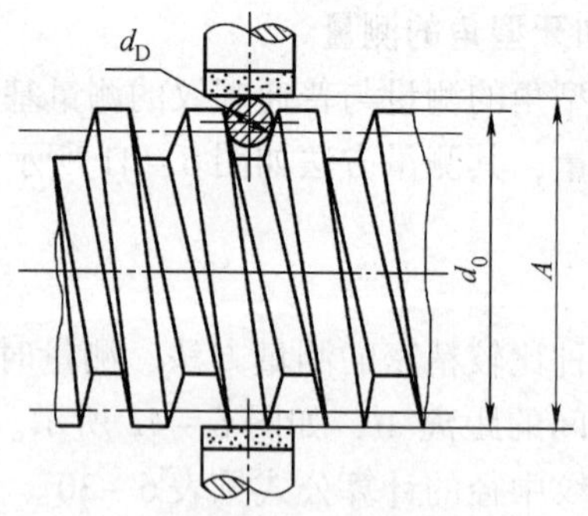

图 6-43　用单针测量梯形螺纹中径的方法

用单针测量时，千分尺测得的读数值 A 可按下式计算：

$$A=\frac{M+d_0}{2} \tag{6-4}$$

式中　d_0——螺纹大径的实际尺寸，mm；

M——按三针测量的公式计算，mm。

例　用单针测量 Tr36×6—8e 的螺纹时，测得工件实际外径 $d_0=35.95$ mm，求单针测量值 A 应为多少才合适？

解　先查表 6-30，选取最佳量针直径 d_D，并计算 M 值：

$$d_D=0.518P=0.518\times 6\ \text{mm}=3.108\ \text{mm}$$

$$d_2=d-0.5P=36-0.5\times 6\ \text{mm}=33\ \text{mm}$$

$$M=d_2+4.864d_D-1.866P=33+4.864\times 3.108-1.866\times 6\ \text{mm}\approx 36.92\ \text{mm}$$

查有关手册得中径偏差：$d_2=33_{-0.543}^{-0.118}$ mm，则 $M=36.92_{-0.543}^{-0.118}$ mm。

$$A=\frac{M+d_0}{2}=\frac{36.92+35.95}{2}\ \text{mm}=36.435\ \text{mm}$$

单针测量值 A 的极限偏差值应为中径极限偏差的一半。因此 $A=36.435_{-0.272}^{-0.059}$ mm 较合适。

对于直径较大的螺纹，如果螺纹外径比较精确，并能以外径作为基准时，可用单针测量螺纹中径。但单针测量，尤其是车削过程中的测量不如三针测量精确。

应当注意，当螺纹升角大于 4°时，用三针和单针测量螺纹中径会产生较大的测量误差，测量值应修正，修正公式可在有关手册中查得。

3. 梯形螺纹的综合检验

对于梯形螺纹也可以像普通螺纹那样采用螺纹量规综合检验。

〔操作提示〕

当单件生产或只加工几件梯形内螺纹时，没有专门的检测螺杆，专门制作一检测螺杆也不符合实际情况，可采用下面的做法：

1. 计算梯形内螺纹的有关参数，主要为大径和小径。

2. 加工孔径（小径）至尺寸要求。

3. 在孔口处加工一长度小于 1 mm、直径为大径的孔。

4. 车削螺纹时，当车刀前端切削刃进刀接触到此段内孔时，说明已车到螺纹底径（大径），此时就可以精车两牙侧面。

5. 车削牙侧面时主要控制牙顶宽尺寸，有条件的可用线切割制作卡规（样板）进行测量。

任务实施

一、准备工作

1. 工件毛坯

ϕ40 mm×120 mm 的毛坯，材料为 45 钢，数量为 1 件。

2. 工艺装备

普通车床、外圆车刀、B2.5 mm 中心钻、切断刀、梯形螺纹车刀、圆柱量针、游标卡尺、千分尺、后顶尖、对刀样板。

二、操作步骤

车梯形螺纹工艺步骤见表 6－31。

表 6－31　　车梯形螺纹工艺步骤

加工工序	操作步骤内容
1. 车外圆	（1）夹住毛坯外圆，伸出长度为 100 mm 左右，找正并夹紧 （2）车平端面，钻中心孔 （3）一夹一顶装夹，粗车、精车梯形螺纹大径至 $\phi 36.3_{-0.1}^{0}$ mm，长度大于 65 mm （4）粗车、精车右端外圆 ϕ24 mm 至尺寸要求，长 15 mm （5）粗车、精车退刀槽至 ϕ24 mm，宽度大于 15 mm，控制长度尺寸 65 mm （6）车大径，两端倒角 30°及 ϕ24 mm 右端倒角 C1.5 mm
2. 车梯形螺纹	（1）粗车梯形螺纹 Tr36×6－7h，小径车至 $\phi 29_{-0.355}^{0}$ mm，两牙侧留余量 0.2 mm （2）精车梯形螺纹大径至 $\phi 36_{-0.375}^{0}$ mm （3）精车两牙侧，用三针测量，控制中径尺寸至 $\phi 33_{-0.355}^{0}$ mm
3. 取总长	（1）切断，取总长 81 mm （2）掉头，垫铜皮装夹，车端面，控制总长 80 mm （3）倒角 C1.5 mm

〔操作提示〕

1. 螺纹车刀刀尖应与工件轴线等高。

2. 两切削刃夹角（刀尖角）的平分线应垂直于工件轴线，装夹时用梯形螺纹对刀样板校正，如图 6－44 所示，以免产生螺纹半角误差。

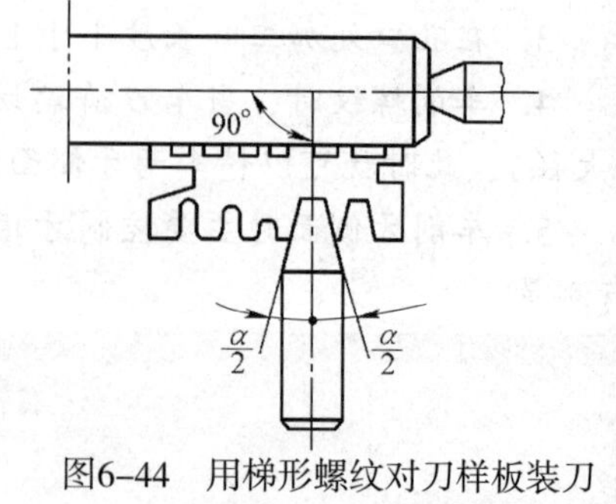

图6-44　用梯形螺纹对刀样板装刀

1. 对于径向前角不为零的螺纹车刀，其两切削刃的夹角应修正，修正方法与三角形螺纹车刀的修正方法相同。

2. 梯形螺纹精车刀两侧刃要刃磨平直，切削刃要保持锋利。两侧切削刃应对称，刀体不能歪斜。

3. 粗车螺纹时，应将小滑板调紧一些，以防止车刀移位而产生乱牙。

4. 车螺纹时，为防止因溜板箱手轮转动时的不平衡而使床鞍发生窜动，应采用手轮脱离装置。

5. 车螺纹时注意力要集中，以防止中滑板手柄多进 1 圈而撞坏车刀或使工件因碰撞而报废。

6. 在车削梯形螺纹的过程中不允许用棉纱擦工件，以免发生安全事故。

7. 车螺纹时应选择较小的切削用量，以减少工件的变形，同时应充分加注切削液。

8. 精车前最好重新修研中心孔，以保证螺纹的同轴度。

知识链接

一、矩形螺纹

1. 矩形螺纹主要参数的计算

矩形螺纹也称方牙螺纹，是非标准螺纹。因此，在零件图上的标记为“矩形公称直径×螺距”，如矩形 40 mm×6 mm。

矩形螺纹的理论牙型为方形，但由于内、外螺纹配合时必须有间隙，所以实际牙型是矩形而不是方形。矩形螺纹主要参数的计算公式见表 6－32。

表 6－32　　矩形螺纹主要参数的计算公式

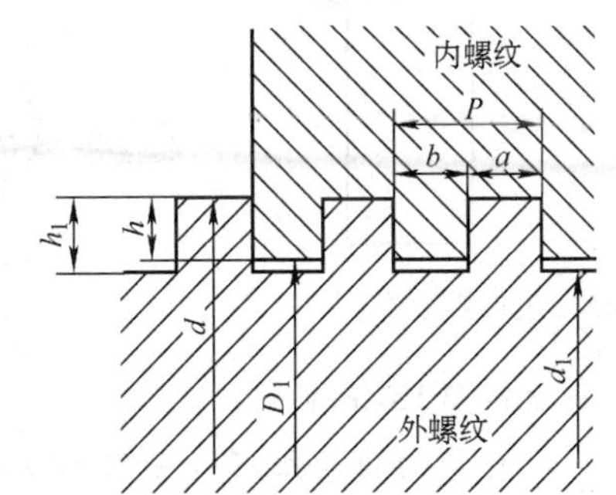

名称	代号	计算公式
大径	d	由设计决定
螺距	P	

续表

名称	代号	计算公式
外螺纹牙底宽	b	$b=0.5P+0.02\sim0.04$ mm
外螺纹牙宽	a	$a=P-b$
螺纹接触高度	h	$h=0.5P+0.1\sim0.2$ mm
牙型高度	h_1	$h_1=0.5P$
外螺纹小径	d_1	$d_1=d-2h$
内螺纹小径	D_1	$D_1=d-P$

2. 矩形螺纹车刀

（1）矩形螺纹车刀的刃磨要求

矩形螺纹车刀如图 6－45 所示。在刃磨矩形螺纹车刀时应注意以下几点：

1）精车刀的刀头宽度应刃磨准确，其宽度 $b=0.5P+0.02\sim0.04$ mm。

2）为了使刀头有足够的强度，刀头长度一般取 $L=0.5P+2\sim4$ mm。

3）刃磨两侧后角时，应考虑到螺纹升角的影响，必须根据计算出的数值刃磨。

4）为了减小牙侧的表面粗糙度值，精车刀的两侧副切削刃应磨有 $b'_{\varepsilon}=0.3\sim0.5$ mm 的修光刃。

（2）矩形螺纹精车刀

矩形螺纹精车刀如图 6－46 所示。

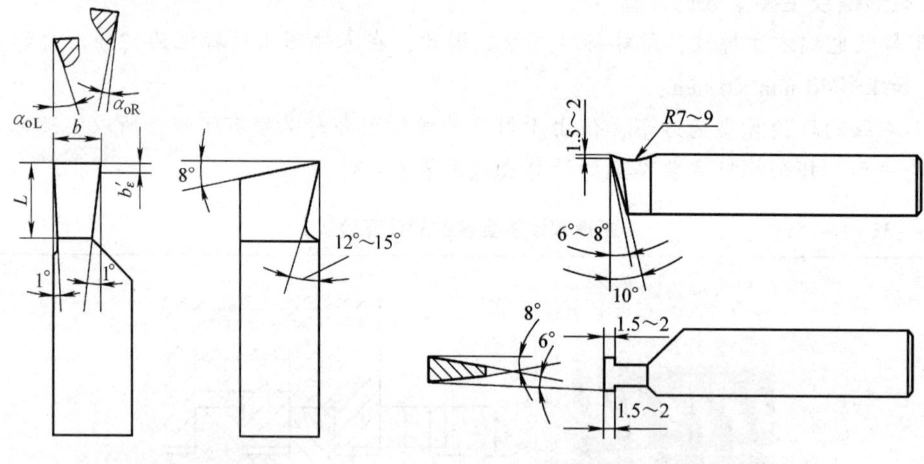

图 6－45　矩形螺纹车刀　　　　图 6－46　矩形螺纹精车刀

1）刀头材料：高速钢 W18Cr4V。

2）刀具特点：车刀的前面为圆弧形（半径为 7～9 mm），两侧后角具有 1.5～2 mm 的过渡刃。车刀强度高，便于排屑，适用于精车。

3）选择切削用量：$v_c=4\sim10$ m/min；$a_p=0.02\sim0.1$ mm。

3. 矩形螺纹的车削方法

车削螺距 $P\leqslant8$ mm 的矩形螺纹时一般不分粗车、精车，用直进法使用一把车刀切削完成。车削螺距 $P>8$ mm 的螺纹时，先用粗车刀以直进法粗车，两侧各留 0.2～0.4 mm 的余量，再用精车刀采用直进法精车，如图 6－47a 所示。

车削大螺距（$P\geqslant16$ mm）的矩形螺纹时，粗车时一般用直进法，精车时用左右切削法，如图 6－47b 所示。粗车时，刀头宽度要比牙槽底宽 b 小 0.5～1 mm，采用直进法把小径 d_1 车到尺寸。然后采用较大前角的两把精车刀，用左右切削法车削螺纹槽的两侧面。在车削过程中要随时测量，严格控制牙槽底宽，以保证内、外螺纹规定的配合间隙。

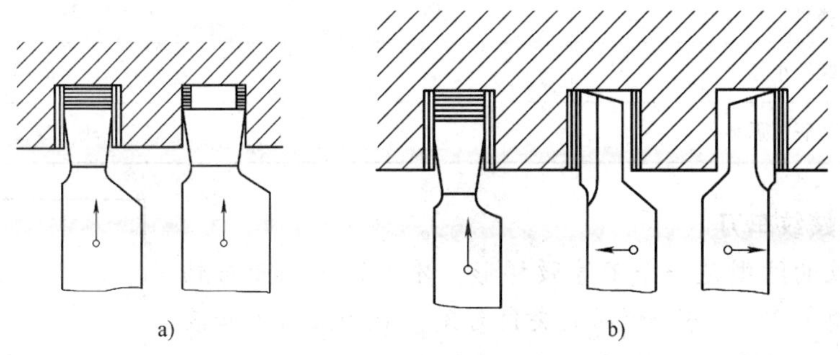

图 6－47　矩形螺纹的车削方法

a）直进法　b）左右切削法

二、锯齿形螺纹

1. 锯齿形螺纹主要参数的计算

锯齿形内、外螺纹配合时，小径之间有间隙，大径之间没有间隙。这种螺纹能承受较大的单向压力，通常用于起重和压力机械设备上。

锯齿形螺纹的牙型角是 33°。根据国家标准，锯齿形螺纹的基本牙型与尺寸计算见表6－33。

表 6－33　　锯齿形螺纹的基本牙型与尺寸计算

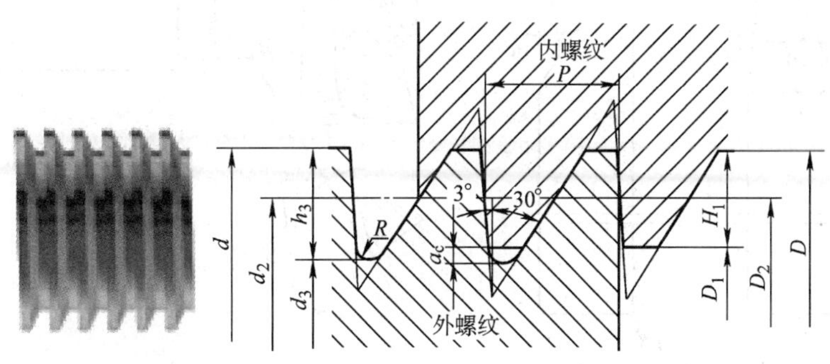

名称	代号	计算公式
基本牙型高度	H_1	$H_1=0.75P$
内螺纹牙顶与外螺纹牙底间的间隙	a_c	$a_c=0.117\,76P$

续表

名称	代号	计算公式
外螺纹牙高	h_3	$h_3 = H_1 + a_c = 0.867\ 767P$
内、外螺纹大径（公称直径）	d、D	$d = D$
内、外螺纹中径	d_2、D_2	$d_2 = D_2 = d - H_1 = d - 0.75P$
内螺纹小径	D_1	$D_1 = d - 2H_1 = d - 1.5P$
外螺纹小径	d_3	$d_3 = d - 2h_3 = d - 1.735\ 534P$
外螺纹牙底圆弧半径	R	$R = 0.124\ 271P$

2. 锯齿形螺纹车刀

锯齿形螺纹的牙型是一个不等腰梯形，牙型的一侧面与轴线垂直面的夹角为30°，另一侧面的夹角为3°。在刃磨车刀和装夹车刀时，一定不能将车刀的两侧刃角位置弄错；同时，可加工出一块锯齿形螺纹样板（见图6－48），用来检查和校正车刀刃磨的角度和装夹位置。

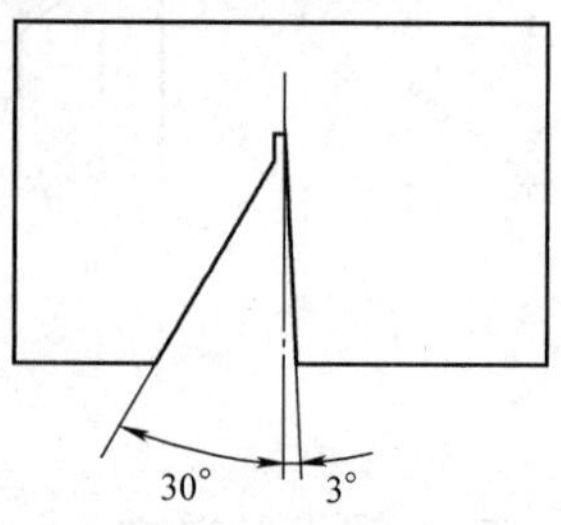

图6－48　锯齿形螺纹样板

如图6－49所示为锯齿形螺纹车刀。

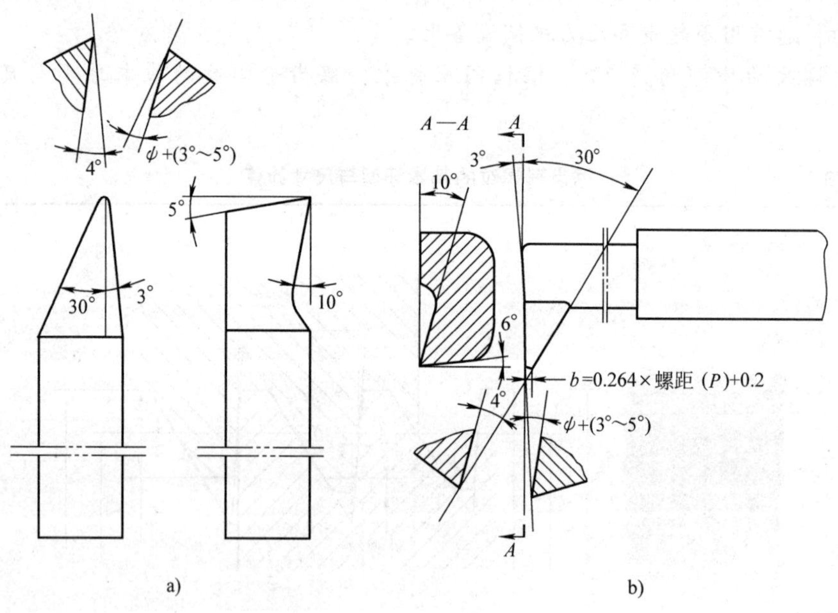

图6－49　锯齿形螺纹车刀

a）锯齿形外螺纹车刀　b）锯齿形内螺纹车刀

3. 锯齿形螺纹的车削方法

锯齿形螺纹的车削方法与梯形螺纹相似。

知识拓展

滚珠丝杠

如图 6－50 所示为滚珠丝杠，其具有以下主要优点：

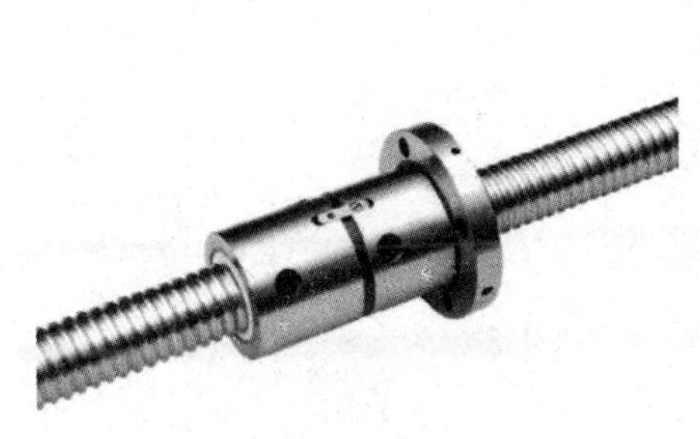
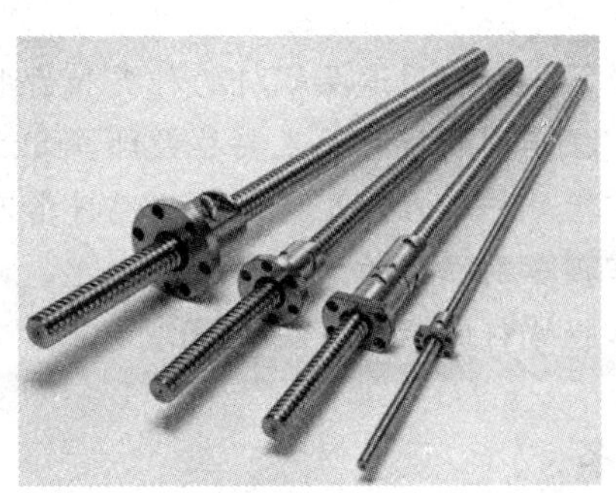

图 6－50　滚珠丝杠

1. 传动效率高

滚珠丝杠传动的传动效率可达 90% 以上，是普通滑动丝杠传动的 2～4 倍。

2. 传动精度高，定位准确，运动平稳

滚珠丝杠传动为点接触滚动运动，工作时摩擦阻力小、灵敏度高、启动时无颤动、低速时无爬行现象，可精密地控制微量进给。

3. 反向时无空行程

滚珠丝杠与螺母经预紧后，可实现无反向间隙（消除空行程），可提高轴向传动精度和轴向刚度，重复定位精度高。

4. 具有可逆性

由于滚珠丝杠传动的摩擦损失小，可以从旋转运动转换为直线运动，也可以从直线运动转换为旋转运动。丝杠和螺母都可以作为主动件，也可以作为从动件。

5. 使用寿命长

由于滚珠丝杠的工作过程为滚动运动，滚动摩擦磨损小，因此使用寿命较长。

由于滚珠丝杠具有上述优点，作为一种精密而又省力的传动机构，在精密机床、数控机床上应用广泛。

目前，加工滚珠丝杠的方法有冷轧、磨制、旋铣等。

任务八　车　蜗　杆

学习目标

1. 了解蜗杆的用途及蜗杆的种类和齿形。
2. 掌握车削蜗杆时的主要参数计算方法。
3. 掌握蜗杆车刀的几何形状及蜗杆车刀的安装方法。
4. 掌握车削蜗杆的方法。
5. 掌握蜗杆的检测方法。

工作任务

将 $\phi50$ mm × 105 mm 的毛坯加工成如图 6－51 所示的蜗杆轴。

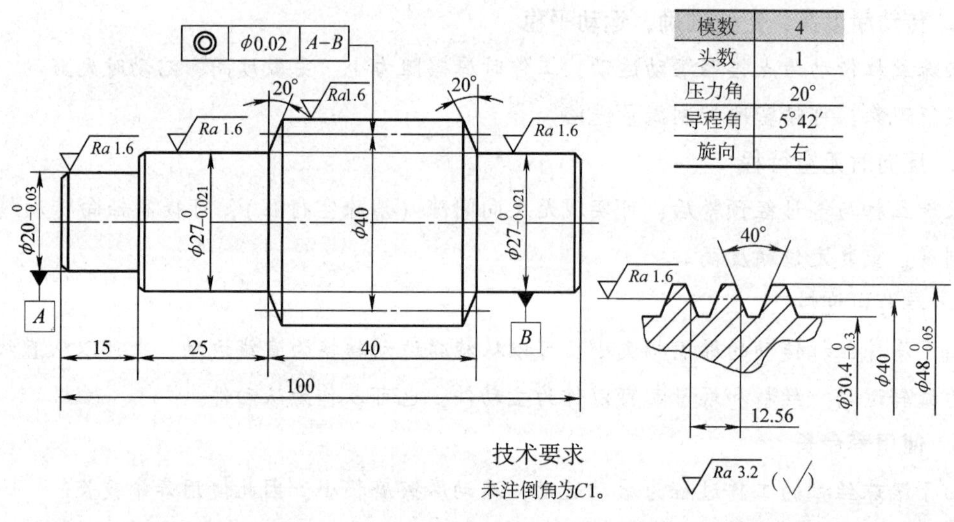

图 6－51　蜗杆轴

相关知识

一、蜗杆的用途及种类

1. 蜗杆的用途

蜗杆和蜗轮组成的蜗杆副（见图 6－52）常用于减速传动机构中，以传递两轴在空间成 90°角交错的运动，如车床溜板箱内的蜗杆副等。

2. 蜗杆的种类

蜗杆一般可分为公制蜗杆（$\alpha=20°$）和英制蜗杆（$\alpha=14.5°$）两种。常用的是公制蜗杆。

图 6－52　蜗杆副
1—蜗杆　2—蜗轮

二、蜗杆的齿形（见图 6－53）

蜗杆的齿形是指蜗杆齿廓的形状。常见蜗杆的齿形有轴向直廓蜗杆和法向直廓蜗杆两种。

1. 轴向直廓蜗杆（ZA 蜗杆）

轴向直廓蜗杆的齿形在通过蜗杆轴线的平面内是直线，在垂直于蜗杆轴线的端平面内是阿基米德螺旋线，因此又称阿基米德蜗杆，如图 6－53a 所示。

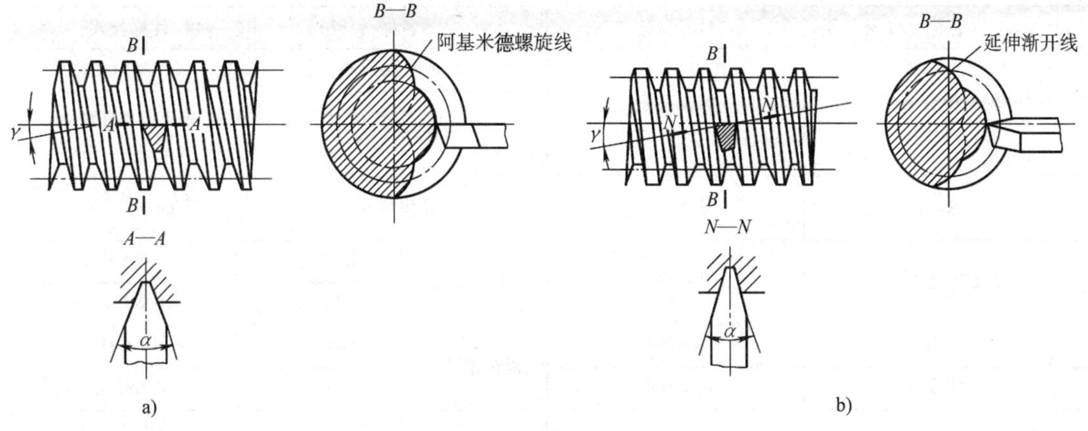

图 6－53　蜗杆的齿形
a）轴向直廓蜗杆　b）法向直廓蜗杆

2. 法向直廓蜗杆（ZN 蜗杆）

法向直廓蜗杆的齿形在垂直于蜗杆齿面的法向平面内是直线，在垂直于蜗杆轴线的端平面内是延伸渐开线，因此又称延伸渐开线蜗杆，如图 6－53b 所示。

机械设备中最常用的是阿基米德蜗杆（即轴向直廓蜗杆），这种蜗杆的加工比较简单。若图样上没有特别标明蜗杆的齿形，则均为轴向直廓蜗杆。

三、蜗杆各参数及其计算

蜗杆各参数的计算公式见表 6－34。其中，蜗杆的压力角（齿形角）α 是指在通过蜗杆轴线的平面内轴线垂直面与齿侧之间的夹角。

例　车削图 6－51 所示的蜗杆轴，蜗杆压力角 $\alpha=20°$，分度圆直径 $d_1=40$ mm，轴向模数 $m_x=4$ mm，头数 $z_1=1$，求蜗杆各参数的尺寸。

解　根据表 6－34 中的计算公式，蜗杆各参数的尺寸计算见表 6－35。

表 6－34　　蜗杆各参数的计算公式

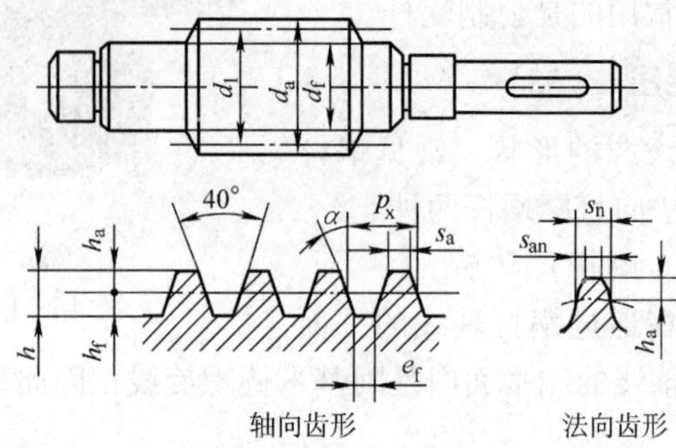

轴向齿形　　法向齿形

名称	计算公式	名称		计算公式
轴向模数 m_x	基本参数	齿顶圆直径 d_a		$d_a=d_1+2m_x$
		齿根圆直径 d_f		$d_f=d_1-2.4m_x$ $d_f=d_a-4.4m_x$
头数 z_1	基本参数	导程角 γ		$\tan\gamma=\frac{p_z}{\pi d_1}$
分度圆直径 d_1	基本参数	齿顶宽 s_a	轴向 s_a	$s_a=0.843m_x$
			法向 s_{an}	$s_{an}=0.843m_x\cos\gamma$
压力角 α	$\alpha=20°$	齿根槽宽 e_f	轴向 e_f	$e_f=0.697m_x$
轴向齿距 p_x	$p_x=\pi m_x$		法向 e_{fn}	$e_{fn}=0.697m_x\cos\gamma$
导程 p_z	$p_z=z_1p_x=z_1\pi m_x$	齿厚 s	轴向 s_x	$s_x=\frac{p_x}{2}=\frac{\pi m_x}{2}$
齿顶高 h_a	$h_a=m_x$		法向 s_n	$s_n=\frac{p_x}{2}\cos\gamma=\frac{\pi m_x}{2}\cos\gamma$
齿根高 h_f	$h_f=1.2m_x$			
全齿高 h	$h=2.2m_x$			

表 6－35　　蜗杆各参数的尺寸计算

蜗杆各参数	计算公式	计算过程	计算结果
轴向齿距 p_x	$p_x=\pi m_x$	3.14×4	12.56 mm
导程 p_z	$p_z=z_1p_x=z_1\pi m_x$	1×3.14×4	12.56 mm
齿顶高 h_a	$h_a=m_x$	4	4 mm
齿根高 h_f	$h_f=1.2m_x$	1.2×4	4.8 mm
全齿高 h	$h=2.2m_x$	2.2×4	8.8 mm
齿顶圆直径 d_a	$d_a=d_1+2m_x$	40+2×4	48 mm
齿根圆直径 d_f	$d_f=d_1-2.4m_x$	40－2.4×4	30.4 mm
轴向齿顶宽 s_a	$s_a=0.843m_x$	0.843×4	3.372 mm

续表

蜗杆各参数	计算公式	计算过程	计算结果
轴向齿根槽宽 e_f	$e_f=0.697m_x$	0.697×4	2.788 mm
轴向齿厚 s_x	$s_x=\frac{p_x}{2}=\frac{\pi m_x}{2}$	$\frac{12.56}{2}$	6.28 mm
导程角 γ	$\tan\gamma=\frac{p_z}{\pi d_1}$	$\tan\gamma=\frac{4}{40}=0.1$	$\gamma=5°42'36''$
法向齿厚 s_n	$s_n=\frac{p_x}{2}\cos\gamma=\frac{\pi m_x}{2}\cos\gamma$	$\frac{12.56}{2}\times\cos5°42'36''$	6.25 mm

四、蜗杆车刀

蜗杆车刀一般用高速钢材料磨制而成。为提高蜗杆的加工质量，车削蜗杆时，蜗杆的粗车与精车一般应分开进行。

1. 蜗杆粗车刀（见图 6－54）

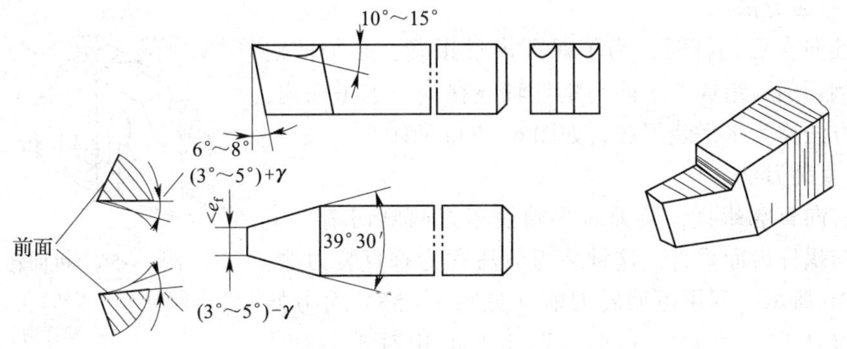

图 6－54　蜗杆粗车刀

（1）车刀左、右两切削刃之间夹角应小于两倍压力角。

（2）车刀刀尖宽度应小于蜗杆齿根槽宽。

（3）车削钢料时，应磨有 10°～15°的径向前角。

（4）径向后角为 6°～8°。

（5）进给方向后角为（3°～5°）$+\gamma$，背离进给方向后角为（3°～5°）$-\gamma$。

（6）刀尖适当倒圆。

2. 蜗杆精车刀（见图 6－55）

（1）车刀左、右两切削刃之间夹角等于两倍压力角。

（2）为保证车出蜗杆的压力角正确，车刀径向前角为 0°。

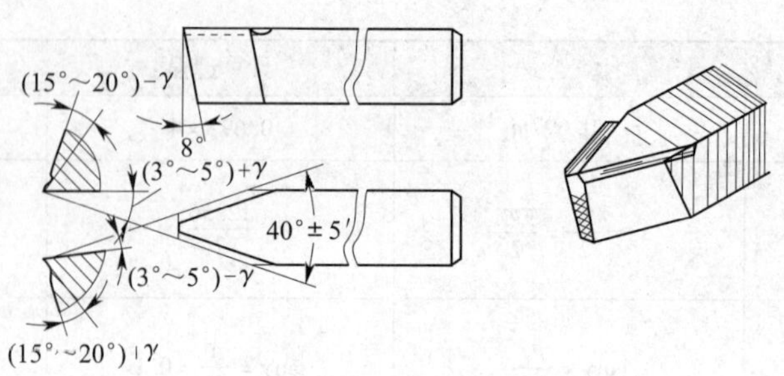

图 6－55　蜗杆精车刀

（3）为保证左、右切削刃切削顺利，两刃都磨有较大的前角，$\gamma_o=15°\sim20°$（适用于刀头宽度较大、能磨出卷屑槽的车刀），但这种精车刀只能精车两齿侧面，车刀前端切削刃不能用来车削槽底。

五、蜗杆车刀的安装

蜗杆车刀的几何形状及刃磨方法与梯形螺纹车刀类似，但蜗杆车刀两侧切削刃之间的夹角应磨成两倍压力角，即 $2\alpha=40°$。在装夹蜗杆车刀时，必须根据不同的蜗杆齿形采用不同的装刀方法。

1. 水平装刀法

精车轴向直廓蜗杆时，为了保证齿形正确，必须使蜗杆车刀两侧切削刃组成的平面与蜗杆轴线在同一水平面内，这种装刀方法称为水平装刀法，如图 6－53a 所示。

2. 垂直装刀法

车削法向直廓蜗杆，装刀时必须使车刀两侧切削刃组成的平面与蜗杆齿面垂直，这种装刀方法称为垂直装刀法，如图 6－53b 所示。利用可回转刀柄（见图 6－56）可方便地调整，以达到“垂直”要求，头部 1 可相对于刀柄 2 回转。

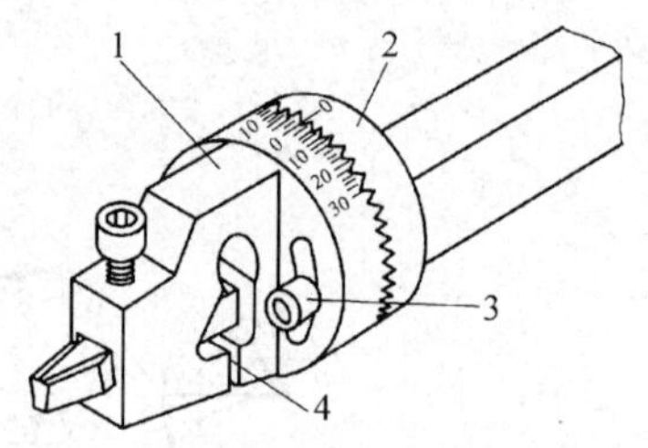

图 6－56　可回转刀柄

1—头部　2—刀柄　3—紧固螺钉　4—弹性槽

采用可回转刀柄时便于刃磨蜗杆车刀，即磨刀时可将车刀两侧刃的前角和后角磨成相同的角度，再根据所要车削的蜗杆的导程角回转刀头角度，以保证两侧刃有相同的工作后角。可回转刀柄还开有弹性槽 4，车削时不易产生扎刀现象。故粗车轴向直廓蜗杆时也常采用垂直装刀法。

六、蜗杆的车削方法

1. 工件的装夹

车削蜗杆时，切削力较大，工件应采用一夹一顶方式装夹。车削模数较大的蜗杆时，应采用四爪单动卡盘与后顶尖装夹，使装夹牢固可靠。工件轴向应采用限位台阶或限位支撑定位，以防止蜗杆在车削过程中沿轴向移动。

2. 车削方法

蜗杆的车削方法与梯形螺纹的车削方法基本相同。由于蜗杆的导程（即轴向齿距）不是整数，车削蜗杆时不能使用提压开合螺母法，只能使用开倒顺车法车削。

（1）车削前，先根据蜗杆的导程在车床进给箱铭牌上找到相应手柄的位置参数，并对各手柄位置进行调整。

（2）粗车时，蜗杆的轴向模数 $m_x \leqslant 3$ mm 时，可采用左右切削法车削；蜗杆的轴向模数 $m_x > 3$ mm 时，一般采用切槽法粗车，然后再用左右切削法半精车；如果蜗杆的轴向模数较大，$m_x > 5$ mm 时，则采用分层切削法粗车，再用左右切削法半精车和精车。

（3）精车时，用两侧带有卷屑槽的蜗杆精车刀分左、右单边切削成形，最后用刀尖角略小于两倍压力角的精车刀精车蜗杆齿根圆直径，把齿形修整清晰。

七、蜗杆的检测

在蜗杆需测量的参数中，齿顶圆直径、分度圆直径、齿距（或导程）、压力角与螺纹的大径、中径、螺距（或导程）、牙型角的测量方法基本相同。在蜗杆的测量中，法向齿厚是一个重要的测量参数。

1. 蜗杆分度圆直径的测量

蜗杆分度圆直径 d_1 可用三针法和单针法测量，其原理及测量方法与测量螺纹相同。用三针法测量公制蜗杆的计算公式参考表 6－30。

2. 法向齿厚的测量

蜗杆的图样上一般只标注轴向齿厚 s_x，在压力角正确的情况下，分度圆直径处的轴向齿厚与齿槽宽度应相等。但轴向齿厚无法直接测量，常通过对法向齿厚 s_n 的测量来判断轴向齿厚是否正确。

蜗杆的法向齿厚 s_n 的计算公式见表 6－34。

可以用齿厚游标卡尺测量法向齿厚，如图 6－57 所示。齿厚游标卡尺由互相垂直的齿高卡尺 1 和齿厚卡尺 2 组成，测量时，量爪的测量面必须与齿侧平行，也就是把刻度所在的卡尺平面与蜗杆轴线相交一个蜗杆导程角。

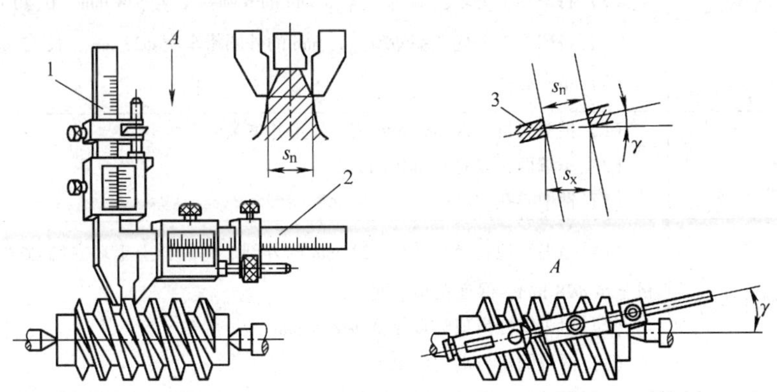

图 6－57　用齿厚游标卡尺测量法向齿厚

1—齿高卡尺　2—齿厚卡尺　3—卡脚

在测量时，应把齿高卡尺的读数调整到齿顶高 h_a 的尺寸（必须注意齿顶圆直径尺寸的误差对齿顶高的影响），齿厚卡尺所测得的读数就是法向齿厚的实际尺寸。此方法的测量精度比用三针法测量差。

例　车削轴向模数 $m_x=4$ mm 的三头蜗杆，其导程角 $\gamma=15°15'$，求齿顶高 h_a 和法向齿厚 s_n。

解

$$h_a=m_x=4\text{ mm}$$

$$s_n=\frac{\pi m_x}{2}\cos\gamma=\frac{3.14\times4}{2}\cos15°15'\text{ mm}\approx6.06\text{ mm}$$

即齿高卡尺应调整到齿顶高 $h_a=4$ mm 的位置，齿厚卡尺测得的法向齿厚 s_n 应为 6.06 mm。

任务实施

一、准备工作

1. 工件毛坯

$\phi50$ mm × 105 mm 的毛坯，材料为 45 钢，数量为 1 件。

2. 工艺装备

普通车床，外圆车刀，B2.5 mm 的中心钻，蜗杆粗车刀、精车刀，圆柱量针，万能角度尺，游标卡尺，千分尺，齿厚游标卡尺，前、后顶尖，对刀样板。

二、操作步骤

车削加工工艺步骤见表 6－36。

表 6－36　车削加工工艺步骤

加工工序	操作步骤内容
1. 粗车左端外圆	（1）夹住毛坯外圆，伸出长度为 50 mm 左右，找正并夹紧 （2）车平端面 （3）将图样上毛坯左端 $\phi27_{-0.021}^{\ 0}$ mm 的外圆粗车至 $\phi28$ mm，长 40 mm （4）将图样上毛坯左端 $\phi20_{-0.03}^{\ 0}$ mm 的外圆粗车至 $\phi21$ mm，长 15 mm （5）钻中心孔
2. 取总长	（1）掉头夹持 $\phi28$ mm 的外圆，找正并夹紧 （2）车端面，取总长 100 mm （3）钻中心孔
3. 粗车右端及蜗杆外圆	（1）一夹一顶装夹，夹持 $\phi21$ mm 的外圆。将图样上毛坯右端 $\phi27_{-0.021}^{\ 0}$ mm 的外圆粗车至 $\phi28$ mm，保证左端长度 （2）粗车蜗杆齿顶圆直径至 $\phi48.5$ mm （3）两端倒角与端面成 20°
4. 粗车蜗杆	粗车蜗杆，两侧面留余量约 0.20 mm
5. 精车蜗杆	（1）两顶尖装夹，精车齿顶圆直径至 $\phi48_{-0.05}^{\ 0}$ mm （2）精车蜗杆
6. 精车 $\phi27$ mm 的外圆	（1）精车外圆至 $\phi27_{-0.021}^{\ 0}$ mm （2）倒角 C1 mm

续表

加工工序	操作步骤内容
7. 精车左端外圆	（1）掉头，采用两顶尖装夹，精车外圆至 $\phi 20_{-0.03}^{0}$ mm，长 15 mm （2）精车外圆至 $\phi 27_{-0.021}^{0}$ mm，长 25 mm （3）倒角 $C1$ mm 两处

〔操作提示〕

1. 车削模数较小的蜗杆时，可用对刀样板找正并装夹蜗杆车刀。

2. 车削模数较大的蜗杆时，可用万能角度尺找正并装夹蜗杆车刀。将万能角度尺的一边靠住工件外圆，观察万能角度尺的另一边与车刀刃口的间隙，如有偏差，可松开压紧螺钉后重新调整，将车刀装正，如图 6－58 所示。

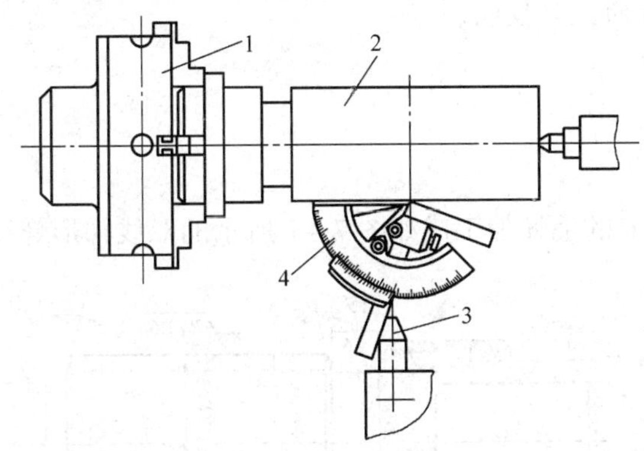

图 6－58　用万能角度尺找正并装夹蜗杆车刀

1—四爪单动卡盘　2—工件　3—蜗杆车刀　4—万能角度尺

〔操作提示〕

1. 由于蜗杆的导程角较大，蜗杆车刀的两侧后角应适当增减。

2. 应尽可能提高工件的装夹刚度，减小车床床鞍与导轨之间的间隙，以减少窜动。

3. 鸡心夹头应靠紧卡爪并牢固地夹住工件，以免车蜗杆时发生移位而损坏工件。在车削过程中应经常检查前、后顶尖的松紧程度。

4. 车削蜗杆时，车第一刀后应先检查蜗杆的轴向齿距是否正确。

5. 粗车蜗杆时，每次背吃刀量要适当，并经常检测法向齿厚，以控制精车余量。

6. 车蜗杆时采用低速车削，并充分加注切削液。为了提高蜗杆齿面的表面质量，可采用几次“点动”（刚启动车床就立即停止车床），利用主轴惯性进行慢速精车。

模块七　车多线螺纹与多头蜗杆

任务一　车双线梯形螺纹轴

学习目标

1. 掌握多线螺纹的分线方法。
2. 掌握车多线螺纹的操作技能。

工作任务

将 $\phi40$ mm×132 mm 的毛坯加工成如图 7－1 所示的双线梯形螺纹轴。

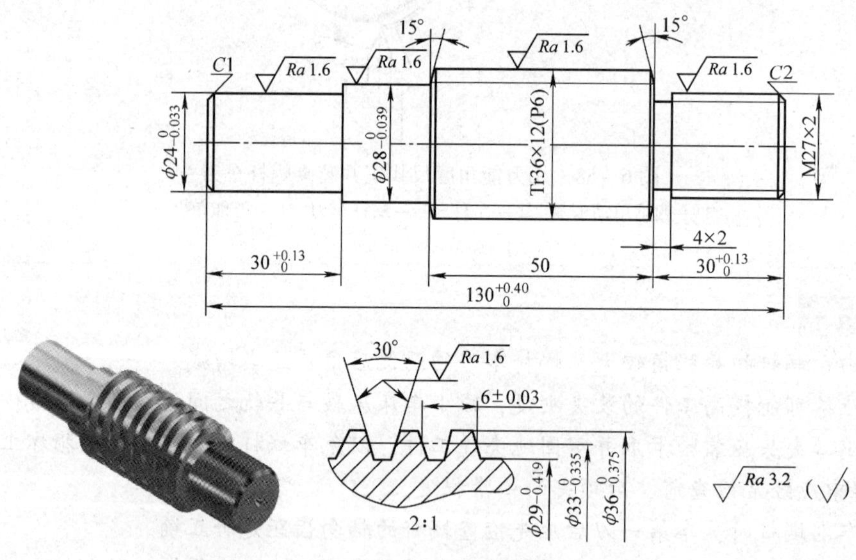

图 7－1　双线梯形螺纹轴

车削该零件时应考虑以下几点内容：

1. 先粗车各外圆直径，待螺纹车好后再精车外圆，以避免车螺纹引起的工件变形。
2. 应尽量在一次装夹中完成多个表面的加工。

3. 根据切削力的大小，应先加工梯形螺纹，后加工普通螺纹。

相关知识

一、多线螺纹

螺纹按螺旋线的线数不同可分为单线螺纹和多线螺纹，见表 7－1。多线螺纹的各螺旋槽在轴向是等距离分布的，在圆周上是等角度分布的。

表 7－1　　单线螺纹和多线螺纹

螺纹	单线（$n=1$）	双线（$n=2$）	三线（$n=3$）
图示	A　P　A　$P_h=P$	B　180°　180°　P　B　$P_h=2P$	C　120°　120°　120°　P　C　$P_h=3P$
不同线数螺纹螺旋线起点在端面上相隔的角度 θ	$\theta=\frac{360°}{n}=\frac{360°}{1}=360°$	$\theta=\frac{360°}{n}=\frac{360°}{2}=180°$	$\theta=\frac{360°}{n}=\frac{360°}{3}=120°$

二、多线螺纹的标记

1. 多线螺纹的导程 P_h

多线螺纹的导程是指在同一条螺旋线上相邻两牙在中径线上对应两点之间的轴向距离。多线螺纹的导程与螺距的关系是 $P_h=nP$（mm）（n 为线数）。

2. 多线螺纹的代号

多线普通螺纹的代号用“M 公称直径 ×P_h导程 P 螺距”表示，如 M48×P_h3P1.5 和 M36×P_h4P2 等。

多线梯形螺纹的代号用“Tr 公称直径×导程（螺距）－中径公差带代号”表示。左旋螺纹需在代号之后加注“LH”，右旋不标注，如 Tr48×12（P6）－7h 等。

三、多线螺纹的分线方法

根据多线螺纹各螺旋线在轴向等距或在圆周上等角度分布的特点，分线方法有轴向分线法和圆周分线法两种。

1. 轴向分线法

轴向分线法描述：按螺纹的导程车第一条螺旋槽→把车刀沿螺纹轴向移动一个螺距→车另一条螺旋槽。

用这种方法只要精确控制车刀沿轴向移动的距离，就可达到分线的目的。具体方法包括以下几种：

（1）用小滑板刻度分线

如图 7－2 所示为用小滑板刻度分线，具体方法是：把小滑板导轨找正到与车床主轴轴线平行→车第一条螺旋槽→把小滑板向前或向后移动一个螺距→车另一条螺旋槽。

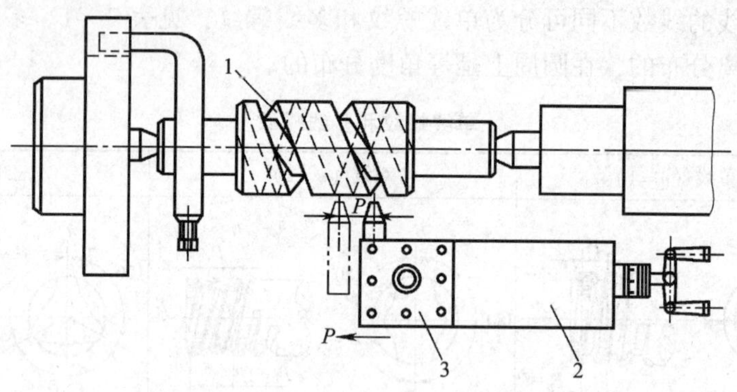

图 7－2　用小滑板刻度分线

1—第一条螺旋槽　2—小滑板　3—刀架

小滑板移动的距离可利用小滑板刻度控制，其刻度转过的格数 K 可用下式计算：

$$K = \frac{P}{a} \tag{7-1}$$

式中　P——螺纹的螺距，mm；

　　a——小滑板刻度盘每格的移动距离，mm。

例　车削 Tr40×14（P7）的多线螺纹，车床小滑板刻度每小格为 0.05 mm，求分线时小滑板刻度盘应转过的格数。

解　已知 $P = 7$ mm，$a = 0.05$ mm。

根据式（7－1）可得：

$$K = \frac{P}{a} = \frac{7}{0.05}\text{格} = 140\text{格}$$

利用小滑板刻度分线比较简便，不需要其他辅助工具，但分线精度不高。

（2）利用开合螺母分线

利用开合螺母分线的方法是：车好第一条螺旋槽→用开倒顺车法将车刀返回到开始车削的位置→提起开合螺母，用床鞍刻度盘控制床鞍纵向前进或后退一个车床丝杠螺距→将开合螺母合上→车另一条螺旋槽。当多线螺纹的导程为车床丝杠螺距的整数倍且其倍数又等于线数时，可应用此方法。

（3）用百分表分线

如图 7－3 所示为用百分表分线，其方法是利用百分表上的读数值来确定小滑板移动的距离。这种分线方法精度较高，但百分表移动距离较小，主要适用于分线精度要求高、螺距较小的多线螺纹的单件生产。

(4) 用百分表和量块分线（见图7－4）

对等距精度要求较高的螺纹分线时，可利用百分表4和量块5控制小滑板2的移动距离。其方法是：把百分表固定在刀架3上→在床鞍上紧固挡块6→调整小滑板，使百分表触头与挡块接触，把百分表调整至零位→车第一条螺旋槽→移动小滑板，使百分表指示的读数等于所车螺纹的螺距。

对螺距较大的多线螺纹进行分线时，因受百分表量程的限制，可在百分表与挡块之间垫入一块（或一组）量块，其厚度最好等于工件的螺距。

使用百分表分线的精度较高，但由于车削时的振动容易使夹持在刀架上的百分表移动，所以须经常校正百分表的零位。

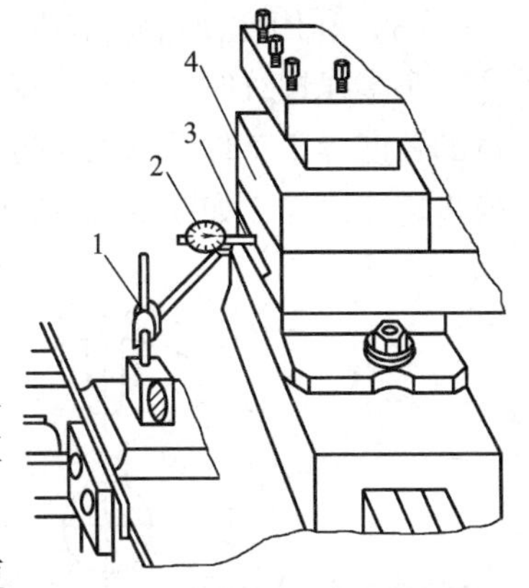

图7－3　用百分表分线
1—表架　2—百分表
3—小滑板　4—刀架

2. 圆周分线法

圆周分线法描述：按螺纹的导程车第一条螺旋槽→脱开工件与丝杠间的传动→把工件转过一个角度 θ→连接工件与丝杠间的传动→车另一条螺旋槽。

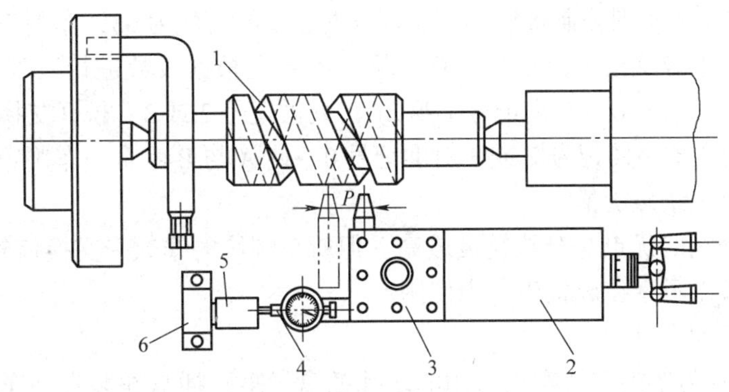

图7－4　用百分表和量块分线
1—第一条螺旋槽　2—小滑板　3—刀架　4—百分表　5—量块　6—挡块

圆周分线的具体方法包括以下几种：

(1) 利用三爪自定心卡盘和四爪单动卡盘分线

当工件采用两顶尖装夹，并用卡盘的卡爪代替拨盘时，可利用三爪自定心卡盘分三线螺纹，利用四爪单动卡盘分双线和四线螺纹。具体方法是：工件采用两顶尖装夹→车好一条螺旋槽→松开顶尖→把工件连同鸡心夹头一起转过一个角度→由卡盘上的另一个卡爪拨动→用后顶尖支撑→车削另一条螺旋槽。

这种分线方法比较简单，但由于卡爪本身的误差较大，故分线精度不高。

(2) 用简单分线盘分线

车削线数为2、3或4，一般精度的螺纹时，可利用简单分线盘（见图7－5）分线。当车削完第一条螺旋槽后，利用分线盘上分度精确的槽将工件转过一个角度 θ。

当车双线螺纹时，工件分线应从1→4或3→5；当车三线螺纹时，工件分线应从2→4→6；当车四线螺纹时，工件分线应从1→3→4→5。

(3) 利用交换齿轮分线

车多线螺纹时，一般情况下，车床交换齿轮箱中的交换齿轮 A 与主轴转速相等，A 转过的角度等于工件转过的角度。所以，当 A 的齿数是螺纹线数的整数倍时，就可以应用交换齿轮分线法，如图 7－6 所示。

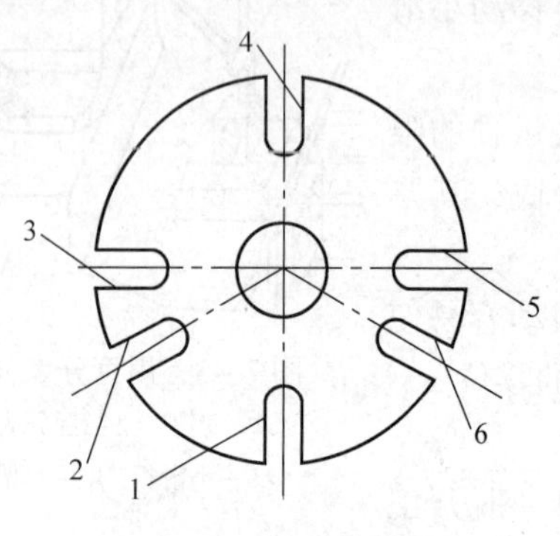

图 7－5　简单分线盘

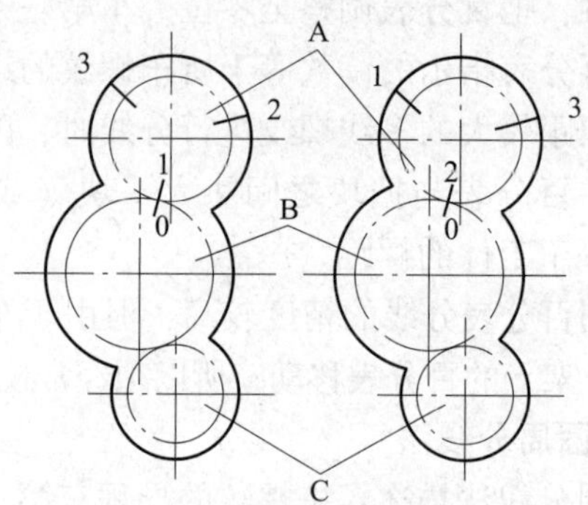

图 7－6　交换齿轮分线法

用 CA6140 型车床车削公制螺纹和英制螺纹时，A 的齿数为 63，车削三线螺纹的具体分线步骤是：车好一条螺旋槽→停车并切断电源→在 A 上根据线数进行三等分→在 A 与 B 的啮合处用粉笔做记号 1 和 0→在离记号 1 第 21 齿处做记号 2 或 3→松开交换齿轮架→使 A 与 B 脱开→用手转动主轴→使记号 2 或 3 对准记号 0→使 A 与 B 啮合→车削第二条螺旋槽→用同样的方法车削第三条螺旋槽。

用这种方法分线的优点是分线精度较高，但所车螺纹的线数受交换齿轮 A 齿数的限制，操作也较麻烦，所以不宜在成批生产中使用。

(4) 用多孔插盘分线

如图 7－7 所示为车削多线螺纹时用的多孔插盘。多孔插盘 5 装夹在车床主轴 2 上，其上有等分精度很高的定位插孔 3（多孔插盘一般等分 12 或 24 孔），它可以对 2、3、4、6、8 和 12 线的螺纹进行分线。

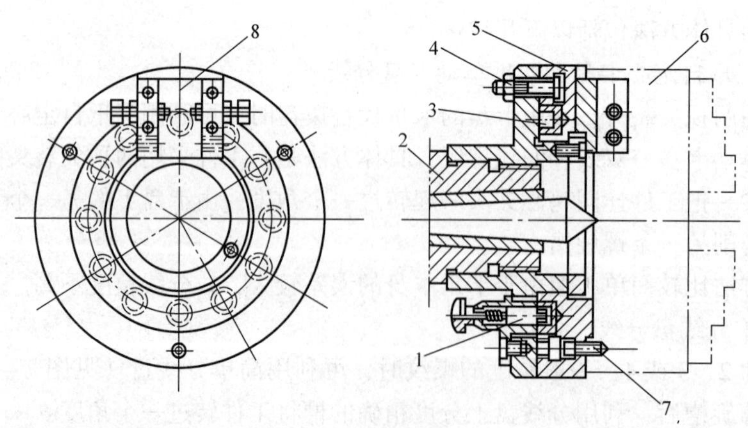

图 7－7　多孔插盘

1—定位插销　2—车床主轴　3—定位插孔　4—紧固螺母　5—多孔插盘　6—卡盘　7—紧定螺钉　8—拨块

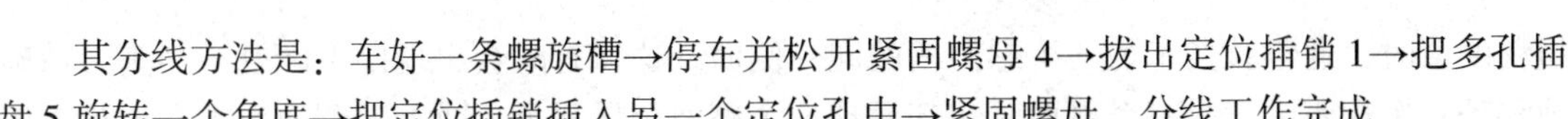

其分线方法是：车好一条螺旋槽→停车并松开紧固螺母 4→拔出定位插销 1→把多孔插盘 5 旋转一个角度→把定位插销插入另一个定位孔中→紧固螺母，分线工作完成。

多孔插盘上可以装夹卡盘 6，工件夹持在卡盘上，也可装上拨块 8 拨动鸡心夹头，进行两顶尖间的车削。

这种分线方法的精度主要取决于多孔插盘的等分精度。如果等分精度高，可以使该装置获得很高的分线精度。多孔插盘分线操作简单、方便，但分线数量受插孔数量的限制。

四、车多线梯形螺纹

多线螺纹上每一条螺旋槽的车削方法与车削单线螺纹相同，关键是准确地分线和保证各螺旋槽尺寸一致。

1. 对多线梯形螺纹进行分线的操作要领

（1）粗车第一条螺旋槽时，应记住中滑板和小滑板的刻度值。

（2）根据工件的精度要求，选择适当的分线方法分线。

（3）用轴向分线法分线粗车第二条、第三条螺旋槽时，必须使中滑板刻度值（即背吃刀量）与车第一条螺旋槽时相同。当用圆周分线法分线时，还应注意车每条螺旋槽时小滑板刻度盘的起始格数要相等。

（4）采用左右切削法精车多线螺纹时，车削每条螺旋槽时车刀的左、右进刀量必须相等，以保证多线螺纹的螺距精度。

2. 精车双线梯形螺纹的操作步骤

现以精车双线梯形螺纹为例说明其操作步骤，如图 7－8 所示。

（1）精车第一条螺旋槽的 a 面，记住向左的进刀量。

（2）分线精车第二条螺旋槽的 b 面，向左的进刀量与精车 a 面时相等。

（3）车刀向右进刀精车 c 面，控制第二条螺旋槽的螺纹中径尺寸，使之符合图样要求。

（4）分线精车第一条螺旋槽的 d 面，控制螺纹中径尺寸，使两条螺旋槽的中径相等。

b　c　a　d

图 7－8　精车双线梯形螺纹

五、分线精度的检测与修正

1. 半精车的检测与修正

多线螺纹在粗车后、精车前应进行半精车，以提高分线精度及减小精车余量，为精车打下良好的基础。半精车应针对分线精度和齿厚误差大的槽和齿进行车削修复，可采用的方法如下：

如图 7－9 所示，采用单针测量比较法对各条螺旋槽进行测量，测量值较大的说明这个槽相对较窄。再用齿厚游标卡尺测量出与该槽相邻的两个齿的齿厚，齿厚较大的那个齿面即为需要车削的面，用此法车至各槽、各齿基本一致。

2. 精车的检测与修正

精车时，同样应对先车哪个侧面做出选择，随意选择容易产生废品。

如果任意取一侧面开始精车，而这个侧面的余量较大。当将这一侧面车至所要求的表面粗糙度值时，通常就换车另一个螺旋槽的同一侧面。这样有时会出现以下问题：当车刀精确地移动一个螺距去车另一个侧面时，却发现这个侧面余量不足，或是牙侧面尚未车至其表面粗糙度值时所留余量就车完了。这并不是粗车或半精车时留的余量小了，而是因为在车削第一侧面时留的余量太大而导致第二条螺旋槽的同一个侧面余量小或没有余量。此时就必须重新把已精车过的侧面再精车一次，造成了操作上不必要的重复，影响车削效率。这就说明精车前应选择好先车哪个侧面的必要性。

选择时同样采用单针比较测量法，找出两条螺旋槽哪个测量值较小，测量值小则槽较宽。再用齿厚游标卡尺测量与该槽相邻的两个齿厚，看哪个测量值较小，以确定从哪个侧面开始精车。若槽的右侧牙型厚度较窄，则应选择右侧面作为精车的第一个面，也就是作为精车的基准。这实际上是选择了余量相对较小的一个牙型侧面先精车。这个牙型侧面精车好（表面粗糙度值达到要求即可）后，再进行精确分线，车另一条螺旋槽的同一侧面，这样就不会出现余量不足的问题了。

精车时分线采用百分表轴向分线法比较精确和简便。

3. 多线螺纹的精度测量和误差修正

多线螺纹除了要保证和单线螺纹一样的精度外，还要保证分线精度（螺距精度），这也是多线螺纹的重要技术指标之一。分线误差较大会造成啮合间隙忽大忽小，影响传动精度。

测量和修正分线误差的方法如下：

首先测量法向齿厚，如果测量的两个法向齿厚基本相等，记下其数值。然后测量包含这两个齿的法向齿厚 H（即两个齿的法向齿厚和一个螺旋槽宽度），记下这个测量值后，再向前或向后移动一个法向齿厚，再测量一次法向齿厚 H_1，比较两次测量的结果，得到的测量值误差就是分线误差，如图 7－10 所示。

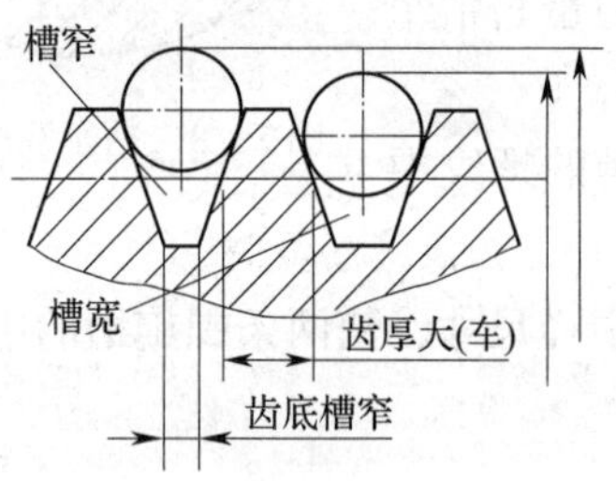

图 7－9 用单针测量比较法测量槽宽及齿厚

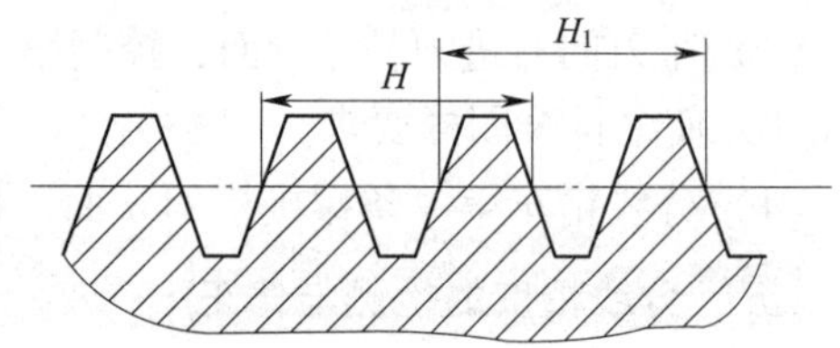

图 7－10 分线误差的测量

此测量方法两次测量都包含了两个相同的齿形，其法向齿厚的值是不变的。但两次测量包含的槽却不一样，因为每次都换了一条螺旋槽，所以两次测量的结果不同，这时，若不考虑测量误差，说明一条螺旋槽较宽，而另一条螺旋槽较窄。在两条螺旋线法向齿厚相等的情况下，组成导程的两个螺距（或周节）则不完全相等。其解决的方法同样是用单针对比测量两条螺旋槽，看哪一个测量值较大，则说明哪条槽较窄。再测量其相邻的两个齿厚，找出测量值较大的那个齿形，那么，该槽的那个侧面就是需要修正（车削）的面。

若两槽的测量值相等，齿厚测量值却不等，说明被测两槽所夹的中间那个齿形较厚，这样就应该修正该齿形的两个侧面。齿厚相等，槽宽不等，应该修正窄槽的两个侧面。假设余

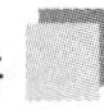

量有 0.2 mm，就应该把它平分在两个侧面上。这样两个齿厚同时减薄，仍然保持相同的厚度，螺距误差也就消除了。

任务实施

一、准备工作

1. 工件毛坯

ϕ40 mm × 132 mm 的毛坯，材料为 45 钢，数量为 1 件。

2. 工艺装备

CA6140 型车床，外圆车刀，B2.5 mm 中心钻，高速钢梯形外螺纹粗车刀、精车刀，车槽刀，圆柱量针，游标卡尺，千分尺，后顶尖，对刀样板。

二、操作步骤

车削加工工艺步骤见表 7－2。

表 7－2　　车削加工工艺步骤

加工工序	操作步骤内容
1. 车端面，钻中心孔	（1）夹住毛坯外圆，伸出长度为 70 mm 左右，找正并夹紧 （2）车平端面，钻中心孔
2. 粗车工件右端外圆	（1）一夹一顶装夹，粗车外圆至 ϕ36.5 mm 长度 （2）粗车外圆 ϕ28 mm × 29 mm
3. 粗车工件左端外圆	（1）将工件掉头，夹住 ϕ36.5 mm 外圆，找正并夹紧，车端面至总长 $130^{+0.40}_{0}$ mm，钻中心孔 （2）一夹一顶装夹工件，粗车外圆至 ϕ29 mm，保证右端长度 80 mm （3）粗车外圆至 ϕ26 mm × 29.5 mm
4. 车梯形螺纹和普通螺纹	（1）掉头，一夹一顶装夹（夹住 ϕ26 mm 外圆），精车螺纹 Tr36 × 12（P6）及 M27 × 2 外圆 （2）车槽 4 mm × 2 mm （3）倒角 15°两处及 C2 mm （4）粗车、精车梯形螺纹 Tr36 × 12（P6） （5）粗车、精车普通螺纹 M27 × 2
5. 精车工件左端外圆	（1）将工件掉头，加铜皮夹住梯形螺纹 Tr36 × 12（P6）外径，找正并夹紧 （2）精车 $\phi24^{0}_{-0.033}$ mm × $30^{+0.13}_{0}$ mm 至尺寸 （3）精车 $\phi28^{0}_{-0.039}$ mm，保证长度 50 mm （4）倒角 C1 mm

〔操作提示〕

1. 多线螺纹的导程大，车削时纵向进给速度快，要注意防止撞车，进刀和退刀时要防止车刀与工件、卡盘、尾座相碰。

2. 用小滑板刻度分线时，应检查小滑板导轨是否与车床主轴轴线平行。在每次分线时小滑板手柄的转动方向必须相同，以避免因小滑板丝杠与螺母之间的间隙而产生误差。

3. 分线后采用左右切削法精车，必须先车削各螺旋槽的同一侧面，然后再车削各螺旋槽的另一侧面。

4. 用百分表分线时，百分表的测量杆应与工件轴线平行，否则也会产生分线误差。

5. 精车时要多次循环分线，以找正粗车或进刀时所产生的分线误差。

6. 多线螺纹分线不正确的主要原因

（1）小滑板移动距离不正确。

（2）车刀修磨后没有对准原来的轴向位置，或随便进刀而使轴向位置移动。

（3）工件没有夹紧，车削时因切削力过大造成工件微量移动或转动，使分线不正确。

任务二　车双头蜗杆

学习目标

1. 掌握双头蜗杆的车削方法。
2. 进一步掌握车削蜗杆的操作技能。

工作任务

将 $\phi60$ mm × 130 mm 的毛坯加工成如图 7－11 所示的双头蜗杆。

任务实施

一、车削加工工艺分析

1. 双头蜗杆的导程大，导程角也大，刃磨蜗杆车刀两侧后角时应注意加、减一个导程角。
2. 要注意选择强度和刚度高的蜗杆车刀。

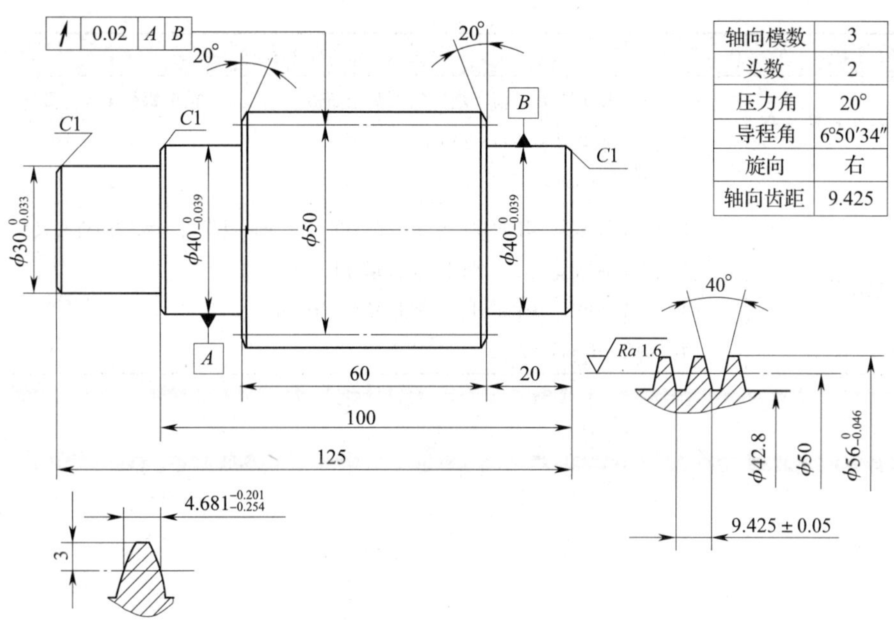

图 7－11　双头蜗杆

3．因蜗杆齿侧的表面粗糙度值小，要求用油石对蜗杆精车刀精细研磨，切削刃应平直、锋利和光洁。

4．要注意工件的装夹刚度，采用一夹一顶装夹时，夹持部位的直径尽量加大，长度尽量放长，尽量利用台阶进行轴向限位，以防止工件打滑或沿轴向产生位移。

5．工件的悬伸长度应尽量短些，以提高工件的装夹刚度，但应留有足够的退刀位置，以防止产生碰撞。

二、操作步骤

多头蜗杆的分线方法与多线螺纹的分线方法相同，车削方法也基本相同。双头蜗杆的车削加工工艺步骤见表 7－3。

表 7－3　　双头蜗杆的车削加工工艺步骤

加工工序	操作步骤内容
1．粗车左端外圆	（1）夹住毛坯外圆，伸出长度为 50 mm 左右，找正并夹紧 （2）车平端面 （3）将图样上 $\phi40\,^{0}_{-0.039}$ mm 外圆粗车至 $\phi42.5$ mm，长度为 44 mm （4）将图样上 $\phi30\,^{0}_{-0.033}$ mm 外圆粗车至 $\phi35$ mm，长度为 24 mm （5）钻中心孔
2．粗车蜗杆外圆及右端外圆，粗车双头蜗杆	（1）掉头夹持外圆 $\phi42.5$ mm 处，找正并夹紧 （2）车端面，保证总长 125 mm，钻中心孔 （3）一夹一顶装夹（夹住外圆 $\phi35$ mm 处），粗车蜗杆外圆至 $\phi56.5$ mm （4）将图样上 $\phi40\,^{0}_{-0.039}$ mm 外圆粗车至 $\phi41$ mm，长度为 19.5 mm，倒角 20°（两端） （5）粗车双头蜗杆

续表

加工工序	操作步骤内容
3．精车双头蜗杆及右端外圆	（1）用两顶尖装夹，精车蜗杆齿顶圆至 $\phi56_{-0.046}^{0}$ mm，精车蜗杆至尺寸要求 （2）精车 $\phi40_{-0.039}^{0}$ mm×20 mm 至尺寸要求 （3）倒角 $C1$ mm
4．精车左端外圆	（1）将工件掉头，用两顶尖装夹，在 $\phi40_{-0.039}^{0}$ mm 外圆处垫铜皮用鸡心夹头夹住 （2）精车 $\phi40_{-0.039}^{0}$ mm 外圆，保证蜗杆长度 60 mm （3）精车 $\phi30_{-0.033}^{0}$ mm 外圆，控制长度 100 mm （4）倒角 $C1$ mm（两处）

模块八　车偏心工件与曲轴

任务一　在三爪自定心卡盘上车偏心工件

学习目标

1. 掌握偏心工件、偏心轴、偏心套、偏心距的概念。
2. 能在三爪自定心卡盘上加垫片装夹车削偏心工件。
3. 掌握在三爪自定心卡盘及 V 形架上检测偏心距的技能。
4. 能分析并解决车削偏心工件时出现的问题。

工作任务

用三爪自定心卡盘车削如图 8－1 所示的偏心工件。

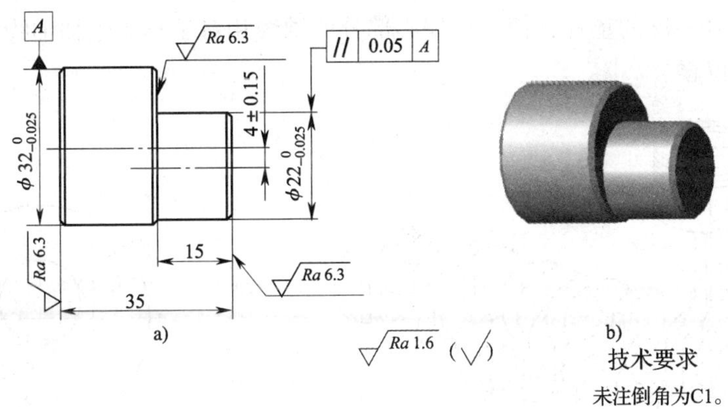

图 8－1　偏心工件
a）零件图　b）实物图

相关知识

一、偏心工件

1. 如图 8－2a 所示是外圆与外圆的轴线平行而不重合（偏一个距离）的工件，叫作偏心轴。

2. 如图 8－2b 所示是内孔与外圆的轴线平行而不重合的工件，叫作偏心套。

3. 偏心轴和偏心套统称为偏心工件。偏心工件两轴线之间的距离称为偏心距，用 e 表示。

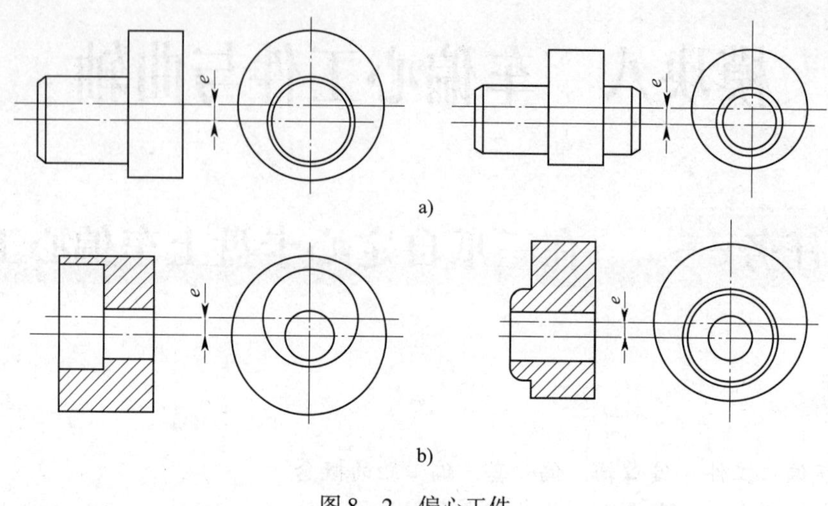

图 8－2　偏心工件

a）偏心轴　b）偏心套

4. 在机械传动中，通常用偏心零件来实现回转运动与往复直线运动的转变，如车床主轴箱中的偏心轴、汽车发动机中的曲轴（见图 8－3）等。

二、在三爪自定心卡盘上车削偏心工件（见图 8－4）

1. 操作方法

在三爪自定心卡盘的任意一个卡爪与工件基准外圆表面（已加工好）的接触部位之间垫上一块预先选好厚度的垫片，使工件偏心部分的轴线相对于车床主轴轴线产生一个符合要求的偏心距 e 的位移。

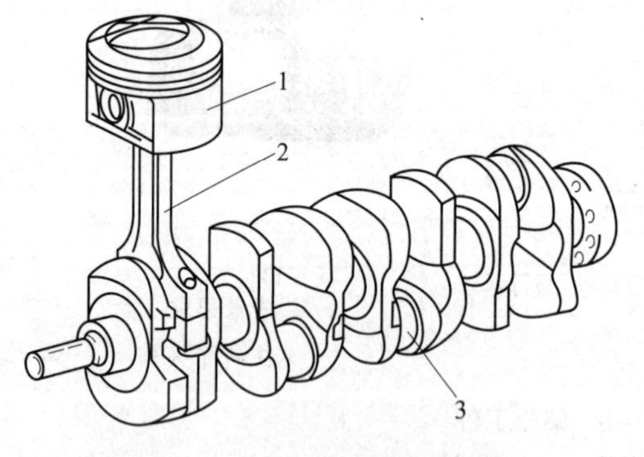

图 8－3　汽车发动机中的曲轴

1—活塞　2—连杆　3—曲轴

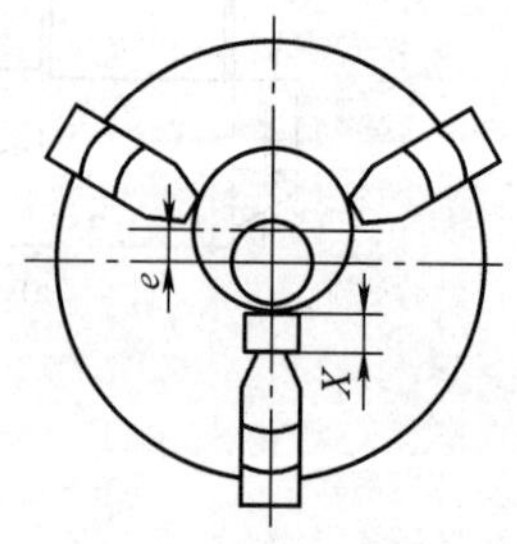

图 8－4　在三爪自定心卡盘上车削偏心工件

车削偏心工件的基本原理是：把所要加工的偏心部分的轴线找正到与车床主轴轴线重合。

2. 垫片厚度的确定

在三爪自定心卡盘上车削偏心工件的关键是垫片厚度的确定。垫片厚度 X 的计算公式为：

$$X \approx 1.5e \tag{8-1}$$

$$X = 1.5e + k \tag{8-2}$$

$$k \approx 1.5\Delta e \tag{8-3}$$

$$\Delta e = e - e_{测} \tag{8-4}$$

式中 X——垫片厚度，mm；

e——工件偏心距，mm；

k——偏心距修正值，其正负值按实测结果确定，mm；

Δe——试切后实测偏心距误差，mm；

$e_{测}$——试切后实测偏心距，mm。

例 车削偏心距 $e = 2$ mm 的工件，试用近似公式计算垫片厚度 X。

解 （1）近似确定垫片厚度 X：

$$X \approx 1.5e = 1.5 \times 2\ \text{mm} = 3\ \text{mm}$$

（2）垫入 3 mm 厚的垫片进行检测，在三爪自定心卡盘上加垫片检测偏心距的方法见表 8－1。或试切，试切后检查其实测偏心距 $e_{测}$。如实测偏心距为 2.04 mm，则有偏心距误差 Δe：

表 8－1　在三爪自定心卡盘上加垫片检测偏心距的方法

方法	图示	说明
用百分表校正偏心距	垫片 车床主轴中心 偏心圆中心 2e e 基准圆中心	用百分表校正偏心距，将百分表触头与工件基准外圆接触，使工件缓慢转一周，百分表读数的最大值与最小值之差为两倍偏心距（2e）

$$\Delta e = e - e_{测} = 2 - 2.04\ \text{mm} = -0.04\ \text{mm}$$

（3）计算偏心距修正值 k：

$$k \approx 1.5\Delta e = 1.5 \times (-0.04)\ \text{mm} = -0.06\ \text{mm}$$

（4）实际垫片厚度 X 应为：

$$X = 1.5e + k = 1.5 \times 2 + (-0.06)\ \text{mm} = 2.94\ \text{mm}$$

3. 适用场合

用三爪自定心卡盘装夹工件时，适用于车削偏心距 e 精度不高、长度较短、形状较简单、加工数量不多且偏心距 $e \leqslant 6$ mm 的偏心工件。

三、偏心距的检测

偏心轴偏心距的检测方法见表 8－2。

表 8－2　偏心轴偏心距的检测方法

检测方法	图示	说明
用游标卡尺检测	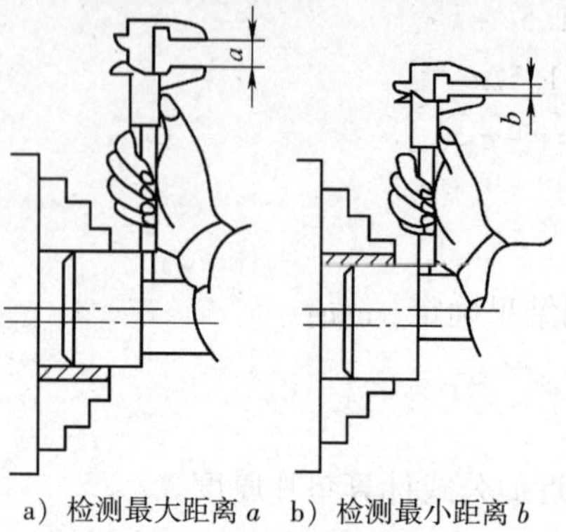 a）检测最大距离 a　b）检测最小距离 b	用分度值为 0.02 mm 的游标卡尺（或深度游标卡尺）检测两外圆间的最大距离（见图 a）和最小距离（见图 b），其差值的一半即为偏心距 e，即： $$e=\frac{1}{2}(a-b)$$
用百分表检测	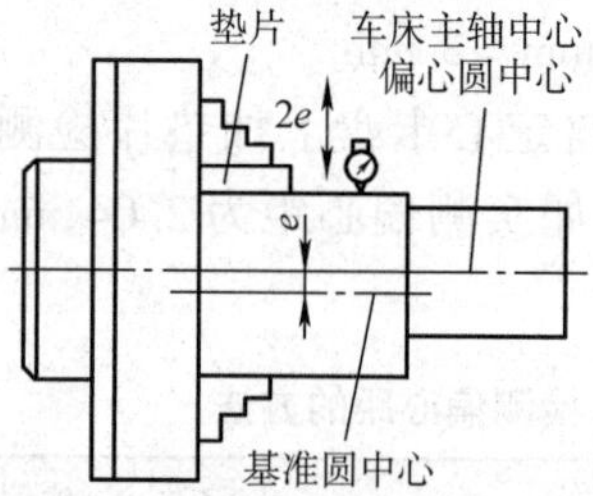	用百分表检测偏心距时，将百分表触头与工件基准外圆接触，使工件缓慢转一周，百分表读数的最大值与最小值之差的一半即为偏心距 e
在 V 形架上检测	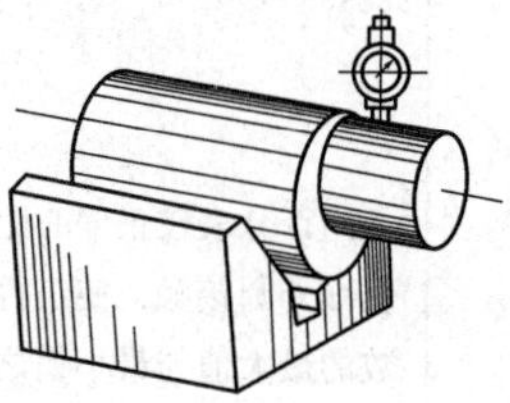	无中心孔或长度较短、偏心距 $e<5$ mm 的偏心工件可在 V 形架上检测偏心距 检测时，将工件基准圆柱放置在 V 形架上，使百分表触头与被测偏心外圆表面垂直接触，缓慢、均匀地转动工件一周，百分表读数的最大值与最小值之差的一半即为偏心距 e
在 V 形架上间接测量	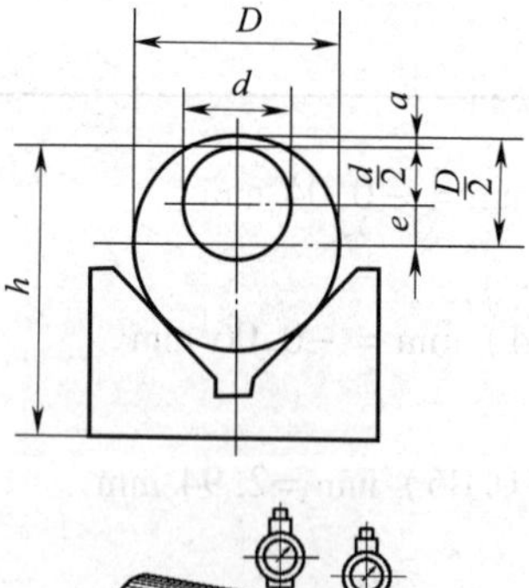 	偏心距较大（$e\geqslant5$ mm）的工件因受到百分表测量范围的限制，或无中心孔的偏心工件，可采用间接测量偏心距的方法 测量时，把 V 形架放在平板上，再把工件安放在 V 形架中，转动偏心轴，用百分表测量出偏心轴端最高点 h，找出最高点后，把工件固定，再将百分表水平移动，测量出偏心轴外圆到基准轴外圆之间的距离 a，然后用下式计算出偏心距 e： $$e=\frac{D}{2}-\frac{d}{2}-a$$ 式中　D——基准轴直径，mm d——偏心轴直径，mm a——基准轴外圆到偏心轴外圆之间的最小距离，mm D 和 d 应用千分尺测量出准确的实际值，否则计算时会产生误差

任务实施

一、准备工作

1. 工件毛坯

毛坯尺寸：$\phi35$ mm×80 mm。材料：45 钢。数量：1 件。

2. 工艺装备

普通车床（配三爪自定心卡盘）、45°车刀、90°车刀、切断刀、0～25 mm 和 25～50 mm 千分尺各 1 把、游标卡尺、0～10 mm 百分表及磁性表座、垫片等。

二、操作步骤

如图 8－1 所示，偏心工件的车削关键是保证偏心距精度和两外圆轴线的平行度精度要求。表 8－3 所列为该工件的加工工艺步骤。

表 8－3　偏心工件的加工工艺步骤

加工工序	操作步骤内容
1. 车基准外圆	（1）夹住毛坯外圆，伸出长度为 50 mm 左右，找正并夹紧，车平端面 （2）粗车、精车 $\phi32_{-0.025}^{0}$ mm 外圆，长 40 mm，倒角 $C1$ mm （3）取长度 36 mm，切断 （4）夹住 $\phi32$ mm 基准外圆，用划针找正，车端面，取总长 35 mm
2. 车偏心外圆	（1）加垫片夹住基准外圆（卡爪处垫铜皮），用百分表找正工件偏心距（百分表最大值与最小值之差为 8 mm）和偏心轴轴线（交替进行），将工件夹紧 （2）粗车 $\phi22_{-0.025}^{0}$ mm 偏心外圆，留精车余量 0.5 mm，保证长度 14.5 mm （3）精车 $\phi22_{-0.025}^{0}$ mm 偏心外圆，保证长度 15 mm，外圆倒角 $C1$ mm
3. 基准外圆倒角	（1）去掉垫片后夹住 $\phi32_{-0.025}^{0}$ mm 外圆，注意不要夹坏工件表面，倒角 $C1$ mm （2）检查，卸下工件

〔操作提示〕

1. 应选择具有足够硬度的材料制作垫片，以减少装夹变形。

2. 装夹工件及调整偏心距时要兼顾找正外圆侧素线，以保证工件轴线的平行度。

3. 加工一件以上的偏心工件时，应在垫垫片的卡爪上做好标记。

4. 开始车削时，由于偏心部分两边的切削量相差较多，车刀应先远离工件后再启动主轴。车刀逐步切入工件进行车削，以防止工件碰撞车刀。

5. 由于是断续切削，且加工余量相差较大，会产生一定的冲击和振动。因此，应选取负值刃倾角车刀；车削时，背吃刀量不能太大，进给量要小一些。

任务二　在四爪单动卡盘上车偏心工件

学习目标

1. 掌握偏心工件的划线方法。
2. 掌握在四爪单动卡盘上用划线盘和百分表校正偏心工件的技能。
3. 掌握在四爪单动卡盘上车偏心工件的方法。
4. 掌握测量偏心距的技能。

工作任务

将 $\phi55$ mm × 75 mm 的毛坯加工成如图 8－5 所示的偏心套。

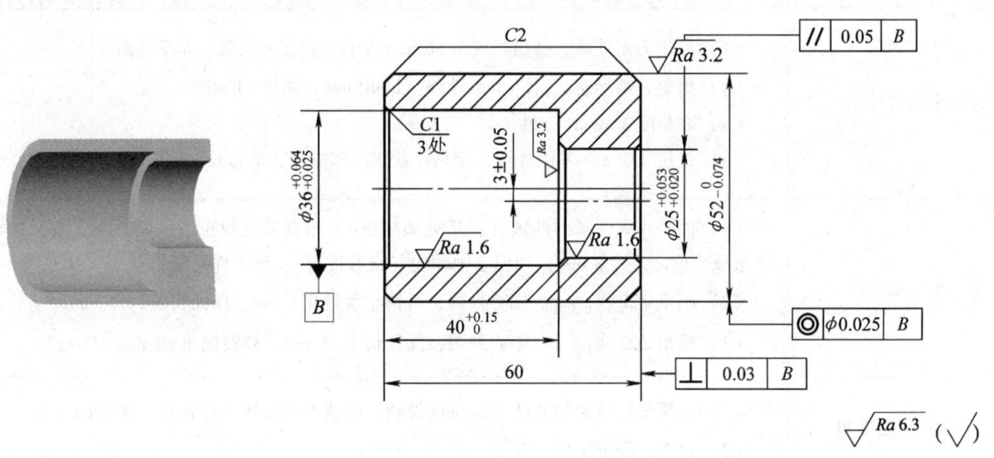

图 8－5　偏心套

1. 工件为一偏心套，其基准是 $\phi36^{+0.064}_{+0.025}$ mm、深度为 $40^{+0.15}_{0}$ mm 的台阶孔，8 级精度（F8），表面粗糙度值 Ra 为 1.6 μm。

2. 工件外圆为 $\phi52^{0}_{-0.074}$ mm、长 60 mm 的光轴，9 级精度（h9），表面粗糙度值 Ra 为 3.2 μm，外圆对基准孔的同轴度公差为 ϕ 0.025 mm，右端面对基准孔轴线的垂直度公差为 0.03 mm。

3. 偏心孔为 $\phi25^{+0.053}_{+0.020}$ mm，8 级精度（F8），表面粗糙度值 Ra 为 1.6 μm，对基准孔的偏心距 $e=$（3 ± 0.05）mm，两孔轴线的平行度公差为 0.05 mm。

4. 为保证外圆与基准孔同轴，且外圆表面光整、无接刀痕（用作划线基准），应设置工艺凸台，使外圆与基准孔在一次装夹（用三爪自定心卡盘）中完成加工。

5. 在四爪单动卡盘上装夹工件前，应先在工件上划出偏心轴线的位置。

6．由于偏心距精度要求较高，拟用划线盘上的划针按划线位置初步找正，再用百分表校正。

相关知识

一、偏心工件的划线方法

偏心工件的划线步骤见表 8－4。

表 8－4　偏心工件的划线步骤

内容	图示	说明
工件图样	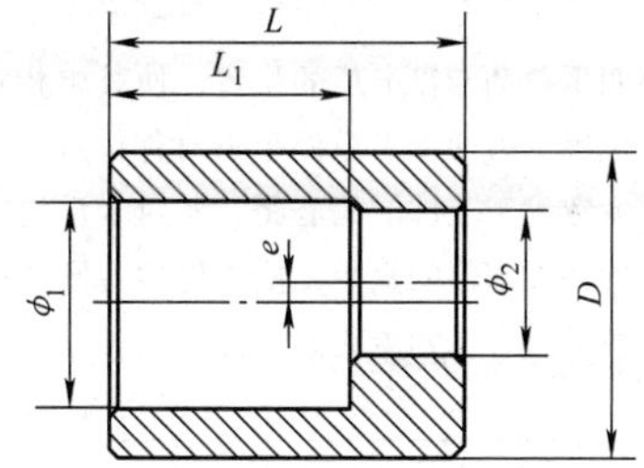	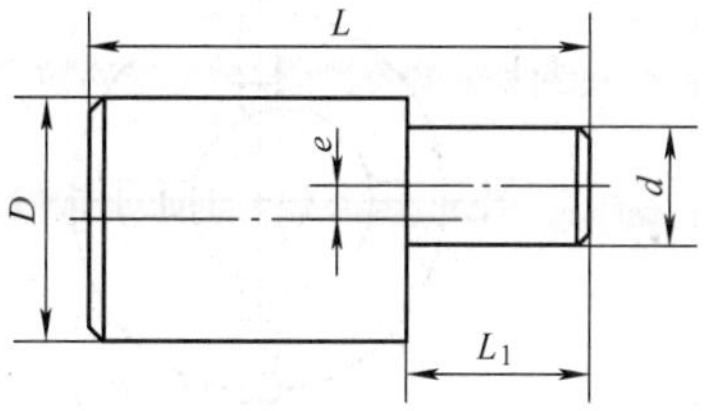 偏心轴的划线方法与偏心套的划线方法相同
将工件车削成光轴	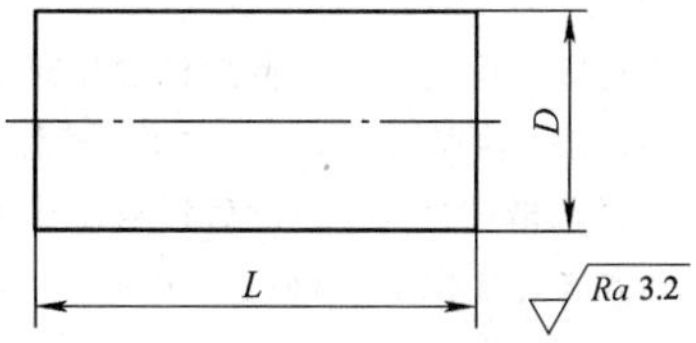	将毛坯车削成直径为 D、长度为 L 的光轴，光轴两端面应与轴线垂直，表面粗糙度值 $Ra \leqslant 3.2$ μm
划线步骤	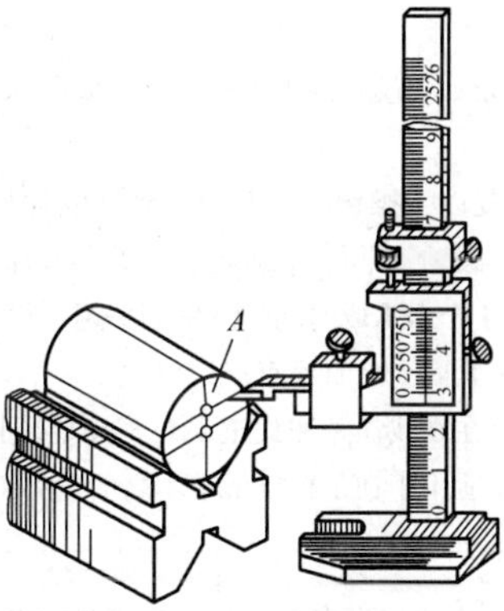	1．在外圆和两端面上涂一层显示剂，然后将其放置在平板上的 V 形架中 2．用游标高度尺测出光轴的最高点，并记下其读数，然后按实测的光轴直径的 1/2 将游标高度尺的游标下移，并在光轴的端面 A 上轻划一条水平线 3．将光轴转过 180°，在同样的高度下，在端面 A 上再轻划一条水平线，检查前、后两条线是否重合。若重合，此直线则为光轴的水平轴线；若不重合，则需调整游标高度尺，调整的高度为两平行线距离的一半（上移或下移），再重新划一条线，如此反复进行，直至两线重合
划偏心圆	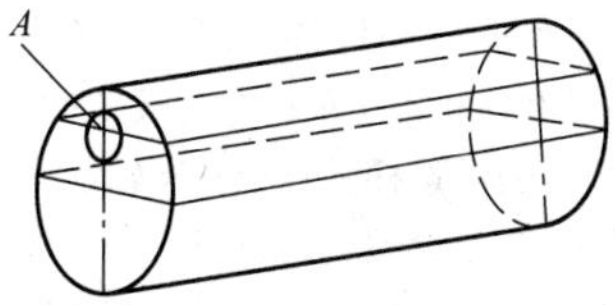	1．找出工件的轴线后，在工件四周划圈线 2．将工件转动 90°，用 90°角尺对齐已划好的端面线，然后用调整好的游标高度尺再在工件四周划线，工件上就得到两道互相垂直的圈线 3．将游标高度尺的游标上移一个偏心距 e，在光轴端面和四周再划一道圈线 4．在光轴两端面上分别打出偏心中心的样冲眼，样冲眼的中心位置要准确，眼坑应直、浅，且小而圆 5．以样冲眼为中心先划一个偏心圆（在端面允许的情形下，偏心圆直径取大值），并在此偏心圆上均匀、准确地打上几个样冲眼，以便于找正

二、用四爪单动卡盘装夹并找正偏心工件的方法

对于数量少、偏心距小、长度较短、不便于在两顶尖间装夹或形状比较复杂的偏心工件，可以用四爪单动卡盘装夹进行车削。装夹工件时，必须根据毛坯上已划好的线找正工件，使偏心轴线与车床主轴轴线重合，并找正工件侧素线与车床主轴轴线平行。偏心工件的找正方法见表 8 – 5。

表 8 – 5　　偏心工件的找正方法

内容		图示	说明
用划针按划线找正	卡爪位置的调整	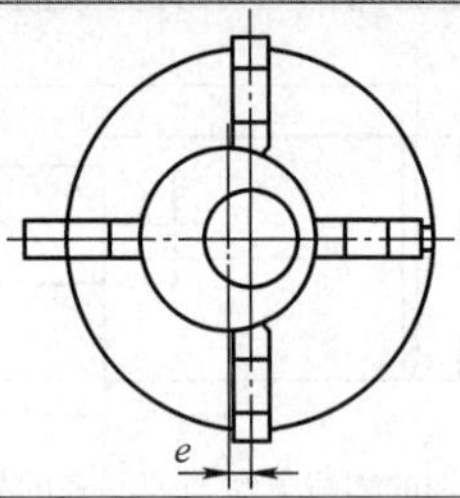	调整四爪单动卡盘卡爪的位置，使其中相对的两个卡爪处于对称位置，另两个卡爪处于不对称位置，其偏离主轴中心的距离大致等于工件的偏心距，各对卡爪之间张开的距离稍大于工件装夹部位的直径，使工件偏心圆柱的轴线与车床主轴轴线基本重合，初步夹紧工件
用划针按划线找正	找正侧素线	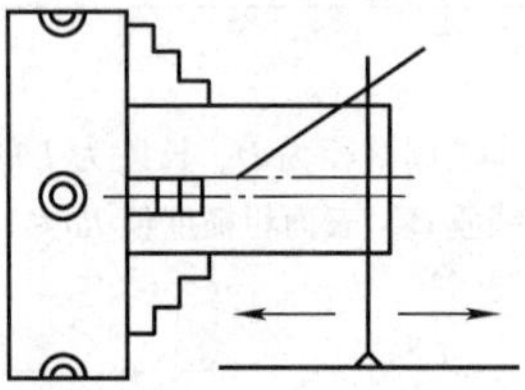	将划线盘置于中滑板上，使划针尖端对准工件外圆侧素线，移动床鞍，检查侧素线是否水平，若侧素线不水平，可用木锤轻轻敲击进行找正，然后将卡盘（工件）转动 90°，用同样的方法对侧素线进行检查和找正
用划针按划线找正	找正偏心圆	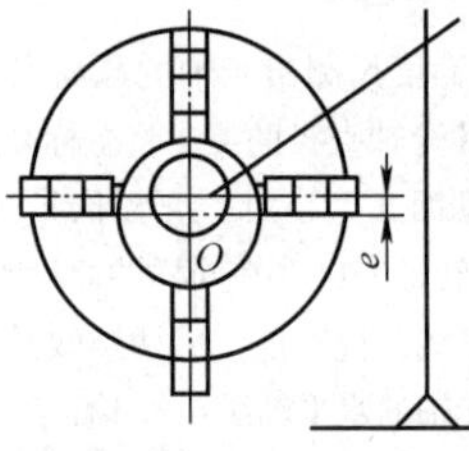	1. 将划针尖端对准工件端面上的偏心圆，转动卡盘，找正偏心圆 2. 重复以上操作，直至两条侧素线均呈水平（基准圆轴线与偏心圆轴线平行），偏心圆轴线与车床主轴轴线重合 3. 将 4 个卡爪成对均匀地紧固一遍，检查并确认侧素线和偏心圆在紧固卡爪时没有产生位移 由于存在划线误差和找正误差，按划线找正偏心工件位置的方法仅适用于加工精度要求不高的偏心工件
用百分表找正		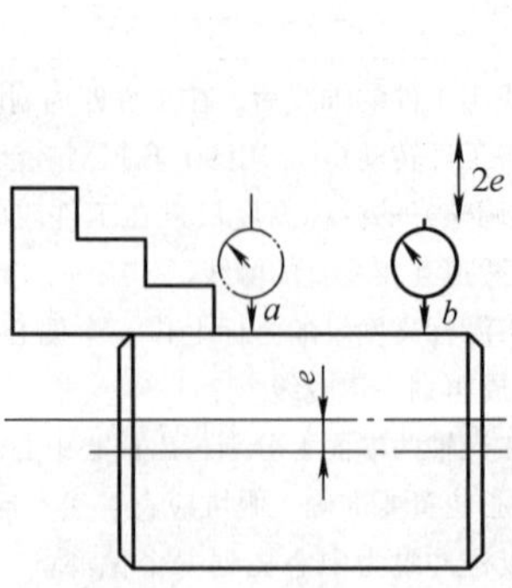	1. 先按划线初步找正工件，再用百分表找正，使偏心圆轴线与车床主轴轴线重合 2. a 点处用卡爪调整，b 点处用木锤轻敲 3. 移动床鞍，用百分表在 a 和 b 两点处交替测量，找正工件侧素线，使偏心工件两轴线平行，百分表在两端的读数差值一般应控制在 0.02 mm 以内（或参照零件精度要求） 4. 使百分表测量杆垂直于基准轴（在最低点处应有一定的压表量），用手缓慢转动卡盘一周，找正偏心距，百分表在工件转过一周中读数的最大值与最小值之差的一半即为偏心距 e，a 和 b 两点处偏心距应基本一致，并在图样允许的误差范围内。反复调整，直至达到图样要求

三、偏心套的检测

如图 8－5 所示的偏心套偏心距的检测方法见表 8－6。

表 8－6　　偏心套偏心距的检测方法

内容	图示	说明
在车床上测量偏心距	2e e	在四爪单动卡盘上车偏心工件前，可直接在车床上检测偏心距 e 同表 8－5 中的“用百分表找正”
在两顶尖间测量偏心距		1. 将偏心套套在心轴上 2. 用两顶尖支撑心轴，在两顶尖间检测偏心距 e 3. 将百分表触头与被测偏心外圆表面垂直接触，用手转动工件一周，百分表读数的最大值与最小值之差的一半即为偏心距 e 也可用同样的方法，在两顶尖间检测两端有中心孔、偏心距较小、不易放在 V 形架上测量的偏心轴的偏心距 e

任务实施

一、准备工作

1. 工件毛坯

毛坯尺寸：$\phi55$ mm×75 mm。材料：45 钢。数量：1 件。

2. 工艺装备

普通车床、三爪自定心卡盘、四爪单动卡盘、45°车刀、90°车刀、$\phi34$ mm 和 $\phi23$ mm 麻花钻、内孔粗车刀、内孔精车刀、游标高度尺、25～50 mm 和 50～75 mm 千分尺、游标卡尺、内径百分表、划线盘、显示剂、平板、V 形架、划针、样冲、0～5 mm 百分表及磁性表座、铜皮等。

二、操作步骤

如图 8－5 所示偏心套的加工工艺步骤见表 8－7。

表 8－7　偏心套的加工工艺步骤

加工工序	操作步骤内容
1. 车削限位台阶	（1）在三爪自定心卡盘上夹持毛坯 ϕ55 mm 外圆，伸出长度为 30 mm 左右，找正并夹紧 （2）车平端面 （3）车限位台阶 ϕ45 mm，长度为 10 mm，表面粗糙度值 Ra 为 6.3 μm
2. 粗车偏心套成形	（1）掉头夹持 ϕ45 mm 外圆，找正并夹紧 （2）车平端面 （3）粗、精车外圆至尺寸 $\phi52_{-0.074}^{0}$ mm，长度为 61 mm，表面粗糙度值 Ra 为 3.2 μm （4）外圆倒角 $C2$ mm （5）钻孔 ϕ34 mm，深 39 mm （6）孔口倒角 $C1$ mm
3. 取总长	（1）将工件掉头垫铜皮装夹，找正并夹紧，车去限位台阶 （2）车另一端面，保证总长 60 mm （3）外圆倒角 $C2$ mm
4. 划线、打样冲眼	（1）划线 （2）在偏心圆上打样冲眼
5. 钻偏心孔	（1）垫铜皮，用四爪单动卡盘夹持 $\phi52_{-0.074}^{0}$ mm 外圆柱面，用划线盘上的划针按端面上的偏心圆初步找正 （2）用百分表精确找正、夹紧工件，保证偏心距 （3）用 ϕ23 mm 麻花钻钻通孔
6. 车偏心孔	（1）粗车、精车内孔至 $\phi25_{+0.020}^{+0.053}$ mm （2）孔口倒角 $C1$ mm（两处） （3）检查

〔操作提示〕

1. 划线用显示剂应有良好的附着性，在工件上涂抹显示剂时不宜涂得太厚，应匀而薄地涂在工件上，以免影响划线的清晰度。

2. 划线时，用手轻扶工件，防止其移动和转动。划线平板表面与划线尺底座平面应光洁、无毛刺，可薄薄地涂上一层机油，以减小划线尺移动时与平板表面的摩擦阻力。

3. 样冲尖应仔细刃磨，以防止产生较大的偏心误差。偏心圆周上的样冲眼一般均匀地打上 4 个即可。

4. 参考在三爪自定心卡盘上车偏心轴时的注意事项。

5. 按划线找正工件前，先移动尾座用后顶尖靠近工件端面，检查顶尖是否对准偏心

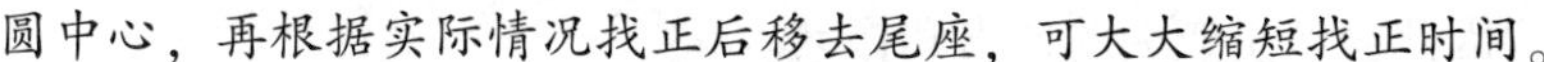

圆中心，再根据实际情况找正后移去尾座，可大大缩短找正时间。

6. 通过检测，若偏心距误差较大，可少量调整处于不对称位置的两个卡爪。若偏心距误差较小，则仅需继续紧固卡爪即可。

任务三　用两顶尖装夹车偏心工件

学习目标

1. 掌握钻偏心中心孔的方法。
2. 掌握用两顶尖装夹车偏心工件的技能。
3. 掌握在两顶尖间间接测量较大偏心距的技能。

工作任务

将 ϕ85 mm × 305 mm 的毛坯加工成如图 8－6 所示的偏心轴。

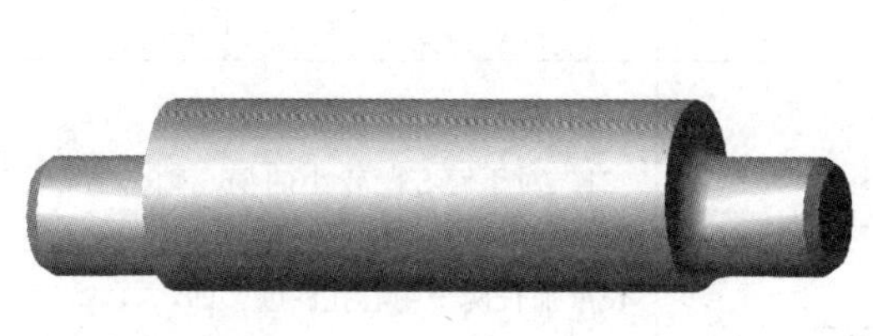

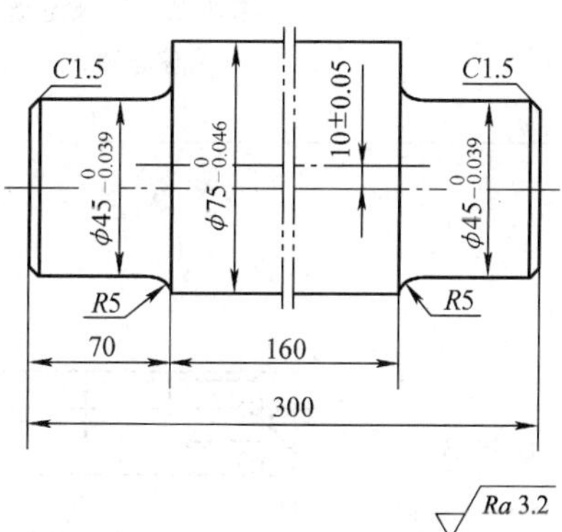

图 8－6　偏心轴

相关知识

一、用两顶尖装夹车偏心工件的特点

对于较长的偏心工件，只要两端能钻中心孔，且有装夹鸡心夹头的位置，都可以用两顶尖装夹进行车削，如图 8－7 所示。

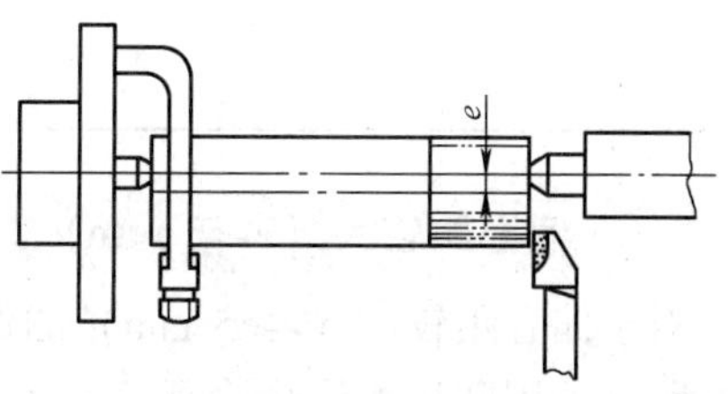

图 8－7　用两顶尖装夹车削偏心工件

由于是用两顶尖装夹，在偏心中心孔间车削偏

心圆，这与在两顶尖间装夹车削一般外圆相似，不同之处是车偏心圆时在一转内工件加工余量变化大，且是断续切削，因此会产生较大的冲击和振动。

二、偏心中心孔的加工

偏心中心孔的加工方法见表 8－8。

表 8－8 偏心中心孔的加工方法

加工情况	图示	说明
单件、小批量生产	（略）	1．精度要求不高的偏心轴，其偏心中心孔可划线后在钻床上钻出 2．偏心距精度要求较高时，其偏心中心孔可在坐标镗床上钻出
成批生产	 1—软卡爪　2—紧定螺钉　3—偏心夹具 4—偏心轴　5—中心钻	偏心中心孔可在专门的中心孔钻床或偏心夹具上钻出
偏心距较小的偏心轴		1．对于偏心距较小的偏心轴，偏心中心孔与基准中心孔可能部分重叠，此时可将工件的长度加长两个中心孔深度，即： $L=l+2h$ 式中　L——偏心轴毛坯长度，mm l——偏心轴实际长度，mm h——中心孔深度，mm 2．先利用两基准中心孔装夹毛坯将其车成光轴→切去两头基准中心孔，保证工件长度→划线→钻偏心中心孔→车削偏心外圆

三、偏心距较大（e≥5 mm）时偏心工件的检测方法（见表 8－9）

对于偏心距较大（e≥5 mm）的偏心工件，受百分表测量范围的限制，不能直接检测其偏心距，可用间接测量法检测。

表 8-9　　偏心距较大（$e \geqslant 5$ mm）时偏心工件的检测方法

方法	图示	检测步骤
用两顶尖间接测量偏心距	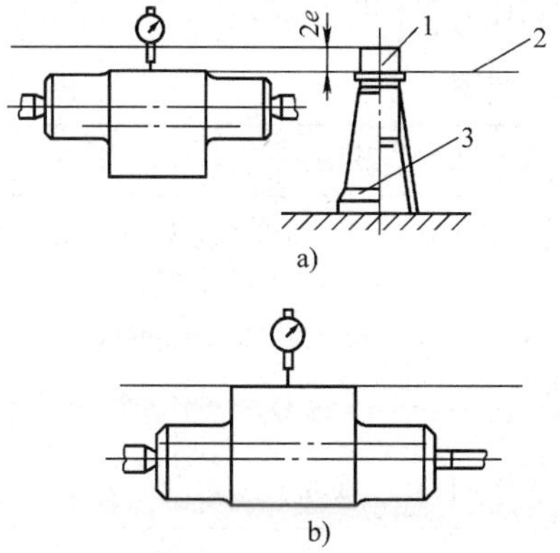 1—量块　2—可调量规平面　3—可调量规	1. 利用偏心轴的基准中心孔将工件支顶在两顶尖之间，缓慢转动工件，用百分表找出偏心圆柱的最低点，如图 a 所示 2. 调整可调量规平面，使其与偏心圆柱最低点处于同一水平位置（用百分表测定），然后固定。再转动偏心工件，找出偏心圆柱的最高点，如图 b 所示 3. 在可调量规平面上放置量块（组），用百分表测定，使量块的高度与偏心圆柱的最高点等高，如图 a 所示 4. 量块高度的一半即为偏心距 e
在V形架上间接测量偏心距	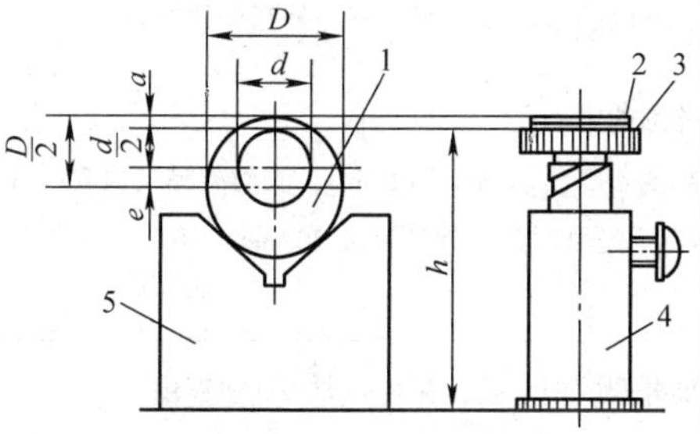 1—偏心工件　2—量块　3—可调量规平面 4—可调量规　5—V 形架	1. 将 V 形架置于测量平板上，工件放在 V 形架中，转动工件，用百分表找出偏心圆柱的最高点，将工件固定 2. 把可调量规平面调整到与偏心圆柱最高点等高 3. 计算出偏心圆柱面到基准圆柱面之间的最小距离： $a = \frac{D}{2} - \frac{d}{2} - e$ 式中　a——基准轴外圆到偏心轴外圆间的最小距离，mm D——基准轴的实际直径，mm d——偏心轴的实际直径，mm e——偏心距，mm 4. 选择一组量块，组成尺寸 a，将量块组置于可调量规平面上 5. 水平移动百分表，分别测量基准圆柱面最高点（读数 A）和量块组上表面（读数 B），比较读数差值（$A-B$）是否在偏心距误差允许范围内，以判定此偏心距是否满足图样要求

任务实施

一、准备工作

1. 工件毛坯

毛坯尺寸：$\phi 85$ mm × 305 mm。材料：45 钢。数量：1 件。

2. 工艺装备

普通车床、三爪自定心卡盘、四爪单动卡盘、45°车刀、90°车刀、$R5$ mm 圆弧车刀、游标高度尺、25 ~ 50 mm 和 50 ~ 75 mm 千分尺、游标卡尺、划线盘、显示剂、平板、V 形架、划针、样冲、0 ~ 5 mm 百分表及磁性表座、量块、对分式夹头、铜皮等。

二、操作步骤

如图 8 – 6 所示偏心轴的加工工艺步骤见表 8 – 10。

表 8 – 10　偏心轴的加工工艺步骤

加工工序	操作步骤内容
1. 车光轴 $\phi80$ mm × 300 mm	（1）在三爪自定心卡盘上夹持毛坯外圆，伸出长度为 200 mm 左右，找正并夹紧 （2）车平端面，粗车光轴至 $\phi80$ mm，长度为 170 mm，倒角 （3）掉头夹持 $\phi80$ mm 外圆，找正并夹紧 （4）车端面，取总长 300 mm （5）粗车外圆至 $\phi80$ mm（外圆接刀），倒角
2. 划线并打样冲眼	（1）在光轴两端面划基准轴线和偏心轴线 （2）在偏心圆上打样冲眼
3. 钻中心孔	在三爪自定心卡盘上钻基准外圆中心孔和偏心外圆中心孔
4. 粗车两端基准外圆和偏心外圆	（1）用两顶尖支撑基准外圆的中心孔，粗车两端基准外圆至 $\phi47$ mm × 65 mm （2）用两顶尖支撑偏心外圆的中心孔，粗车偏心外圆至 $\phi77$ mm
5. 精车左端基准外圆	（1）两顶尖支撑基准外圆的中心孔 （2）精车左端基准外圆至 $\phi45_{-0.039}^{0}$ mm × 65 mm，表面粗糙度值 $Ra \leqslant 3.2$ μm （3）用 $R5$ mm 圆弧车刀车过渡圆弧，保证尺寸 70 mm （4）倒角 $C1.5$ mm
6. 精车右端基准外圆	（1）用两顶尖支撑基准外圆的中心孔，在鸡心夹头处垫铜皮 （2）精车右端基准外圆至 $\phi45_{-0.039}^{0}$ mm，表面粗糙度值 $Ra \leqslant 3.2$ μm，保证偏心外圆的长度为 160 mm （3）用 $R5$ mm 圆弧车刀车过渡圆弧 （4）倒角 $C1.5$ mm
7. 精车偏心外圆	（1）在鸡心夹头处垫铜皮，用两顶尖支撑偏心外圆的中心孔 （2）精车偏心外圆至 $\phi75_{-0.046}^{0}$ mm，表面粗糙度值 $Ra \leqslant 3.2$ μm （3）倒钝锐边 $C0.3$ mm

〔操作提示〕

1. 参考在四爪单动卡盘上车偏心套时的注意事项。
2. 参考用两顶尖装夹工件时的注意事项。
3. 粗车光轴 $\phi80$ mm × 300 mm 时，整段外圆的接刀处应平整。
4. 顶尖与中心孔接触的松紧程度要适当，且在加工中要经常加注润滑油，以减少磨损。

任务四　车单拐曲轴

学习目标

1. 认识曲轴。
2. 了解曲轴的加工特点。
3. 掌握车削单拐曲轴应采取的工艺措施。
4. 熟练掌握偏心工件的划线技能。
5. 掌握用两顶尖装夹并车削曲轴的技能。

工作任务

将 ϕ55 mm × 130 mm 的毛坯加工成如图 8 – 8 所示的单拐曲轴。

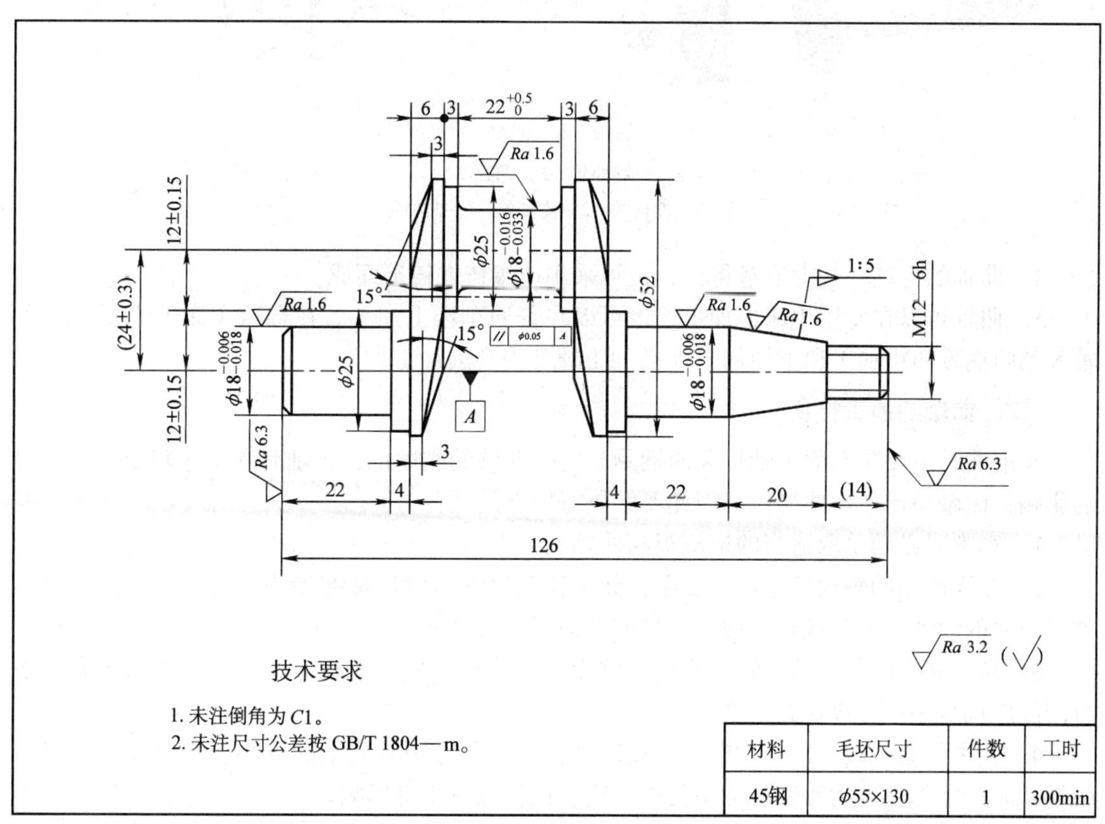

技术要求

1. 未注倒角为 C1。
2. 未注尺寸公差按 GB/T 1804—m。

材料	毛坯尺寸	件数	工时
45钢	ϕ55×130	1	300min

图 8 – 8　单拐曲轴

相关知识

影响曲轴加工精度的主要因素是中心孔的精度。为了保证曲轴外圆轴线与其他轴线的平行度和相关精度要求，中心孔应处于相互平行的各偏心外圆的轴线上，否则将会造成加工后曲轴的几何精度与尺寸精度超差。

一、认识曲轴

1．如图 8－9a 所示为单拐曲轴，它主要由主轴颈、曲柄颈、曲柄臂以及轴肩等组成。主轴颈轴线与曲柄颈轴线间的距离即为偏心距 e。

2．曲轴是偏心工件的一种，广泛应用于压力机、压缩机和内燃机等机械中。

3．根据曲轴曲柄颈（也称连杆轴颈）的多少，曲轴有单拐、两拐、四拐、六拐和八拐等多种结构形式。根据曲柄颈数（拐数）的不同，曲柄颈可以互成 90°、120°、180°等夹角。简单曲轴包括单拐曲轴和两拐曲轴（见图 8－9b），两拐以上的曲轴称为多拐曲轴。

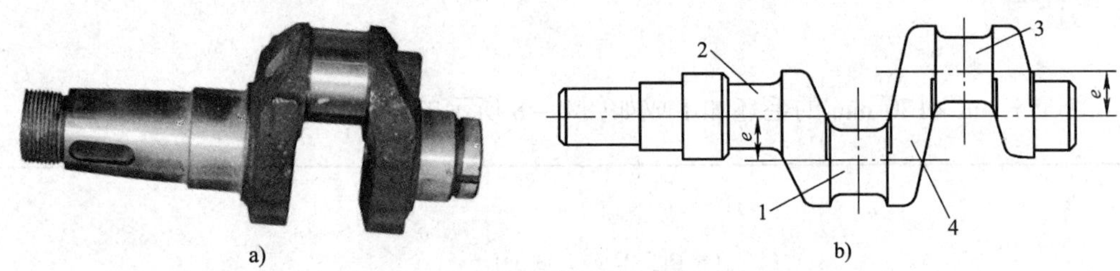

图 8－9　曲轴

a）单拐曲轴　b）两拐曲轴

1、3—曲柄颈　2—主轴颈　4—曲柄臂

4．曲轴的毛坯一般由锻造得到，也可采用球墨铸铁铸造而成。

5．曲轴可以在专用机床上加工，也可以在普通车床上加工。在普通车床上主要进行主轴颈和曲柄颈的粗加工和半精加工（精加工通常为磨削加工）。

二、曲轴的加工特点

车削曲轴主要是车削主轴颈和曲柄颈。由于曲轴的刚度低，车削时受机床转矩和切削力的影响，曲轴易产生弯曲变形，因此要解决好以下问题：

1．车削时必须采取适当的措施提高曲轴的装夹刚度。

2．多拐曲轴的轴向尺寸比较复杂，如果轴向尺寸的设计基准无法作为测量基准，应将轴向尺寸的设计尺寸链换算成便于测量的轴向工艺尺寸链。

3．对于偏心距较大的曲轴，应选择刚度高、抗振性好、重心低的车床，而且车床各部分间隙应调得小些，以提高其刚度。

4．装夹偏心距较大的曲轴时，应安装平衡块，并考虑其质量的大小及安装位置，使曲轴转动时产生的惯性力和惯性力矩得以平衡，以消除其不良影响。

三、曲轴的主要技术要求

曲轴除应有较高的尺寸精度和较低的表面粗糙度值外，还应具有下列几何精度要求：

1. 曲柄颈轴线与主轴颈轴线之间的平行度。

2. 曲柄颈在圆周上的等分精度。

3. 曲柄颈的偏心距精度。

此外，曲轴的轴颈与轴肩的连接圆角应光洁、圆滑，不准有压痕、凹沟和磕碰、拉毛、划伤等现象，以防止产生应力集中而留下隐患。曲轴不允许有裂纹、气孔、砂眼、分层和夹渣等铸造、锻造缺陷。曲轴毛坯应进行适当的热处理，以改善其力学性能，提高耐磨性。

四、车削曲轴的工艺措施（见表 8－11）

表 8－11　　车削曲轴的工艺措施

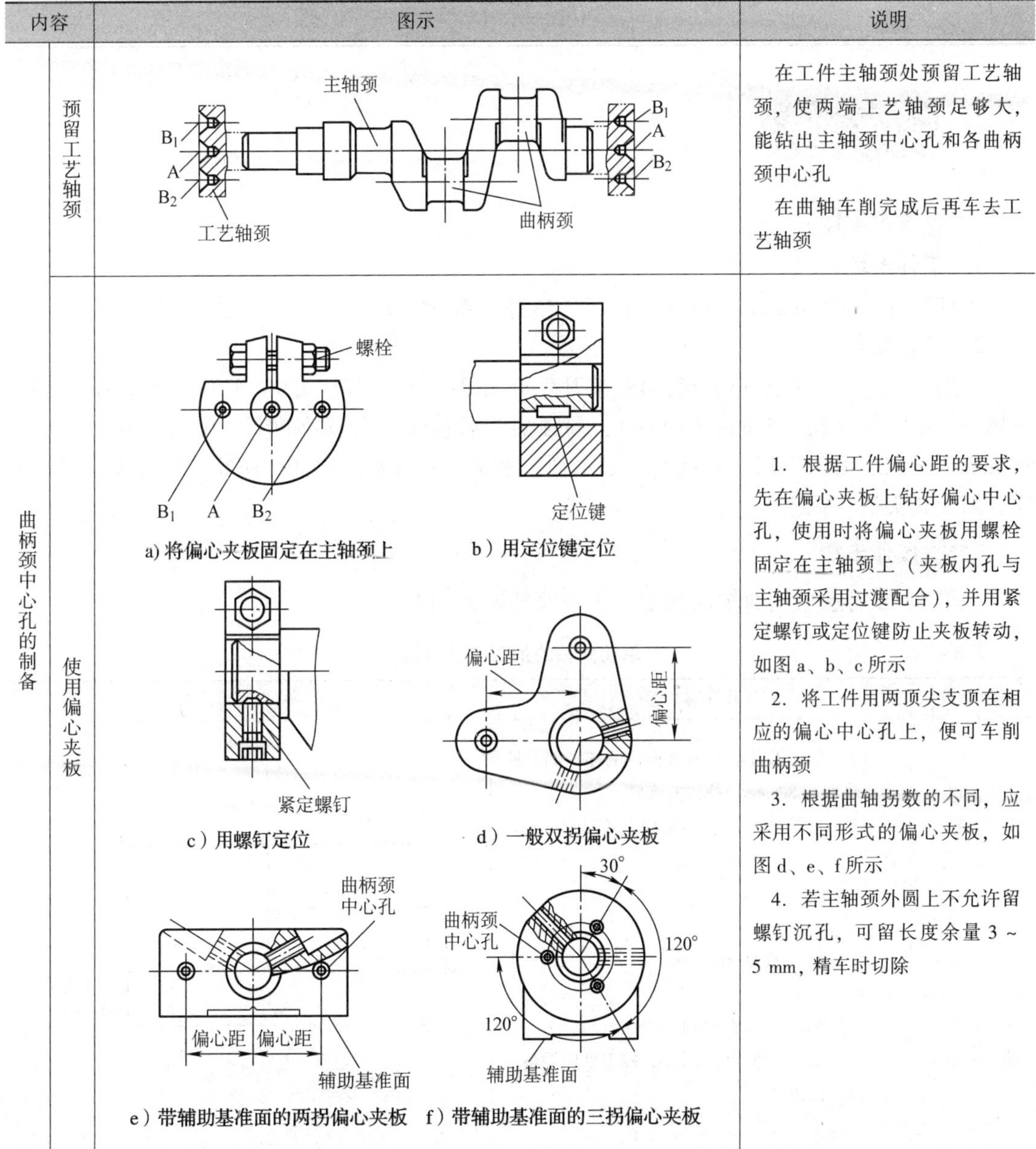

内容		图示	说明
曲柄颈中心孔的制备	预留工艺轴颈		在工件主轴颈处预留工艺轴颈，使两端工艺轴颈足够大，能钻出主轴颈中心孔和各曲柄颈中心孔 在曲轴车削完成后再车去工艺轴颈
	使用偏心夹板	a) 将偏心夹板固定在主轴颈上 b）用定位键定位 c）用螺钉定位 d）一般双拐偏心夹板 e）带辅助基准面的两拐偏心夹板 f）带辅助基准面的三拐偏心夹板	1. 根据工件偏心距的要求，先在偏心夹板上钻好偏心中心孔，使用时将偏心夹板用螺栓固定在主轴颈上（夹板内孔与主轴颈采用过渡配合），并用紧定螺钉或定位键防止夹板转动，如图 a、b、c 所示 2. 将工件用两顶尖支顶在相应的偏心中心孔上，便可车削曲柄颈 3. 根据曲轴拐数的不同，应采用不同形式的偏心夹板，如图 d、e、f 所示 4. 若主轴颈外圆上不允许留螺钉沉孔，可留长度余量 3 ~ 5 mm，精车时切除

续表

内容	图示	说明
提高曲轴刚度的措施	1—支撑螺钉　2—曲轴　3—曲柄颈	曲轴刚度低，除采用粗车、半精车以减小因加工余量大、断续切削等引起的冲击、振动对曲轴变形的影响外，车削时，为提高曲轴刚度，防止变形，应在曲柄颈对面的空当处用支撑螺钉支撑

任务实施

一、准备工作

1. 工件毛坯

毛坯尺寸：$\phi55$ mm×130 mm。材料：45 钢。数量：1 件。

2. 工艺装备

普通车床，三爪自定心卡盘，45°车刀，90°车刀，左、右窄头 90°车刀，普通螺纹车刀，车槽刀，中心钻（B3.15 mm/10 mm），前顶尖，后顶尖，游标高度尺，0～25 mm 和 25～50 mm 千分尺，游标卡尺，划线盘，显示剂，平板，V 形架，划针，样冲，百分表及磁性表座，对分式夹头，铜皮等。

二、操作步骤

如图 8－8 所示单拐曲轴的加工工艺步骤见表 8－12。

表 8－12　单拐曲轴的加工工艺步骤

加工工序	操作步骤内容	图示
1. 粗车光轴一端	（1）用三爪自定心卡盘夹住毛坯外圆，伸出长度约为 80 mm，找正并夹紧 （2）车平端面，粗车光轴至 $\phi52$ mm，倒角	φ52　Ra 6.3　Ra 6.3　126
2. 粗车光轴另一端，取总长	（1）掉头夹住 $\phi52$ mm 的外圆，找正并夹紧 （2）车端面，保证总长 126 mm （3）粗车光轴至 $\phi52$ mm，接刀处应平整 （4）倒角	

续表

加工工序	操作步骤内容	图示
3. 划线，打样冲眼，钻四个中心孔	（1）划两端的曲柄颈和主轴颈轴线及四周侧线，打样冲眼 （2）在四爪单动卡盘上找正并钻主轴颈中心孔和曲柄颈中心孔	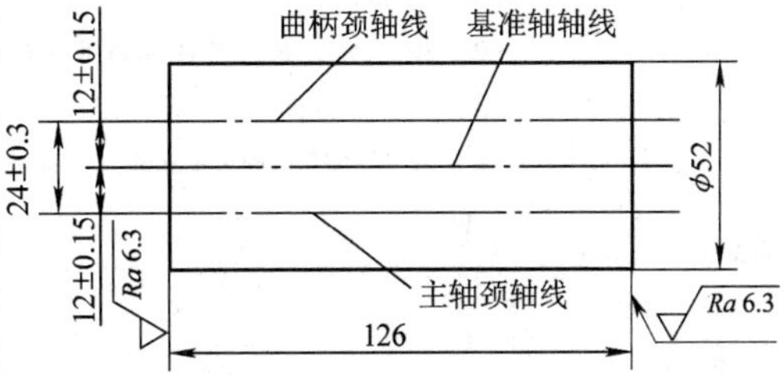
4. 粗车、精车曲柄颈	（1）用两顶尖装夹，支顶曲柄颈的中心孔 （2）将图样上中间一拐中的 $\phi25$ mm × 28 mm 粗车至 $\phi26$ mm × 27 mm，将图样上 $\phi18_{-0.033}^{-0.016}$ mm × $22_{0}^{+0.5}$ mm 粗车至 $\phi18.5$ mm × 21 mm （3）精车 $\phi25$ mm × 28 mm （4）精车曲柄颈至 $\phi18_{-0.033}^{-0.016}$ mm × $22_{0}^{+0.5}$ mm，表面粗糙度值 $Ra \leqslant 1.6$ μm （5）车两内侧倒角 3 mm × 15°	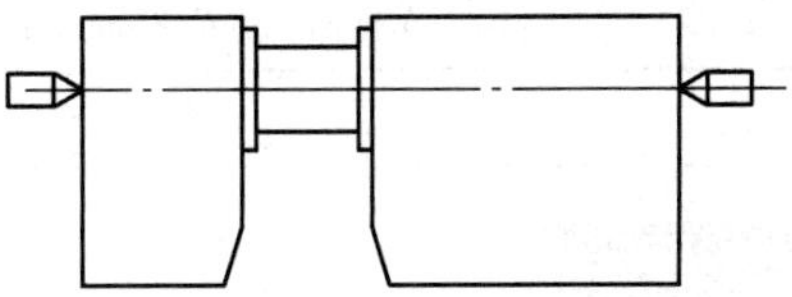
5. 粗车右端主轴颈	（1）用两顶尖装夹，支顶主轴颈的中心孔，在中间一拐曲柄颈空当中用支撑螺钉支撑 （2）将图样上右端主轴颈 $\phi25$ mm 外圆粗车至 $\phi26$ mm × 59 mm	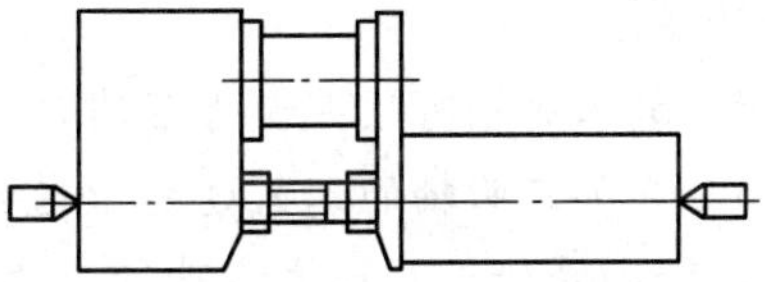
6. 粗、精车左端主轴颈	（1）掉头，用两顶尖装夹（同上） （2）粗、精车 $\phi25$ mm × 4 mm，控制壁厚6 mm （3）粗车、精车左端主轴颈至 $\phi18_{-0.018}^{-0.006}$ mm，长度为 22 mm，表面粗糙度值 $Ra \leqslant 1.6$ μm （4）倒角 $C1$ mm （5）车锥面，保证 3 mm × 15°	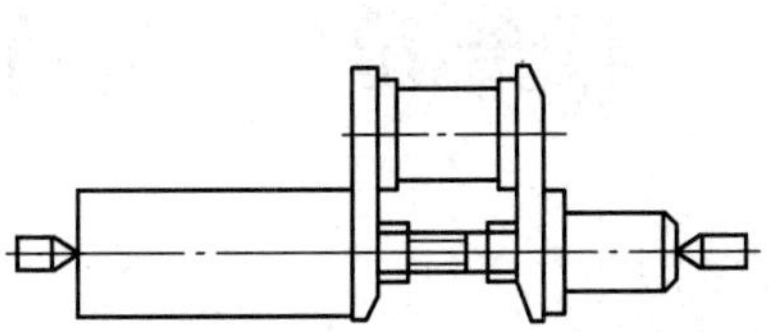

续表

加工工序	操作步骤内容	图示
7. 精车右端主轴颈	（1）掉头，用两顶尖装夹（同上）。在鸡心夹头处垫铜皮 （2）粗车 M12 螺纹外径和 ϕ18 mm 外圆 （3）车 1∶5 锥面 （4）精车 ϕ25 mm × 4 mm，控制壁厚尺寸6 mm （5）精车右端主轴颈至 $\phi18_{-0.018}^{-0.006}$ mm，控制长度 4 mm （6）精车锥度 1∶5 至尺寸，控制长度 22 mm，表面粗糙度值 $Ra \leq 1.6$ μm （7）精车 M12 螺纹外径，保证圆锥长度 20 mm （8）倒角 $C1$ mm （9）粗车、精车 M12 − 6h 螺纹 （10）车锥面，保证 3 mm × 15°	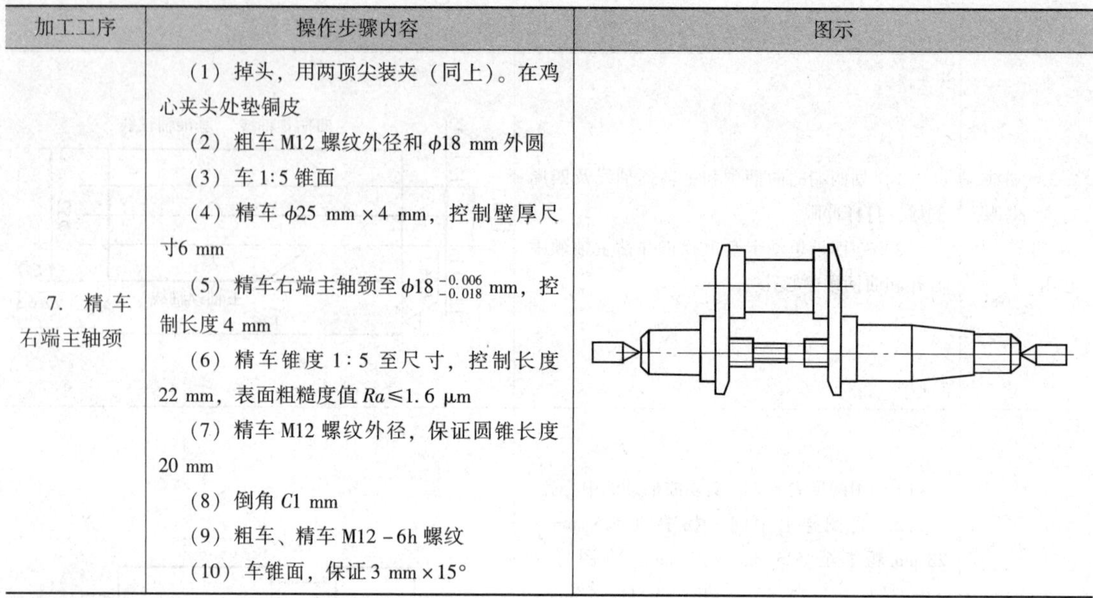

〔操作提示〕

1. 要严格控制划线精度。划线、打样冲眼时要认真、仔细、准确，否则容易造成两轴轴线歪斜和偏心距超差。

2. 中间凹槽处可用螺钉、螺母支撑住，但支撑力量要适当，既要防止变形，又要防止甩出伤人。

3. 启动车床时，车刀刀尖应离开工件足够的距离，并应从低速逐级提高，绝对不能直接开高速。

4. 加工曲轴时顶尖受力不均匀，前顶尖容易损坏或移位，因此必须经常检查。

5. 在加工曲轴的工艺过程中通常安排有热处理（调质）工序，经调质处理后的中心孔应仔细修研，然后才能进行后续车削。

6. 车削偏心距较大的曲轴时应校正平衡。

任务五　车双拐曲轴

学习目标

1. 了解双拐曲轴的加工特点。

2. 掌握双拐曲轴的加工方法。

工作任务

加工如图 8 – 10 所示的双拐曲轴。

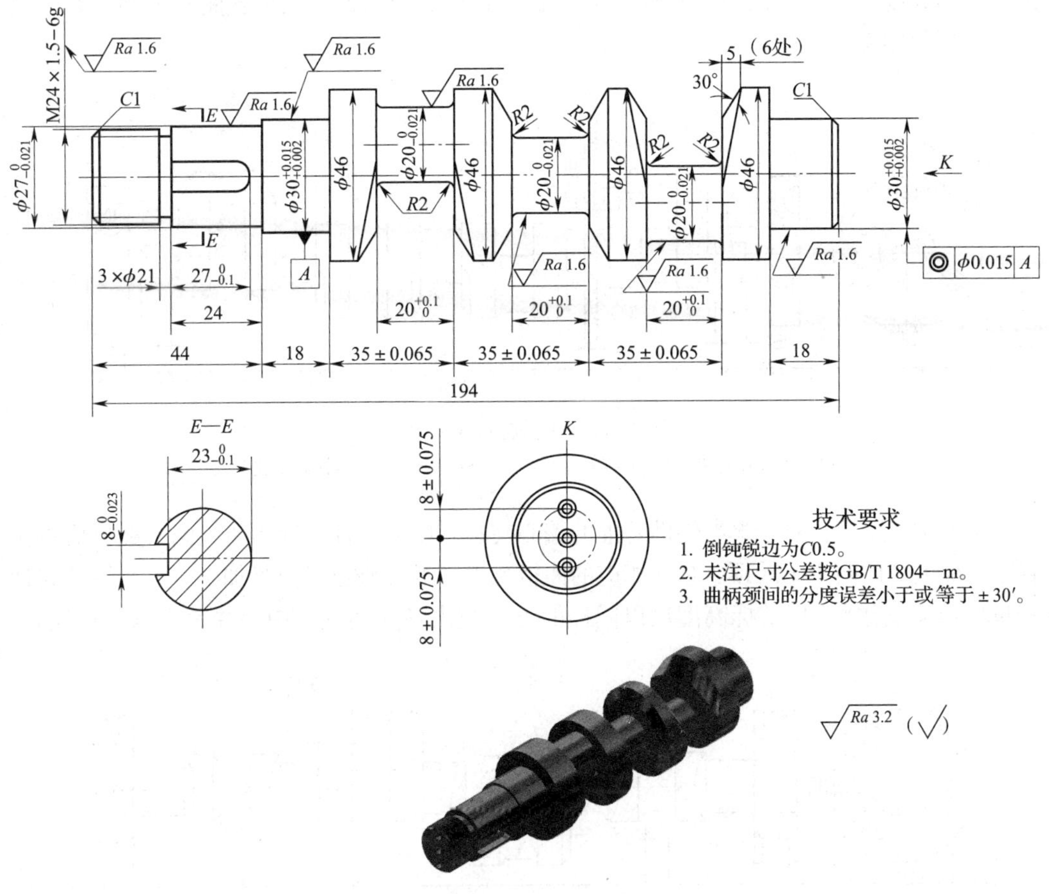

图 8 – 10　双拐曲轴

相关知识

一、曲轴加工时常用的装夹方法

车削曲轴时，常用的装夹方法有用一夹一顶、两顶尖、偏心夹板、偏心卡盘或专用偏心夹具装夹等。

1. 用一夹一顶或两顶尖装夹曲轴

当曲轴的直径较大而偏心距较小，且有条件在端面钻出主轴颈中心孔及曲柄颈中心孔时，可采用一夹一顶或两顶尖装夹曲轴进行加工。

2. 用偏心夹板装夹曲轴

使用偏心夹板在两顶尖间装夹曲轴进行加工。偏心夹板有各种不同形式，可根据曲柄颈夹角的大小（90°、120°、180°）选用。偏心夹板上带有分度准确的中心孔，为了保证安装后各曲柄颈都有足够的加工余量，使用偏心夹板时须先进行校正，以确定偏心夹板与工件的相对位置。如图 8-11 所示为用游标高度尺校正，先将两端主轴颈按预定的工艺尺寸（与偏心夹板 2、6 安装孔配合）车至要求并装上偏心夹板，以两等高 V 形架 3 和 5 支撑主轴颈部，用游标高度尺 4 根据两偏心夹板相应偏心中心孔 1 的位置，找出各曲柄颈的中心，确认余量足够再紧固偏心夹板。

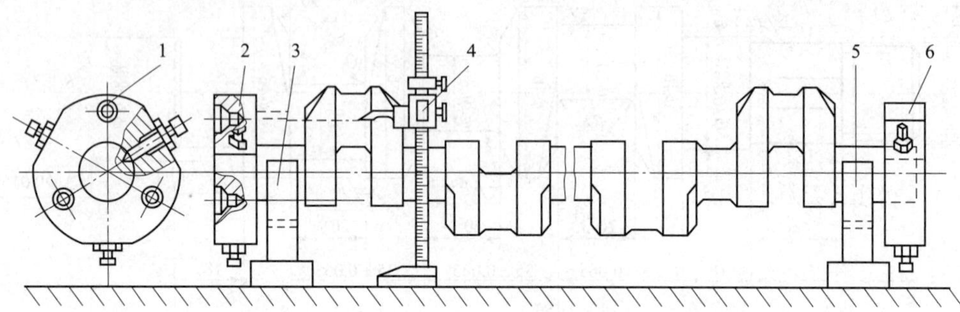

图 8-11　用游标高度尺校正

1—偏心中心孔　2、6—偏心夹板　3、5—V 形架　4—游标高度尺

如图 8-12 所示，对于具有辅助基准的偏心夹板，则在工件主轴颈装入偏心夹板后将该基准置于平板上，以两个千斤顶 3 垫在相应的曲柄颈下（若曲轴已经过粗加工，可改用预先计算好的量块组 4 支垫），用游标高度尺以同样的方法找出各曲柄颈的中心并紧固偏心夹板。

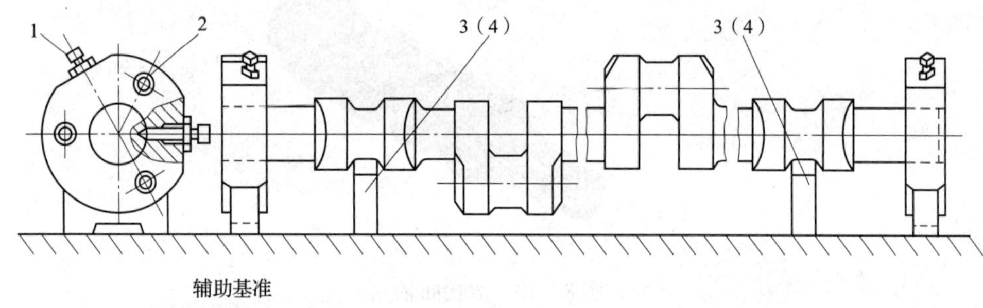

图 8-12　有辅助基准的偏心夹板

1—紧固螺钉　2—偏心中心孔　3—千斤顶　4—量块组

3. 用偏心卡盘装夹曲轴（见图 8-13）

偏心卡盘主要由花盘和偏心卡盘体组成，花盘 1 可用螺钉固定在车床主轴的连接盘上，偏心卡盘体 4 与花盘的燕尾槽相配合。偏心卡盘上有一个对开式半圆套 3，曲轴的主轴颈就定位和夹紧在半圆套中。曲轴的偏心距用丝杆 2 来调整，并可在测量头 7 和 8 之间测量。偏心距调好后，用四个 T 形螺钉 5 紧固。在车床尾座套筒上装上对应的偏心体，保持曲轴两端同轴，并将尾座套筒进行改装，使偏心卡盘随工件一起转动。

4. 用专用偏心夹具装夹曲轴（见图 8-14）

在加工批量较大的曲轴时，可用专用偏心夹具装夹曲轴。偏心体 2 与车床主轴 13 通过装于主轴锥孔的心轴 12 定位，并用四个螺钉 10 紧固在花盘 1 上。曲轴 5 通过分度盘 4 用螺

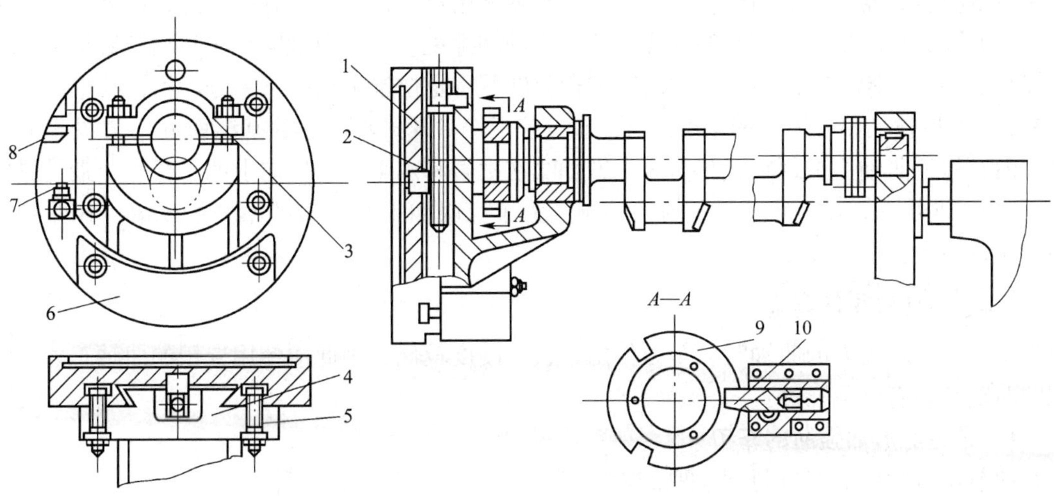

图 8 - 13　用偏心卡盘装夹曲轴

1—花盘　2—丝杆　3—半圆套　4—偏心卡盘体　5—螺钉　6—平衡块　7、8—测量头　9—分度盘　10—定位销

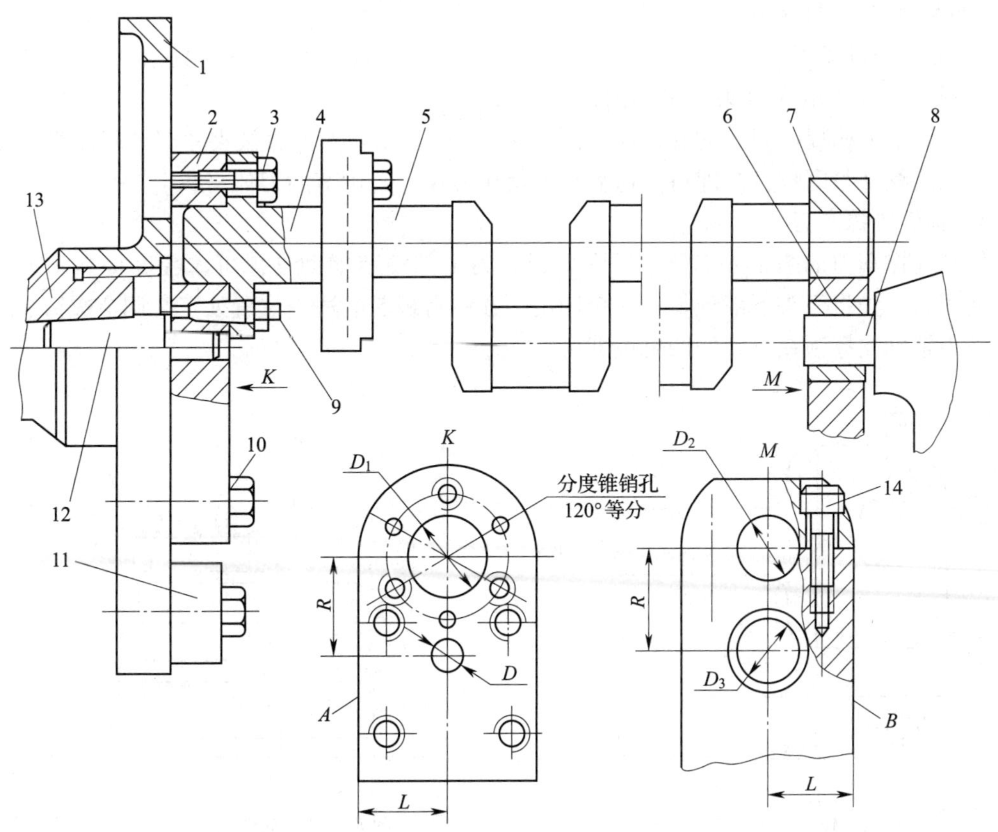

图 8 - 14　用专用偏心夹具装夹曲轴

1—花盘　2—偏心体　3、10、14—螺钉　4—分度盘　5—曲轴　6—铜套　7—对开式轴座　8—尾座套筒　9—圆锥销　11—平衡块　12—心轴　13—车床主轴

钉 3 与偏心体 2 连接，由圆锥销 9 定位。尾座端使用对开式轴座 7 装夹工件，该轴座镶有铜套 6，其孔径 D_3 与尾座套筒 8 的外径保持较小的间隙配合。需分度时，先拔出圆锥销 9 并卸下螺钉 3，松开螺钉 14，即能转动曲轴进行分度并将定位锥销插入下一分度锥销孔中，紧固螺钉 3，然后找平偏心体 2 的基准面 A，通过校正使对开式轴座 7 的基准面 B 与 A 处于同一平面内，保证曲轴主轴颈轴线与车床主轴轴线在垂直和水平两个方向上的平行度。最后紧固螺钉 14，即可加工第二个方向上的曲柄颈。为了克服加工时旋转的不平衡现象，在曲轴对面的花盘最大直径处装有平衡块 11。

二、车曲轴用的车刀

车削偏心距较大的曲轴时，车刀伸出较长，刚度较低，因此应使用专用的曲轴车刀。常用的曲轴车刀有以下三种：

1. 带鱼肚形加强肋的车刀

如图 8－15 所示为带鱼肚形加强肋的车刀，它既能保证曲轴旋转时不与刀架相碰，又提高了车刀伸出部分的刚度。但这种车刀制作时消耗材料较多，刃磨较困难，而且影响刀架的转动。

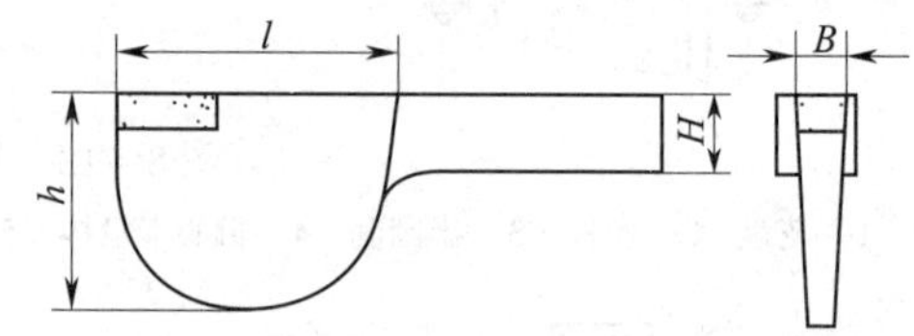

图 8－15　带鱼肚形加强肋的车刀

2. 刀头刀排车刀

如图 8－16 所示为刀头刀排车刀，由刀头 1 和刀体 3 两部分构成，刀体的安装面上制有 90°的齿，以增加刀头被夹紧时的稳定性。更换刀头时只需松开紧固螺钉 2 即可。这种车刀使用方便，还可节约刀体材料。

3. 辅助支撑车刀

辅助支撑车刀如图 8－17 所示，在普通车刀下部安装辅助支撑可大幅度提高车刀的刚度。使用时，先将刀头下部预加工一个凹坑，在中滑板 5 的适当位置处安装调节螺钉 3 和螺母 4 作为辅助支撑顶在车刀的凹坑里即可。

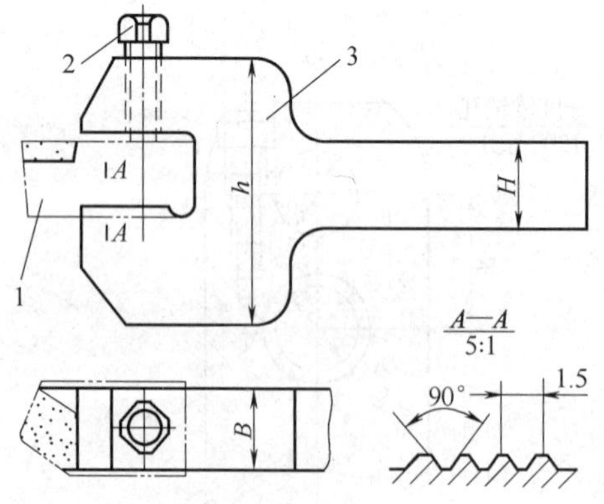

图 8－16　刀头刀排车刀

1—刀头　2—紧固螺钉　3—刀体

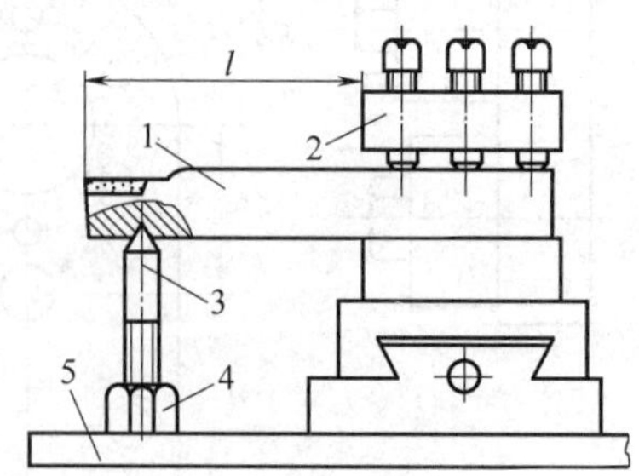

图 8－17　辅助支撑车刀

1—车刀　2—刀架　3—调节螺钉　4—螺母　5—中滑板

三、曲轴的车削

1. 车削前，要针对零件图样进行工艺分析，明确加工要求和车削中的难点及需要注意

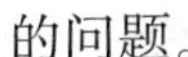

的问题。

2. 要根据被加工曲轴的结构特点选择合适的装夹方法。

3. 安排粗车各轴颈的先后顺序时主要应考虑生产效率。因此，一般应遵守使先粗车的轴颈对后粗车的轴颈加工刚度影响较小的原则。

4. 安排精车各轴颈的先后顺序时主要应考虑车削过程中曲轴的变形对加工精度的影响。因此，一般应遵守先精车在加工中最容易引起变形的轴颈，后精车影响曲轴变形最小的轴颈的原则。

任务实施

一、准备工作

1. 工件毛坯

毛坯尺寸：ϕ52 mm × 200 mm。材料：45 钢。数量：1 件。

2. 工艺装备

普通车床、45°端面车刀、90°外圆车刀、30°外圆车刀、*R*2 mm 外圆弧车刀、高速钢窄刃外圆精车刀、外圆车槽刀、外螺纹车刀、中心钻 B2 mm/8 mm 及钻夹具、工艺软爪、夹头、划规、划针、样冲、划线盘、方箱、游标高度尺 0.02 mm/0 ~ 300 mm、游标深度尺 0.02 mm/0 ~ 200 mm、磁座百分表 0.01 mm/0 ~ 25 mm、游标卡尺、千分尺、钢直尺、顶尖、M24 × 1.5 – 6g 的螺纹环规等。

二、操作步骤

如图 8 – 10 所示双拐曲轴的加工工艺步骤见表 8 – 13。

表 8 – 13　　双拐曲轴的加工步骤

加工工序	操作步骤内容	图示
1. 车端面，钻中心孔	（1）用三爪自定心卡盘夹住毛坯外圆，伸出长度为 20 mm 左右，校正并夹紧 （2）车平端面，钻中心孔 B2 mm/6.3 mm	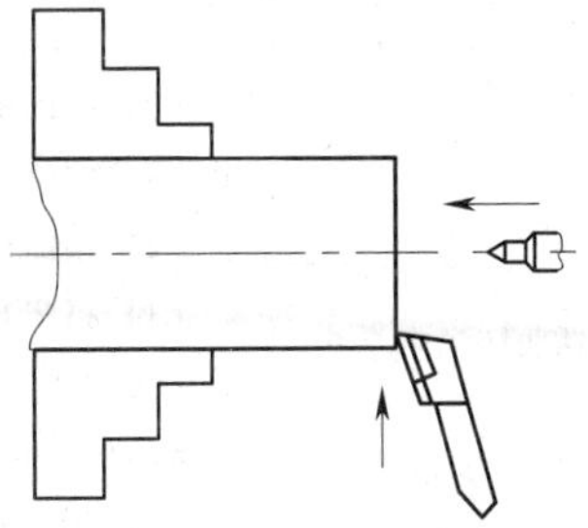
2. 粗车外圆	一夹一顶装夹，粗车外圆至 ϕ48 mm	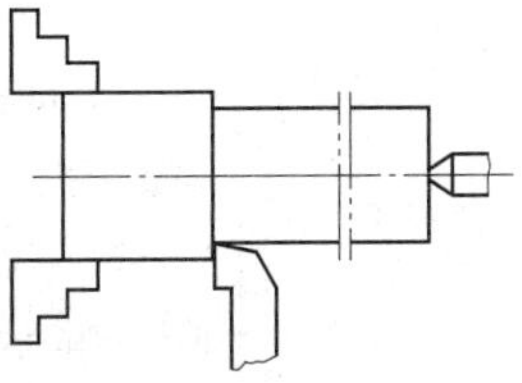

续表

加工工序	操作步骤内容	图示
3. 车端面，取总长	（1）将工件掉头夹住 ϕ48 mm 外圆，找正并夹紧 （2）车端面，取总长车至图样要求 （3）钻中心孔 B2 mm/6.3 mm	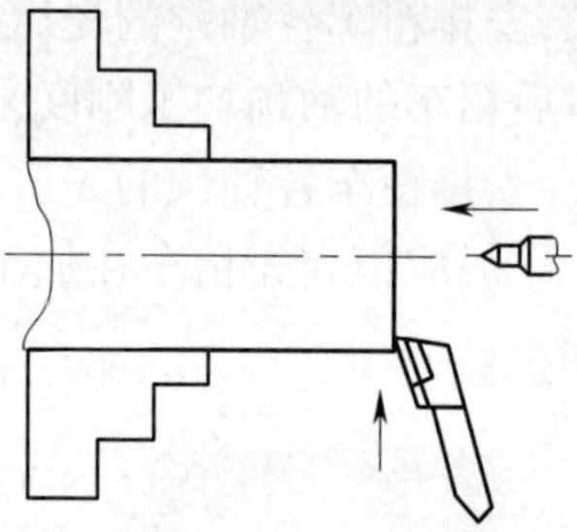
4. 车外圆至 ϕ47 mm	（1）用两顶尖装夹工件，粗车外圆 ϕ48 mm 至接刀处 （2）半精车外圆至 ϕ47 mm （3）将工件掉头装夹，半精车外圆至接刀处	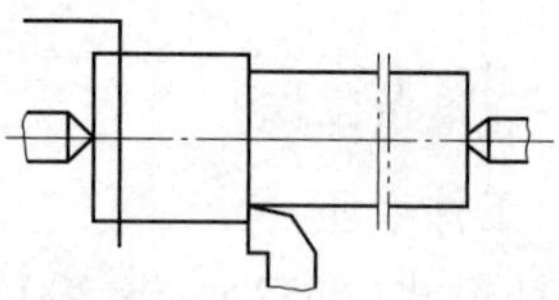
5. 划线	（1）将工件表面涂色，以 ϕ47 mm 外圆在方箱的 V 形槽中定位，在小平板上用游标高度尺划十字中心线并引至外圆上，如图 a 所示 （2）将方箱翻转 90°划另一条十字线，如图 b 所示 （3）划两端曲柄颈中心孔线（4 处）及其找正圆线，如图 c 所示	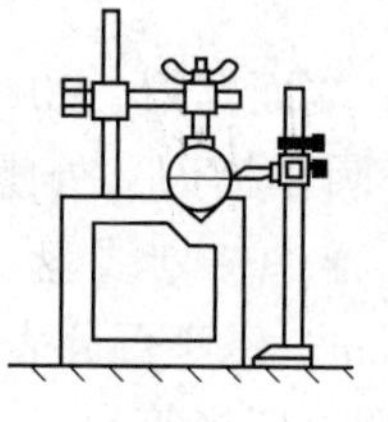 a) 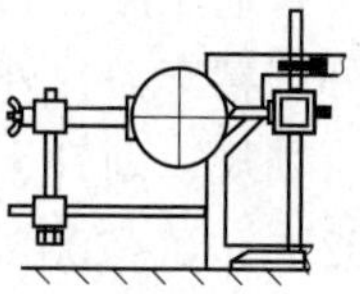 b) 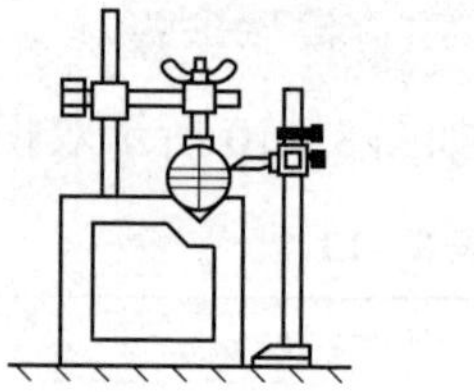 c)
6. 钻曲柄颈中心孔	（1）用四爪单动卡盘夹住工件外圆，伸出长度约为 20 mm，找正曲柄颈中心孔线 （2）钻曲柄颈中心孔 B2 mm/6.3 mm （3）将工件转 180°，找正另一曲柄颈中心孔线，钻另一个曲柄颈中心孔 B2 mm/6.3 mm （4）将工件掉头，重复（1）、（2）、（3）步操作	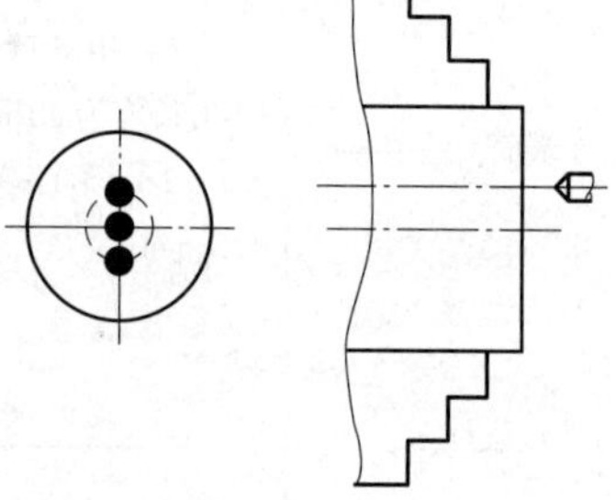
7. 粗车曲柄颈	（1）用两顶尖支撑曲柄颈中心孔（夹头安装在螺纹一端） （2）将图样上 $\phi 20\,^{0}_{-0.021}$ mm × $20\,^{+0.1}_{0}$ mm 曲柄颈粗车至 ϕ22 mm × 18 mm	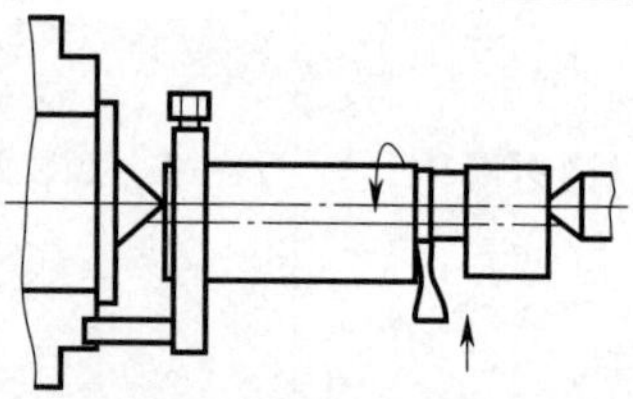

续表

车削工序	操作步骤内容	图示
8. 粗车另一曲柄颈	用两顶尖支撑另外两个曲柄颈中心孔，重复上述第 7 步的操作	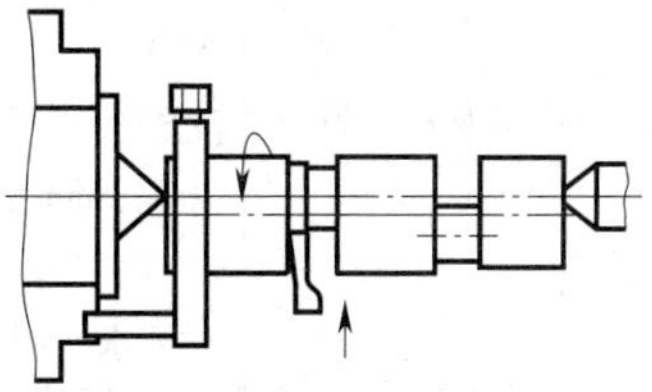
9. 粗车主轴颈及 $\phi30^{+0.015}_{+0.002}$ mm 外圆	（1）两顶尖支撑主轴颈中心孔 （2）将图样上 $\phi20^{\ 0}_{-0.021}$ mm × $20^{+0.1}_{\ 0}$ mm 主轴颈粗车至 $\phi22$ mm × 18 mm （3）将图样上 $\phi30^{+0.015}_{+0.002}$ mm × 18 mm 外圆粗车至 $\phi32$ mm × 17 mm	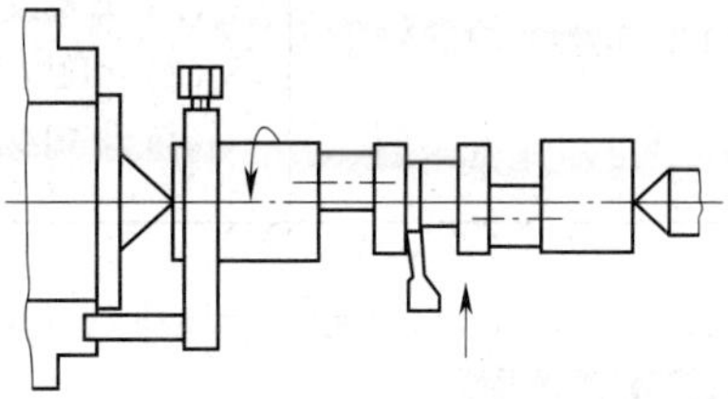
10. 支顶主轴颈中心孔，粗车、精车图样左端各外圆	（1）掉头，用两顶尖支顶主轴颈中心孔 （2）粗车 M24 × 1.5 − 6g 的螺纹大径以及 $\phi27^{\ 0}_{-0.021}$ mm 和 $\phi30^{+0.015}_{+0.002}$ mm 外圆，各留 2 mm 余量，长度留 1 mm 余量 （3）精车曲柄臂 $\phi46$ mm 至图样要求 （4）半精车及精车 $\phi27^{\ 0}_{-0.021}$ mm、$\phi30^{+0.015}_{+0.002}$ mm 外圆及其长度至图样要求，倒钝锐边至 $C0.5$ mm （5）半精车及精车主轴颈 $\phi20^{\ 0}_{-0.021}$ mm × $20^{+0.1}_{\ 0}$ mm（注意其轴向位置） （6）车圆角 $R2$ mm、倒角 5 mm × 30° 至图样要求，倒钝锐边至 $C0.5$ mm	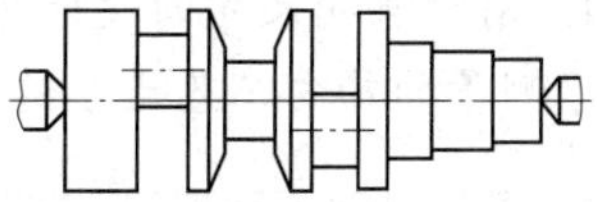
11. 支顶主轴颈中心孔，粗车、精车图样右端外圆	（1）将工件掉头，用两顶尖支顶主轴颈中心孔 （2）半精车及精车主轴颈 $\phi30^{+0.015}_{+0.002}$ mm 及其长度至图样要求 （3）倒角 $C1$ mm，倒钝锐边至 $C0.5$ mm	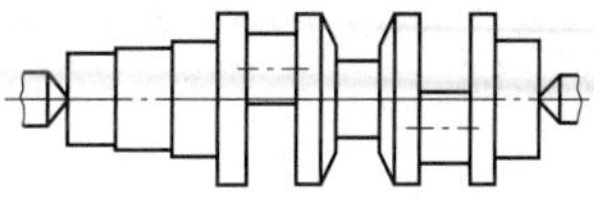
12. 半精车及精车图样右端曲柄颈	（1）用两顶尖支顶曲柄颈中心孔（夹头安装在左端） （2）半精车及精车曲柄颈 $\phi20^{\ 0}_{-0.021}$ mm × $20^{+0.1}_{\ 0}$ mm 至图样要求 （3）车圆角 $R2$ mm、倒角 5 mm × 30° 至图样要求，倒钝锐边	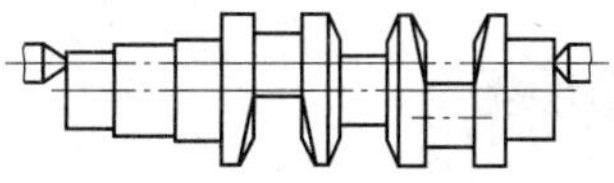

续表

车削工序	操作步骤内容	图示
13. 半精车及精车另一曲柄颈	（1）用两顶尖支顶主轴颈另一曲柄颈中心孔 （2）半精车及精车另一曲柄 $\phi20_{-0.021}^{\ 0}$ mm × $20_{\ 0}^{+0.1}$ mm 至图样要求 （3）车圆角 $R2$ mm、倒角 5 mm × 30°至图样要求，倒钝锐边	
14. 车螺纹	（1）掉头，用两顶尖支顶主轴颈中心孔 （2）车螺纹大径至图样要求 （3）切退刀槽，倒角 $C1$ mm （4）车螺纹 M24 × 1.5 – 6g 至图样要求	

〔操作提示〕

1. 曲轴的轴颈与轴肩的连接圆角应光洁、圆滑，不准有压痕、凹沟和磕碰、拉毛、划伤等现象，因此在车削时应格外注意。

2. 车削偏心距较大的曲轴时，应使用曲轴车刀进行加工。

3. 装夹偏心距较大的曲轴时，必须进行严格的平衡。

4. 对于轴向尺寸的设计基准无法作为测量基准时，应将轴向尺寸的设计尺寸链换算成便于测量的轴向工艺尺寸链。

任务六 车四拐曲轴

学习目标

1. 认识四拐曲轴。
2. 掌握提高四拐曲轴装夹刚度的措施。
3. 掌握四拐曲轴的加工方法。

工作任务

加工如图 8 – 18 所示的四拐曲轴。

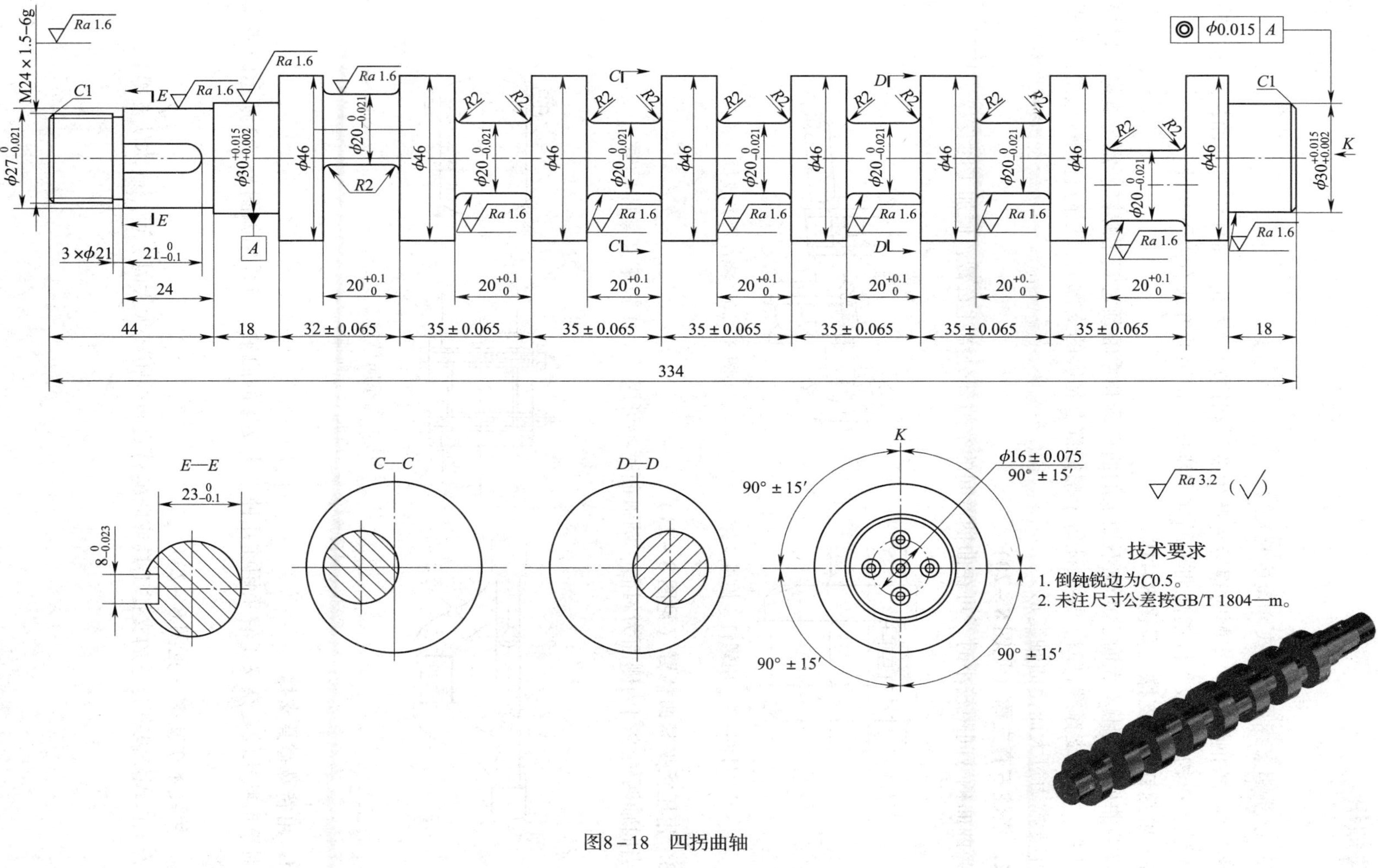

图8－18　四拐曲轴

相关知识

一、提高多拐曲轴装夹刚度的措施

多拐曲轴的刚度低，车削时很容易产生变形和振动。因此，加工时常在曲柄颈和主轴颈之间安装支撑物和夹板，以提高曲轴的加工刚度。常用的方法有以下几种：

1. 用螺钉螺母支撑（见图 8－19）

当两曲柄臂间距不大时，可在不加工的曲柄颈和主轴颈之间用螺钉、螺母支撑，以提高曲轴刚度。使用支撑螺钉时，要保证每个螺钉都有足够的支撑力，以防止螺钉甩出，更要注意防止支撑力过大而使曲轴变形。

2. 浇注石膏支撑（见图 8－20）

当两曲柄臂间距较小时，可在曲柄臂间的空隙部分浇注石膏，使加工时支撑力均匀。

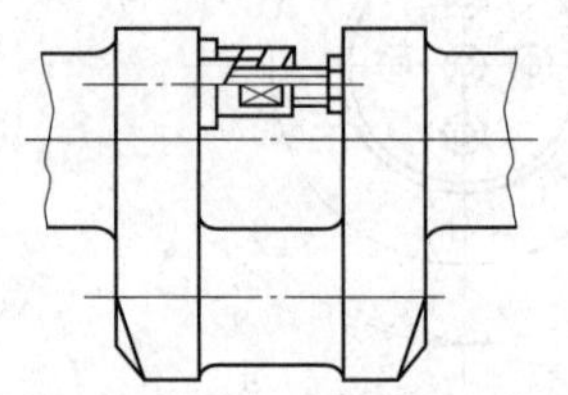

图 8－19　用螺钉、螺母支撑

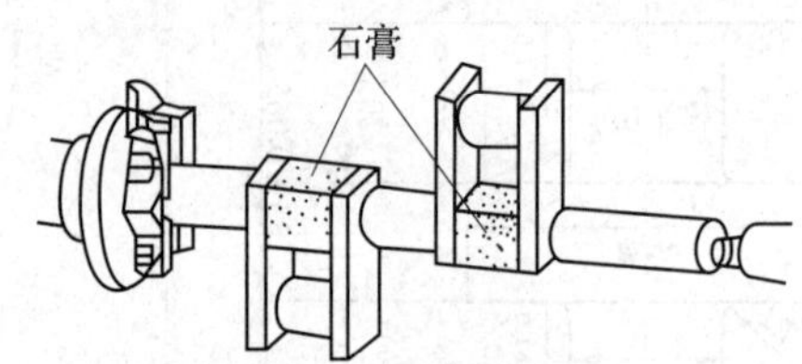

图 8－20　浇注石膏支撑

3. 用压板夹紧曲柄臂（见图 8－21）

当曲轴两轴颈间内侧面为斜面、圆弧面时，可用一对压板来夹紧曲柄臂。

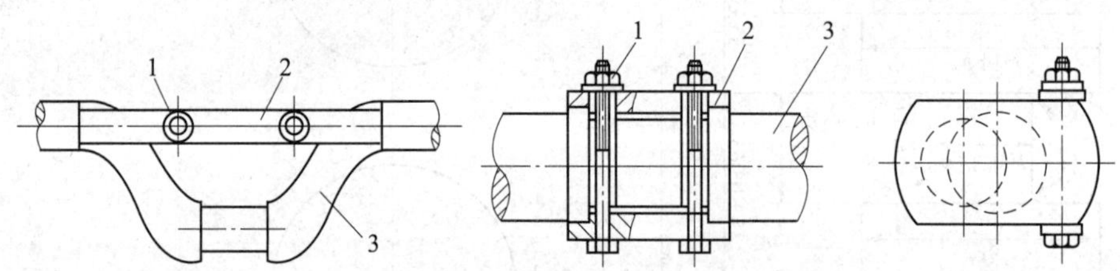

图 8－21　用压板夹紧曲柄臂

1—螺栓　2—压板　3—曲轴

4. 用特殊撑具支撑

对于形状比较复杂又不宜采用前几种方法支撑的曲轴，可采用如图 8－22 所示的特殊撑具支撑。

5. 用硬木块支撑（见图 8－23）

若工作现场没有合适的支撑工具或曲柄臂之间的距离太大时，可用硬木块支撑。

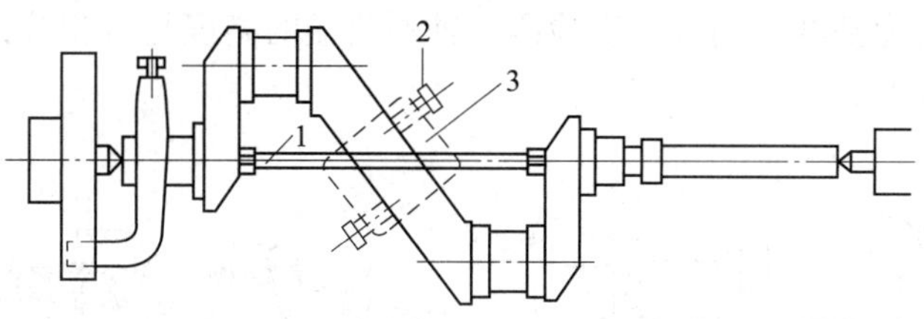

图 8－22　用特殊撑具支撑
1—撑杆　2—螺钉　3—主体

上述方法可以单独使用，也可以同时使用，具体应根据曲轴的结构特点确定。使用时应在轴颈和曲柄臂处用百分表检测，以防止工件变形。

6. 用中心架支撑

车削主轴颈时，在不加工的主轴颈上可搭中心架，以提高曲轴刚度，但要防止轴颈表面被中心架支撑爪擦伤。

7. 用中心架偏心套支撑（见图 8－24）

在车削曲柄颈及扇板开口处时，可使用中心架偏心套。中心架偏心套装在主轴颈上，并用盖板 1 和螺栓 2 夹紧，外缘用大型中心架 3 支撑，如图 8－24 所示。

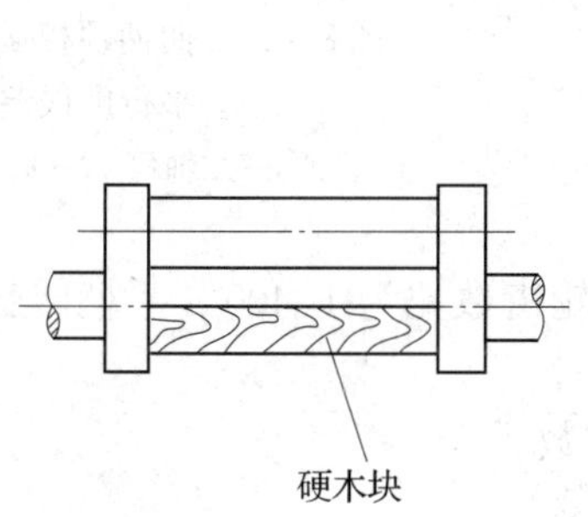

图 8－23　用硬木块支撑

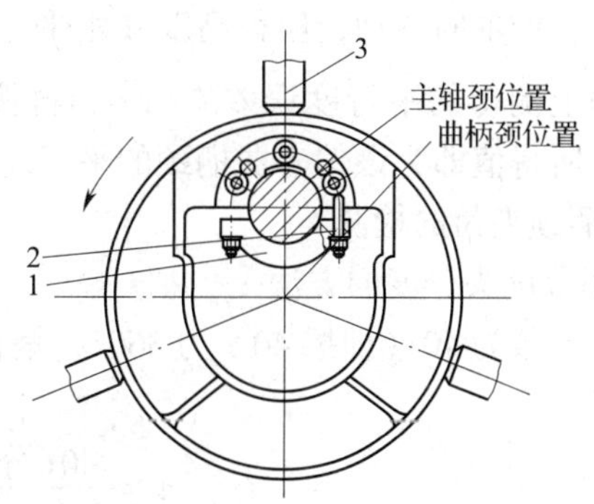

图 8－24　用中心架偏心套支撑
1—盖板　2—螺栓　3—中心架

二、曲轴的检测方法

1. 偏心距的检测

将曲轴装夹在专用检验工具的两顶尖间进行曲轴偏心距的检测，如图 8－25 所示。用百分表或游标高度尺测出主轴颈表面最高点至平板表面间的距离 h 以及曲柄颈表面最高点至平板表面间的距离 H，同时测量出主轴颈的直径 d_1 和曲柄颈的直径 d_2，然后用下式计算偏心距 e：

$$e = H - h + \frac{d_1 - d_2}{2}$$

2. 平行度的检测

如图 8－26 所示为曲轴主轴颈平行度误差的检测。将工件两端的主轴颈置于专用检验工具的支撑上，以平板为基准，用百分表检测主轴颈两端的高度是否相等，以确定两端主轴颈是否在一个轴线位置上。

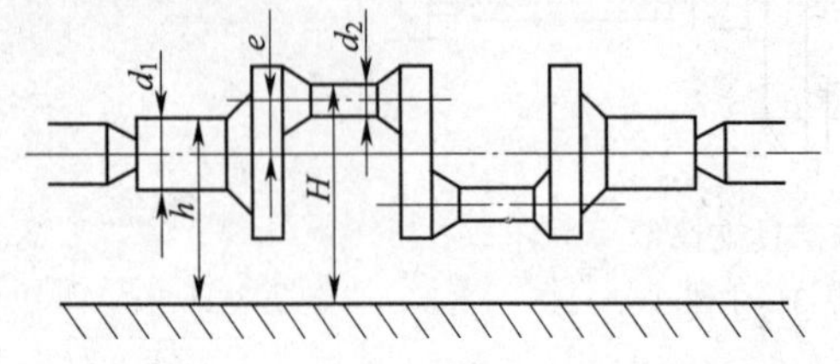

图 8－25　曲轴偏心距的检测

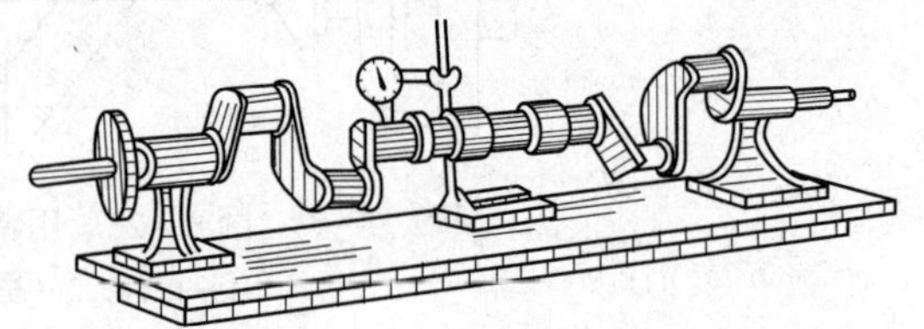
图 8－26　曲轴主轴颈平行度误差的检测

检测曲柄颈对主轴颈的平行度误差时，要测量曲柄颈在最高点的轴线平行移动误差和水平状态轴线移动的平行度误差。如图 8－27 所示为曲柄颈相互垂直方向平行度误差的检测。

检测时，可将被测量的偏心曲柄颈转到最高点，将百分表压在曲柄颈上，沿轴向移动，找出高度误差 f_x，然后将偏心曲柄颈转到水平位置（与 f_x 垂直方向）测量，将百分表压在曲柄颈上，沿轴向移动，所得高度（水平）误差为 f_y，取这两个方向上测得的平行度误差 f_x 和 f_y，再按 $f=\sqrt{f_x^{\ 2}+f_y^{\ 2}}$ 进行计算，所得值即为该偏心曲柄颈的平行度误差。

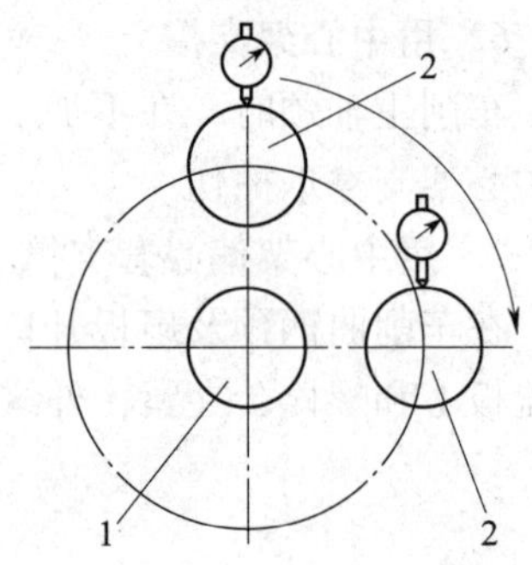

图 8－27　曲柄颈相互垂直方向平行度误差的检测
1—主轴颈　2—曲柄颈

3. 曲柄颈夹角的检测

（1）用分度头分度的方法

分度头定数为 40（即摇 40 r 为 360°，蜗杆与蜗轮齿数比为 1∶40），手柄转数 n 的计算公式为：

$$n=\frac{40(\text{分度头定数})}{z(\text{工件等分数})}$$

例如，工件等分数为 3 时：

$$n=\frac{40}{3}=13\frac{1}{3}=13\frac{8}{24}(\text{r})$$

在分度盘孔圈上选 3 的倍数的孔圈，这里选 24，将手柄定位销移至 24 孔的孔圈上，即找正一个偏心中心孔后，分度头手柄摇 13 r，再在 24 的孔圈上转过 8 个孔距，落下定位销，即为间隔 120°的下一个偏心中心孔的位置。

（2）用分度头测量的方法

如图 8－28 所示为用分度头、V 形架装夹曲轴，将主轴颈装夹在精确的分度头上，另一端用可调 V 形架支撑（也可用中心孔支撑）。以平板为基准，先校正两端主轴颈与平板平行，即两端主轴颈同轴。如图 8－29 所示为用分度头进行曲柄颈的检测，将第一个曲柄颈转到水平位置，用分度头定位销定位，用百分表测量（因百分表的量程有限，可垫量块）曲柄颈Ⅰ的顶点高度 H_1（H_1 应等于分度头中心高加上曲柄颈Ⅰ的实际半径），再将分度头顺时针旋转曲柄颈夹角 θ，例如，三拐曲轴的夹角为 120°，用百分表测量曲柄颈Ⅱ的顶点高度

H_2，这时可用公式计算出各自的曲柄颈中心高度 L_1 及 L_2，用顺时针旋转后测得的 L_2 减去旋转前测得的 L_1 可得出高度差 ΔL，用 ΔL 代入公式后，函数为负值说明两曲柄颈的夹角小于120°，函数为正值说明两曲柄颈的夹角大于120°，曲柄颈的夹角误差 $\Delta\theta$ 用下式计算：

$$\sin\Delta\theta = \frac{\Delta L}{e}$$

$$L_1 = H_1 - \frac{d_1}{2}$$

$$L_2 = H_2 - \frac{d_2}{2}$$

$$\Delta L = L_2 - L_1 = H_2 - H_1 - \frac{d_2 - d_1}{2}$$

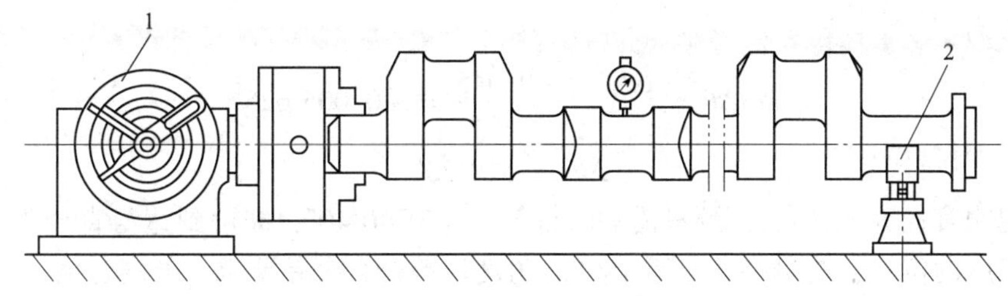

图 8－28　用分度头、V 形架装夹曲轴

1—分度头　2—可调 V 形架

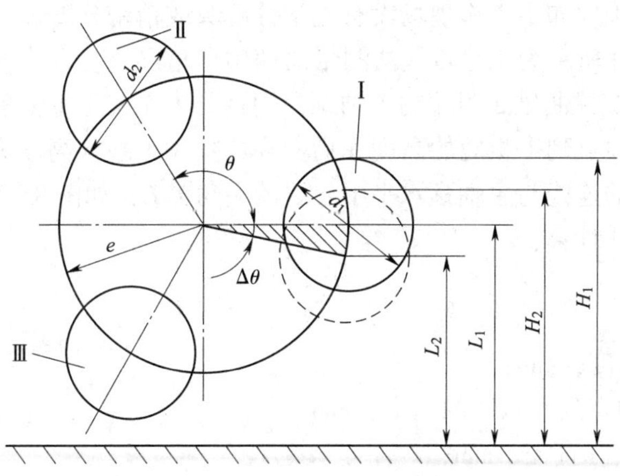

图 8－29　用分度头进行曲柄颈的检测

式中　$\Delta\theta$——两曲柄颈间夹角误差，(°)；

ΔL——两曲柄颈中心高度差，mm；

e——曲柄颈偏心距，mm；

L_1、L_2——两曲柄颈中心高度，mm（L_1 为顺时针旋转前的计算值，L_2 为顺时针旋转后的计算值）；

H_1、H_2——两曲柄颈顶点高度，mm；

d_1、d_2——两曲柄颈实际直径，mm。

普通分度头转角误差较大，检测精度要求高的曲轴时，可用光学分度头或精密分度板代替普通分度头。

例 一根按180°±30′等分的双拐曲轴，测得曲柄颈直径 d_1 为19.98 mm，d_2 为19.97 mm，偏心距 $e=$（8±0.075）mm。用分度头将直径为 d_1 的曲柄颈转至水平位置时测得 $H_1=110$ mm，然后再将直径为 d_2 的曲柄颈转过180°时测得 $H_2=109.95$ mm，求曲轴的角度误差。

解

$$L_1=H_1-\frac{d_1}{2}=110-\frac{19.98}{2}\text{ mm}=100.01\text{ mm}$$

$$L_2=H_2-\frac{d_2}{2}=109.95-\frac{19.97}{2}\text{ mm}=99.965\text{ mm}$$

$$\Delta L=L_2-L_1=99.965-100.01\text{ mm}=-0.045\text{ mm}$$

则角度误差为：

$$\sin\Delta\theta=\frac{\Delta L}{e}=\frac{-0.045}{8}=-0.005\,625$$

$$\Delta\theta=-19'20''$$

负值说明直径为 d_2 的曲柄颈只需顺时针转过179°40′40″，即可到达与直径为 d_1 的曲柄颈同水平高度的位置，测量夹角小于180°。角度误差符合公差要求，分度合格。

（3）垫量块法

用普通分度头检验曲柄颈夹角时，由于分度头及其卡盘误差的影响，测量并计算出的曲柄颈夹角误差不太精确。如果工作现场没有光学分度头或精密分度板，可利用垫量块的方法进行测量。如图8－30所示为用垫量块法测量曲柄颈夹角误差，具体方法是：在平板4上用两块等高的V形架1支撑曲轴2两端的主轴颈，用百分表5校正主轴颈轴线与平板平行，当用百分表测得主轴颈顶点到平板间的高度 A 后，在曲柄颈下垫入高度为 h 的量块3，使曲柄颈中心与主轴颈中心的连线与主轴颈水平中心线的夹角为 β，如图8－30所示。

量块的高度用下式计算：

$$h=A-\frac{D+d}{2}-R\sin\beta$$

式中 h——量块的高度，mm；

A——主轴颈顶点到平板间的高度，mm；

D——主轴颈实际直径，mm；

d——曲柄颈实际直径，mm；

R——曲柄颈偏心距，mm；

β——测量计算角，（°）。

检验时，先用千分尺测量出两个曲柄颈直径之差 Δd，再用百分表测量两个曲柄颈顶点的高度差 ΔH_1，然后用下式计算：

$$\Delta\beta=\beta-\beta_1$$

$$\Delta H_1=H_1-H$$

$$\Delta H=\Delta H_1\pm\frac{1}{2}\Delta d$$

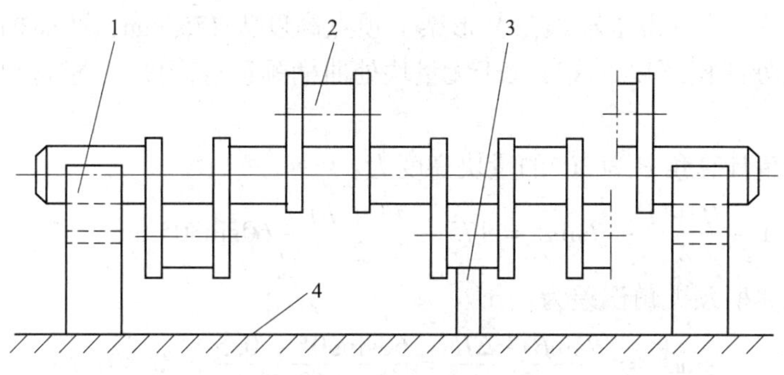

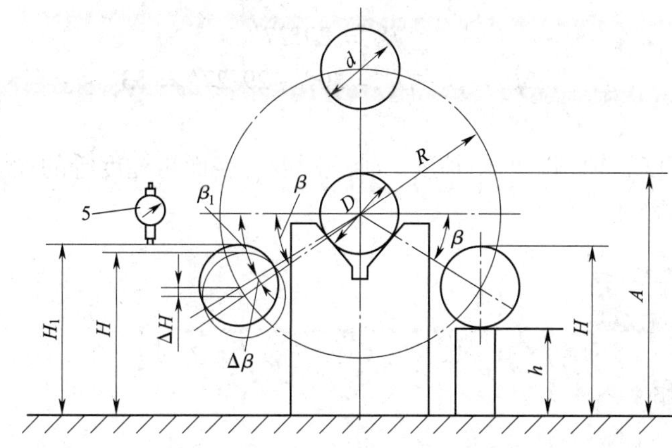

图 8-30　用垫量块法测量曲柄颈夹角误差

1—V 形架　2—曲轴　3—量块　4—平板　5—百分表

当 $\Delta d = 0$ 时，$\Delta H = \Delta H_1$

$$\sin\beta = \frac{1}{R}\left(A - h - \frac{D+d}{2}\right)$$

$$\sin\beta_1 = \frac{1}{R}\left(A - h - \frac{D+d}{2} - \Delta H\right)$$

式中　$\Delta\beta$——曲柄颈夹角误差，(°)；

β_1——无量块处曲柄颈测量计算角，(°)；

ΔH_1——两个曲柄颈顶点的高度差，mm；

H_1——无量块处曲柄颈顶点高度，mm；

H——有量块处曲柄颈顶点高度，mm；

ΔH——两曲柄颈中心高度差，mm；

Δd——两曲柄颈直径差，mm。

上式是按 H 大于 H_1 推导出的，但在检测中会出现 H_1 大于 H 的情况，故上式应修正为：

$$\sin\beta_1 = \frac{R\sin\beta \pm \Delta H}{R}$$

当 β 大于 β_1 时，相关两曲柄颈夹角减小；反之则增大。

例 有一按120°等分的三拐曲轴，其主轴颈直径为75 mm，曲柄颈直径为70 mm，曲柄颈偏心距为60 mm，现测得主轴颈在V形架上顶点高度为175 mm，两曲柄颈中心高度差为0.5 mm（有量块处曲柄颈顶点高度大于无量块处曲柄颈顶点高度），求量块高度和相关两曲柄颈的夹角误差。

解：（1）测量计算角β为30°的量块高度为：

$$h = A - \frac{D+d}{2} - R\sin\beta = 175 - \frac{75+70}{2} - 60\sin30° \text{ mm} = 72.5 \text{ mm}$$

（2）相关两曲柄颈夹角误差为：

$$\sin\beta_1 = \frac{R\sin\beta - \Delta H}{R} = \frac{60\sin30° - 0.5}{60} = 0.4917$$

$$\beta_1 = 29°27'$$

$$\Delta\beta = \beta - \beta_1 = 30° - 29°27' = 33'$$

4. 其他检验

曲轴的尺寸精度、轴颈间的同轴度、轴颈圆度、表面粗糙度等的检验方法与一般轴类零件相似，在此不再赘述。

任务实施

一、准备工作

1. 工件毛坯

毛坯尺寸：ϕ50 mm×338 mm。材料：45 钢。数量：1 件。

2. 工艺装备

普通车床，45°端面车刀，90°外圆车刀，R2 mm外圆弧车刀，高速钢窄刃外圆精车刀，外圆车槽刀，中心钻B2 mm/8 mm及钻夹具，划规，划针，样冲，划线盘，方箱，游标高度尺0.02 mm/0～300 mm，游标深度尺0.02 mm/0～200 mm，磁座百分表0.01 mm/0～25 mm，游标卡尺，千分尺，钢直尺，前、后顶尖及钻夹具，螺纹环规（M24×1.5－6g），其他常用工具。

二、车削四拐曲轴的操作步骤

如图8－18所示四拐曲轴的加工工艺步骤见表8－14。

表8－14　四拐曲轴的加工工艺步骤

加工工序	操作步骤内容	图示
1. 车端面，钻中心孔	（1）用三爪自定心卡盘夹住毛坯外圆，伸出长度约为20 mm，校正并夹紧 （2）车平端面，钻中心孔B2 mm/6.3 mm	

续表

加工工序	操作步骤内容	图示
2. 粗车外圆	一夹一顶装夹，粗车外圆至 ϕ48 mm	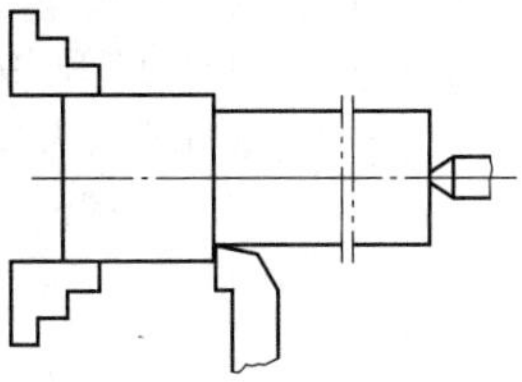
3. 车端面，取总长，钻中心孔	（1）将工件掉头夹住 ϕ48 mm 的外圆，找正并夹紧 （2）车端面，取总长 334 mm （3）钻中心孔 B2 mm/6.3 mm	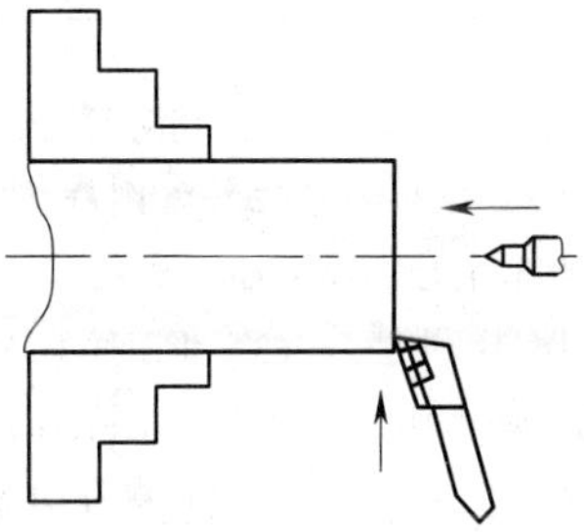
4. 车外圆至 ϕ47 mm	（1）用两顶尖装夹工件，粗车外圆 ϕ48 mm 至接刀处 （2）半精车外圆至 ϕ47 mm （3）将工件掉头装夹，半精车外圆至接刀处	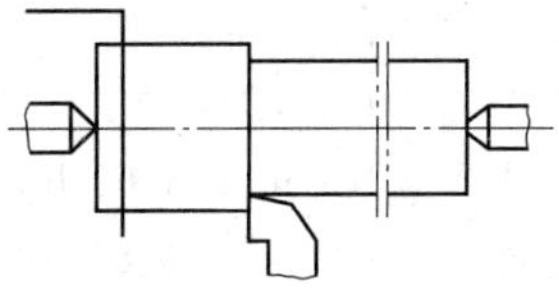
5. 划线	（1）将工件表面涂色，以 ϕ47 mm 外圆在方箱的 V 形槽中定位，在小平板上用游标高度尺划十字中心线并引至外圆上，如图 a 所示 （2）将方箱翻转 90°划另一条十字线，如图 b 所示 （3）划两端曲柄颈中心孔线（4 处）及其找正圆线，如图 c 所示	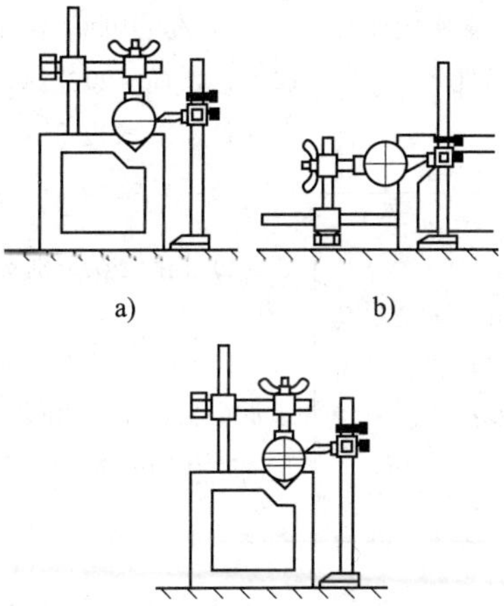 a)　b) c)
6. 钻曲柄颈中心孔	（1）用四爪单动卡盘夹住工件外圆，伸出长度约为 20 mm，分别找正 1、2、3、4 曲柄颈中心孔线 （2）钻 1、3、2、4 曲柄颈中心孔 B2 mm/6.3 mm （3）将工件掉头，重复（1）、（2）步操作	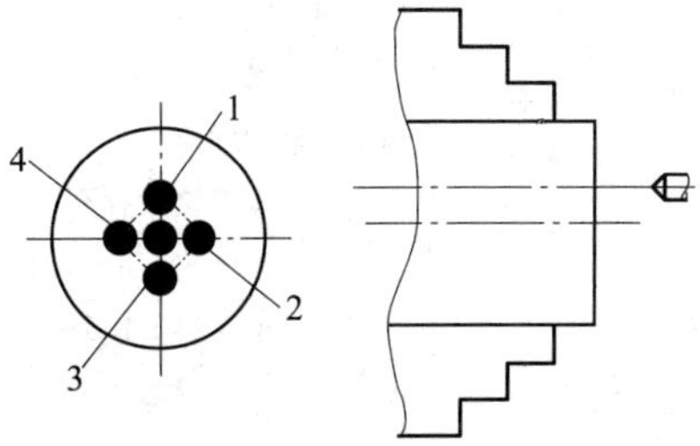 1　2　3　4

续表

加工工序	操作步骤内容	简图
7. 粗车曲柄颈	（1）用两顶尖按顺序分别支顶1、3、2、4曲柄颈中心孔（夹头安装在右端） （2）按顺序将1、3、2、4曲柄颈图样上的 $\phi 20_{-0.021}^{0}$ mm × $20_{0}^{+0.1}$ mm 粗车至 ϕ22 mm × 18 mm	4 3 2 1
8. 粗车主轴颈及图样上 $\phi 30_{+0.002}^{+0.015}$ mm外圆	（1）用两顶尖支顶主轴颈中心孔 （2）将图样上 $\phi 27_{-0.021}^{0}$ mm 外圆粗车至 ϕ29 mm × 43 mm （3）将图样上 $\phi 30_{+0.002}^{+0.015}$ mm × 18 mm 外圆粗车至 ϕ32 mm × 18 mm （4）按顺序分别将1′、2′、3′主轴颈上的 $\phi 20_{-0.021}^{0}$ mm × $20_{0}^{+0.1}$ mm 粗车至 ϕ22 mm × 18 mm	3′ 2′ 1′
9. 支顶主轴颈中心孔，粗车、精车图样右端各外圆	（1）掉头，用两顶尖支顶主轴颈中心孔 （2）粗车、半精车及精车 $\phi 30_{+0.002}^{+0.015}$ mm × 18 mm至图样要求 （3）按先中间、后两端的顺序半精车主轴颈 $\phi 20_{-0.021}^{0}$ mm × $20_{0}^{+0.1}$ mm 至图样要求 （4）倒钝锐边	
10. 半精车及精车图样右端曲柄颈	（1）用两顶尖分别支顶2、3、1、4曲柄颈中心孔 （2）按2、3、1、4的顺序半精车及精车曲柄颈 $\phi 20_{-0.021}^{0}$ mm × $20_{0}^{+0.1}$ mm 至图样要求 （3）倒钝锐边	1 2 3 4
11. 车图样左端外圆及螺纹	（1）掉头，用两顶尖支顶主轴颈中心孔 （2）粗车、半精车及精车 $\phi 30_{+0.002}^{+0.015}$ mm × 18 mm至图样要求 （3）粗车、半精车及精车 $\phi 27_{-0.021}^{0}$ mm × 24 mm至图样要求 （4）车螺纹大径至尺寸，倒角 （5）车槽 3 mm × ϕ21 mm 至图样要求 （6）车 M24 × 1.5 − 6g 螺纹至图样要求 （7）倒钝锐边	

1．划线时应将工件、平板及游标高度尺的底面擦干净，以减小划线误差。所划的线条应清晰、准确。

2．测量曲柄颈的轴向位置时，均以左端面为测量基准，以减小累积误差。

3．粗车各轴颈时，$R2$ mm 圆角要留有余量。

4．每车完一处主轴颈或曲柄颈后，都应装上支撑螺钉（或硬木块）后再车下一处。

模块九　车削复杂工件

任务一　车削十字孔工件

学习目标

1. 认识复杂工件。
2. 掌握在四爪单动卡盘上装夹十字孔工件的方法。
3. 掌握十字孔工件几何精度误差的检测方法。

工作任务

将 $\phi65$ mm × 120 mm 的毛坯加工成如图 9－1 所示的十字孔工件。

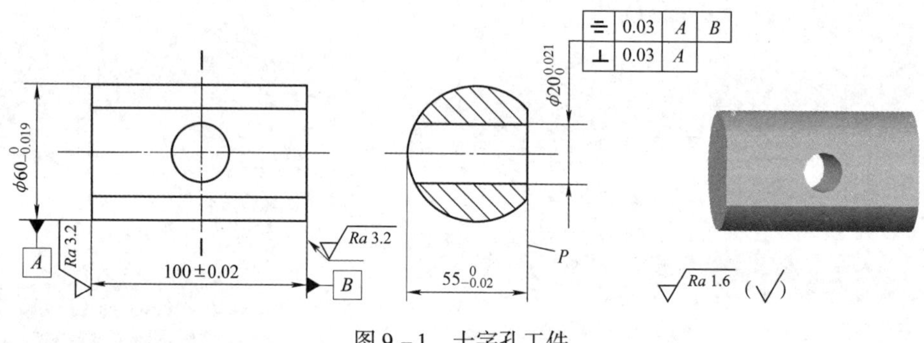

图 9－1　十字孔工件

相关知识

一、认识复杂工件

复杂工件是指外形较复杂和形状不规则的工件，或精度要求高、加工难度大的工件，如图 9－2 所示为常见的复杂工件。

二、十字孔工件的找正要点

在四爪单动卡盘上车削复杂工件的关键是找正及装夹工件。找正工件的目的是使工件被加工表面的回转轴线与车床主轴回转轴线重合。

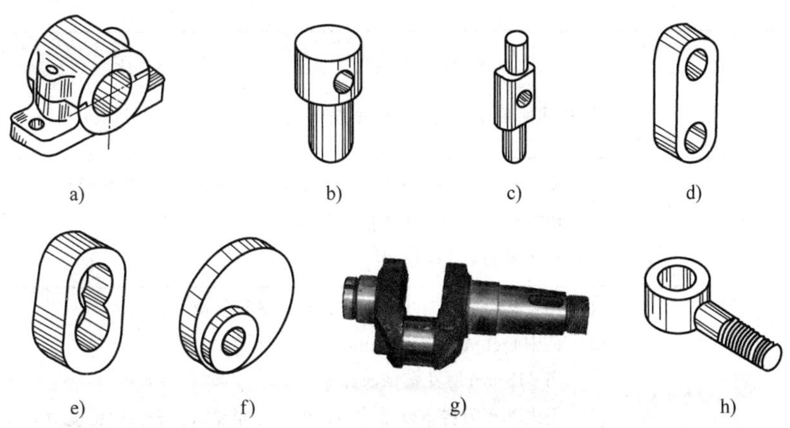

图 9－2　常见的复杂工件

a）对开轴承座　b）、c）十字孔工件　d）双孔连杆　e）齿轮泵体
f）偏心凸轮　g）曲轴　h）环首螺钉

对于复杂工件，虽然它们形状各异，但用四爪单动卡盘装夹、加工时仍有其共同点，即都有待加工的圆柱面以及与其垂直的平面或轴线。找正时，以待加工圆柱面上已划好的线和相应已加工平面或侧素线作为参考基准，先找正平面或侧素线，然后找正待加工圆柱面的轴线。

任务实施

一、准备工作

1. 工件毛坯

毛坯尺寸：ϕ65 mm × 120 mm。材料：45 钢。数量：1 件。

2. 工艺装备

普通车床、三爪自定心卡盘、四爪单动卡盘、45°车刀、90°车刀、中心钻、ϕ18 mm 麻花钻、内孔车刀、50～75 mm 千分尺、游标卡尺、磁性表座、0～10 mm 杠杆百分表、ϕ18～35 mm 内径百分表、钻夹头、铜皮等。

二、操作步骤

十字孔工件的加工工艺步骤见表 9－1。

表 9－1　十字孔工件的加工工艺步骤

加工工序	操作步骤内容
1. 车削光轴	（1）在三爪自定心卡盘上夹持毛坯外圆，找正并夹紧，车平端面，钻中心孔 （2）一夹一顶装夹，伸出长度约为 110 mm，粗车、精车外圆至 ϕ60 mm，长度为 103 mm，倒钝锐边 C0.3 mm （3）掉头夹住 ϕ60 mm 外圆（垫铜皮），找正并夹紧，用 45°车刀车端面，保证总长（100 ± 0.02）mm，倒钝锐边 C0.3 mm

续表

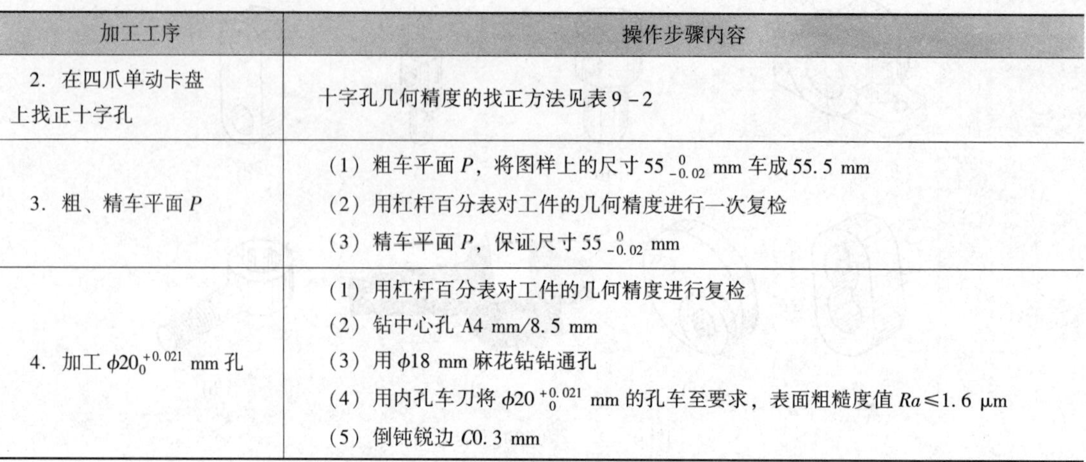

加工工序	操作步骤内容
2. 在四爪单动卡盘上找正十字孔	十字孔几何精度的找正方法见表 9－2
3. 粗、精车平面 *P*	（1）粗车平面 *P*，将图样上的尺寸 $55_{-0.02}^{\ 0}$ mm 车成 55.5 mm （2）用杠杆百分表对工件的几何精度进行一次复检 （3）精车平面 *P*，保证尺寸 $55_{-0.02}^{\ 0}$ mm
4. 加工 $\phi20_{0}^{+0.021}$ mm 孔	（1）用杠杆百分表对工件的几何精度进行复检 （2）钻中心孔 A4 mm/8.5 mm （3）用 $\phi18$ mm 麻花钻钻通孔 （4）用内孔车刀将 $\phi20_{\ 0}^{+0.021}$ mm 的孔车至要求，表面粗糙度值 $Ra\leqslant1.6$ μm （5）倒钝锐边 *C*0.3 mm

表 9－2　十字孔几何精度的找正方法

内容	图示	说明
工件的装夹	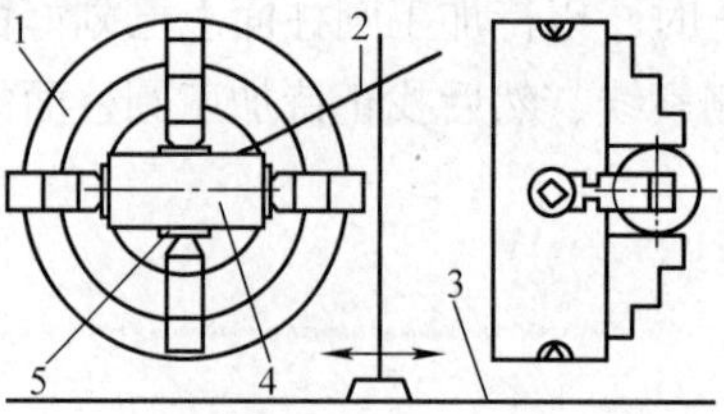 1—四爪单动卡盘　2—划针 3—中滑板　4—工件　5—铜皮	1. 由于外圆已加工，所以工件在四爪单动卡盘上装夹时应在夹紧处垫铜皮，以免把工件表面夹伤 2. 用划针粗略找正 $\phi20_{\ 0}^{+0.021}$ mm 孔的轴线相对于 $\phi60_{-0.019}^{\ 0}$ mm 圆柱轴线的对称度
找正工件：找正轴线的对称度	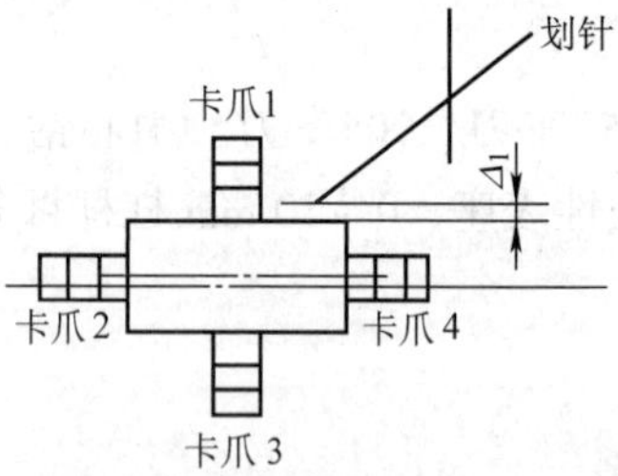 划针　卡爪1　Δ_1　卡爪2　卡爪4　卡爪3 a) 第 1 次找正 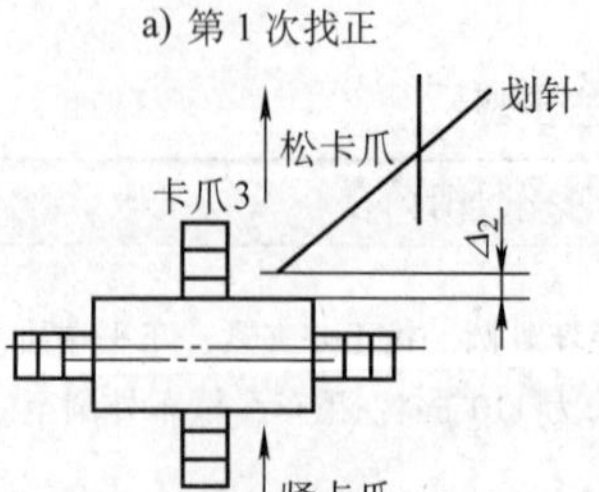 划针　松卡爪　卡爪3　Δ_2　紧卡爪　卡爪1 b) 转180°第 2 次找正	1. 用手转动卡盘，使工件轴线处于水平状态，划线盘放在中滑板上，使划针靠近并找平外圆上侧素线 2. 移动床鞍，移开划线盘，并将卡盘转动180°，再用划线盘找平外圆上侧素线（划针针尖高度不能改变），用透光法比较前后两次划针与上侧素线间的间隙 Δ_1 和 Δ_2 3. 若 $\Delta_1<\Delta_2$，则松卡爪 3，紧卡爪 1，调整量为两间隙差的一半，即（$\Delta_2-\Delta_1$）/2 4. 经反复找正，使划针与工件外圆侧素线之间的两次间隙相等（$\Delta_1=\Delta_2$）为止，紧卡爪 1 和卡爪 3

续表

内容		图示	说明
找正工件	找正孔对两端面的对称度	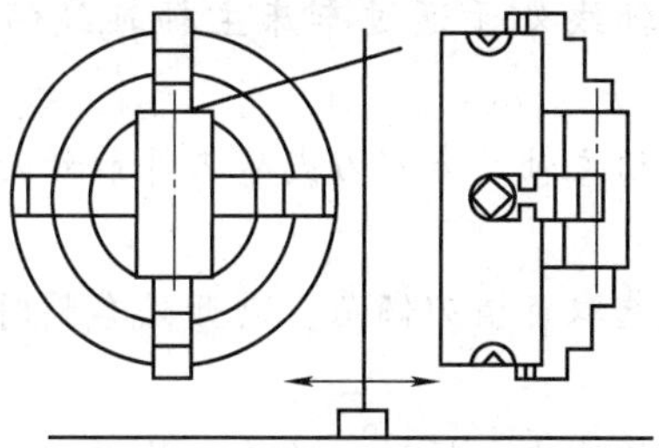	用划针粗略找正 $\phi 20^{+0.021}_{0}$ mm 孔的轴线相对于两端面的中心平面的对称度，找正方法与找正外圆上侧素线的方法相同
	找正轴线的垂直度	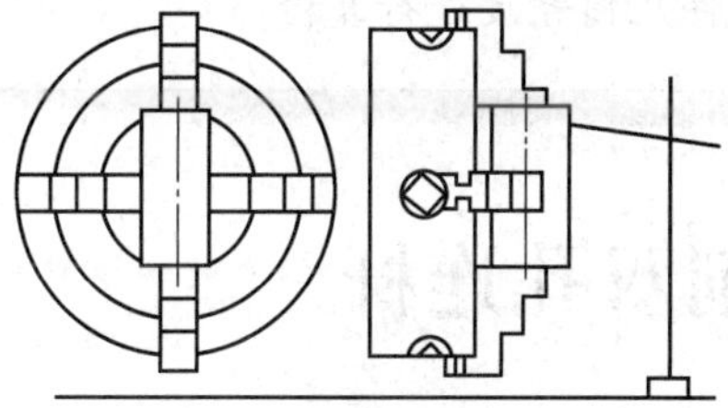	1. 用划针粗略找正 $\phi 20^{+0.021}_{0}$ mm 孔的轴线相对于 $\phi 60^{0}_{-0.019}$ mm 圆柱轴线的垂直度 2. 将划针尖端靠近外圆右侧素线端 3. 将卡盘转动 180°，比较两次划针与侧素线间的间隙，对于间隙小的一端用铜锤轻轻敲击，使工件微量转动 4. 反复比较、调整，使划针在工件旋转 180°前、后两次与侧素线间的间隙相等
精找正工件		1. 用与上述相同的方法对工件进行精找正，使对称度、垂直度达到图样规定的要求 2. 工件精找正、夹紧后，还应用杠杆百分表复检一次，待合格后方可进行车削	

三、对工件垂直度、对称度精度误差的检测

1. 孔轴线对外圆轴线垂直度误差的检测

由于孔与平面 P 在一次装夹中车出，孔轴线与平面 P 是垂直的，检测孔轴线对外圆柱面轴线的垂直度误差时，可以转换成检测平面 P 对外圆柱面轴线（或侧素线）的平行度误差。检测时，可以用千分尺测量 $\phi 60^{0}_{-0.019}$ mm 外圆两端侧素线至平面 P 的距离，即尺寸 $55^{0}_{-0.02}$ mm，两端测量值之差应不大于 0.03 mm。

2. 孔轴线对外圆轴线对称度误差的检测

用一根测量棒插入工件 $\phi 20^{+0.021}_{0}$ mm 孔中，并一起装夹在 V 形架（或 160 mm × 160 mm 方箱的 V 形槽）上，V 形架（或方箱）及百分表座均放在测量平板上，对称度误差的检测方法如图 9 - 3 所示。用百分表检测工件外圆上侧素线的水平位置，并记下读数值；再将工件绕心轴旋转 180°，使其下侧素线成水平位置，记下百分表第二次读数值，百分表两次读数值之差应不大于 0.03 mm。

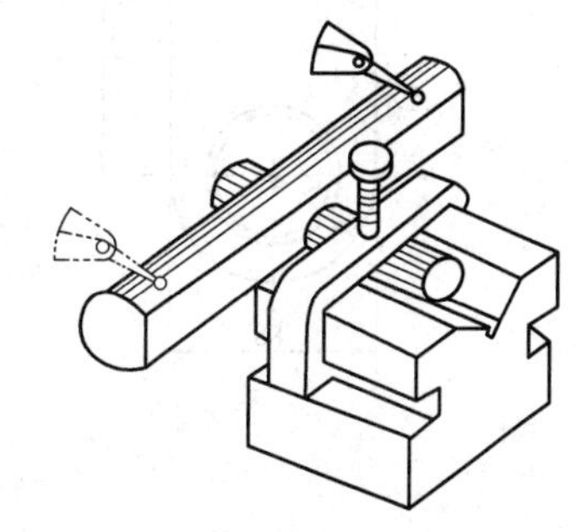

图 9 - 3　对称度误差的检测方法

3. 孔轴线对工件两端面中心平面对称度误差的检测

检测方法与图 9 - 3 所示的方法类似，只需将心轴从图示位置转动 90°，使工件端面处于水平位置，用百分表测量，记下读数值；再将工件转过 180°，使另一端面处于水平位置时进行测量，两次测量的读数值之差应不大于 0.03 mm。

〔操作提示〕

1. 欲保证两轴线的对称度，关键是使外圆轴线处于通过车床主轴轴线的剖切平面内。

2. 车削平面 P 时，车刀应先远离工件后再启动主轴。车刀刀尖从工件最外处逐步切入工件，以防止工件碰撞车刀。

3. 车削平面 P 时，由于是断续车削，车刀应选取负值刃倾角；刚开始车削时，背吃刀量稍大些，进给量要小些。

4. 车削平面 P 时，由于断续切削会产生较大的冲击和振动，易使工件发生移动，因此，在精车 P 面和加工 $\phi20^{+0.021}_{0}$ mm 孔前应对工件几何精度进行复检。

任务二　车削双孔连杆

学习目标

1. 了解花盘等车床附件的结构、要求及修整方法。
2. 掌握在花盘上车削双孔连杆的技能。
3. 掌握在花盘上保证工件孔距和几何精度的方法。

工作任务

按图 9－4 所示的要求加工双孔连杆。

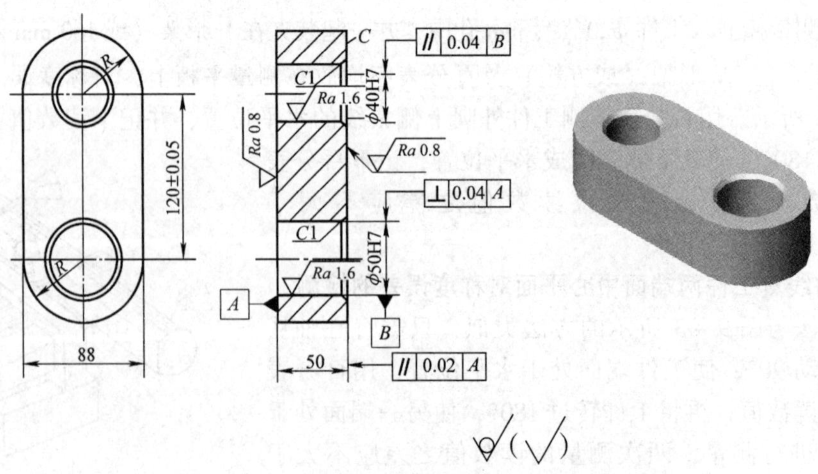

图 9－4　双孔连杆

相关知识

一、常用车床附件

对于复杂工件，由于在三爪自定心卡盘和四爪单动卡盘上无法或不方便装夹，通常需要用相应的车床附件或专用夹具来装夹。而当工件数量较少时，一般不设计、制造专用夹具，而利用花盘、角铁等车床附件来装夹工件进行加工。常用的车床附件结构及应用见表 9－3。

表 9－3　　常用的车床附件结构及应用

名称	图示	结构及应用
花盘		花盘的材料为铸铁，盘面上有许多长短不同呈辐射状分布的通槽（或 T 形槽），用于安装各种螺栓，以紧固工件。花盘可直接安装在车床主轴上，其盘面必须与主轴轴线垂直，盘面平整，表面粗糙度值 $Ra \leq 1.6$ μm
角铁		角铁通常由铸铁制造而成，常用的角铁为 90°角铁（非 90°角铁叫作角度角铁）。工作面为角铁上两个互相垂直的表面，精度要求较高，必须经过磨削或精刮。角铁上有长短不同的通孔，用于连接螺钉。角铁通常装在花盘上使用
V 形架		V 形架的工作面是一条 V 形槽，其夹角有 90°和 120°两种。在 V 形架上根据需要可以加工出几个螺孔或圆柱孔，以便用螺钉把 V 形架固定在其他夹具上或把工件固定在 V 形架上
方头螺栓		方头螺栓用于装夹夹具和工件。螺栓的头部为方形，以防止安装到花盘上的 T 形槽中产生转动，其长度可根据装夹要求做成长短不同的尺寸
压板		压板可根据需要做成各种不同的规格。它的上面铣有腰形长槽，用来安插螺栓，并根据需要使螺栓在长槽中移动，以调整夹紧的位置
平垫铁		平垫铁安装在花盘、角铁等夹具上，常作为工件的定位基准平面和导向平面
平衡块		在花盘、角铁和其他夹具上装夹的工件大部分是质量偏于一侧的（偏重），旋转时会产生很大的惯性力，不但影响工件的加工精度，还会引起振动，从而损坏车床的主轴和轴承。因此，必须在偏重的对面装上适当的平衡块。平衡块可以用铸铁或钢制成，为了减小体积，也可用密度较大的铅做成

二、花盘的安装与精度检测

对于被加工表面的回转轴线与基准面相互垂直的复杂工件，如支撑座、双孔连杆等，可以在花盘上车削。

花盘可直接安装在车床主轴上。因为工件是装夹在花盘上加工的，因此，花盘的精度直接影响工件的加工精度，故加工工件前必须对花盘的精度进行检测，要求花盘本身的几何误差小于工件相关公差的1/2。

花盘精度的检测方法见表 9－4。

表 9－4　　花盘精度的检测方法

内容	图示	说明
花盘盘面轴向圆跳动误差的检测		新安装的花盘，在装夹工件前应进行轴向圆跳动误差的检测，具体方法如下： 将百分表触头与花盘盘面外缘处接触，用手轻轻转动花盘，观察百分表指针的摆动量，然后将百分表触头移至花盘盘面近中央处（让开盘面上的通槽），转动花盘，观察百分表指针的摆动量，若摆动量不大于 0.02 mm，则花盘的轴向圆跳动符合要求
花盘盘面平面度误差的检测	Δ 百分表移动方向	平面度误差的检测方法如下： 1. 将百分表固定在刀架上，使其触头与盘面近外缘处接触 2. 花盘不动，只移动中滑板，使百分表触头从盘面近外缘处通过花盘中心移到另一端外缘处，观察百分表指针的摆动量，若其值不大于 0.02 mm（且只允许内凹），则花盘的平面度符合要求

〔操作提示〕

1. 安装花盘时，如果花盘盘面的轴向圆跳动和平面度不合格，应选用耐磨性较好的代号为 K10 的硬质合金车刀将花盘盘面精车一刀，车削时应紧固床鞍的紧定螺钉。

2. 若精车后仍不符合要求，则应检查车床主轴间隙或中滑板间隙，不符合要求的应进行调整和修理。

三、双孔连杆的精度检测

双孔连杆的精度检测方法见表 9－5。

表 9－5　双孔连杆的精度检测方法

内容	图示	说明
垂直度误差的检测	1—心轴　2—V 形架	1. 将测量用心轴 1 插入双孔连杆的被测孔中 2. 将心轴连同工件一起装夹在 V 形架 2（或带有 V 形槽的方箱）上，并将 V 形架（或方箱）置于平板上 3. 用百分表在工件平面上检测，百分表读数的最大值即为垂直度误差
孔距的检测	1—V 形架　2、3—心轴　4—双孔连杆	1. 将测量用心轴 2 和 3 分别插入双孔连杆的两个孔中 2. 将其中的心轴 2 用两等高的 V 形架 1 支撑 3. 用千分尺量出尺寸 M，按公式计算中心距 a： $a=M-\frac{D+d}{2}$ 式中　a——两孔中心距，mm M——用千分尺测得的尺寸，mm D——心轴 2 的直径，mm d——心轴 3 的直径，mm 4. 判断计算出的中心距 a 与图样要求的中心距是否相符
平行度误差的检测	a）用两等高 V 形架支撑 b）工件连同心轴一起转过 90° 1—V 形架　2、3—心轴　4—双孔连杆	1. 将测量用心轴 2 和 3 分别插入双孔连杆的两个孔中 2. 将其中的心轴 2 用两等高的 V 形架 1 支撑，如图 a 所示 3. 用百分表在心轴 3 上相距为 L_2 的 A 和 B 两点进行测量，得到读数 M_1 和 M_2，按下式计算平行度误差 f： $f=\frac{L_1}{L_2}\mid M_1-M_2\mid$ 式中　f——平行度误差，mm L_1——被测轴线长度（双孔连杆厚度），mm 4. 将工件连同测量心轴一起转过 90°（见图 b），按上述方法再测量及计算一次 5. 取两次 f 值中的最大值，即为平行度误差

任务实施

一、准备工作

1. 工件毛坯

（1）检查半成品的双孔连杆：检查已经过铣削和磨削的平面 C 及基准平面 A，表面粗糙度值 $Ra \leqslant 0.8$ μm，工件厚度为 50 mm，两平面的平行度误差不大于 0.02 mm，粗钻的两孔孔距。

（2）材料：球墨铸铁。

（3）数量：1 件。

2. 工艺装备

普通车床、花盘及其配套的车床附件、45°车刀、内孔车刀、25 ~ 50 mm 千分尺、150 ~ 175 mm 千分尺、游标卡尺、百分表及磁性表座、划线盘、内径百分表、蓝油、V 形架、划针、样冲、平板等。

二、操作步骤

双孔连杆的加工工艺步骤见表 9－6。

表 9－6　双孔连杆的加工工艺步骤

加工工序	图示	操作步骤内容
1. 划线并打样冲眼		（1）清洁双孔连杆表面，工件应无毛刺，倒钝锐边 （2）确定工件其中一面为定位基准面 A 并做标记 （3）在平面 C 上划两个孔的位置线，以便车孔时找正 （4）在平面 C 上打样冲眼
2. 粗车、精车第一个孔（ϕ50H7）	1—双孔连杆　2—压紧螺钉　3—压板 4—V 形架　5—花盘	（1）将工件上有标记的基准面 A 放置在花盘盘面上，使第一个孔的中心接近花盘（主轴）中心 （2）将 V 形架靠在工件下端的圆弧形表面上，并用方头螺栓和压板初步压紧 （3）根据基准孔的划线，用划线盘找正 ϕ50H7 孔的位置，使其中心与主轴轴线重合，然后用压板将工件压紧 （4）调整 V 形架，使其 V 形面抵住工件的圆弧形表面，并压紧 V 形架 （5）用方头螺栓穿过工件上的第二个毛坯孔并压紧工件的另一端 （6）按需要对花盘进行平衡，并检查有无碰撞现象 （7）将图样上 ϕ50H7 孔粗车、半精车至 $\phi 49.6^{+0.05}_{0}$ mm （8）精车 ϕ50H7 孔至图样要求 （9）孔口倒角 $C1$ mm

续表

加工工序	图示	操作步骤内容
3. 调整两孔的中心距	1—定位心轴　2—定位圆柱　3—螺母	（1）在主轴锥孔中装入一根 ϕ40 mm 定位心轴，并找正其径向圆跳动 （2）在花盘上装一个定位圆柱，定位圆柱的外圆与已车好的第一个 ϕ50H7 的孔成较小的间隙配合 （3）用千分尺测量出定位心轴与定位圆柱之间的尺寸 M （4）按下式计算中心距： $L=M-\frac{D+d}{2}$ 式中　L——两孔中心距，mm M——用千分尺测得的尺寸，mm D——定位心轴直径，mm d——定位圆柱直径，mm （5）当计算所得的中心距 L 与图样要求的中心距不符时，先松定位圆柱压紧螺母，用铜锤轻轻敲击定位圆柱，调整两孔的实际中心距，反复调整，直到符合图样要求后再紧固压紧螺母 （6）取下定位心轴，将工件已加工好的第一个孔套在定位圆柱上，找正第二个孔中心的位置并将工件夹紧
4. 粗车、精车第二个孔（ϕ40H7）		（1）按需要对花盘进行平衡，并检查有无碰撞现象 （2）将图样上 ϕ40H7 孔粗车、半精车至 $\phi 39.6^{+0.05}_{0}$ mm （3）精车 ϕ40H7 孔至图样要求 （4）孔口倒角 $C1$ mm

〔操作提示〕

1. 压板、螺钉应靠近工件安装，垫块的高度与工件厚度一致。

2. 装夹工件的关键是保证两孔的中心距，应多测几次，取其平均值。

3. 车削时的切削用量不宜选得过大，以免引起车床振动，影响车孔的精度。尤其是转速过高、惯性力过大时，更容易引起事故。

4. 车孔前，一定要认真检查花盘上所有压板、螺钉的紧固情况，最好再轮流对应拧紧一次。

5. 将床鞍移动到车削工件的最终位置，用手转动花盘，检查工件、附件是否与小滑板前端及刀架相碰，以免发生事故。

任务三　车削轴承座

学习目标

1. 掌握轴承座的划线、找正和车削技能。
2. 掌握轴承座中轴承孔与定位基准面平行度误差的检测方法。

工作任务

按要求加工如图 9 – 5 所示的轴承座。

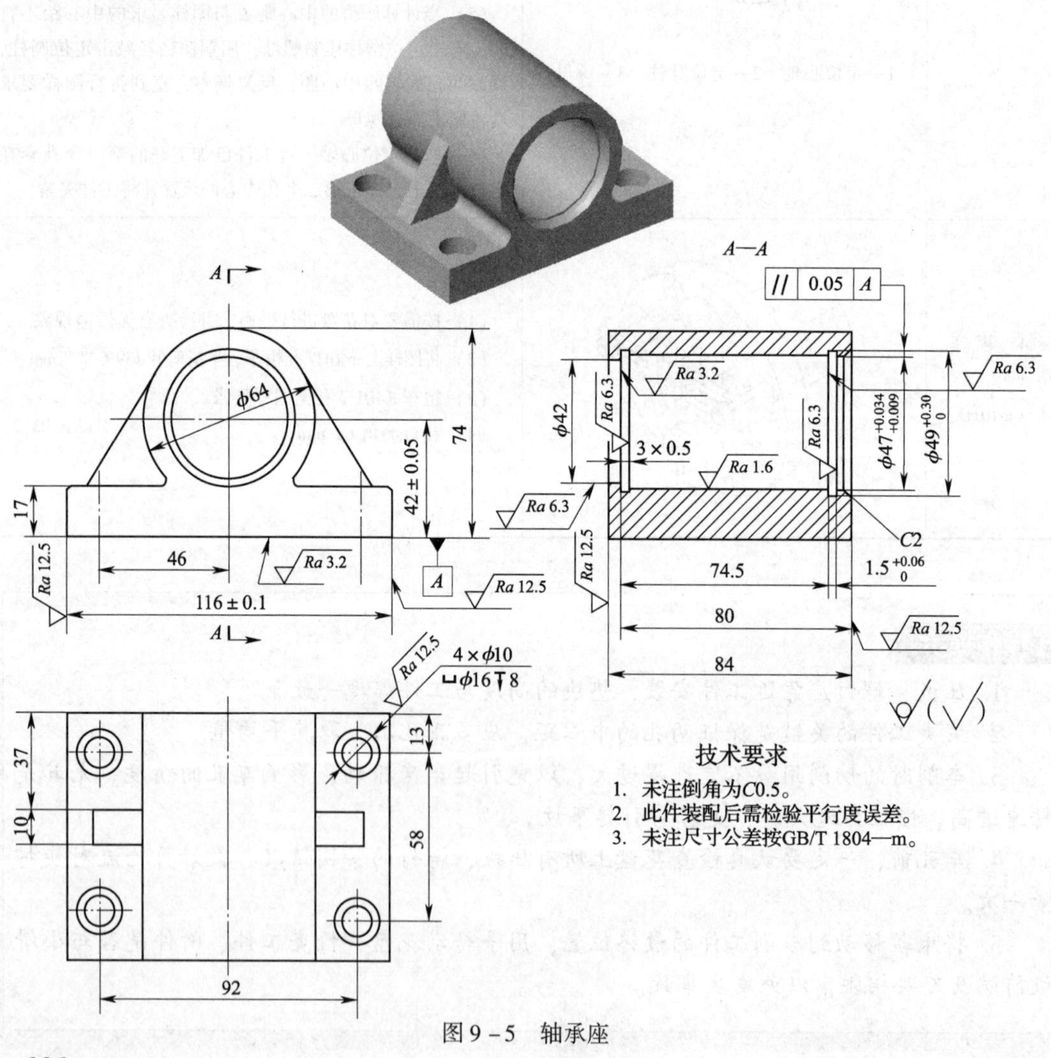

图 9 – 5　轴承座

相关知识

一、角铁在花盘上的安装

角铁通常与花盘配合使用。角铁在花盘上的安装与检测见表 9－7。

表 9－7　　角铁在花盘上的安装与检测

<table>
<tr><th colspan="2">内容</th><th>图示</th><th>说明</th></tr>
<tr><td colspan="2">外角铁与内角铁</td><td>a）外角铁
b）内角铁</td><td>常见的角铁有外角铁（见图 a）和内角铁（见图 b）</td></tr>
<tr><td rowspan="2">角铁在花盘上的安装</td><td>角铁平行度误差的检测</td><td></td><td>1. 针对被加工工件选定角铁，通过目测或用钢直尺测量，使被加工表面的轴线大致在花盘中心，将角铁装在花盘上
2. 用百分表检查角铁工作面与车床主轴轴线的平行度误差：
（1）将百分表支座放置在中滑板或床鞍上，使百分表触头垂直接触角铁工作面
（2）缓慢移动床鞍，观察百分表的读数，其最大值与最小值之差为平行度误差
（3）如平行度误差超出工件公差的 1/2，当工件数量较少时，可在角铁与花盘的接触面间垫上合适的铜片或薄纸进行调整；当工件数量较多时，应修刮角铁，直至符合要求</td></tr>
<tr><td>安装定位块</td><td>1—压板　2—定位块</td><td>1. 角铁在花盘上装夹必须牢固、可靠，注意操作安全
2. 角铁与花盘之间至少要有一个螺栓通过它们的螺栓孔直接紧固
3. 为保证角铁稳固可靠，可在角铁的下方或侧面装夹一定位块
4. 装夹角铁前应在床身导轨上垫上木板，以保护床面</td></tr>
</table>

二、在角铁上装夹轴承座的方法

在花盘角铁上装夹并找正轴承座的方法见表 9－8。

表 9－8　　在花盘角铁上装夹并找正轴承座的方法

内容		图示	说明
在花盘角铁上装夹并找正轴承座的步骤	工件数量较少时	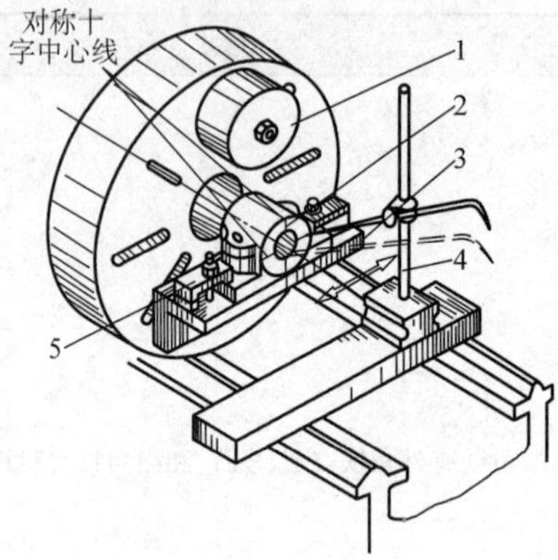 1—平衡块　2—工件　3—角铁 4—划线盘　5—压板	1. 将轴承座装到角铁上，用压板轻压 2. 用划线盘找正工件水平轴线，调整工件高度，使划针针尖通过水平轴线，然后将花盘旋转 180°，如划针针尖与水平轴线不重合，可把划针针尖调整到相差距离的中间位置，再通过调整角铁使工件水平轴线向划针针尖高度方向调整。反复使用上述方法，直到花盘反复旋转 180°，划针针尖均处于水平轴线上为止 3. 将花盘转动 90°，用相同的方法找正工件的垂直轴线 4. 用划针校正工件侧素线或侧面基准线，防止工件歪斜 5. 紧固角铁和工件，装夹和调整平衡块，用手转动花盘检查，无碰撞现象即可 用划针找正的方法精度不高且费时
	工件数量较多时	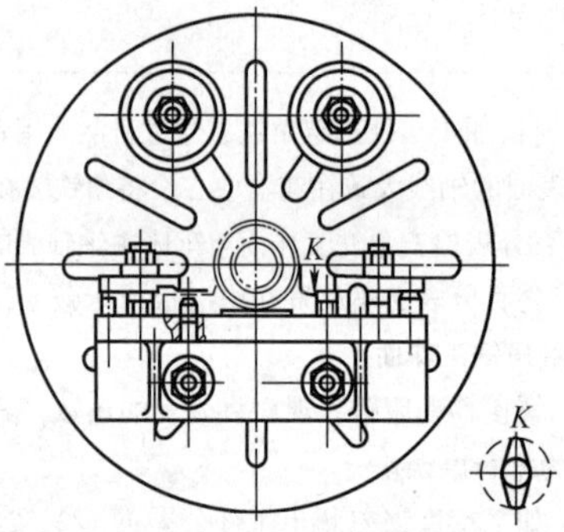	1. 在工件上先划线，铣平底面 2. 利用钻模钻、铰轴承座的两定位孔，保证两孔对称于垂直中心线 3. 在角铁上根据工件两定位孔中心距钻孔并安装两定位销（其中一个为削边销） 4. 工件采用两孔一面定位，装夹于角铁上，用压板压紧 5. 装夹和调整平衡块 6. 装夹第一个工件时需调整角铁位置来找正水平轴线，垂直轴线的位置由定位销保证
轴线高度的测量		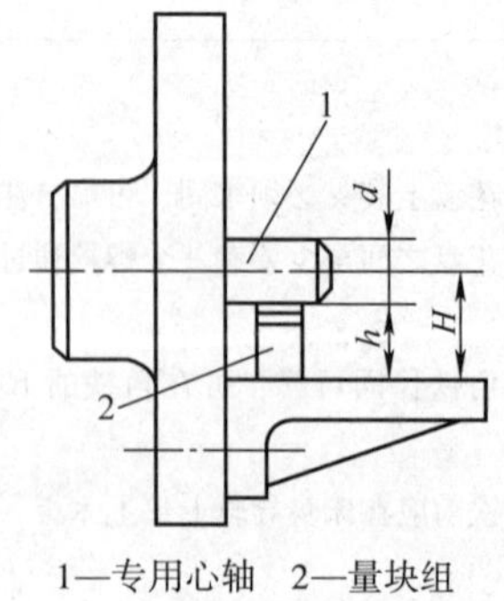 1—专用心轴　2—量块组	角铁基准面到主轴轴线高度（中心高）的测量方法如下： 在主轴锥孔中插入检验棒（心轴），用量块测出心轴到角铁面的距离，中心高可按下式计算： $h = H - \frac{d}{2}$ 式中　h——量块尺寸，mm H——中心高，mm d——心轴直径，mm

三、在四爪单动卡盘上装夹并找正轴承座

用四爪单动卡盘装车削夹轴承座的主要技术要求是：孔轴线与底平面平行；孔轴线对底平面的距离有较高的精度要求。要达到以上两个要求，关键要掌握两点：第一，找正平行度；第二，通过找正和测量保证孔轴线距离底平面的尺寸精度。

轴承座在四爪单动卡盘上的装夹及找正方法如图 9－6 所示。具体找正方法如下（底平面已经过车削或铣削）：

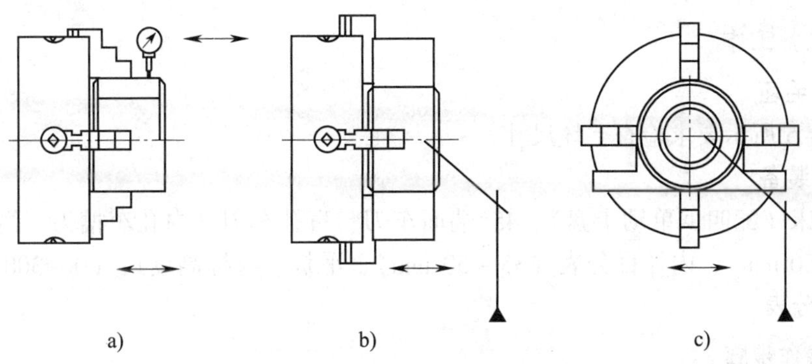

图 9－6　轴承座在四爪单动卡盘上的装夹及找正方法

a）纵向找正底平面　b）纵向找正侧母线　c）找正端面十字线

1. 将工件装夹在四爪单动卡盘上，在每个卡爪上垂直于卡爪垫一块窄垫片，以便于找正。

2. 将磁座百分表装在中滑板上，工件底平面朝上，移动床鞍，用百分表纵向找正底平面，如图 9－6a 所示。

3. 纵向找正侧母线时，将平板横放在导轨上，将划线盘放在平板上，将工件正转或反转 90°，使划线盘针尖对准工件上的侧母线并纵向移动，如果侧母线不是水平的，针尖在工件端部时，侧母线高于针尖，可向下锤击工件端部；若侧母线低于针尖，则将工件旋转 180°后再向下锤击，直到针尖与侧母线重合为止，如图 9－6b 所示。

4. 找正端面十字线时，将针尖放在十字线上横向移动，使针尖始终在横线上。然后将工件翻转 180°，检查该横线对针尖的偏离情况，如横线高于针尖 2 mm，则应调整工件，使横线下降 1 mm，使针尖调高 1 mm。将工件翻转 180°再进行检查。如此反复进行，直至没有偏离，如图 9－6c 所示。另一十字线的找正方法相同。十字线、侧母线、底平面需循环反复找正几次。

5. 找正、夹紧工件后再检查偏重情况。将主轴转速挂于空挡，用手转动卡盘，偏重的一侧会自然往下转，则需在对侧的槽孔中加平衡块，若花盘能在任意位置停下，则说明工件达到平衡，平衡后即可车削。粗车后需复查底平面与孔的距离，如不符合要求应重新找正及调整，然后再精车。

四、轴承座的划线要点

选择轴承座底面为划线基准，将轴承座底面放在平板上划孔线和底座周线。

1. 将游标高度尺从外圆顶部降下工件的总高度划底平面线，然后以这条底平面线为基准，按中心距上移游标高度尺划轴承座孔中心水平线及侧母线。

2. 将轴承座底面立起，用90°角尺对准底面水平线，然后将游标高度尺从外圆顶部降下轴承座孔的半径划孔的中心垂直线，并应兼顾底面四边的对称性。

任务实施

一、准备工作

1. 检查毛坯

按图9－5所示要求检查毛坯尺寸。

2. 工艺装备

普通车床（配四爪单动卡盘）、45°端面车刀、盲孔车刀、内孔车槽刀、游标卡尺、千分尺（25～50 mm）、内径百分表（35～50 mm）、平板、游标高度尺（0～300 mm）、划线盘、磁座百分表。

二、操作步骤

如图9－5所示轴承座的加工工艺步骤见表9－9。

表9－9　　轴承座的加工工艺步骤

加工工序	操作步骤内容	图示
1. 划线	将轴承座平放在平板上： （1）划底平面线，划周线 （2）划轴承座孔水平线及圆孔田字框线 （3）划轴承座孔交叉垂直线及圆孔田字框线	周线
2. 车底平面	用四爪单动卡盘夹住 ϕ64 mm 外圆及两端面： （1）用划针找正底平面周线，将工件居中夹紧 （2）车削底平面	
3. 粗车端面及轴承孔	用四爪单动卡盘夹住底面及 ϕ64 mm 外圆的三面： （1）找正轴承座孔端面十字线及田字框线 （2）用磁座百分表找平底平面 （3）粗车端面至88 mm厚，将图样上 ϕ42 mm 孔粗车至 ϕ41 mm，$\phi47^{+0.034}_{+0.009}$ mm 孔粗车至 ϕ46 mm	

续表

加工工序	操作步骤内容	图示
4. 精车	（1）检测中心距：测出底面到内孔边缘尺寸 A 与内孔尺寸 D，代入公式中心距 $L=A+\frac{D}{2}$ 进行计算 （2）精车端面至 87 mm 厚，精车内孔 $\phi42$ mm 和 $\phi47^{+0.034}_{+0.009}$ mm 至尺寸，车内沟槽，倒角	
5. 车端面，取总长	（1）将工件掉头装夹，在工件与卡盘盘面之间垫标准平垫铁，敲平并夹紧工件后撤出平垫铁 （2）车端面，控制总长至 84 mm	

〔操作提示〕

由于零件为焊接组合件，已忽略铸造毛坯的许多缺陷和不规则形状。在实际生产中，底座的四边都要进行加工。因此，实际生产中划线时要综合考虑毛坯的铸造情况，并且将划线与车削、铣削、刨削等加工工序穿插进行。

任务四　车削三孔垫铁

学习目标

1. 具备检测三孔垫铁的中心距、平行度误差、垂直度误差的技能。
2. 掌握在花盘和角铁上保证工件中心距和几何精度的方法。
3. 具备车削三孔垫铁的技能。

工作任务

将半成品（尺寸为 35 mm×50 mm×100 mm）加工成如图 9－7 所示的三孔垫铁。

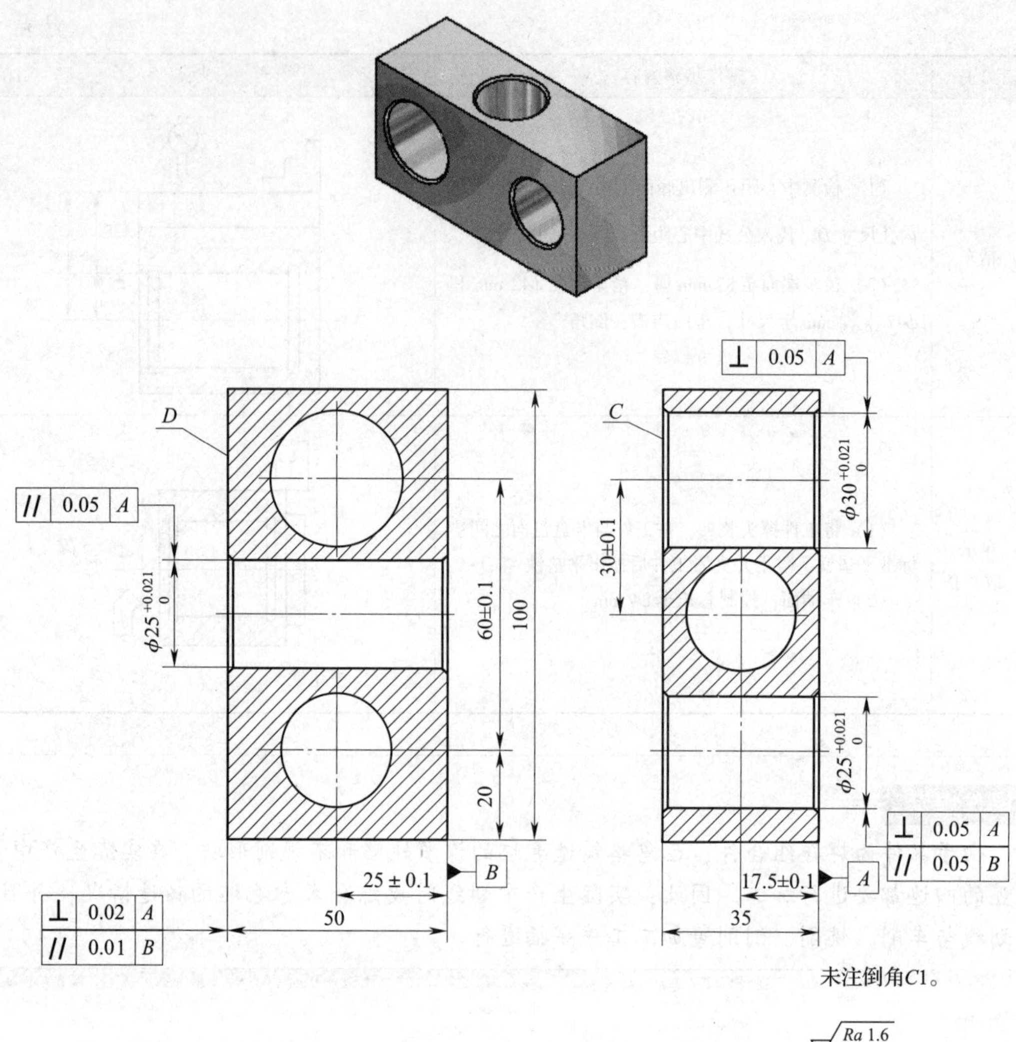

图 9－7　三孔垫铁

相关知识

一、在花盘和角铁上加工工件时保证几何精度要求的方法

1. 几何精度要求高的工件，它的定位基准面必须经过磨削或精刮，基准面要求平直，从而保证其与花盘、角铁的定位基准面接触良好。

2. 花盘和角铁的定位基准面的几何误差要小于工件几何精度的 1/2。因此，花盘盘面最好在本车床上精车出来，角铁则必须经过精刮。

3. 要防止工件因夹紧力过大而产生变形。

4. 在角铁上装上工件后必须进行平衡。

5. 车床主轴间隙不得过大，导轨必须平直，以保证工件的几何精度。

二、可调角铁

普通角铁的缺点之一是找正第一个工件比较困难，辅助时间较长。使用如图 9－8 所示的可调角铁能有效提高找正效率。可调角铁有两条相互垂直的燕尾槽导轨，由丝杆螺母驱动，转动丝杆方榫 2 可使角铁 3 上下移动，转动丝杆方榫 5 可使角铁 3 前后移动。调整好角铁后，用紧定螺钉 1 和 4 把燕尾槽镶条锁紧，装上工件就可以进行车削。可调角铁使用方便，适宜在维修、工具等车间对单件、小批量的小型复杂工件进行加工，缺点是刚度略低。

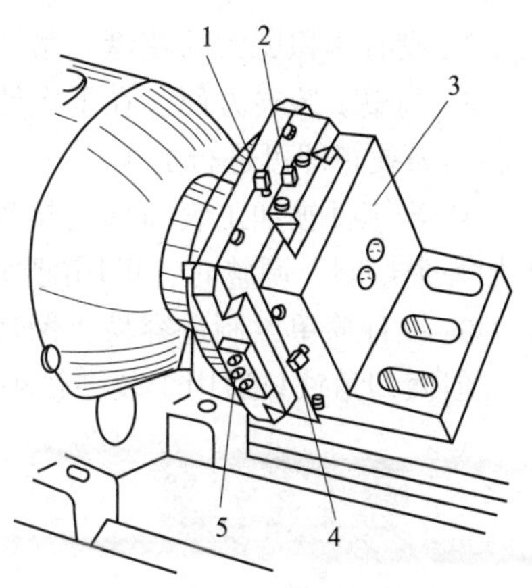

图 9－8　可调角铁

1、4—紧定螺钉　2、5—丝杆方榫　3—角铁

三、微型角铁

有些小型的复杂工件，如十字孔工件、移动螺母、环首螺钉等，它们的体积很小，质量很轻，基准面到加工表面中心距离不大。如果用很大的花盘和角铁来装夹，很不方便。这时可用如图 9－9 所示的微型角铁，这种角铁的柄部做成莫氏圆锥，与车床主轴锥孔相配合。角铁的头部做成圆柱体，并在圆柱体上加工出一个平面（角铁面），工件就可方便地装夹在这个小平面上进行加工。

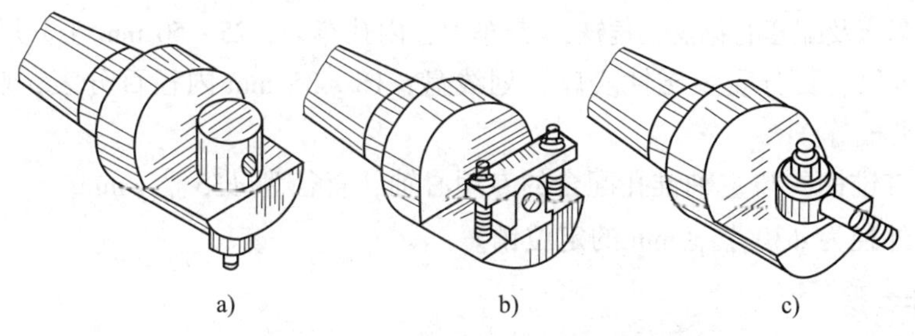

图 9－9　微型角铁及其应用实例

a）装夹十字孔工件　b）装夹移动螺母　c）装夹环首螺钉

图 9－9a 所示为装夹十字孔工件用的微型角铁。根据工件的形状，可在角铁平面的中央加工出一个具有一定精度的定位孔，把工件插入孔内，利用工件上的螺纹紧固工件。

图 9－9b 所示为装夹移动螺母用的微型角铁。装夹移动螺母时，可利用其已加工好的两个侧面嵌在角铁的槽中定位，上面用压板压紧。螺栓上弹簧的作用是方便装夹工件。

图 9－9c 所示为装夹环首螺钉用的微型角铁。它是利用已加工好的环圈，用心轴固定在角铁上，找正侧母线后就可以进行车削。

通过对应用实例的分析，总结出微型角铁的特点：

1. 微型角铁体积小，质量轻，惯性小，所以加工时主轴转速可选择较高，以利于提高生产效率。

2. 微型角铁的回转直径较小，工件离旋转中心近，偏重现象不显著，因此可以不用平衡块。

3. 没有体积庞大的花盘、角铁和平衡块，使用时安全、可靠。

4. 调整、装夹方便，在下次使用时，只需卸下卡盘，把微型角铁的锥柄插入主轴锥孔中，不需找正即可进行加工。

5. 当工件被加工表面轴线与基准面之间的尺寸精度要求很高时，可在工件定位基准面上加一个垫圈。调整时，可用配磨垫圈厚度的方法来达到所规定的尺寸公差要求。

6. 设计简单，制造容易，保管方便。

但微型角铁只适用于装夹较小的复杂工件。

任务实施

一、准备工作

1. 工件毛坯

（1）检查半成品的三孔垫铁：检查已经过铣削和磨削的四个平面，表面粗糙度值 $Ra \leq 1.6\ \mu m$，尺寸为 35 mm×50 mm×100 mm，基准平面 A 与平面 C 以及基准平面 B 与平面 D 的平行度误差小于 0.01 mm。

（2）材料：HT150。

2. 工艺装备

（1）普通车床及配套的花盘、角铁，45°车刀，内孔车刀，25～50 mm 千分尺，75～100 mm 千分尺，游标卡尺，百分表及磁性表座，划线盘，18～35 mm 内径百分表，蓝油，V 形架，划针，样冲，平板等。

（2）制作带锥柄的与主轴锥孔配合的专用心轴，直径为 $\phi 35_{-0.05}^{\ 0}$ mm。

（3）制作外径为 $\phi 30_{-0.013}^{\ 0}$ mm 的定位销。

二、操作步骤

如图 9－7 所示三孔垫铁的加工工艺步骤见表 9－10。

表 9－10　车削三孔垫铁的加工工艺步骤

加工工序	图示	操作步骤内容
1. 划线并打样冲眼	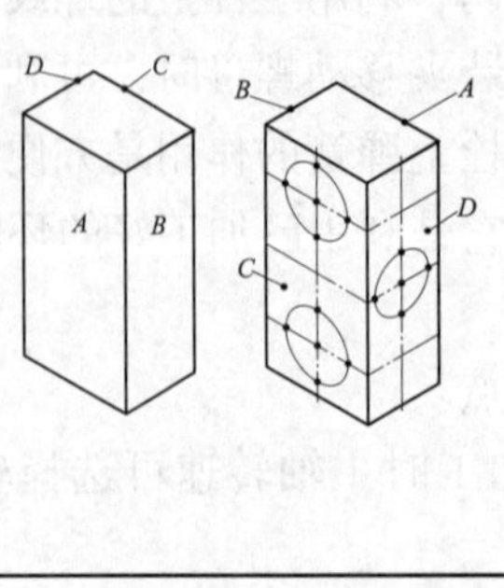 D C A B；B A D C	（1）清洁三孔垫铁表面，工件应无毛刺，倒钝锐边 （2）确定工件其中一面为定位基准面 A，打印标记 （3）在平面 C、D 以及平面 B 上划三孔的位置线，以便车孔时找正 （4）在平面 C、D 以及平面 B 上打样冲眼

续表

加工工序	图示	操作步骤内容
2. 在花盘上装夹，车两轴线平行的孔		（1）装上花盘，检查并按需要修正花盘平面 （2）将工件的基准平面 A 贴在花盘平面上，按划线找正工件的位置，使下孔轴线与主轴轴线重合，然后夹紧工件 （3）装夹平衡块，对花盘进行平衡 （4）钻孔，试车内孔 （5）检测孔轴线至工件侧面的距离（25 ±0.1）mm，距离准确后，贴住工件在花盘上装夹导向定位挡铁 （6）精车下孔至尺寸 $\phi25^{+0.021}_{0}$ mm （7）松开螺钉、压板，沿导向定位挡铁移动工件，按划线找正 $\phi30^{+0.021}_{0}$ mm 孔的轴线与主轴轴线重合，然后夹紧并钻孔，试车，找正两孔中心距。为保证两孔中心距精度，可使用专用心轴和定位套找正 （8）精车 $\phi30^{+0.021}_{0}$ mm 孔至要求
3. 确定定位销的位置		（1）在花盘上装夹角铁，并找正角铁工作表面与主轴轴线的平行度 （2）在主轴锥孔中装入专用心轴，确定定位销在角铁上的位置 （3）调整角铁工作表面，使其轻贴专用心轴外圆，用千分尺测量并找正定位销与专用心轴的中心距达到图样要求 （4）紧固角铁后卸下专用心轴
4. 在花盘的角铁上装夹，车第三个孔		（1）将工件装夹在角铁上，使基准平面 A 与角铁工作表面贴合，以定位销定位，并用百分表找正工件外端平面，然后紧固工件 （2）装夹平衡铁，对花盘进行平衡 （3）钻孔至 $\phi24$ mm （4）车孔至 $\phi25^{+0.021}_{0}$ mm

〔操作提示〕

1. 在花盘上装夹角铁和工件必须牢固、可靠。

2. 在花盘、角铁上装夹好工件后，必须进行平衡。

3. 花盘上的角铁回转半径大、棱角多，容易产生碰撞现象，车削前应认真检查。

4. 车孔前，内孔车刀应在已有的孔内的一端移到另一端，同时用手转动花盘1～2圈，检查有无碰撞现象，以免发生危险。

5. 由于角铁和工件等都是用螺纹紧固的，车削中工件容易移位。所以转速不宜过高，以防止在惯性力的作用下影响工件的精度，甚至造成事故。

任务五 车削齿轮减速箱体

学习目标

1. 掌握箱体平行孔、同轴孔、交叉孔的找正方法和加工方法。
2. 掌握定位基准的选择。
3. 掌握箱体平行孔、同轴孔、交叉孔的几何精度的检测方法。

工作任务

将焊接成半成品的工件加工成如图9－10所示的齿轮减速箱体。

相关知识

一、定位基准的选择

由于箱体零件平面面积较大，而且需经过多次装夹，通常应首先考虑“基准统一”原则，使具有相互几何精度要求的加工表面的大部分工序尽可能用同一组基准定位，以避免因基准变换而带来的基准不重合误差。一般加工箱体时用底面及导向面作为统一基准，以保证定位基准、装配基准与设计基准重合（如图9－10中的底面M）。使箱体开口向上装夹，便于在加工过程中观察加工情况及测量孔径尺寸、孔径几何精度和调整刀具。

二、加工顺序的安排

加工顺序通常按照先粗后精，先主后次，先面后孔，先加工重要孔、后加工次要孔的原则安排。应先以轴孔为粗基准加工平面，再以平面为工序精基准加工轴孔。

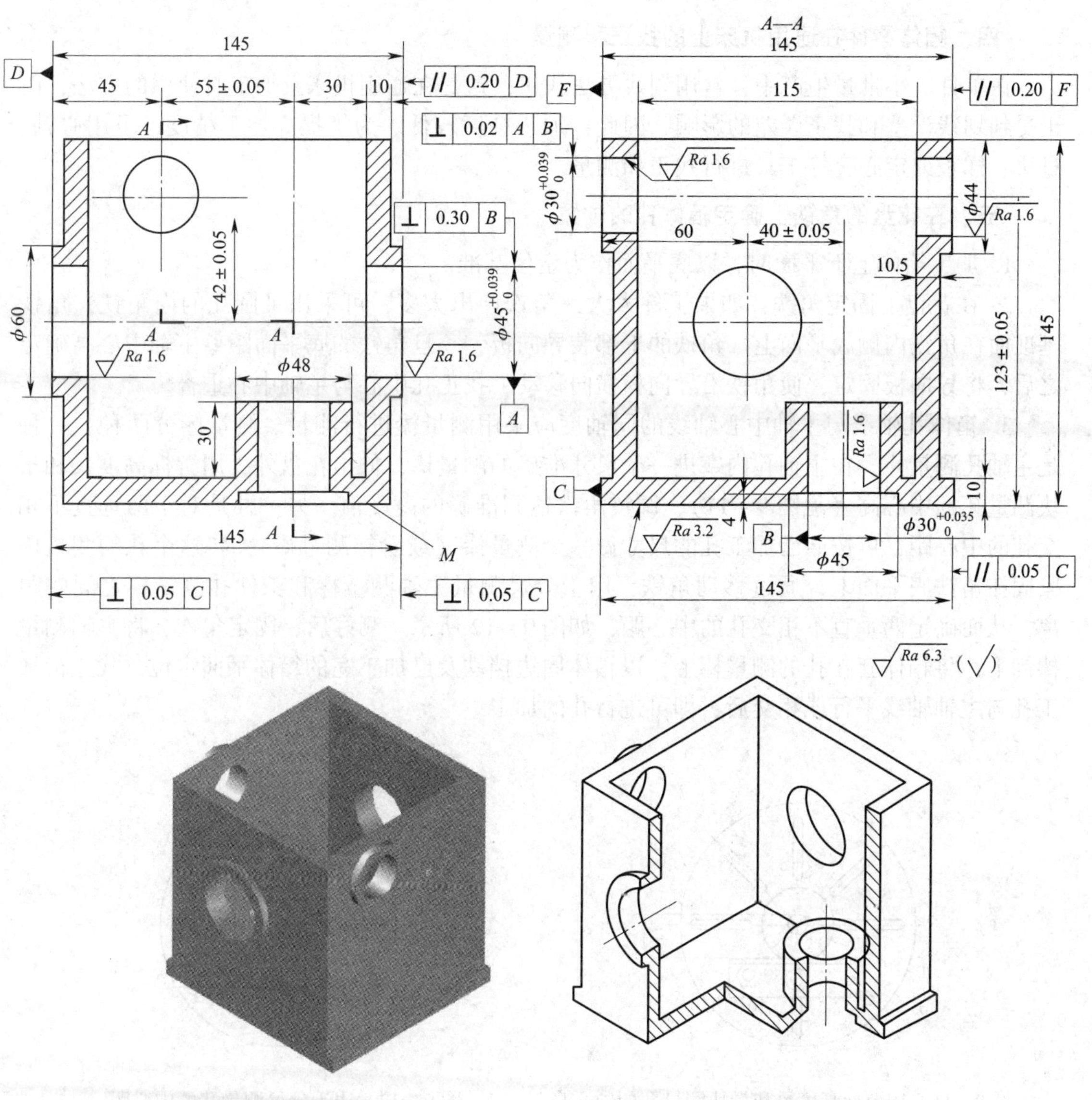

图 9－10　齿轮减速箱体

三、箱体零件的技术要求

1. 轴承孔的尺寸、几何精度要求

轴承孔的尺寸精度及几何精度直接影响与轴承的配合精度和轴的回转精度。

2. 轴承孔的相互几何精度要求

轴承孔的相互几何精度主要有孔的中心距、轴线的平行度、同轴线轴承孔的同轴度、轴承孔轴线对装配基准面的平行度和对端面的垂直度。中心距及轴线平行度是用来保证齿轮副之间的啮合间隙的。同轴度是为了满足装配在同一轴的前后贯通轴承孔的同轴线要求，以保证轴的正常装配和运转。轴承孔轴线对装配基准面的平行度要求，对端面的垂直度要求，各交叉孔的垂直度要求，都会对装配精度产生影响。

四、箱体零件在通用机床上的找正和测量

在单件、小批量生产中，常用划线方法找正，这是在通用机床上加工时使用的方法，由于受到划线误差和找正误差的影响，因此，加工精度较低。为了提高加工精度，可用心轴、量块、样板或定心套等工具进行找正和测量。

五、在花盘的角铁上确定箱体孔的位置

1. 加工箱体上下平面时，以底平面作为定位基准。

2. 在花盘上固定角铁，如果工件太大，角铁伸出太多，可采用带圆孔的内角铁，角铁基准面在角铁内侧底平面上。角铁的下部装导向板，一旦角铁的底平面距离主轴中心高确定之后，将导向板固定，使角铁沿导向板横向移动，找正孔中心与主轴中心重合。

3. 箱体孔轴线与主轴中心轴线的同轴度应采用测量棒进行测量。测量棒分两种：一种是主轴孔测量棒，在主轴孔内塞进一个尺寸准确的测量棒，伸出花盘外，用游标高度尺和量块测量孔的中心高（见图 9－11），调整角铁达到准确的高度值。另一种是对于两垂直不相交孔的中心距，可按照已加工孔的尺寸做一个测量棒（或阶梯测量棒），将这个孔的测量棒紧固在角铁底平面上，通过移动角铁，用千分尺测量主轴测量棒和工件孔测量棒之间的距离，从而确定两垂直不相交孔的中心距，如图 9－12 所示。测好后，固定角铁，将主轴测量棒卸下，将箱体套在孔的测量棒上，以箱体周边挡铁及已加工完的箱体平面定位，找正待加工孔与主轴轴线平行或相交后，即可进行孔的加工。

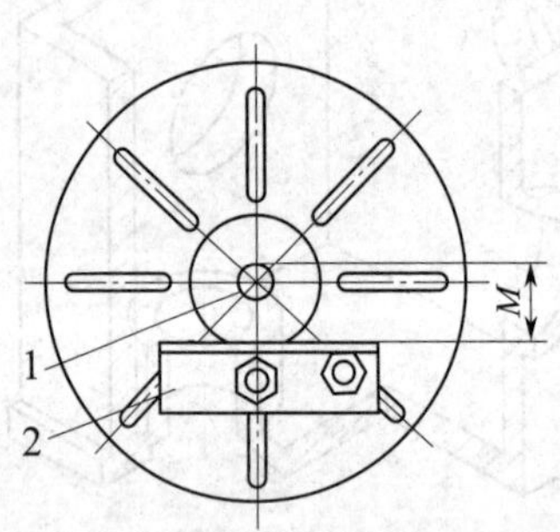

图 9－11　用游标高度尺和量块测量孔的中心高

1—主轴测量棒　2—外角铁

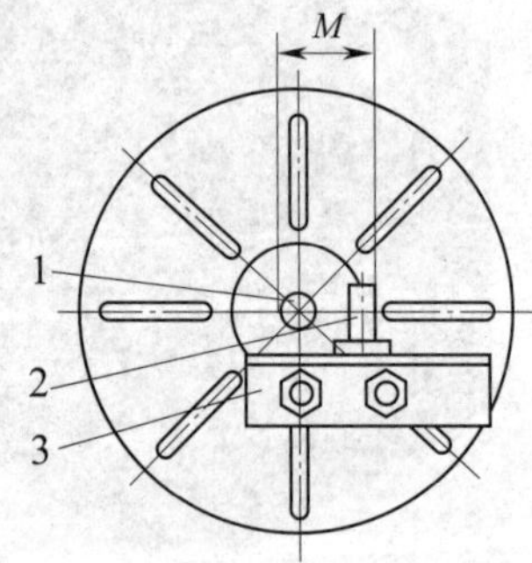

图 9－12　用千分尺测量孔的中心距

1—主轴测量棒　2—已加工孔测量棒　3—角铁

加工两平行孔时，为保证孔的间距，可采用样板找正加工。样板上镗有几何精度很高的孔（孔尺寸可以加大），将样板装于箱体端面上，利用百分表逐一找正与机床主轴的位置进行加工。两平行孔也可用划线找正方法加工，适用于孔距几何精度要求不高的工件。

在通用机床上加工两同轴孔时，一般在已加工过的孔内装入一个导向套，支撑和引导圆杆体车刀加工后壁上的孔，以保证两孔的同轴度要求。

任务实施

一、准备工作

1. 检查毛坯

箱体毛坯为45钢板材组合焊件。毛坯焊前组件：140 mm×135 mm×10 mm（侧板2块），140 mm×115 mm×10 mm（侧板2块），145 mm×145 mm×15 mm（底板），ϕ60 mm×10 mm（孔凸台2块），ϕ45 mm×10 mm（孔凸台2块），ϕ48 mm×30 mm（内凸台）。

2. 工艺装备

普通车床，90°外圆车刀，45°端面车刀，60°内孔车刀，内孔精车刀，游标卡尺（0～300 mm），千分尺（25～50 mm、50～75 mm），游标高度尺（0～300 mm），内径百分表（18～35 mm、35～55 mm），内角铁或外角铁及若干压板、螺钉，主轴孔及工件孔测量棒，角铁导向板，磁座百分表。

二、操作步骤

车削如图9－10所示齿轮减速箱体的操作步骤见表9－11。

表9－11　车削齿轮减速箱体的操作步骤

加工工序	操作步骤内容	图示
1. 车箱体顶面	以箱体底面为基面，用四爪单动卡盘夹住工件，车顶面，控制深度135 mm	
2. 车箱体底面	以箱体顶面为基准，用四爪单动卡盘夹住工件，找正 （1）钻底孔 ϕ28 mm （2）车底孔 ϕ30 mm （3）车底面，控制全高145 mm （4）车止口 ϕ45 mm	
3. 车 ϕ30 mm 同轴孔及侧面	在花盘上装上角铁、导向板，通过插入主轴的测量棒用游标高度尺或量块调整好角铁平面至主轴中心的距离为（123±0.05）mm，然后将 ϕ30 mm 测量棒紧密配合进底孔中，将箱体放在角铁上，并以底面及箱体侧面定位块为基准，测量两个测量棒的中心距（55±0.05）mm，测好后紧固角铁，取下主轴测量棒及 ϕ30 mm 测量棒 （1）加工 ϕ30 mm 同轴孔及一侧端面 （2）将工件掉头装夹，车另一侧凸台端面	$55\pm0.05+\frac{D+d}{2}$ 123 ± 0.05 1—花盘　2—内角铁　3—工件　4—导向板

续表

加工工序	操作步骤内容	图示
4. 车 ϕ45 mm 同轴孔及侧面	按照第 3 步的方法，将角铁底面与主轴中心调整到（81 ±0.05）mm，再将底孔中心线与主轴中心线调整到（40 ±0.05）mm，取下主轴测量棒及 ϕ30 mm 测量棒 （1）车 ϕ45 mm 同轴孔及一侧端面 （2）将工件掉头装夹，车另一侧端面	$40 \pm 0.05+\frac{D+d}{2}$ 81 ±0.05

〔操作提示〕

1. 主轴测量棒和工件测量棒应根据实际加工和测量情况自行选配，确定其直径尺寸和长度尺寸。
2. 用外角铁定位装夹时，如果偏重太大无法配重，可采用带圆孔的内角铁。
3. 用压板压紧工件后，应平稳、可靠。
4. 实际生产中，箱体焊接及粗加工后应安排去应力处理工序。
5. 装夹工件时应注意安全，避免被工件、压板和螺钉刮伤。
6. 工件要装夹牢固，避免零件或压板等甩出伤人。
7. 主轴转速不宜太高。

任务六　用中心架支撑车细长轴

学习目标

1. 了解细长轴的加工特点。
2. 了解中心架的结构，学会正确使用中心架。
3. 能合理选用车细长轴的车刀和切削用量。
4. 掌握车细长轴时减小热变形伸长的主要措施。

工作任务

将 ϕ40 mm ×1 010 mm 的毛坯加工成如图 9 – 13 所示的细长轴。

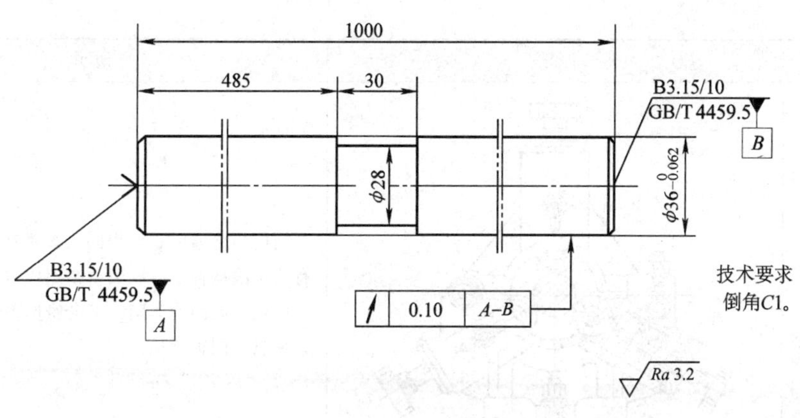

图 9－13　细长轴

相关知识

一、细长轴及加工特点

1. 通常将工件长度 L 与直径 d 之比大于 25（即长径比 $L/d>25$）的轴类工件称为细长轴。

2. 细长轴外形并不复杂，但由于它本身的刚度低，车削时又受切削力、重力、切削热等因素的影响，容易引起振动及变形，由此产生形状误差等缺陷，难以保证加工精度。长径比越大，加工就越困难。

二、中心架的结构

中心架是车床附件之一，常用于增加细长轴的车削刚度。在车削加工细长轴及悬壁伸出较长的工件时，通常须采用中心架来支撑。中心架的结构见表 9－12。

表 9－12　　中心架的结构

内容		图示	说明
中心架的结构	普通中心架	1—架体　2—调整螺钉　3—支撑爪　4—上盖 5—紧固螺钉　6—螺钉　7—螺母　8—压板	中心架工作时，架体 1 通过压板 8 和螺母 7 紧固在床身上，上盖可以打开或扣合，并用螺钉 6 锁定。支撑爪 3 的升降分别用三个调整螺钉 2 来调整，以适应不同直径的工件，并分别用三个紧固螺钉 5 紧固

续表

内容		图示	说明
中心架的结构	带滚动轴承的中心架	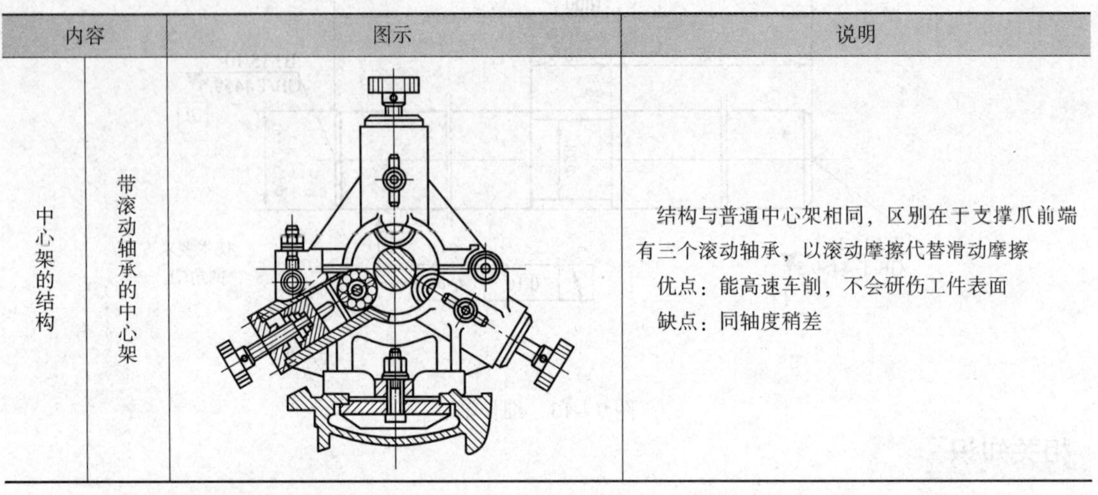	结构与普通中心架相同，区别在于支撑爪前端有三个滚动轴承，以滚动摩擦代替滑动摩擦 优点：能高速车削，不会研伤工件表面 缺点：同轴度稍差

三、使用中心架支撑细长轴的方法

1. 中心架直接支撑在细长轴中间（见图 9－14）

当细长轴可以分段或掉头车削时，中心架可支撑在工件中间。这时的 L/d 值减小了一半，车削时工件的刚度可提高许多。安装中心架之前，必须先车出一段支撑中心架支撑爪的表面粗糙度值及圆柱度误差小的部位，否则将会影响工件的加工精度。

调整中心架支撑爪时，应使工件低速旋转，先调整好下面两个支撑爪，锁紧防松螺钉，然后盖上上盖并固定，最后调整好上面一个支撑爪，并锁紧防松螺钉。

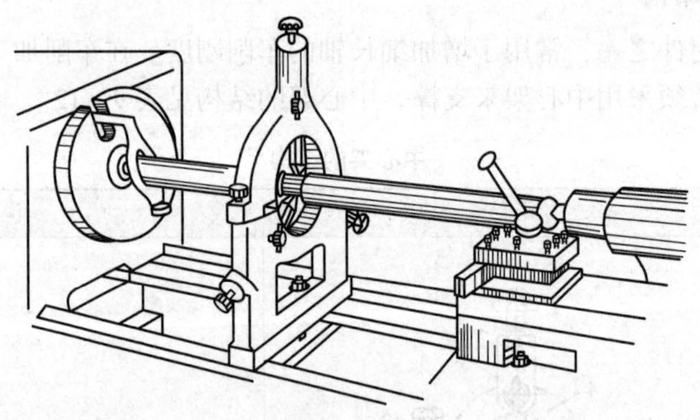

图 9－14　中心架支撑在工件中间车细长轴

2. 用过渡套筒与中心架配合使用支撑车细长轴（见图 9－15）

当在细长轴中间难以车削支撑部位，或安置中心架处有键槽、花键等不规则表面时，可采用过渡套筒与中心架配合使用支撑车细长轴的方法，如图 9－15d 所示。

中心架支撑爪 4 支撑在过渡套筒表面（见图 9－15a）。过渡套筒的两端各装有三个调整螺钉 3（见图 9－15b），用于调整校正套筒外圆轴线与主轴轴线的同轴度并夹住工件（见图 9－15c）。

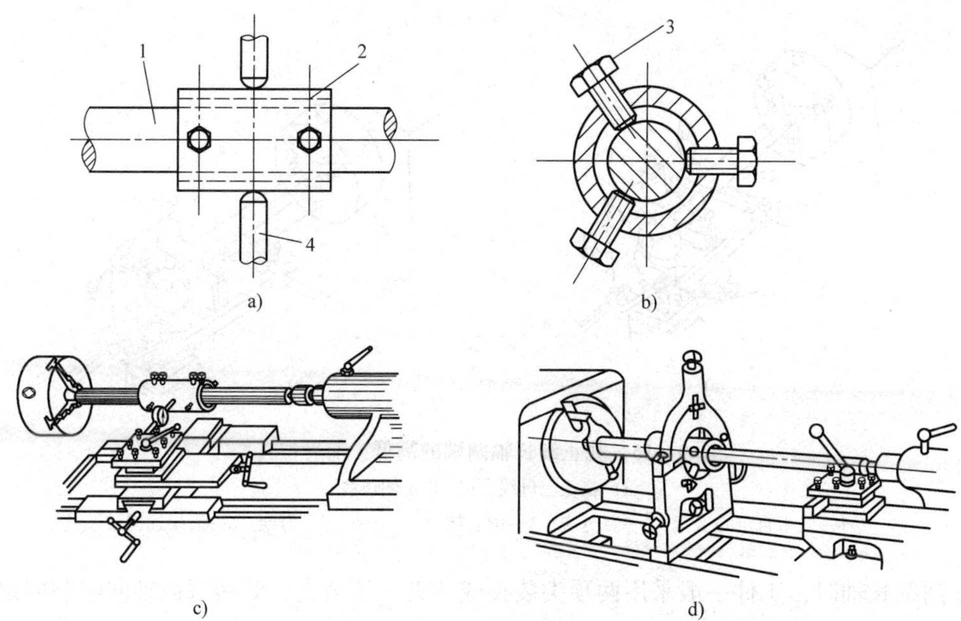

图 9－15　用过渡套筒与中心架配合使用支撑车细长轴

a）车削示意图　b）过渡套筒　c）过渡套筒的调整　d）过渡套筒的使用

1—工件　2—过渡套筒　3—调整螺钉　4—中心架支撑爪

3. 工件一端用卡盘夹持，一端用中心架支撑

当工件一端用卡盘夹紧，另一端用中心架支撑时，工件在中心架上找正的方法有以下三种形式：

（1）工件在一夹一顶半精车外圆后，若需车端面、钻孔、车孔或精车外圆时，只需将中心架放置并固定于适当位置，以外圆为基准，依次调整中心架的三个支撑爪，使其与工件外圆刚刚接触，然后锁紧支撑爪，在支撑爪与工件接触处加注润滑油脂，移去尾座顶尖后即可车削。

（2）外圆已加工、长度不太长的工件，可以一端夹持在卡盘上，另一端用中心架支撑。开始找正时，用手转动卡盘，使用划针或百分表校正工件两端外圆，校正后依次调整中心架的三个支撑爪，使之与工件外圆轻轻接触。

（3）当工件的外圆已加工且长度较长时，可以将工件一端夹持在卡盘上，另一端用中心架支撑。先在靠近卡盘处将工件外圆找正，然后摇动床鞍、中滑板，用划针或百分表在工件两端做对比测量（当工件两端被测处直径相同时），或用游标高度尺测量两端实际尺寸，然后减去相应的半径差进行比较（当工件两端被测处直径不同时），并以此来调整中心架支撑爪，使工件两端高低、前后位置一致，如图 9－16 所示。

四、减小工件热变形伸长的方法

车削时，由于切削热的影响，使工件随温度升高而逐渐变形伸长，称为热变形。在车削不长的工件时，可忽略热变形伸长问题。而车削细长轴时，因为工件长度长，累积的热变形伸长量就大，所以需考虑热变形对加工的影响。

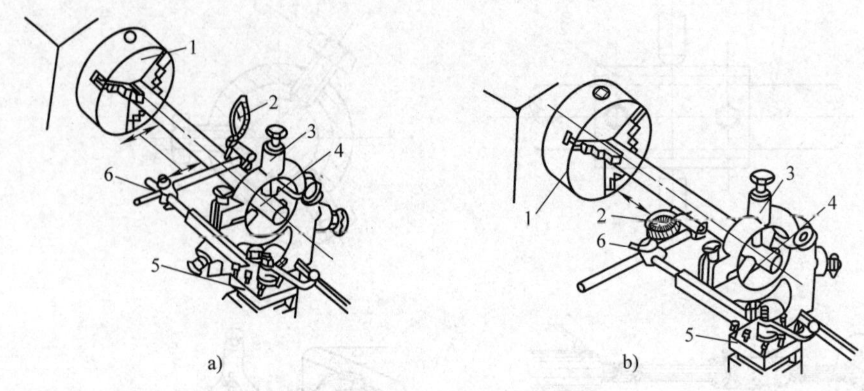

图 9－16　找正细长轴两端的高低、前后位置

a）找正上母线　b）找正侧母线

1—三爪自定心卡盘　2—百分表　3—中心架　4—工件　5—刀架　6—表架连杆

车削细长轴时，工件一般采用两顶尖装夹或一夹一顶装夹，其两端被轴向限制固定，工件受热伸长将导致弯曲。若工件高速回转，由工件弯曲而引起的惯性力还将使弯曲进一步加剧，严重影响加工精度。工件的伸长还可能造成工件在两顶尖间被卡住。

工件热变形伸长量可按下式计算：

$$\Delta L = \alpha_1 L \Delta t \qquad (9-1)$$

式中　ΔL——工件热变形伸长量，mm；

α_1——材料的线膨胀系数，1/℃，见表 9－13；

L——工件全长，mm；

Δt——工件升高的温度，℃。

表 9－13　常用材料的线膨胀系数

材料名称	温度范围（℃）	α_1（$\times 10^{-6}$/℃）	材料名称	温度范围（℃）	α_1（$\times 10^{-6}$/℃）
灰铸铁	0～100	10.4	黄铜	20～100	17.8
40Cr	25～100	11.0	锡青铜	20～100	18.0
45 钢	20～100	11.59	铝	0～100	23.8

例　车削直径为 25 mm，长度为 1 200 mm 的细长轴，材料为 45 钢，车削时因受切削热的影响，工件由原来的 21℃上升到 61℃，求此轴的热变形伸长量。

解　已知 L＝1 200 mm，Δt＝61℃－21℃＝40℃，查表 9－13 得 45 钢的线膨胀系数 $\alpha_1 = 11.59\times10^{-6}$/℃。

根据式（9－1）得：

$$\Delta L = \alpha_1 L \Delta t = 11.59\times10^{-6}\times1\,200\times40\ \text{mm} \approx 0.556\ \text{mm}$$

从这个例子可知，车削细长轴时的热变形伸长量是不能轻视的，必须采取措施减小工件的热变形。

减小工件的热变形影响可采取以下措施：

1. 使用弹性回转顶尖

弹性回转顶尖的结构如图 9 – 17 所示，顶尖 1 用圆柱滚子轴承 2、滚针轴承 5 承受背向力，推力球轴承 4 承受进给力。在圆柱滚子轴承和推力球轴承之间放置若干片碟形弹簧 3。当工件受热变形伸长时，工件推动顶尖，通过圆柱滚子轴承使碟形弹簧压缩变形。生产实践证明，用弹性回转顶尖加工细长轴，可有效地补偿工件的热变形伸长，工件不易弯曲，车削可顺利进行。

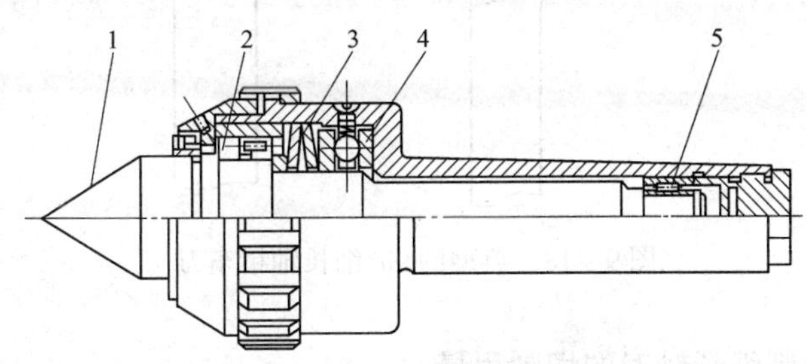

图 9 – 17　弹性回转顶尖的结构

1—顶尖　2—圆柱滚子轴承　3—碟形弹簧　4—推力球轴承　5—滚针轴承

2. 加注充分的切削液

车削细长轴时，无论是低速切削还是高速切削，加注充分的切削液能有效地降低切削区域的温度，从而减小工件的热变形，延长车刀的使用寿命。

3. 保持刀具锋利

刀具锋利可减小切削力，减少车刀与工件、切屑之间的摩擦，从而减少切削热。

五、合理选择车刀的几何参数

车削细长轴时，由于工件刚度低，车刀的几何参数对切削力、切削热、振动和工件弯曲变形等均有明显的影响。选择车刀几何参数时主要考虑以下几点：

1. 车刀的主偏角是影响背向力的主要因素，在不影响刀具强度的前提下，应尽量增大车刀的主偏角，以减小背向力，从而减小细长轴的弯曲变形，减小车削时产生的振动。细长轴车刀的主偏角宜取 $\kappa_r = 80° \sim 93°$。

2. 为了减小切削力、减少切削热，应选择较大的前角，以使刀具锋利，切削轻快，一般取 $\gamma_o = 15° \sim 30°$。

3. 应磨有 $R1.5 \sim R3$ mm 的圆弧形断屑槽，使切屑顺利卷曲折断。

4. 取刃倾角 $\lambda_s = 1° \sim 3°$，控制切屑流向待加工表面，同时增加车刀的锐利程度。

5. 为了减小背向力，应选择较小的刀尖圆弧半径（$r_\varepsilon < 0.3$ mm）。倒棱的宽度也应选得较小，一般选取倒棱宽度 $b_r \approx 0.5f$。

6. 要求切削刃表面粗糙度值 $Ra \leqslant 0.4\ \mu m$，并保持切削刃锋利。

如图 9－18 所示为典型的 90°细长轴精车刀。

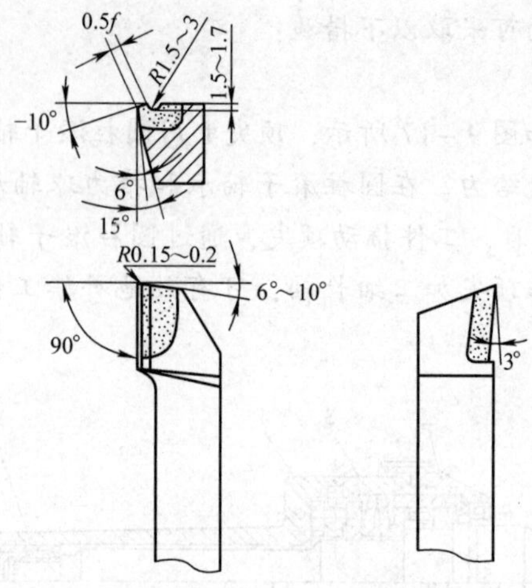

图 9－18　典型的 90°细长轴精车刀

六、合理选择车削细长轴时的切削用量

由于细长轴刚度差，车削细长轴时切削用量参考值见表 9－14。

表 9－14　　车削细长轴时切削用量的参考值

加工性质	切削速度 v_c（m/min）	进给量 f（mm/r）	背吃刀量 a_p（mm）
粗车	50～60	0.3～0.4	1.5～2
精车	60～100	0.08～0.12	0.5～1

七、尾座中心位置的找正

用两顶尖装夹、中间用中心架支撑车削细长轴时，常使车出的外圆产生锥度，其原因除中心架支撑爪调整不当或支撑爪本身的接触状况不良外，尾座的偏移也是一个重要因素，所以必须仔细地找正尾座。

尾座找正的方法是在车削中心架支撑部位外圆柱面的同时，在工件两端各车一段直径相同的外圆（应留出足够的加工余量），用百分表找正尾座的中心位置，如图 9－19 所示。用

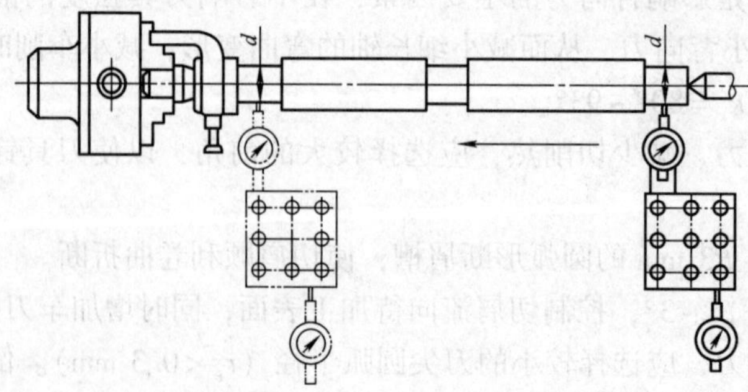

图 9－19　尾座中心位置的找正方法

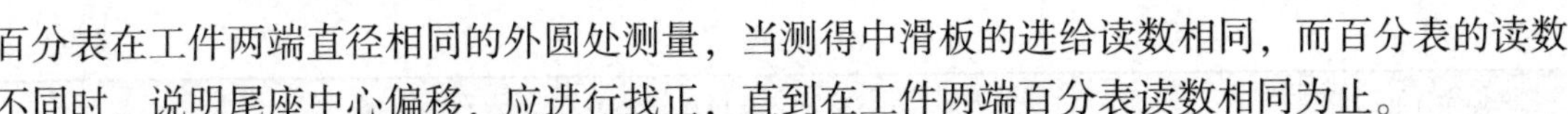

百分表在工件两端直径相同的外圆处测量，当测得中滑板的进给读数相同，而百分表的读数不同时，说明尾座中心偏移，应进行找正，直到在工件两端百分表读数相同为止。

尾座找正后，如果细长轴车削过程中仍产生锥度，则先检查车刀是否发生严重磨损，若不是，则可判定为中心架支撑爪把工件支撑偏移所致，需调整中心架的支撑爪。

任务实施

一、准备工作

1. 工件毛坯

（1）毛坯尺寸：ϕ40 mm×1 010 mm。材料：45 钢。数量：1 件。

（2）校直毛坯。当工件的毛坯存在弯曲时应进行校直，校直坯料不仅可使车削余量均匀，避免或减小加工时的振动，而且还可以减小切削后的表面残余应力，避免产生较大的变形。

（3）校直后毛坯的直线度误差应不大于 1 mm。

（4）毛坯校直后还应进行时效处理，以消除内应力。

2. 工艺装备

（1）普通车床。

（2）三爪自定心卡盘、中心钻、中心架、过渡套筒、25 ~ 50 mm 千分尺、游标卡尺、钻夹头、铜皮等。

（3）中心架。

（4）粗、精车用的细长轴外圆车刀。

二、操作步骤

车削如图 9－13 所示细长轴的操作步骤见表 9－15。

表 9－15　车削细长轴的操作步骤

加工工序	操作步骤内容
1. 车端面，钻中心孔，取总长	（1）用三爪自定心卡盘装夹工件，车平端面，钻中心孔 （2）掉头，找正并夹紧 （3）车端面取总长 1 000 mm，钻中心孔
2. 用过渡套筒支撑细长轴	（1）将过渡套筒套入工件，两端的螺钉夹住毛坯 （2）车制前顶尖，把工件装夹于两顶尖之间 （3）调整过渡套筒的螺钉，并用百分表找正，使过渡套筒外圆的轴线与主轴轴线重合
3. 安装并调整中心架	（1）装上中心架，使支撑爪与过渡套筒外圆轻轻接触 （2）若支撑爪面磨损严重或弧面太大，应根据过渡套筒外圆直径进行修整
4. 粗车一端外圆	分两次装夹，将图样上 $\phi 36_{-0.062}^{\ 0}$ mm 外圆粗车至 ϕ37 ~ 37.5 mm

续表

加工工序	操作步骤内容
5. 车外沟槽	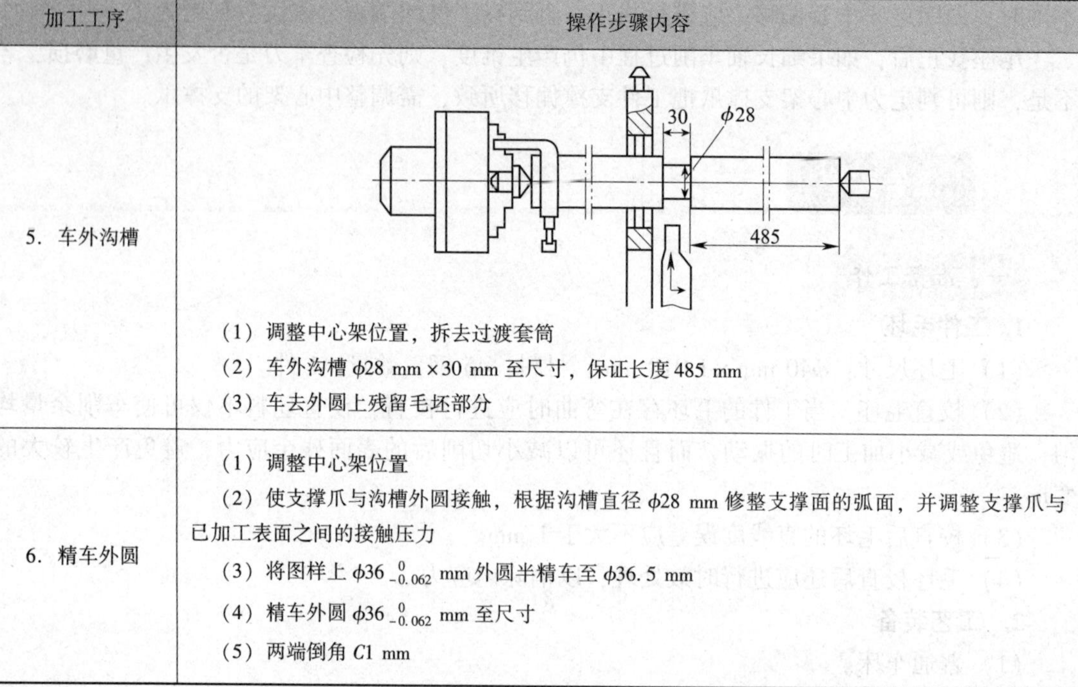 （1）调整中心架位置，拆去过渡套筒 （2）车外沟槽 $\phi28$ mm×30 mm 至尺寸，保证长度 485 mm （3）车去外圆上残留毛坯部分
6. 精车外圆	（1）调整中心架位置 （2）使支撑爪与沟槽外圆接触，根据沟槽直径 $\phi28$ mm 修整支撑面的弧面，并调整支撑爪与已加工表面之间的接触压力 （3）将图样上 $\phi36_{-0.062}^{\ 0}$ mm 外圆半精车至 $\phi36.5$ mm （4）精车外圆 $\phi36_{-0.062}^{\ 0}$ mm 至尺寸 （5）两端倒角 $C1$ mm

〔操作提示〕

1. 车端面、钻中心孔时，为防止工件在主轴孔中摆动而产生弯曲，可用木楔或棉纱等将工件左端固定在主轴孔中；批量大时可特制一个套筒来固定。

2. 当工件较长或直径大无法通入主轴孔时，可利用中心架和过渡套筒，采用一端夹持、一端由中心架支撑的方式装夹来车端面和钻中心孔。

3. 为防止车细长轴时产生锥度，车削前必须调整尾座中心，使之与车床主轴轴线同轴。

4. 应注意控制顶尖支顶工件的松紧程度，弹性回转顶尖松紧程度的判断方法（见图 9－20）是：启动车床使工件回转，用右手拇指和食指捏住顶尖的转动部分，如顶尖能停止回转，松手后顶尖和工件能马上同步继续转动，说明顶尖的松紧程度适当，如果松手后顶尖不能马上与工件同步转动，说明顶尖支顶过松；如果手指捏不住顶尖，则顶尖支顶过紧。

5. 中心架的支撑爪通常选用青铜、球墨铸铁、胶木、尼龙 1010 等耐磨性好、不易研伤工件的材料。

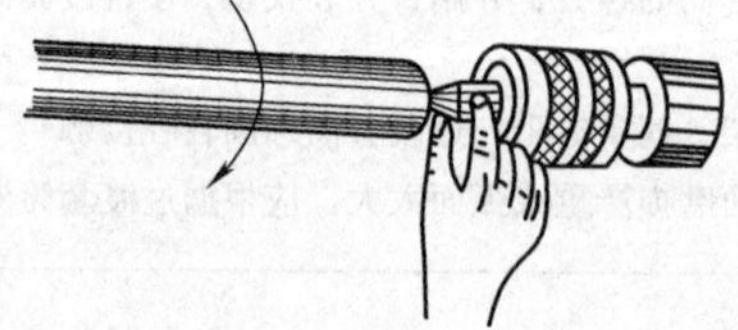

图 9－20　弹性回转顶尖松紧程度的判断方法

6. 中心架的支撑爪与工件的接触压力要调整适当。如果支撑爪的压力过大，会使车出的工件产生形状误差；如果压力太小，甚至没有接触工件，则不能起到中心架的作用。应随时注意中心架的支撑爪与工件表面的接触磨损情况，并随时做出相应的调整。

7. 车削时，支撑爪与工件接触处应经常加润滑油脂，以减小磨损或“咬坏”，并经常检查支撑爪的摩擦发热情况。为使支撑爪与工件保持良好的接触，可以先在支撑爪与工件之间加一层砂布或研磨剂，进行研磨跑合。

8. 应随时注意工件已加工表面变化情况，发现产生竹节形、腰鼓形等缺陷时，要及时分析原因，并采取相应措施去解决。

9. 应始终浇注充分的切削液。

任务七　用跟刀架支撑车细长轴

学习目标

1. 了解跟刀架的结构，能正确使用跟刀架。
2. 掌握用跟刀架支撑车削细长轴的技能。

工作任务

将 $\phi 25$ mm × 700 mm 的毛坯加工成如图 9－21 所示的细长轴。

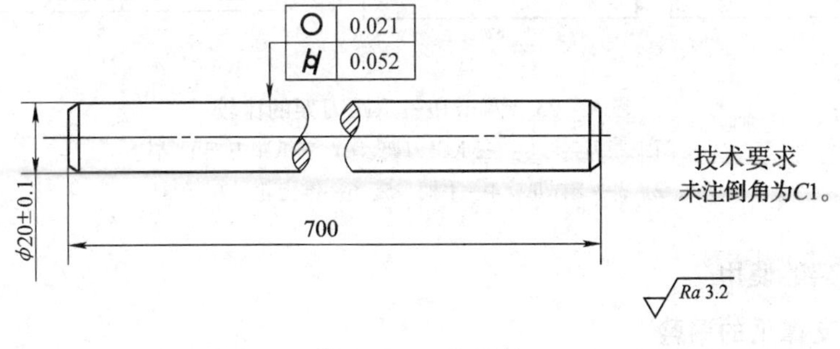

图 9－21　细长轴

相关知识

一、跟刀架

跟刀架是车床附件之一。对于直径一致的细长光轴和长丝杠，采用跟刀架支撑能有效提高其加工刚度。如图 9－22 所示为用跟刀架支撑车削细长轴，跟刀架 3 固定在床鞍上，其支撑爪 4 支撑在细长轴 1 上，跟在车刀 2 的后面，并随车刀的进给而移动，从而抵消切削时产生的背向力，提高工件的刚度，减小变形和振动，提高细长轴的加工精度和减小表面粗糙度值。

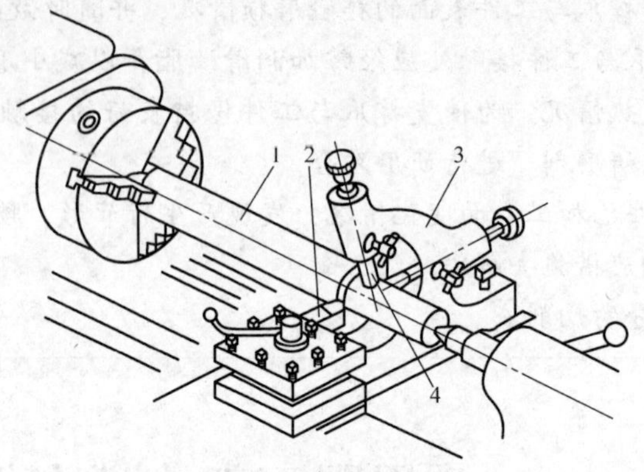

图 9－22　用跟刀架支撑车削细长轴

1—细长轴　2—车刀　3—跟刀架　4—支撑爪

两爪和三爪跟刀架的比较，如图 9－23 所示。从分析看，三爪跟刀架比两爪跟刀架的使用效果要好，故应尽量使用三爪跟刀架。

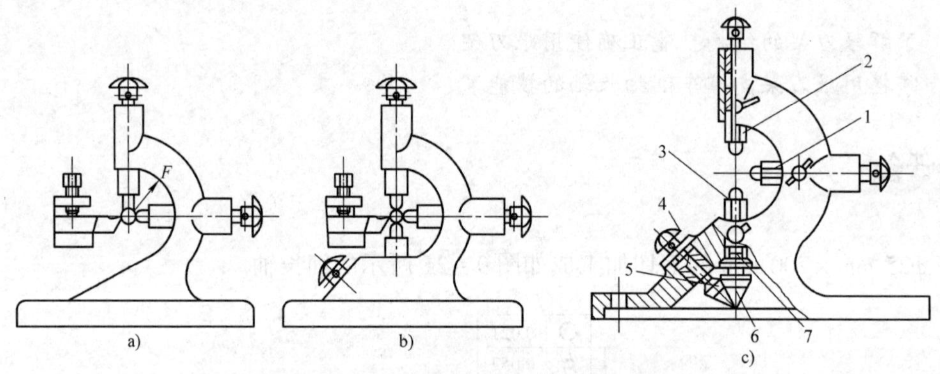

图 9－23　两爪和三爪跟刀架的比较

a）两爪跟刀架　b）三爪跟刀架　c）三爪跟刀架的结构

1、2、3—支撑爪　4—手柄　5、6—锥齿轮　7—丝杆

二、跟刀架的使用

1. 跟刀架支撑爪的调整

（1）在工件的已加工表面上，调整支撑爪与车刀的相对位置，一般是让支撑爪位于车刀的后面，两者轴向距离应小于 10 mm。

（2）应先调整后支撑爪，调整时，应综合运用手感、耳听、目测等方法控制支撑爪，使它轻微接触到工件，再依次调整下支撑爪和上支撑爪。

2. 跟刀架支撑爪的修整

使用跟刀架前，应先检查跟刀架支撑爪是否能正确地与工件接触，若有如图 9－24 所示的不良接触状态时，必须对支撑爪进行修整。修整可在本车床上进行，先将跟刀架固定安装在床鞍上，再将有可调刀杆的内孔车刀装在卡盘上，调整支撑爪的位置，然后使主轴（车刀）转动，用床鞍做纵向进给车削支撑爪的支撑面，使支撑面构成的直径基本等于工件支撑处轴的直径。

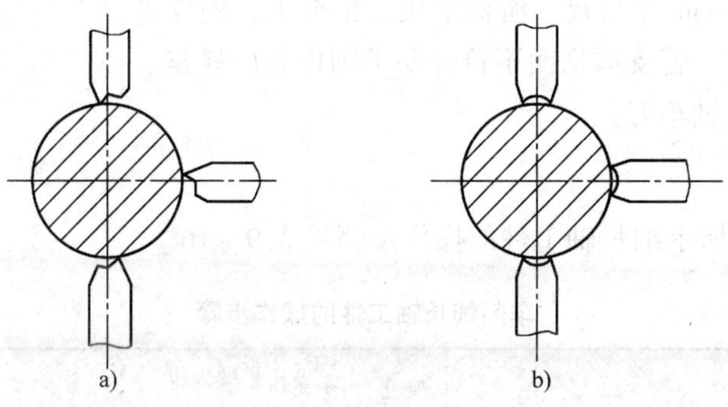

图 9－24　跟刀架支撑爪与工件的不良接触状态

a）支撑爪与工件表面点接触　b）支撑爪与工件表面部分接触

三、浮动夹紧和反向进给车削方法

车削细长轴时，可采用如图 9－25 所示的浮动夹紧和反向进给车削，细长轴采用一夹一顶装夹，其卡爪夹持的部分一般在 15 mm 左右，用 ϕ5 mm 的钢丝垫在卡爪的凹槽中。此夹持形成线接触的浮动状态，使细长轴在卡爪中能调节轴向位置，切削过程中因热变形伸长的细长轴不会因卡盘夹死而产生弯曲变形。

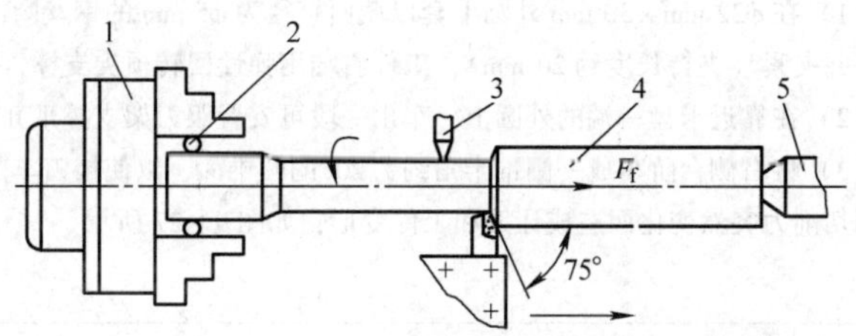

图 9－25　浮动夹紧和反向进给车削

1—卡盘　2—开口钢丝圈　3—跟刀架　4—细长轴　5—弹性回转顶尖

采用反向进给时，进给力为拉力 F_f，使受热变形部分作用于尾座方向，由尾座的弹性回转顶尖支撑补偿，不易造成弯曲变形。

任务实施

一、准备工作

1. 工件毛坯

（1）毛坯尺寸：ϕ25 mm×705 mm。材料：45 钢。数量：1 件。

（2）校直毛坯。校直后毛坯的直线度误差应小于1 mm。

（3）毛坯校直后还应进行时效处理，以消除内应力。

2. 工艺装备

（1）普通车床（配三爪自定心卡盘），跟刀架，75°细长轴粗车刀，90°精车刀（左偏刀），中心钻，0～25 mm千分尺，游标卡尺，钻夹头，铜皮等。

（2）检查跟刀架，若支撑爪面不符合要求则作相应修整。

（3）刃磨好细长轴车刀。

二、操作步骤

车削如图9－21所示细长轴工件的操作步骤见表9－16。

表9－16　车削细长轴工件的操作步骤

加工工序	操作步骤内容
1. 车端面、钻中心孔，车工艺夹持部分	（1）将毛坯轴穿入车床主轴孔中，右端伸出卡盘约120 mm，用三爪自定心卡盘夹紧 （2）车平端面，钻中心孔 （3）粗车外圆至ϕ22 mm，约115 mm
2. 车端面取总长，钻中心孔	（1）掉头装夹，车端面，保证总长700 mm （2）钻中心孔
3. 装夹工件及车削跟刀架支撑面	（1）在ϕ22 mm×30 mm外圆上套以截面直径为ϕ5 mm的钢丝圈，将钢丝圈垫在卡爪的凹槽中，并夹紧（夹持长度约20 mm），工件右端用弹性回转顶尖支撑，如图9－26所示 （2）在靠近卡盘一端的外圆上，车出一段可安置跟刀架支撑爪并可容纳车刀的长度 （3）将右侧台阶车成一圆锥半角约为20°的圆锥面，以使接刀车削时切削力逐渐增加，不至于因切削力突然变化而造成让刀和工件变形，如图9－27所示
4. 安装跟刀架并研磨、调整其支撑爪	（1）安装跟刀架，使跟刀架支撑爪在车刀后面（左侧），车刀尽量靠近刀架支撑爪处 （2）用已车削的支撑面为基准，研磨跟刀架支撑爪的工作表面。研磨时车床主轴转速选n＝300～600 r/min，床鞍做纵向往复运动，同时逐步调整支撑爪 （3）待跟刀架支撑爪的圆弧基本成形时，注入机油精研 （4）研磨好支撑爪工作表面后，应调整支撑爪，使它与支撑基准面轻轻接触
5. 车细长轴外圆	（1）采用反向进给法粗车外圆至ϕ22 mm，再精车至尺寸要求（ϕ20±0.1 mm），倒角$C1$［精车时重复3（2）至5的步骤，其中省去研磨支撑爪的步骤］ （2）车削时应充分浇注切削液，以减小支撑爪的磨损
6. 掉头车削细长轴的另外一端外圆	卸下钢丝圈，掉头，采用一夹一顶装夹，将另一端车至图样尺寸要求为止，倒角$C1$

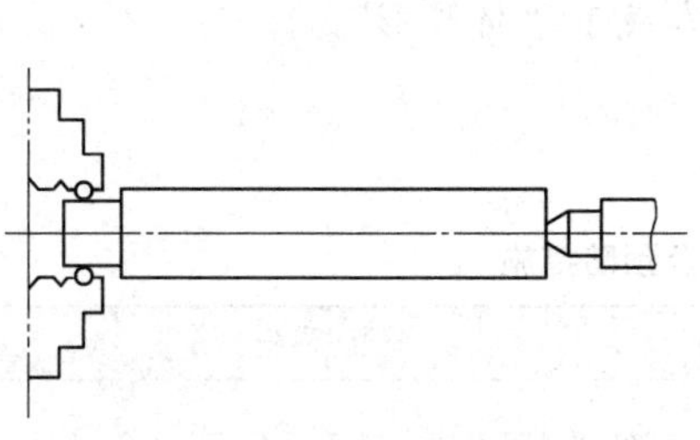

图 9－26　将钢丝圈垫在卡爪的凹槽中

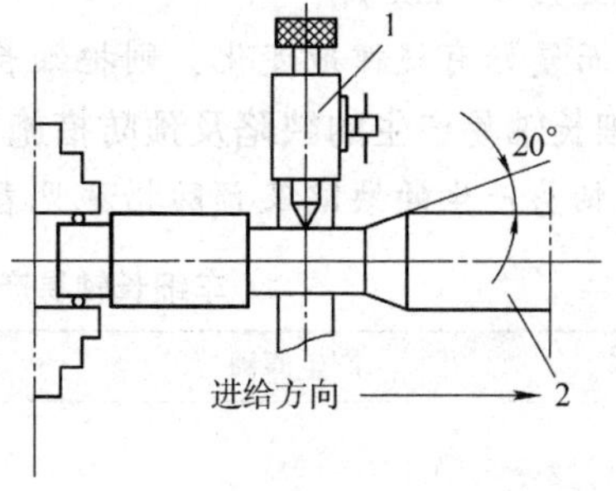

图 9－27　车削跟刀架支撑面
1—跟刀架　2—工件

知识链接

1. “竹节形”

跟刀架支撑爪与工件的接触压力应调整适当，否则会影响加工精度。如支撑爪与工件的接触压力过大，会使车出的细长轴产生“竹节形”，其过程如图 9－28 所示。工件由后顶尖支撑，刚开始车削时，由于装夹刚度高，工件不易产生变形，但车削一段距离后，车刀远离后顶尖，工件刚度逐渐降低，此时若支撑爪的接触压力过大，使工件被顶向车刀，背吃刀量增大，使车出的直径变小（见图 9－28a）。

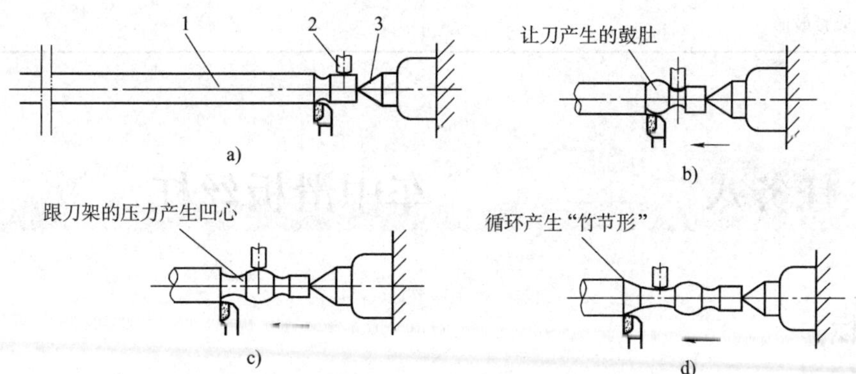

图 9－28　细长轴产生“竹节形”的过程
a）工件轴线被顶向车刀，车出凹面　b）工件轴线被背向力顶离车刀，车出凸面
c）工件轴线再次被顶向车刀，车出凹面　d）工件轴线再次被顶离车刀，车出凸面
1—工件　2—跟刀架支撑爪　3—顶尖

当跟刀架支撑爪随车刀再向前移动，支撑到被车小直径的一段外圆时，支撑爪与工件表面的接触压力减小，甚至不与工件接触，这时工件在背向力的作用下向外偏移，使背吃刀量减小，于是车出的直径又变大（见图 9－28b）。

随后当跟刀架支撑爪支撑到这一段直径变大的外圆时，又将工件顶向车刀，使车出的直径又变小（见图 9－28c）。

如此周而复始有规律地变化，则把细长轴工件车成了“竹节形”。

2. 车细长轴易产生的缺陷及预防措施

车细长轴易产生的缺陷及预防措施见表 9－17。

表 9－17　　车细长轴易产生的缺陷及预防措施

缺陷种类	产生原因	预防措施
竹节形	1. 跟刀架支撑爪与工件的接触压力调整不当 2. 没有调整好车床床鞍、滑板的间隙，因而进给时产生让刀现象	1. 正确调整跟刀架支撑爪，不可支顶得过紧。粗车时若发现开始出现“竹节形”，应及时调整跟刀架的支撑爪，使支撑力适当减小，以防止“竹节形”继续发展 2. 采用接刀车削时，必须使车刀刀尖与工件支撑面略微接触，接刀时背吃刀量应加大 0.01～0.02 mm。这样可避免由于工件外圆变大而引起支撑爪的支撑力变得过大 3. 调整好车床床鞍、滑板的间隙，以消除进给时的让刀现象
腰鼓形	1. 细长轴刚度底，中心架支撑爪与工件表面接触不一致（偏高或偏低于工件回转中心），支撑爪磨损而产生间隙 2. 当车到细长轴中间部位时，由于背向力将工件的轴线压向车床回转轴线的外侧，使工件产生弯曲变形，背吃刀量逐进减小，从而形成腰鼓形	1. 车削过程中要随时调整中心架支撑爪，使支撑爪圆弧面的公共轴线与主轴回转轴线重合 2. 适当增大车刀的主偏角并保持车刀锋利，以减小背向力

任务八　车中滑板丝杠

学习目标

1. 熟悉细长丝杠加工的工艺特性。
2. 能正确选择车削细长丝杠的切削用量和进刀方法。
3. 能编制加工丝杠的工艺规程。
4. 能分析、解决车削过程中出现的问题。

工作任务

将 $\phi 28$ mm ×750 mm 的毛坯车削加工成图 9－29 所示的中滑板丝杠。

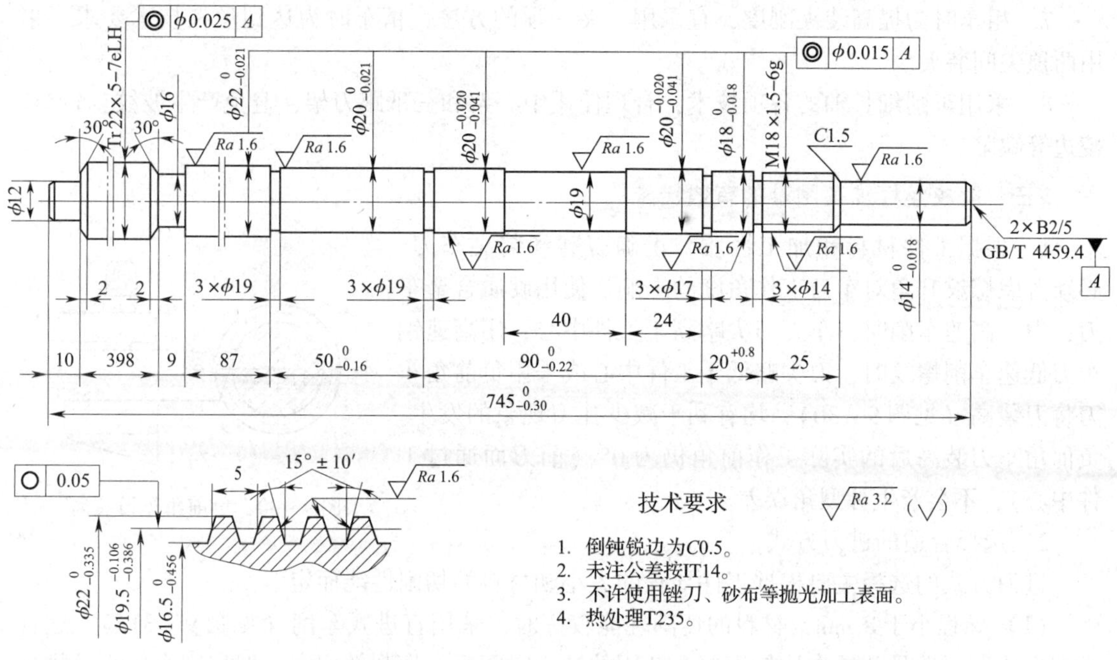

图 9－29　中滑板丝杠

相关知识

一、细长丝杠加工的工艺特点

细长丝杠兼有梯形螺纹和细长轴车削的特征，丝杠的长径比一般为 20～50，甚至更大，细长轴加工的难度本来就较大，而要在细长轴上再完成梯形螺纹、台阶及沟槽等的车削就更为困难了，这不仅要解决弯曲变形的问题，而且还要防止车梯形螺纹时扎刀等现象的发生。

二、丝杠车削的工艺分析

1. 考虑毛坯本身细长、弯曲和要经多次车削加工，所以适当加大毛坯余量，并在加工前和加工过程中安插必要的冷校直工序。

2. 为了减小工件在加工过程中的变形，应使工件材质具有相对的稳定性和一定的强度，要求毛坯进行正火处理，在粗加工后进行调质处理，并在半精加工后、精加工前安排时效处理。

3. 选用 B 型中心孔。在每次热处理后修研中心孔，使中心孔和顶尖接触良好，并使表面粗糙度值 Ra 小于 0.4 μm。

4. 丝杠刚度差，易弯曲变形。装夹时应防止工件弯曲变形；加工时应减小热变形；热处理和加工工序间存放时，要防止工件“自重变形”；切削过程中要防止梯形螺纹扎刀而造成变形。

5. 选择几何精度和技术状态较好的车床加工。

6. 由于丝杠螺纹较长，螺纹车刀的磨损相对较大。因此，应合理选择刀具材料及几何角度；合理选择切削用量及充分冷却润滑。

7. 粗车时为提高装夹刚度，宜采用一夹一顶的方法；精车时为达到丝杠技术要求，采用两顶尖间装夹。

8. 采用车削细长轴的各项技术，合理使用中心架和三爪跟刀架，避免产生波纹、竹节、棱边等缺陷。

三、解决丝杠加工困难的有效措施

1. 根据工件材料和加工性质，正确刃磨和装夹车刀。必须考虑螺纹升角对车刀工作角度的影响。使用硬质合金车刀，中、高速车削时，车刀刀尖略高于工件中心；用高速钢车刀低速车削螺纹时，刀尖略低于工件中心或采用负前角车刀将刀装高（见图9－30），均有利于减少扎刀现象的发生。负前角车刀装高后的实际工作前角仍为0°（前刀面通过工件中心），不会产生牙型角误差。

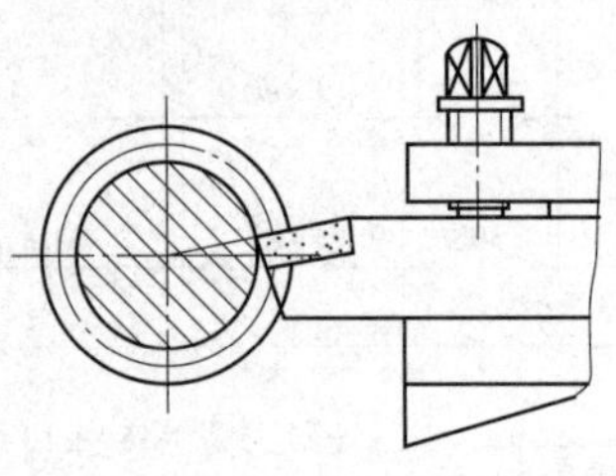

图9－30　负前角车刀装高

2. 选择合适的进刀方式

进刀方式的选择主要根据工件导程的大小和材料的切削性能而定。

（1）导程小于8 mm，材料的切削性能较好时，采用直进式车削（见图9－31a）。这种进刀方式所用刀具和操作均较简单，耗用的辅助时间短，切削效率高，但切削力较大，排屑不够顺利。

（2）导程小于8 mm，但材料的强度和硬度较高，切削性能较差时，应采用牙型角由大渐小的多把车刀依次车削（见图9－31b）。由于切削刃参加切削的长度减短，切削面积相应减小，故切削力较小，排屑也较顺畅。

（3）导程大于8 mm时，通常采用直槽式车削（见图9－31c）。此时刀具切削刃参加工作的长度最短，切削力较小，排屑方便，有利于切削效率的提高。

（4）导程大于12 mm，螺纹牙槽大而深，材料的硬度又较高时，则可采用分层式车削。将螺纹牙槽槽深分成若干层，每层车削均先斜进至层高，再改由轴向进给车到预定宽度后转入下一层切削，直至达到槽深（见图9－31d）。此方式主要为单刃切削，可有效防止扎刀的发生，但要注意每层槽宽的控制。

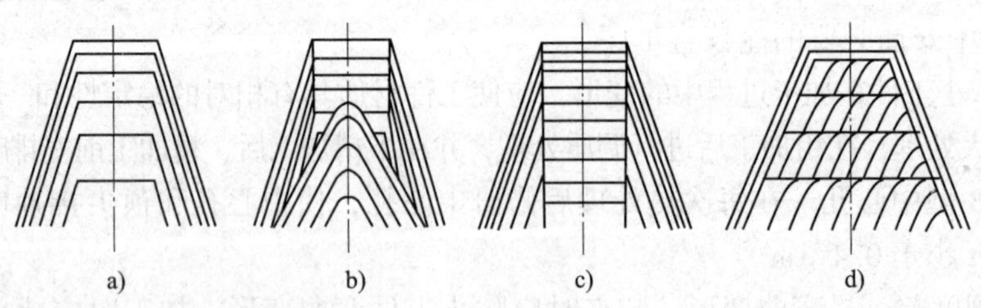

图9－31　车削丝杠的进刀方式

a）直进式　b）塞刀式　c）直槽式　d）分层式

（5）精车时为保证切削顺利并获得较高的表面质量，宜采用左右切削法进行，但应注意防止单边切削而造成的牙型半角误差。若螺纹导程较小，也可使用直进式车削，以获得清晰的牙型，但车刀容易磨损，且易发生扎刀。

3. 切削用量的选择

切削用量的选择与加工性质和工件的刚度、导程的大小有关。通常情况下，对于粗车或车削较短的、导程小的丝杠，可以选择较大的切削用量。而对于精车或车削细长的、导程大的丝杠，则须选用较小的切削用量。精车丝杠（限于 2 ~ 4 次走刀完成）时的切削用量宜取：$v_c = 0.8 \sim 1.2$ m/min，$a_P = 0.02 \sim 0.04$ mm。切削时应进行充分冷却润滑。

为了减小精车时的径向切削力，半精车时，螺纹的小径宜直接车至尺寸要求，即精车时不车牙底。

4. 采用跟刀架支撑车削，支撑爪的松紧程度应在靠近卡盘处的工件外径上调整。同时，还应经常注意支撑爪的磨损情况，若有类似螺旋槽的磨痕时，必须尽快修整或使用 K 类硬质合金支撑爪。为了获得尽可能好的支撑效果，还应注意尽量减小车削螺纹外圆时的圆柱度和圆度误差。

5. 采用一夹一顶装夹时，为防止因切削力增大导致工件轴向移动而损坏螺纹，应保证装夹牢靠并利用工件的台阶或设置止推块，以限制工件的轴向位移。

6. 车削工序安排

车削丝杠时，尽量将车螺纹的工序安排在各型面粗车后进行，待螺纹车好后再精车各型面，以减小工件刚度不足对螺纹加工的影响。牙顶两侧的倒角，也必须在精车螺纹前进行，以免因毛刺而影响加工。

7. 切削液的正确选用

切削液的使用对所车螺纹的质量有着至关重要的作用。通常使用 5% ~10% 的硫化乳化液，充分浇注进行螺纹的粗车。精车时则使用硫化切削油或植物油（如豆油），也可以使用 70% 的变压器油（或 10 号机油） +30% 氧化石蜡的混合油润滑。

四、编制合理的加工工艺规程

根据丝杠加工的工艺特性，丝杠加工应把握的要点是：防止车削中工件的弯曲变形和发生扎刀。

1. 为了减小工件在加工时产生的变形，首先应该使工件材质具有相对的稳定性，所以，必须划分加工阶段，并考虑在整个工艺过程中穿插安排必要的热处理工序，例如毛坯的正火、粗车后的调质、加工过程中的时效等。

2. 毛坯或工件已经发生弯曲，则应考虑安排校直。对于不允许采用冷校直方法的高精度丝杠，则可用增大加工余量，减小切削用量，在车削过程中逐步修除的方法减小弯曲度。

3. 考虑选择定位基准及合理的装夹方法；确定增加工件刚度的适当方法。

4. 确定整个零件加工的工艺路线及各工序合理的加工余量、切削用量。

5. 必要时还应规定使用的量具及检测方法、工夹具、刀具及主要参数、切削液等。

6. 通常精密丝杠的加工工艺路线为：备料→正火→粗车→调质→半精车→人工时效→精车。

任务实施

一、准备工作

1. 工件毛坯

（1）毛坯尺寸：ϕ28 mm×750 mm。

（2）校直毛坯。当工件的毛坯存在弯曲时应进行校直，毛坯的直线度误差应不大于 1 mm。校直坯料不仅可使车削余量均匀，避免或减小加工时的振动，而且还可以减小切削后的表面残余应力，避免产生较大的变形。

（3）毛坯校直后最好进行时效处理，以消除内应力。

2. 工艺装备

普通车床、三爪自定心卡盘、B 型中心钻、中心架、三爪跟刀架，0～25 mm 和 25～50 mm 千分尺，游标卡尺，钻夹头，铜皮，粗车、精车外圆车刀，三角形螺纹车刀，梯形螺纹车刀，切槽刀。

二、工艺安排与操作步骤

1. 加工工艺概述

备料→正火处理→校直→车平端面，钻中心孔→粗车台阶→掉头，定总长，钻中心孔→调质处理，校直→半精车右端各台阶→车普通螺纹→掉头，粗车梯形螺纹→人工时效→研中心孔→半精车左端各外圆、梯形螺纹→人工时效→研中心孔→精车各台阶外圆、梯形螺纹→检验。

2. 车削中滑板丝杠的操作步骤（见表 9－18）

表 9－18　车削中滑板丝杠的操作步骤

加工工序	操作步骤内容	图示
1. 车平端面、钻中心孔，粗车外圆	（1）三爪自定心卡盘夹毛坯外圆，伸出约 100 mm，车平端面，车外圆 ϕ15 mm×9 mm，钻 B2 中心孔 （2）工件一夹一顶装夹，夹持长度约 30 mm，车外圆至 ϕ25 mm，长度尽量长	ϕ25
2. 粗车零件图右端各台阶	（1）工件掉头，夹 ϕ25 mm 外圆，车端面、取总长，钻 B2 中心孔 （2）一夹一顶装夹，架中心架，粗车零件图右端各台阶外圆	中心架支撑爪 ϕ15 ϕ25 ϕ23 ϕ21 ϕ17 9 45 55 185

续表

加工工序	操作步骤内容	图示
3. 热处理	调质热处理，校直，要求外圆跳动小于0.5 mm	（略）
4. 半精车右端各台阶	（1）一夹一顶装夹，架中心架，半精车各台阶尺寸 （2）车 M18×1.5 螺纹	中心架支撑爪 $\phi21$ $\phi19$ $\phi21$ $\phi19$ M18×1.5 $\phi15$ 25 140 45 55
5. 粗车梯形螺纹	（1）工件掉头，一顶一装夹 （2）用跟刀架支撑梯形螺纹大径处，将梯形螺纹大径外圆车至 $\phi23$ mm （3）粗车梯形螺纹	494 398 $\phi16\times9$ Tr22×5-LH
6. 热处理	时效处理，校直，在两顶尖间检查外圆跳动量应小于0.15 mm	（略）
7. 半精车各台阶、梯形螺纹	（1）研磨两端中心孔。中心孔工作锥面表面粗糙度值 $Ra<0.4$ μm （2）两顶尖装夹，架跟刀架，半精车梯形螺纹 （3）车 $\phi22.5$ mm 外圆	Tr22×5-LH $\phi22.5$
8. 热处理	时效处理，校直，在两顶尖间检查外圆跳动量应小于0.15 mm	（略）
9. 精车各台阶、梯形螺纹	（1）精细研磨两端中心孔 （2）两顶尖装夹，架中心架，精车右端各台阶 （3）架跟刀架，精车梯形螺纹	（略）

任务九 车薄壁工件

学习目标

1. 了解薄壁工件的加工特点。
2. 掌握防止和减小薄壁工件变形的方法。
3. 具备车削薄壁工件的技能。

工作任务

将 $\phi102$ mm × 60 mm 的毛坯加工成如图 9－32 所示的零件。

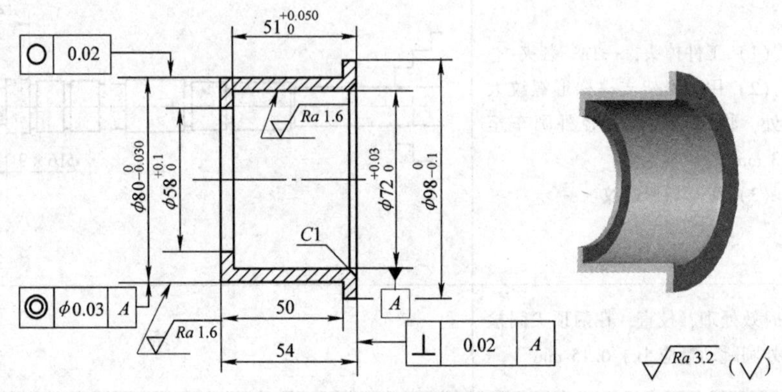

图 9－32　薄壁套座

相关知识

一、薄壁工件的加工特点

1. 夹紧变形

薄壁工件的刚度很低，在夹紧力作用下容易变形，常态下工件的弹性复原能力将直接影响工件的尺寸精度和几何精度。薄壁工件的变形过程见表 9－19。

表 9－19　　薄壁工件的变形过程

步骤	图示	分析
1. 夹紧前	F F F	薄壁工件在夹紧前没有变形

续表

步骤	图示	分析
2. 夹紧后		薄壁工件夹紧后，因受夹紧力的作用，变形成弧形三角形
3. 车孔时		阴影部分为车孔时将切去的余量
4. 车孔后		车孔后的薄壁工件
5. 松开卡爪		取下工件后，由于工件的弹性恢复，外圆恢复成圆柱形，而内孔则变成弧形三角形

2. 热变形

由于工件壁薄，切削热引起的变形较严重，随加工条件的变化，车削时工件受热变形的规律不易掌握，使工件的尺寸精度很难控制。对于金属材料线膨胀系数较大的薄壁工件，此影响尤为显著。

3. 测量变形

对于精密的薄壁工件，测量时由于千分尺或百分表的测量压力而引起变形，可能出现测量误差，甚至因测量不当而造成废品。

4. 振动

由于工件的刚度低，在切削力（主要是背向力）的作用下容易产生振动，从而影响工件的表面粗糙度及尺寸精度。

二、防止和减小薄壁工件变形的方法

1. 工件划分粗车、精车阶段

粗车时，由于切削余量较大，相应的夹紧力也大，产生的切削力和切削热也会较大，因而工件温升加快，变形增大。粗车后工件应留有足够的自然冷却时间，不至于使精车时的热变形加剧。

精车时，夹紧力可稍小些，一方面可减小夹紧变形，另一方面可以消除粗车时产生的变形。

2. 合理选择刀具几何参数

精车薄壁工件时，车刀刀柄的刚度要高，刀具几何参数要合理。

（1）选用较大的主偏角。可减小主切削刃参加车削的长度，并有利于减小背向力。

（2）适当增大副偏角。这样可以减小副切削刃与工件之间的摩擦，从而减少切削热，有利于减小工件的热变形。

（3）适当增大前角，使车刀刃口锋利，切削轻快，排屑顺畅，尽量减小切削力和切削热。

（4）刀尖圆弧半径要小，以减小背向力。

3. 增大装夹接触面积

增大装夹接触面积，使工件局部受力变为均匀受力，因而不易产生变形。常用方法如图 9－33 所示。

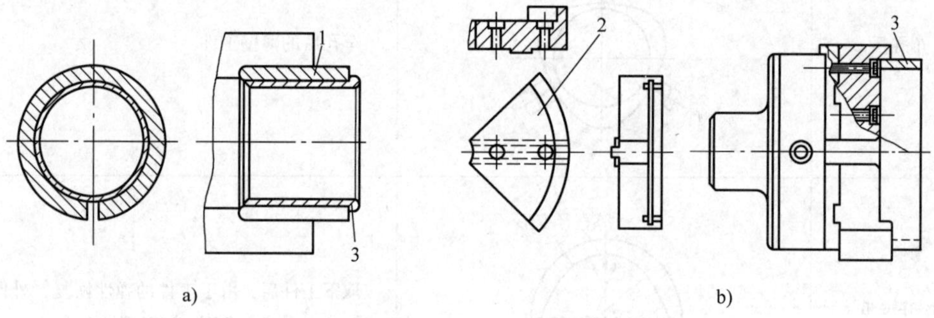

图 9－33 增大装夹接触面积的方法

a）应用开缝套筒 b）应用扇形软卡爪

1—开缝套筒 2—扇形软卡爪 3—工件

4. 采用轴向夹紧夹具

车削薄壁工件，应尽量采用轴向夹紧的方法，如图 9－34 所示。

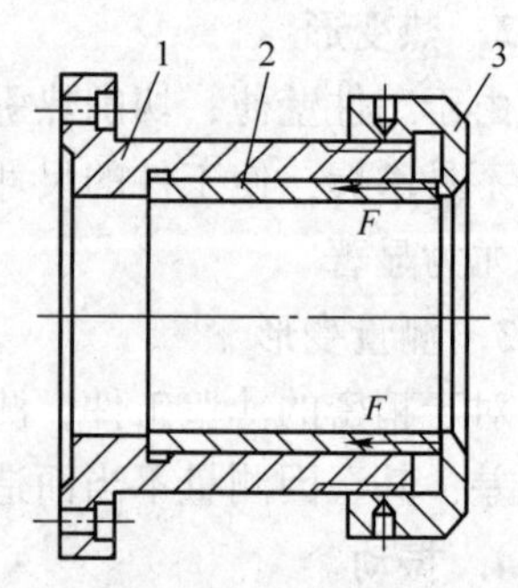

图 9－34 薄壁套的轴向夹紧

1—夹具体 2—薄壁工件 3—压盖

5. 增加工艺肋

有些薄壁工件，可在其装夹部位增加特制的工艺肋，以提高装夹刚度，如图 9－35 所示。

6. 采用一次装夹完成工件加工

对于长度和直径均较小的薄壁套工件，在结构尺寸不大的情况下，可采用一次装夹车削的方法，如图 9－36 所示。

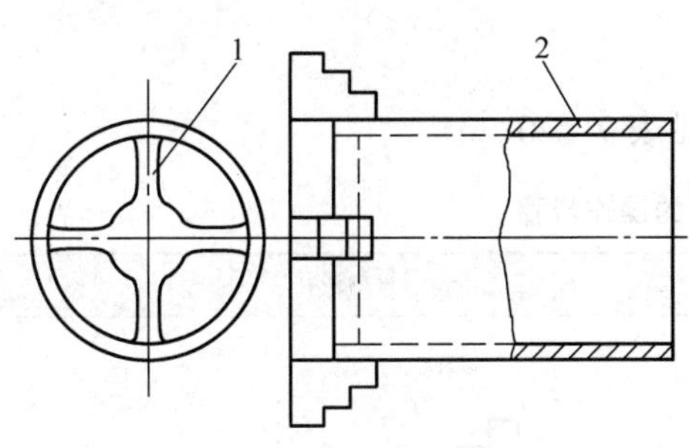

图 9－35　增加工艺肋的夹紧
1—工艺肋　2—薄壁工件

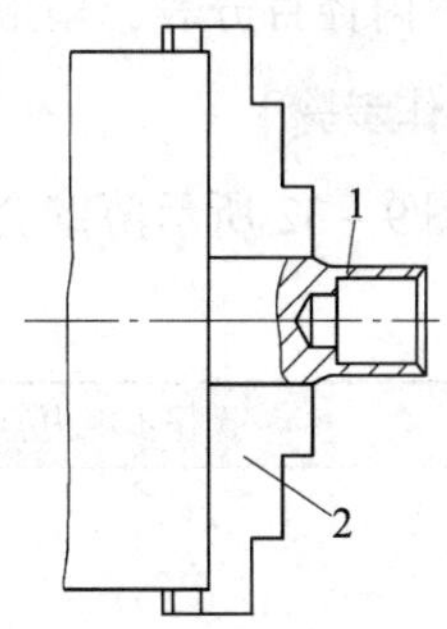

图 9－36　一次装夹车削薄壁工件
1—工件　2—卡爪

7. 采用减振措施（见图 9－37）

首先，调整好车床各部位的间隙，提高机床刚度；其次，使用吸振材料，如将软橡胶片卷成筒状塞入工件已加工好的内孔中精车外圆（见图 9－37a)，用医用橡胶管均匀缠绕在已加工好的外圆上精车内孔（见图 9－37b）等，都能获得较好的减振效果。

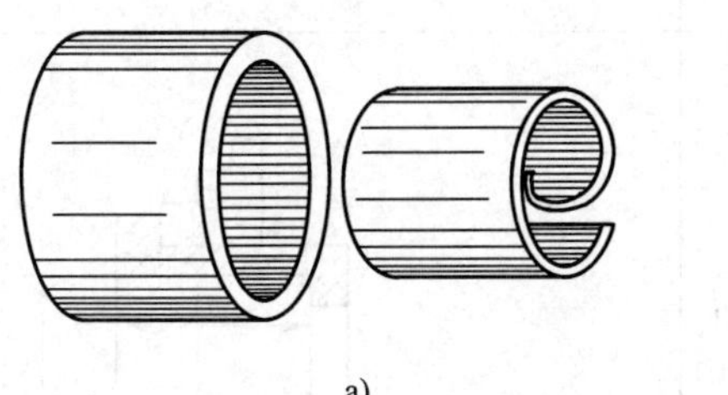

a)

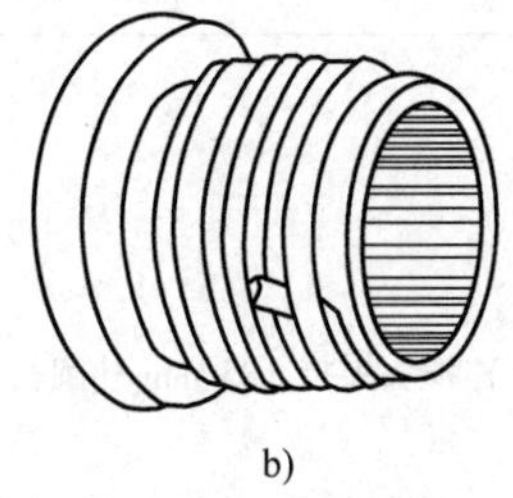

b)

图 9－37　采用减振措施
a）用软橡胶片　b）用医用橡胶管

8. 合理选用切削用量

切削用量中背吃刀量对切削力的影响最大，切削速度对切削热的影响最为显著，因此车削薄壁工件时应减小背吃刀量，增加进给次数，并适当增大进给量。

任务实施

一、准备工作

1. 工件毛坯

毛坯尺寸：ϕ102 mm×60 mm。材料：45 钢。

2. 工艺装备

普通车床（配三爪自定心卡盘)，中心钻，过渡锥套，50～75 mm、75～100 mm 千分尺，游标卡尺，钻夹头，铜皮，90°车刀，45°车刀，麻花钻，内孔车刀，0～10 mm 百分表及磁性表座，内径百分表，扇形软卡爪，弹性胀力心轴（或开缝套筒）等。

二、操作步骤

车削如图 9－32 所示薄壁套座的操作步骤见表 9－20。

表 9－20　　车削薄壁套座的操作步骤

加工工序	操作步骤内容	图示
1. 粗车薄壁套座的左端	（1）用三爪自定心卡盘夹持毛坯外圆，夹持长度约 10 mm （2）找正并夹紧 （3）车平端面，钻中心孔，钻通孔，车孔至 $\phi55$ mm （4）车外圆至 $\phi85$ mm，长度尽量长	$\phi55$　$\phi85$
2. 粗车薄壁套座的右端	（1）掉头夹持 $\phi85$ mm 外圆，找正并夹紧 （2）车端面，取总长至 55 mm （3）车孔至 $\phi70.5$ mm，深 51 mm	51　$\phi70.5$　55
3. 半精车薄壁套座的左端	（1）掉头，用三爪自定心卡盘的卡爪撑紧工件内孔 （2）车端面至总长 54.5 mm （3）车外圆 $\phi81.5$ mm，长 50 mm （4）车外圆 $\phi99.5$ mm （5）车台阶孔 $\phi58^{+0.1}_{0}$ mm 至图样要求	$\phi58^{+0.1}_{0}$　$\phi81.5$　$\phi99.5$　54.5

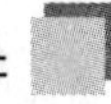

续表

加工工序	操作步骤内容	图示
4. 精车薄壁套座的右端	（1）工件用特制的扇形软卡爪装夹 （2）精车端面并保证总长 54 mm （3）精车 $\phi98_{-0.1}^{0}$ mm 外圆至图样要求 （4）精车内孔 $\phi72_{0}^{+0.03}$ mm，深至 $51_{0}^{+0.05}$ mm （5）孔口倒角 $C1$ mm	1—扇形软卡爪　2—工件
5. 精车左端外圆	（1）用胀力心轴装夹，精车薄壁套座的左端 （2）以内孔及大端面为基准，用胀力心轴装夹 （3）精车外圆 $\phi80_{-0.030}^{0}$ mm 至图样要求，保证长度 50 mm	1—心轴　2—工件　3—锥堵

〔操作提示〕

1. 直径较大、精度要求较高的薄壁工件可以在花盘上车削。在花盘上车削应采用轴向夹紧，可有效防止车削时工件的变形。
2. 车削时应充分浇注切削液，以降低切削温度，减小薄壁工件的热变形。
3. 车削薄壁工件易产生的缺陷及预防措施见表 9－21。

表 9－21　　车削薄壁工件易产生的缺陷及预防措施

缺陷种类	工件缺陷	产生原因	预防措施
几何精度超差	弧形三边或多边形	采用径向夹紧时夹紧力或弹性力的影响	1. 增大装夹接触面积，使工件表面所受背向力均匀 2. 采用轴向夹紧 3. 装夹部位增加工艺肋

续表

缺陷种类	工件缺陷	产生原因	预防措施
表面粗糙度值大	表面有振纹、工件不圆等	切削力（背向力）	1. 合理选择车刀几何参数，使切削刃锋利 2. 合理选择切削用量 3. 分粗加工、精加工
尺寸超差	表面热膨胀变形	切削热	1. 合理选择车刀几何参数和切削用量 2. 充分浇注切削液
	表面受压变形	测量力（极薄的工件）	1. 测量力适当 2. 增加测量接触面积

任务十 深孔工件加工

学习目标

1. 了解深孔加工的特点。
2. 了解常用的深孔加工方法。
3. 掌握深孔加工的关键技术。

工作任务

将铸件毛坯（材料：HT200）加工成如图 9－38 所示的液压筒。

相关知识

一、深孔加工的特点

1. 深孔的概念

孔深与孔径之比大于 5 的工件内孔称为深孔。其中，L/d 为 5～20 的深孔为一般深孔；L/d 为 20～30 的深孔为中等深孔；L/d 为 30～100 的深孔为超深孔。

2. 深孔加工的特点

深孔一般在车床上加工，包括钻深孔和车深孔两部分内容。深孔加工难度大，主要原因有：

（1）在钻削深孔的过程中，钻头容易引偏，造成孔的轴线歪斜。

（2）在加工深孔时，由于刀具细长而刚度低，车削时容易产生振动和让刀现象，几何精度和表面粗糙度难以保证。

（3）加工深孔时，刀具在纵深部位，切削液很难顺利进入切削区域，散热条件差，从而导致切削温度升高，刀具使用寿命缩短。

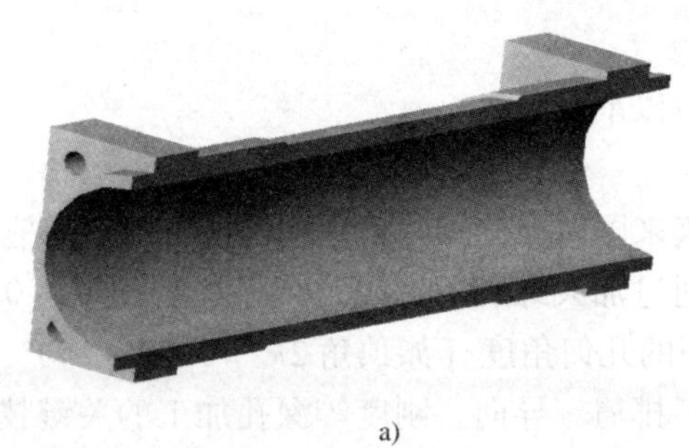

a)

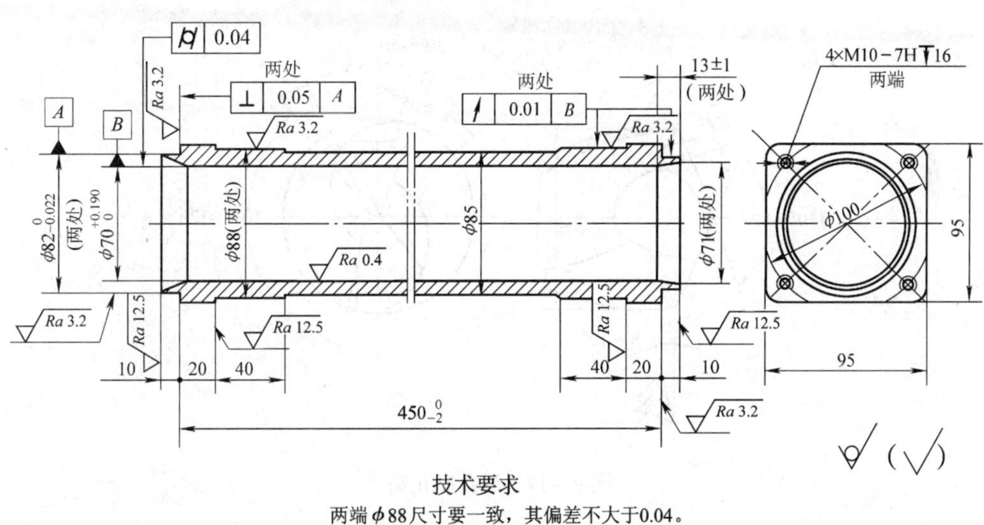

b)

图 9－38　深孔工件液压筒

（4）排屑困难，使切屑堵塞在孔内，致使已加工表面被划伤，同时还可能引起刀具崩刃甚至折断。

（5）加工时观察困难，加工质量很难控制。

（6）必须使用一些特殊刀具（深孔钻等）及特殊的附件，另外对切削液的流量和压力也有较高的要求。

3. 深孔加工的关键技术

深孔加工的技术难度较大，而且孔径越小，孔深越深，孔的精度越高，表面粗糙度值越小时，加工难度越大。

深孔加工的关键技术是：工艺系统的刚度、深孔刀具的几何形状和切削时的冷却与排屑问题。

4. 加工深孔的一般工艺过程

深孔的粗加工、精加工必须分阶段进行，对精度、表面粗糙度要求较高的深孔工件，一般加工工艺过程是：

实心材料：钻孔→扩孔→粗铰→精铰。

管材：粗车→半精车→精车或浮动铰削→珩磨或滚压。

二、深孔加工的方法

常用的深孔加工方法有以下几种：

1. 用深孔麻花钻

如图 9－39 所示为近年来国内外使用的新槽形深孔麻花钻。它可以在普通车床上一次进给加工深孔。在结构上，通过加大螺旋角、增大钻心厚度（可达 0.4d）、改善刃沟槽形（刃沟槽宽为 0.1d）、选用合理的几何角度（如顶角 $2\kappa_r = 130° \sim 140°$，$\alpha_o = 8° \sim 12°$）和修磨钻心处形式等，较好地解决了排屑、导向、刚度等深孔加工的关键技术问题。

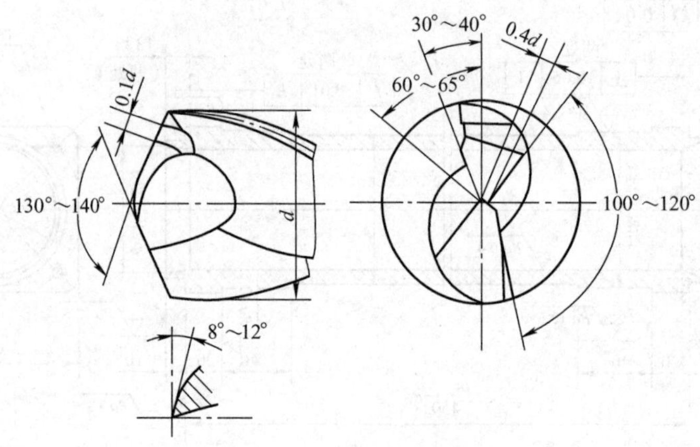

图 9－39　深孔麻花钻

2. 用外排屑枪孔钻

在加工直径为 3～20 mm 的深孔时，一般采用枪孔钻。枪孔钻的形状如图 9－40a 所示。枪孔钻是用高速钢或硬质合金刀头与无缝钢管刀柄焊接制成的。刀柄上压有 V 形槽，是排出切屑的通道；前端的腰形孔 2 是切削液的出口。切削液的压力一般为 0.35～0.9 MPa。

如图 9－40 所示，用枪孔钻钻深孔时，枪孔钻的棱边 1 和 3 承受切削力，并作为钻孔时的导向部分。高压切削液由空心导杆经腰形孔 2 进入深孔的切削区域，切屑就被切削液从 V 形槽的切屑出口 6 冲刷出去。由于枪孔钻是单刃，其钻尖偏离枪孔钻中心一个偏心距 e，所以刀柄刚进入工件时会产生扭动，因此必须使用导向套 4。

3. 用内排屑喷吸钻

钻削直径为 20～65 mm 的深孔，当切削液的压力不太高时，可采用喷吸钻加工的方法。喷吸钻的结构如图 9－41a 所示，它的切削刃 1 交错分布在喷吸钻头部的两边，颈部有喷射切削液的小孔 2，前端有两个喇叭形孔 3，切屑在由小孔 2 喷射出的高压切削液的压力作用下，从这两个喇叭形孔冲入并被吸进空心导杆，向外排出。

用喷吸钻加工深孔的工作原理如图 9－41 所示。喷吸钻头部 4 用多线矩形螺纹连接在外套管 6 上，外套管用弹簧夹头 7 装夹在刀柄 8 上，内套管 5 的尾部开有几个向后倾斜 30°的月牙孔 9，当高压切削液从进口 A 进入管夹头中心后，大部分的切削液从内、外套管之间通过喷吸钻头部的小孔 2 进入切削区域；还有一部分切削液通过倾斜的月牙孔向后高速喷射，在内套管的前后产生很大的压力差。这样，钻出的切屑一方面由高压切削液从前向后经两个喇叭形孔冲入内套管中，另一方面受内套管内前后压力差的作用被吸出，在这两方面力量的作用下，切屑便可顺利地从排屑杆中排出。

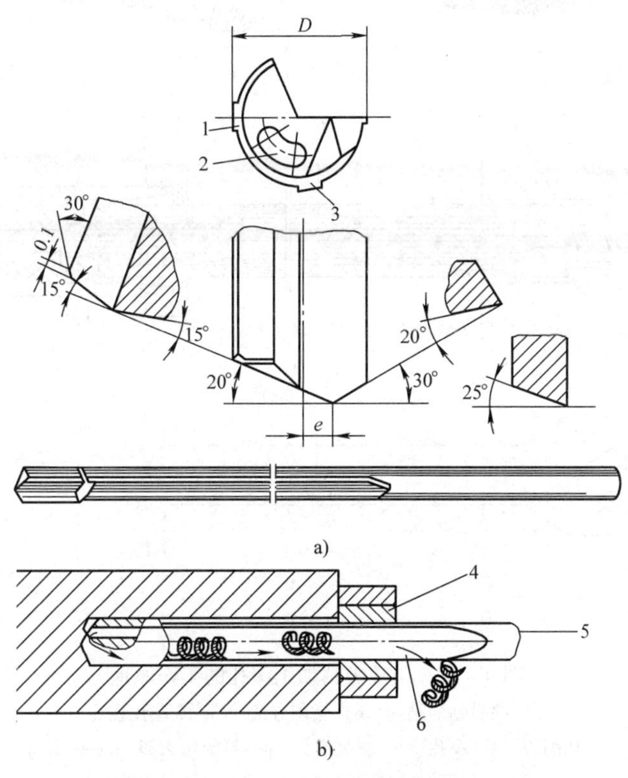

图 9－40　用枪孔钻加工深孔的工作原理

a）枪孔钻的形状　b）钻削方法

1、3—棱边　2—腰形孔　4—导向套　5—切削液进口　6—切屑出口

采用此种排屑方法的深孔钻是利用切削液“喷”和“吸”的作用使切屑顺利排出的，故称为喷吸钻。

4. 用高压内排屑钻

钻削直径为 20～65 mm 的深孔时，可以用高压内排屑钻加工。

用高压内排屑钻加工深孔的工作原理如图 9－42 所示。高压大流量的切削液从切削液进口 4 经封油头 3 通过深孔钻 2 和深孔孔壁之间进入切削区域，切屑在高压切削液的冲刷下经两个喇叭形孔 1 从外套管 5 的中间排出。采用这种方法需要有较高压力（一般要求 1～3 MPa）的切削液将切屑从切削区域经外套管的内孔排出，因此称为“高压内排屑”。

与用高压内排屑钻加工深孔的方法相比，使用喷吸钻时切削液的压力可低些，一般为 0.8～1.2 MPa，这样对冷却泵功率的消耗和对工具的密封要求都可以降低。因此，应尽可能采用较先进的喷吸钻加工深孔。

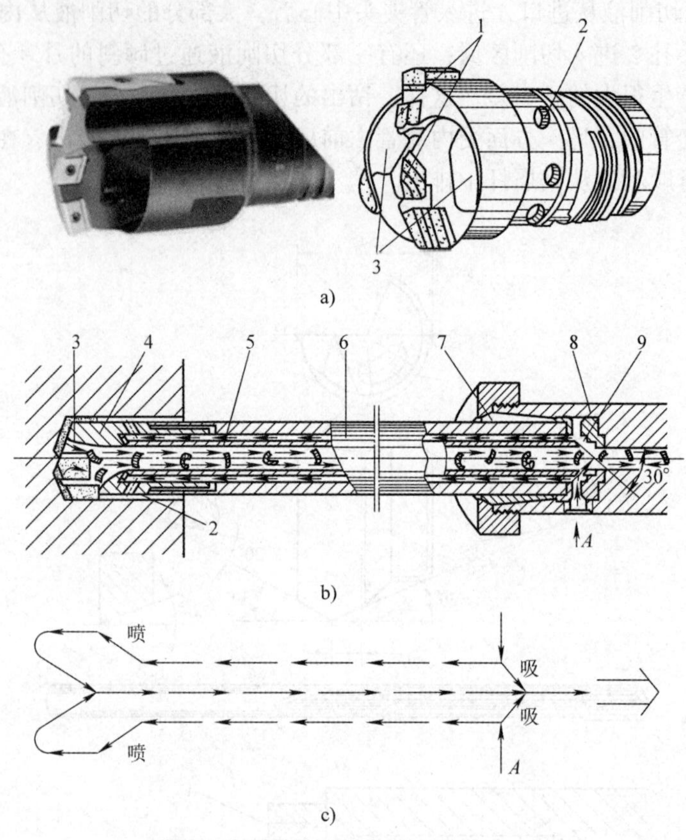

图 9－41　用喷吸钻加工深孔的工作原理

a）喷吸钻的结构　b）钻削方法　c）排屑示意图

1—切削刃　2—小孔　3—喇叭形孔　4—喷吸钻头部　5—内套管

6—外套管　7—弹簧夹头　8—刀柄　9—月牙孔

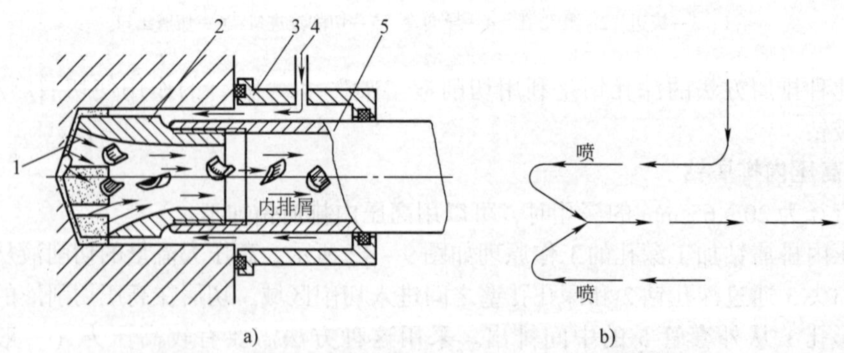

图 9－42　用高压内排屑钻加工深孔的工作原理

a）钻削深孔　b）排屑示意图

1—喇叭形孔　2—深孔钻　3—封油头　4—切削液进口　5—外套管

一、准备工作

1. 工件毛坯

铸件毛坯：材料为 HT200，经时效处理。数量：1 件。

2. 工艺装备

普通车床、三爪自定心卡盘、四爪单动卡盘、菊花顶尖、中心架、游标卡尺、75 ~ 100 mm 千分尺、铜皮、90°车刀、45°车刀、喷吸钻、深孔车刀、内径百分表等。

二、操作步骤

车削如图 9 – 38 所示深孔工件液压筒的操作步骤见表 9 – 22。

表 9 – 22　　车削深孔工件的操作步骤

加工工序	操作步骤内容	图示
1. 划线，钻中心孔	（1）在毛坯两端面上划十字线 （2）两端均在钻床或镗床上找正并钻 ϕ16 mm、深50 mm 的孔，并用锪孔钻倒角至约 C10 mm	C10
2. 粗车 ϕ88 mm、ϕ82 mm 外圆	（1）两顶尖装夹，前顶尖用菊花顶尖，如图所示 （2）以正反进给分别将图样上 ϕ88 mm 两处外圆粗车至 $\phi 90_{-0.05}^{\ 0}$ mm，注意保持两处尺寸一致 （3）车法兰盘两内侧端面，保证两内侧面间距离不大于 390 mm，并注意两法兰盘厚度均不小于 22 mm （4）车两端 ϕ82 mm 外圆至 ϕ85 mm，保证法兰盘厚度不小于 22 mm	
3. 车一端 $\phi 82_{-0.022}^{\ 0}$ mm 外圆至 ϕ84 mm	（1）三爪自定心卡盘夹持 ϕ85 mm 外圆，用中心架支撑另一端 $\phi 90_{-0.05}^{\ 0}$ mm 外圆并找正 （2）车法兰盘外侧端面，保证法兰盘厚度不小于 21 mm （3）车端面，保持台阶长 10 mm （4）将图样上 $\phi 82_{-0.022}^{\ 0}$ mm 外圆粗车至 ϕ84 mm	中心架

续表

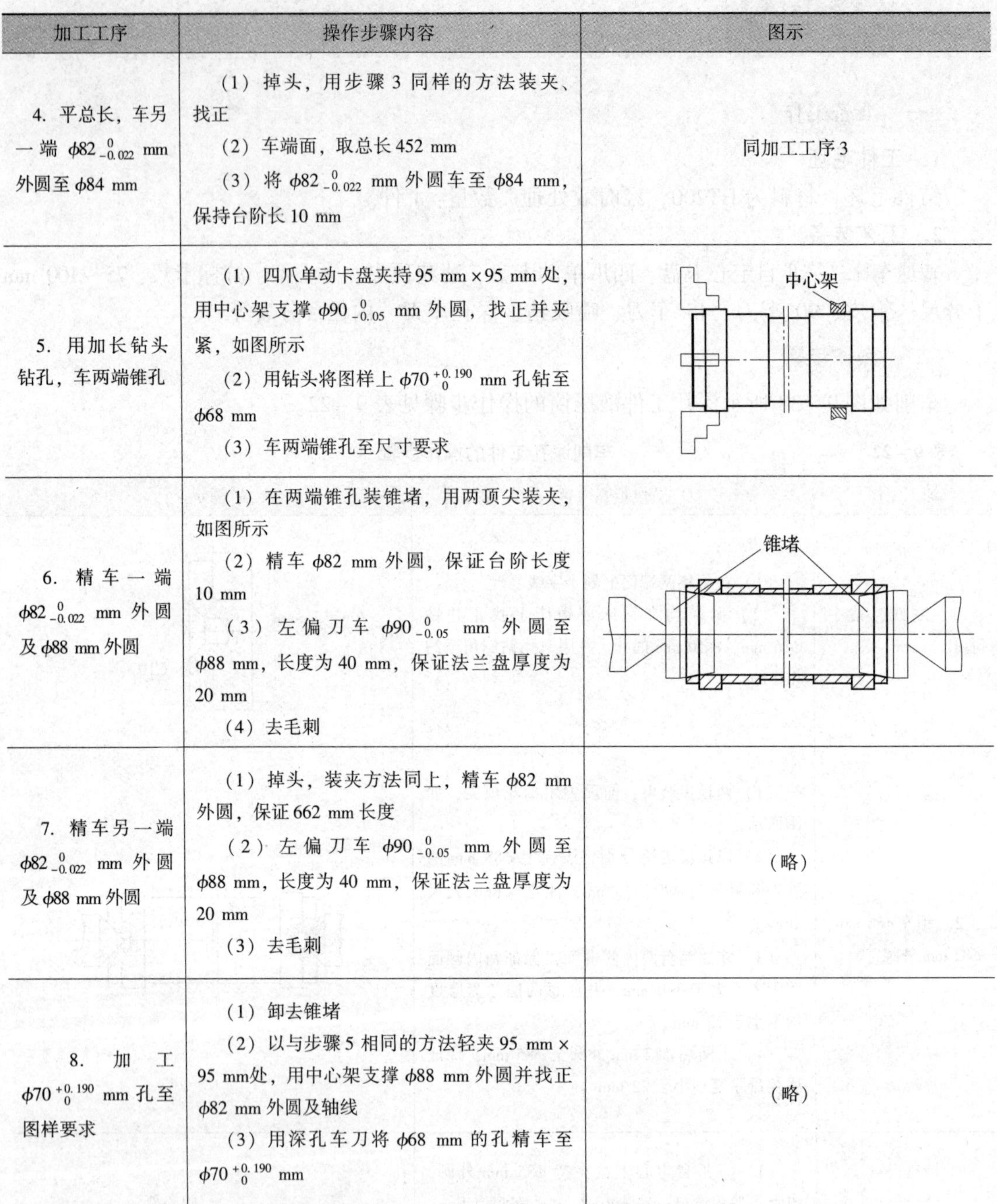

加工工序	操作步骤内容	图示
4. 平总长，车另一端 $\phi 82_{-0.022}^{0}$ mm 外圆至 $\phi 84$ mm	（1）掉头，用步骤 3 同样的方法装夹、找正 （2）车端面，取总长 452 mm （3）将 $\phi 82_{-0.022}^{0}$ mm 外圆车至 $\phi 84$ mm，保持台阶长 10 mm	同加工工序 3
5. 用加长钻头钻孔，车两端锥孔	（1）四爪单动卡盘夹持 95 mm × 95 mm 处，用中心架支撑 $\phi 90_{-0.05}^{0}$ mm 外圆，找正并夹紧，如图所示 （2）用钻头将图样上 $\phi 70_{0}^{+0.190}$ mm 孔钻至 $\phi 68$ mm （3）车两端锥孔至尺寸要求	中心架
6. 精车一端 $\phi 82_{-0.022}^{0}$ mm 外圆及 $\phi 88$ mm 外圆	（1）在两端锥孔装锥堵，用两顶尖装夹，如图所示 （2）精车 $\phi 82$ mm 外圆，保证台阶长度 10 mm （3）左偏刀车 $\phi 90_{-0.05}^{0}$ mm 外圆至 $\phi 88$ mm，长度为 40 mm，保证法兰盘厚度为 20 mm （4）去毛刺	锥堵
7. 精车另一端 $\phi 82_{-0.022}^{0}$ mm 外圆及 $\phi 88$ mm 外圆	（1）掉头，装夹方法同上，精车 $\phi 82$ mm 外圆，保证 662 mm 长度 （2）左偏刀车 $\phi 90_{-0.05}^{0}$ mm 外圆至 $\phi 88$ mm，长度为 40 mm，保证法兰盘厚度为 20 mm （3）去毛刺	（略）
8. 加工 $\phi 70_{0}^{+0.190}$ mm 孔至图样要求	（1）卸去锥堵 （2）以与步骤 5 相同的方法轻夹 95 mm × 95 mm 处，用中心架支撑 $\phi 88$ mm 外圆并找正 $\phi 82$ mm 外圆及轴线 （3）用深孔车刀将 $\phi 68$ mm 的孔精车至 $\phi 70_{0}^{+0.190}$ mm	（略）

模块十　车削轴套组合件

学习目标

1. 能对组合件加工作工艺分析，并确定基准零件。
2. 掌握组合件车削加工工艺方案的编制要点。
3. 具备车削内外圆锥、偏心轴（套）、螺纹四件套的能力。

工作任务

根据要求加工图 10－1 所示的轴套组合件。各零件图如图 10－2、图 10－3、图 10－4 所示。毛坯情况如下：

1. 材料：45 钢，棒料。
2. 偏心轴：ϕ60 mm×130 mm。
3. 偏心套与锥套共料：ϕ60 mm×115 mm。
4. 螺纹套：ϕ60 mm×80 mm。

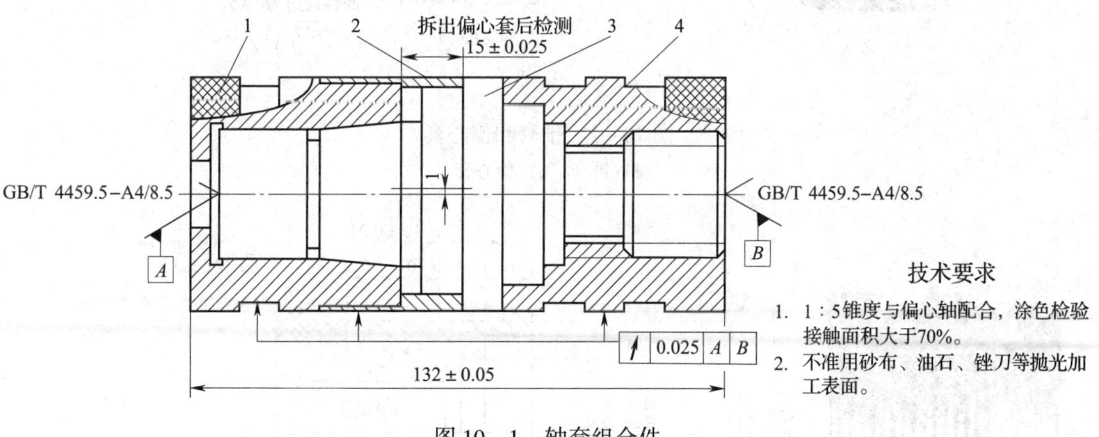

图 10－1　轴套组合件

1—锥套　2—偏心套　3—偏心轴　4—螺纹套

该组合件由四件组成，包含圆锥配合、梯形螺纹配合、偏心配合以及内外圆配合，加工难度较大。

1. 采用百分表调校小滑板角度车 1∶5 内外圆锥配合，确定偏心轴的外圆锥为装配基准，以外圆锥作为车削内圆锥的量具（塞规）。在调整小滑板角度时，尽可能使两组合件调整误差一致，以保证 70% 以上的圆锥面接触。

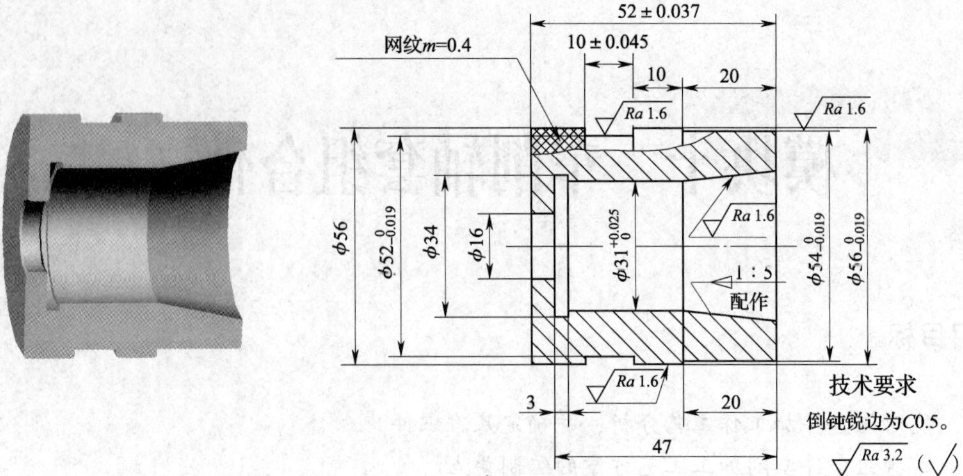

技术要求
倒钝锐边为C0.5。
Ra 3.2 (√)

a)

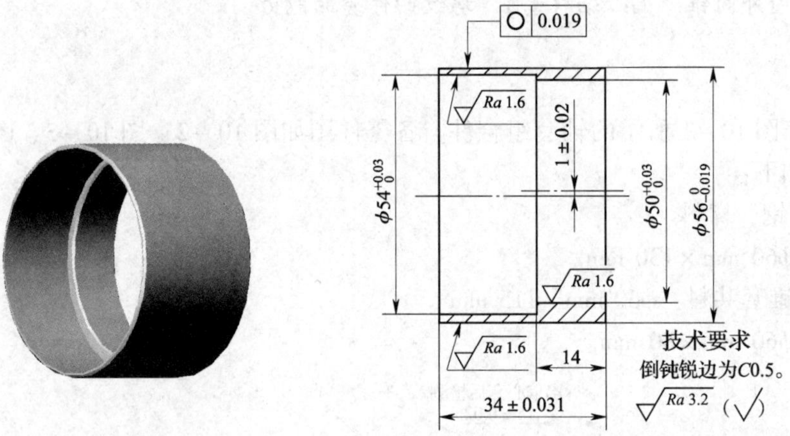

技术要求
倒钝锐边为C0.5。
Ra 3.2 (√)

b)

图 10－2 锥套和偏心套
a）锥套 b）偏心套

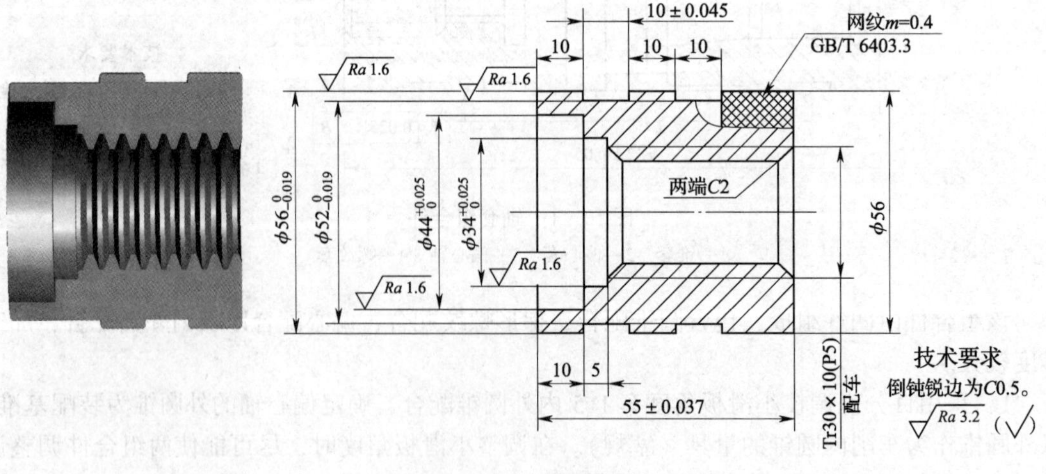

图 10－3 螺纹套

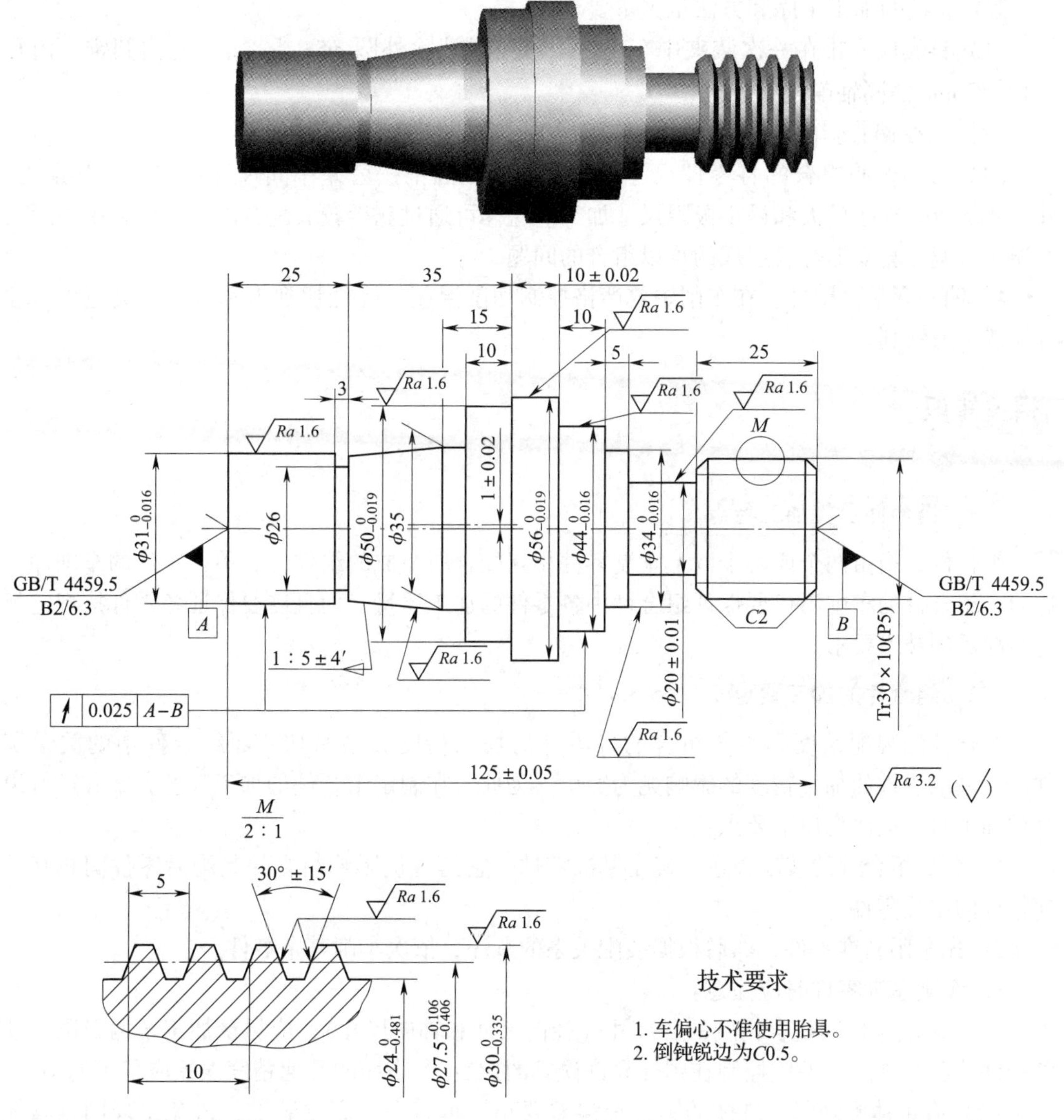

图 10－4　偏心轴

2．偏心轴与螺纹套之间有双线梯形螺纹配合和两组内、外圆配合。由于三组配合相互影响，因梯形内螺纹是以梯形外螺纹为基准配车的，故车外螺纹时应取较高精度，配车内螺纹时轴向窜动间隙控制在 0.1 mm 范围内。两组内、外圆配合的尺寸公差应取最大和最小极限尺寸，如此控制各尺寸既能满足各尺寸的公差要求，又能达到顺利组装。

3．锥套、偏心套、偏心轴组成的偏心配合是该组合件的主要难点。其中偏心套又是薄壁件，极易受切削力和切削热影响而产生变形，影响组合精度。

当偏心轴与锥套之间的圆锥组合以后，偏心套的长度尺寸被确定了。它不仅受制于偏心轴和锥套的外圆尺寸精度，而且受制于锥套的内圆锥与外圆尺寸 $\phi54^{\ 0}_{-0.019}$ mm 之间的位置以及偏心轴的偏心距精度，其中的某一环节出现问题，就会影响组合精度或出现组合问题。因此，制定正确的加工工序和方法至关重要。

（1）锥套应安排在一次装夹中车出，以减小或消除外圆 $\phi54_{-0.019}^{0}$ mm 与内圆锥、内孔 $\phi31_{0}^{+0.025}$ mm 的同轴度误差。

（2）调校偏心套的偏心距时，偏心距误差尽可能与偏心轴相同。

（3）参与偏心组合的各零件尺寸，除偏心距和圆锥按公差中间尺寸加工外，其余内、外尺寸均应分别按最大和最小极限尺寸加工。这样可通过获得较大配合间隙来弥补中心距尺寸误差、偏心套变形等所造成的难以组合的问题。

4. 偏心套是薄壁件，在车削中要严格控制切削温度，降低切削力和减小装夹应力，注意保持车刀锋利。

相关知识

一、组合件及其加工特点

组合件是指由两个或两个以上车制零件相互配合所组成的组件。与单一零件的车削加工比较，组合件的车削不仅要保证组合件中各零件的加工质量，而且需要保证各零件按规定组合装配后的技术要求。

二、组合件的加工要点

组合件的装配精度和参与组合的各零件的加工精度关系密切，而组合件中的关键零件——基准零件的加工精度的影响尤为突出。为此，在制定组合件的加工工艺方案和进行组合件加工时，应注意以下要点：

1. 分析组合件的装配关系，确定基准零件，它是直接影响组合件装配后零件间相互几何精度的主要零件。

2. 先车削基准零件，然后根据装配关系的顺序，依次车削其余零件。

3. 车削基准零件时应注意：

（1）影响零件间配合精度的各尺寸（径向尺寸和轴向尺寸），应尽量加工至两极限尺寸的中间值，且加工误差应控制在图样允许误差的1/2；各表面的几何精度误差应尽可能小。

（2）有锥体配合时，锥体的圆锥角误差要小，车刀中心高要装准，避免出现圆锥素线的直线度误差。

（3）有偏心配合时，偏心部分的偏心量应一致，加工误差应控制在图样允许误差的1/2，且偏心部分的轴线应与零件轴线平行。

（4）有螺纹配合时，螺纹应车削成形，一般不允许使用板牙、丝锥加工，以保证同轴度要求。螺纹的中径尺寸：外螺纹应控制在最小极限尺寸范围，内螺纹应控制在最大极限尺寸范围，以使配合间隙尽量大些。

（5）零件各加工表面上的锐边应倒钝，毛刺应清理干净。

4. 对非基准零件的车削，一是应按基准零件车削时的要求进行，二是要按已加工的基准零件及其他零件的实测结果相应调整，充分使用配车、配研、组合加工等手段以保证组合件的装配精度要求。

5. 根据各零件的技术要求和结构特点，以及组合件装配的技术要求，分别拟订各零件的加工方法，各主要表面（各类基准表面）的加工次数（粗加工、半精加工、精加工的选择）和加工顺序。通常应先加工基准表面，后加工零件上的其他表面。

任务实施

一、确定基准零件及组件加工顺序

确定偏心轴为基准零件。其外螺纹、外圆锥、偏心外圆为装配基准面，应先安排加工，再根据装配基准尺寸，加工各相应配合零件。

组件加工顺序：偏心轴→锥套→偏心套→螺纹套。

二、偏心轴的车削

1. 准备工作

（1）检查毛坯

对毛坯尺寸进行检查。

（2）工艺装备

普通车床，三爪自定心卡盘，端面车刀，90°外圆粗车刀、精车刀，切槽刀，梯形螺纹粗车刀、精车刀，B2中心钻，25～50 mm、50～75 mm外径千分尺，游标卡尺，磁性表座，0～10 mm百分表，偏心垫片，钻夹头，铜皮，三针量针，梯形螺纹对刀样板，万能角度尺，鸡心夹头，顶尖，活扳手等。

2. 车削偏心轴

偏心轴的车削工序及操作步骤见表10－1。

表10－1　　偏心轴的车削工序及操作步骤

加工工序	操作步骤内容	图示及说明
1. 车左端台阶外圆	（1）用三爪自定心卡盘夹毛坯外圆，伸出长度约100 mm （2）车平端面 （3）钻中心孔 （4）车台阶外圆，ϕ56.5 mm长度尽量长，用于掉头时找正	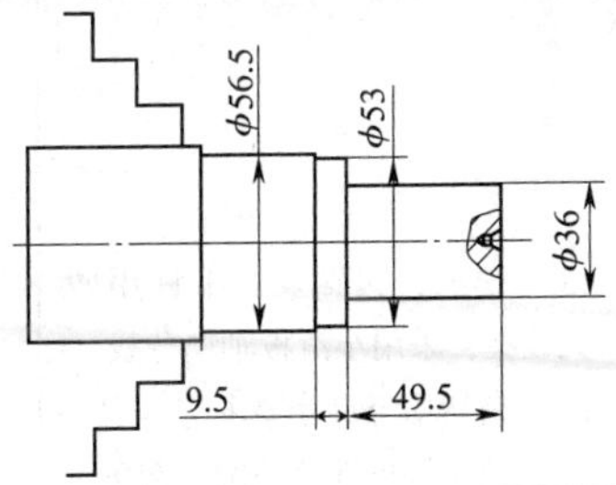
2. 车右端台阶外圆、螺纹	（1）工件掉头，找正，车端面取总长，钻中心孔 （2）车各台阶外圆 （3）切槽，槽深尺寸控制为梯形螺纹小径尺寸，以用于控制车螺纹时的小径尺寸 （4）车梯形螺纹	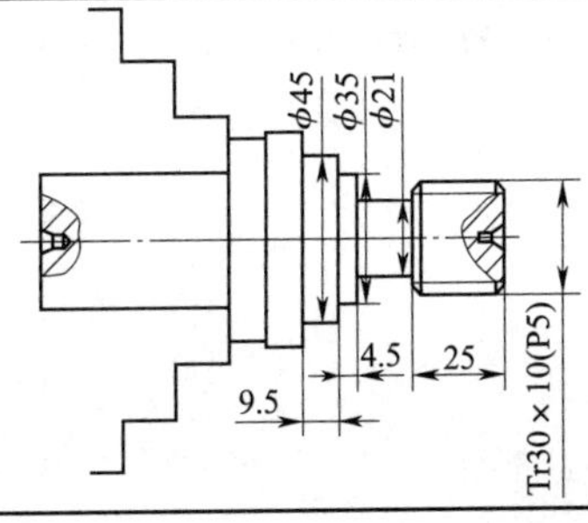

续表

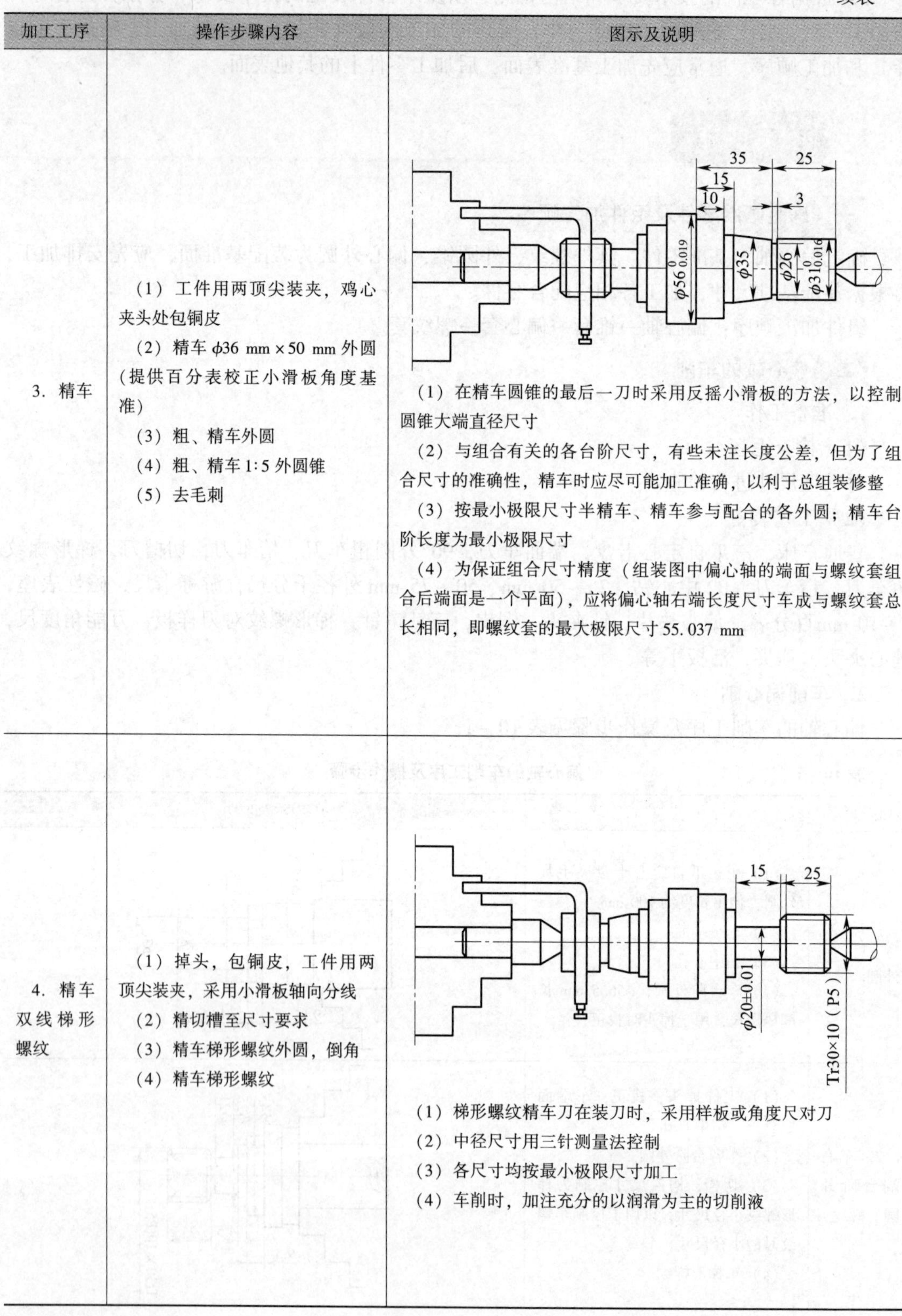

加工工序	操作步骤内容	图示及说明
3. 精车	（1）工件用两顶尖装夹，鸡心夹头处包铜皮 （2）精车 ϕ36 mm×50 mm 外圆（提供百分表校正小滑板角度基准） （3）粗、精车外圆 （4）粗、精车 1∶5 外圆锥 （5）去毛刺	（1）在精车圆锥的最后一刀时采用反摇小滑板的方法，以控制圆锥大端直径尺寸 （2）与组合有关的各台阶尺寸，有些未注长度公差，但为了组合尺寸的准确性，精车时应尽可能加工准确，以利于总组装修整 （3）按最小极限尺寸半精车、精车参与配合的各外圆；精车台阶长度为最小极限尺寸 （4）为保证组合尺寸精度（组装图中偏心轴的端面与螺纹套组合后端面是一个平面），应将偏心轴右端长度尺寸车成与螺纹套总长相同，即螺纹套的最大极限尺寸 55.037 mm
4. 精车双线梯形螺纹	（1）掉头，包铜皮，工件用两顶尖装夹，采用小滑板轴向分线 （2）精切槽至尺寸要求 （3）精车梯形螺纹外圆，倒角 （4）精车梯形螺纹	（1）梯形螺纹精车刀在装刀时，采用样板或角度尺对刀 （2）中径尺寸用三针测量法控制 （3）各尺寸均按最小极限尺寸加工 （4）车削时，加注充分的以润滑为主的切削液

续表

加工工序	操作步骤内容	图示及说明
5. 车偏心	（1）包铜皮，卡爪夹持 $\phi 44_{-0.016}^{0}$ mm 外圆，用三爪自定心卡盘加垫片的方法调整校正偏心距 （2）车削偏心圆至尺寸要求 （3）去毛刺	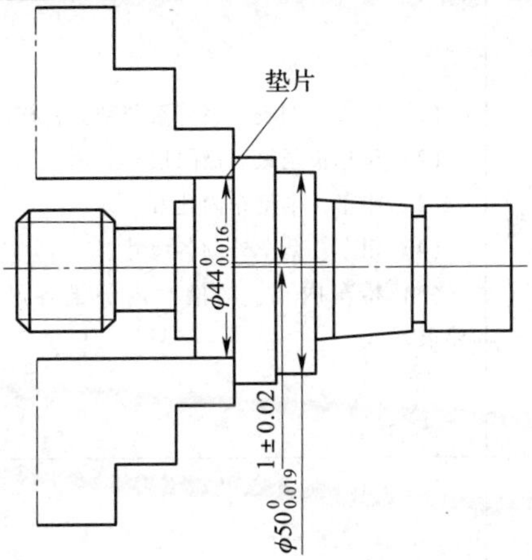 垫片 $\phi 44_{-0.016}^{0}$ 1 ± 0.02 $\phi 50_{-0.019}^{0}$ （1）偏心垫片的宽度应与所夹持的台阶宽度、所包的铜皮宽度相等，以减小装夹误差 （2）校正偏心距尺寸前，首先应检查工件偏心部分的轴线是否与主轴轴线平行，分别在卡盘转90°时移动大滑板，用百分表校正

三、锥套的车削

1. 准备工作

（1）检查毛坯

对毛坯尺寸进行检查。

（2）工艺装备

普通车床，三爪自定心卡盘，端面车刀，90°外圆粗车刀、精车刀，切槽刀，切断刀，内孔车刀，内沟槽刀，网纹滚花刀，25～50 mm、50～75 mm 外径千分尺，游标卡尺，磁性表座，0～10 mm 百分表，铜皮，活扳手等。

2. 车削锥套

锥套的车削工序及操作步骤见表 10－2。

表 10－2　　锥套的车削工序及操作步骤

加工工序	操作步骤内容	图示及说明
1. 粗车	（1）夹毛坯外圆，伸出长度约 65 mm，校正并夹紧 （2）车平端面 （3）粗车至草图尺寸 （4）钻孔 ϕ16 mm，扩孔至 ϕ30 mm （5）滚花 （6）切断，长度为 52 mm	网纹m=0.4 ϕ16 ϕ57 ϕ53 ϕ56 9　12.5 57 锥套与偏心套共料，车完锥套后应余毛坯料长58 mm

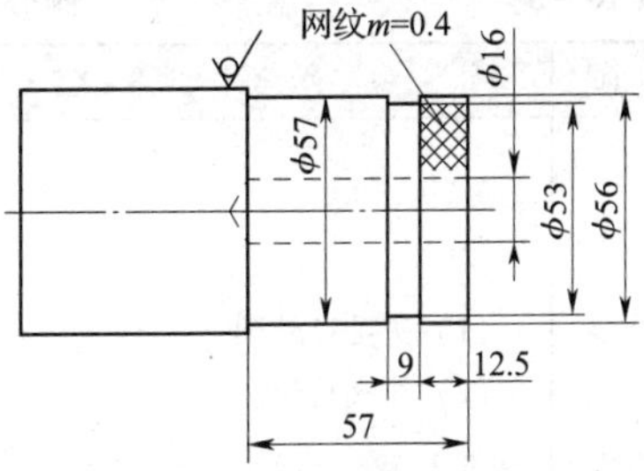

续表

加工工序	操作步骤内容	图示及说明
2. 粗车、精车工件内孔和外圆	(1) 掉头包铜皮，夹持滚花部分，校正 (2) 车总长至最大极限尺寸 (3) 粗车、半精车内孔各尺寸 (4) 粗车、精车外圆各尺寸 (5) 精车内孔、沟槽及内圆锥各尺寸至要求	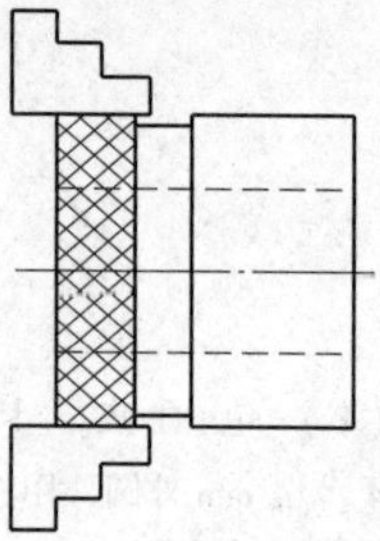 圆锥校正误差应等于偏心轴圆锥的校正误差；用偏心轴外圆锥作为塞规，检查圆锥接触面与尺寸
3. 精车外沟槽	(1) 掉头，夹 ϕ54 mm 外圆（包铜皮），校正 (2) 车槽至尺寸要求	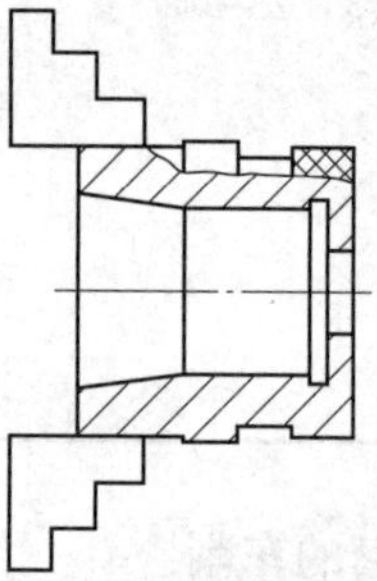

四、偏心套的车削

1. 准备工作

(1) 检查毛坯

对毛坯尺寸进行检查。

(2) 工艺装备

普通车床，三爪自定心卡盘，端面车刀，90°外圆粗车刀、精车刀，切断刀，内孔车刀，内、外倒角尖刀，偏心垫片，50 ~ 75 mm 外径千分尺，游标卡尺，磁性表座，0 ~ 10 mm 百分表等。

2. 车削偏心套

偏心套的车削工序及操作步骤见表 10 – 3。

表 10 – 3　　偏心套的车削工序及操作步骤

加工工序	操作步骤内容	图示及说明
1. 车夹持位	(1) 夹毛坯外圆 (2) 车夹持位	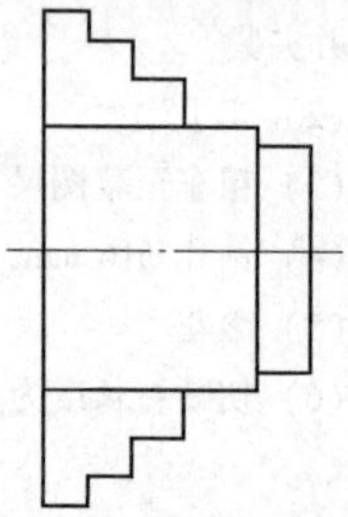

续表

加工工序	操作步骤内容	图示及说明
2. 粗加工、精加工外圆和内孔	（1）掉头装夹，如图 a 所示 （2）粗车外圆、钻孔、扩孔至图 b 所示尺寸 （3）车外圆和孔 $\phi54^{+0.03}_{0}$ mm 至尺寸 （4）倒角：精车外圆和内孔后及时用内、外圆倒角尖刀倒角（含偏心内孔），以免毛刺影响组装（如掉头装夹再倒角，则会造成夹持变形）	 a）偏心套的夹持　　b）偏心套的粗车 （1）钻、扩孔时注意不要钻通，深度控制在 36 mm 为宜，可减小装夹变形 （2）工件外圆温度超过室温时，可用切削液强行冲洗降温 （3）内、外圆用大前角、大主偏角高速钢车刀切削，车刀应保持锋利，尽可能减小切削力
3. 车偏心孔	（1）包铜皮，垫偏心垫片，校正工件的偏心圆中心线，使其与主轴中心线平行，校正偏心距，如图 a 所示 （2）车削偏心内孔，将尺寸控制至最大极限尺寸 （3）偏心孔倒角，如图 b 所示 （4）切断	 a）车偏心的装夹与校正　b）精车后的内、外圆倒角 （1）偏心套的总长公差为 0.062 mm，可采用深度尺或小滑板在切断时控制 （2）切断时，用木棒接好，注意轻拿轻放，防止变形

五、螺纹套的车削

1. 准备工作

（1）检查毛坯

对毛坯尺寸进行检查。

（2）工艺装备

普通车床，三爪自定心卡盘，端面车刀，90°外圆粗车刀、精车刀，切断刀，内孔车刀，内梯形螺纹车刀，网纹滚花刀，25 ~ 50 mm、50 ~ 75 mm 千分尺，游标卡尺，磁性表座，0 ~ 10 mm 百分表，铜皮等。

2. 车削螺纹套

螺纹套的车削工序及操作步骤见表10－4。

表10－4　　螺纹套的车削工序及操作步骤

加工工序	操作步骤内容	图示及说明
1. 车右端	端面、外圆车光滑；按内梯形螺纹钻底孔，放余量1 mm；车螺纹空刀位	
2. 粗车、精车工件左端	（1）掉头，装夹找正，车平端面 （2）粗车内、外圆 （3）切槽 （4）滚花 （5）精车螺纹小径，两端倒角 （6）半精车 $\phi56_{-0.019}^{\ 0}$ mm外圆至 $\phi56.5$ mm （7）粗车、精车内梯形螺纹 （8）精车各内、外圆至尺寸 （9）切断	$\phi56$　$\phi33$　$\phi43$　$\phi53$　$\phi56.5$　10　55.5　80　网纹m=0.4 （1）车梯形螺纹前，半精车 $\phi56_{-0.019}^{\ 0}$ mm外圆，为车内螺纹扎刀后再校正提供校正基准 （2）车螺纹时以底孔直径为进刀的对刀基准，用中滑板刻度控制对刀深度，采用小滑板轴向分线法车梯形螺纹 （3）用偏心轴的螺杆作为塞规，综合检验梯形内螺纹尺寸
3. 车端面取总长	（1）掉头，包铜皮，夹外圆，用百分表校正端面 （2）精车端面，将总长车至最大极限尺寸	55±0.037

六、总组装后的修整

对总组装后的总长度尺寸误差、各组件的圆跳动误差以及某些局部长度尺寸进行检测，针对关联组件进行修整。

在加工过程中，锥套和螺纹套的总长均加工至最大极限尺寸，偏心轴参与组合的各长度尺寸公差也得到了控制，因此，总长（132 ±0.05）mm 应基本准确，如果超差也应是能修复的正超差，锥套与螺纹组合后两端的端面均可光刀。长度（15 ±0.025）mm 尺寸在车锥套的内圆锥时就得到控制。

七、主要部位的检验

检验跳动误差时，将各组合件的组合面及中心孔擦拭干净并组合，在偏摆仪或车床两顶尖间夹持，用手转动组合体，在需检验处读出百分表的读数，如图 10－5 所示。

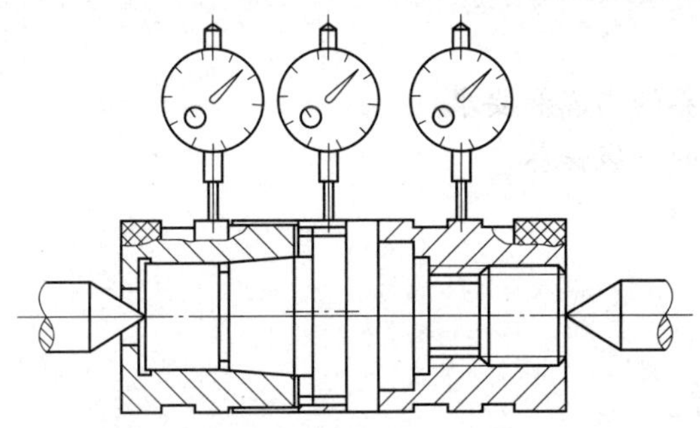

图 10－5　组合后圆跳动的检验

模块十一　车床的维护、保养与调整

任务一　车床的一级保养

学习目标

1. 熟悉车床一级保养的内容和要求。
2. 能组织进行车床的一级保养。

工作任务

对车床进行一级保养。

相关知识

通常车床在运行 500 h 后，需要进行一次一级保养。一级保养工作以操作者为主，在维修人员的配合下进行。普通车床一级保养的内容及要求见表 11－1。

表 11－1　　普通车床一级保养的内容及要求

步骤	保养部位	保养内容与要求
1	外保养	（1）清洁车床外表面及各罩盖，要求内外清洁、无锈蚀、无油污 （2）清洗丝杠、光杠、操纵杆 （3）检查并补齐外部缺件，如螺钉、手柄球、手柄
2	主轴箱	（1）检查主轴锁紧螺母有无松动，紧定螺钉是否拧紧 （2）调整制动器及离合器摩擦片间隙 （3）清洗滤油器
3	交换齿轮箱	（1）拆洗齿轮、轴套，并在油杯中注入新油脂 （2）调整齿轮啮合间隙 （3）检查轴套有无晃动现象 （4）检查 V 带张紧力是否合适、表面是否有裂纹

续表

步骤	保养部位	保养内容与要求
4	刀架部分	（1）清洗导轨面，清洗并调整镶条及压板，清洗或更换导轨毡垫并安装好 （2）拆洗刀架和中、小滑板后重新装好 （3）调整中、小滑板与镶条以及丝杠螺母的间隙
5	尾座	拆洗尾座套筒并擦净涂油
6	润滑系统	（1）清洗冷却泵、滤油器、油杯和盛液盘 （2）保证油路畅通，油孔、油绳、油毡无切屑 （3）油质、油量符合要求
7	冷却系统	（1）清洗过滤网和盛液盘 （2）清洗切削液池 （3）保证管道畅通完好、固定牢靠 （4）切削液无明显污染，质量符合要求
8	电气系统	（1）清扫电动机、电气箱上的尘屑 （2）检查电气装置是否固定整齐
9	附件等	清洁、防锈、摆放整齐、正常、可靠

〔操作提示〕

1. 保养前，准备好拆装工具、清洗装置、清洗剂、润滑油料、放置机件的盘子以及备件等。

2. 切断电源。

3. 按保养步骤进行。

4. 拆下的机件要成组放好，注意不要遗失。

5. 要文明操作，注意拆装的方法和力度，以免损坏机件。

任务实施

一、准备工作

1. 分组

以 3 ~ 5 人为一组。

2. 工具

常用装拆工具、清洗剂、润滑油、油脂、擦布等。

二、操作步骤

按表 11－1 操作。

任务二　多片式摩擦离合器间隙的调整

学习目标

1. 熟悉多片式摩擦离合器的结构和作用。
2. 掌握多片式摩擦离合器摩擦片间隙的调整方法。

工作任务

调整多片式摩擦离合器间隙。

相关知识

一、多片式摩擦离合器间隙不合理对加工和车床的影响

1. 多片式摩擦离合器摩擦片间的间隙过大，工作时会因摩擦力小而传递的转矩不足，使主轴启动缓慢，不能承受正常的切削力，车削时易产生“闷车”现象，并易使摩擦片打滑而磨损。

2. 摩擦片间的间隙过小，造成刹车不灵（即停车过程中主轴不能迅速停止转动），影响工作效率；分离时摩擦片仍不能分离而产生摩擦，易使摩擦片烧坏和磨损。

二、多片式摩擦离合器的结构与工作原理

图 11－1a、b 所示为 CA6140 型车床主轴箱内的双向多片式摩擦离合器，该离合器具有左、右两组摩擦片，每一组由若干厚度为 1.5 mm 的内、外摩擦片（见图 11－1c）相间排列，利用摩擦片在相互压紧时接触面之间产生的摩擦力传递运动和转矩。带花键孔的内摩擦片 3 与轴 I 上的花键相连接；外摩擦片 2 的内孔是光滑圆孔，空套在轴 I 的花键外圆上，摩擦片外圆上有 4 个凸齿，卡在双联齿轮 1 右端套筒部分的缺口内。双联齿轮 1 和齿轮 13 空套在轴 I 上。

当操纵机构 12 拨动滑环 8 至右边位置时，通过摆块 10 绕轴销 9 摆动，使拉杆 7 左移，拉杆 7 左端有一圆柱销 6，使螺圈 4a 及加压套 5 向左压紧左边的一组摩擦片，通过摩擦片间的摩擦力，将转矩由轴 I 传给双联齿轮 1，这时可使主轴正转。

相反，当操纵机构 12 拨动滑环 8 至左边位置时，可使螺圈 4b 及加压套 5 向右压紧右边的一组摩擦片，将转矩由轴 I 传给齿轮 13，这时主轴反转。

当滑环 8 在中间位置时，左、右两组摩擦片都处于放松状态，轴 I 的运动不能传给齿轮 1 或 13，主轴即停止转动。

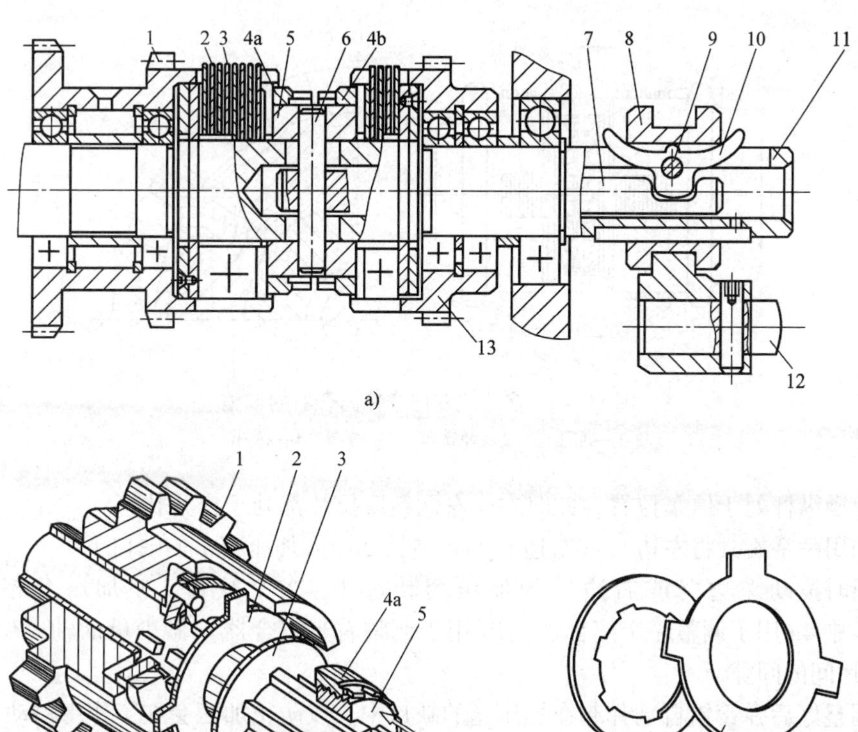

图 11－1　多片式摩擦离合器

a）原理图　b）结构图　c）内、外摩擦片

1—双联齿轮　2—外摩擦片　3—内摩擦片　4a、4b—螺圈　5—加压套　6—圆柱销　7—拉杆　8—滑环　9—轴销　10—摆块　11—轴Ⅰ　12—操纵机构　13—齿轮

任务实施

一、准备工作

1. 工具

一字旋具、内六角扳手等。

2. 设备

CA6140 型车床。

二、多片式摩擦离合器间隙的调整

多片式双向摩擦离合器的调整如图 11－2 所示。

1. 切断电源，打开主轴箱盖。
2. 提起（或落下）操纵杆，使其处于正转（或反转）位置。
3. 用手转动卡盘，看到左边（或右边）的弹簧销 2。

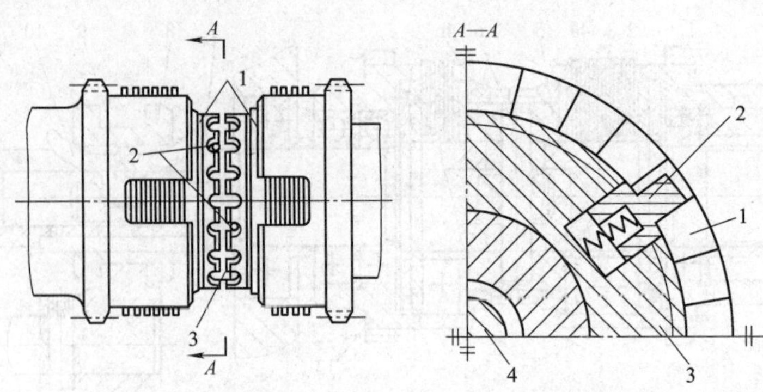

图 11－2　多片式双向摩擦离合器的调整

1—加压套　2—弹簧销　3—螺圈　4—拉杆

4. 让操纵杆处于停车位置，此时左、右两组摩擦片都处于松开状态。

5. 先用一字旋具将左边（或右边）的弹簧销 2 压入加压套 1 的缺口下。

6. 同时拨动左边（或右边）的加压套转过 1～2 个缺口，使加压套相对螺圈 3（图 11－1 中 4a 用于调整左半离合器，4b 用于调整右半离合器）做少量的轴向位移，即可改变摩擦片间的间隙。

7. 调整好后弹簧销自动弹起在加压套的缺口中，以防止加压套在工作中松动。

〔操作提示〕

检验摩擦离合器中摩擦片间的间隙

1. 摩擦片松开时，间隙要适当，不可过大，也不可过小。

2. 调整后，双向多片式摩擦离合器应操作自如，不得有阻滞或卡住现象，启动迅速，无异常声音。

3. 符合以上两个要求即为调整合适，否则应继续调整。

任务三　制动装置的调整

学习目标

1. 熟悉制动装置的结构。
2. 掌握制动装置的调整。

工作任务

制动装置的调整。

相关知识

车床使用一段时间后，需检查制动带的磨损程度，磨损严重的应更换。

一、制动装置的功用及制动装置不正常时对操作的影响

1. 制动装置的功用

制动装置的功用是在车床停车的过程中，克服主轴箱内各运动件的旋转惯性，使主轴迅速停止转动，以缩短辅助时间。制动装置也叫刹车装置。

2. 制动装置不正常时对操作的影响

车床的制动装置不正常的现象有：操纵杆在中间位置时，车床主轴不能迅速停止转动；车床需正常运转时，主轴不能很快以正常转速运转，说明还有摩擦作用。

二、制动装置的结构与工作原理

CA6140 型车床上采用的制动装置是闸带式制动器，如图 11－3 所示。它由制动轮 8、制动带 7 和杠杆 4 等组成。制动轮是一个钢制圆盘，与传动轴Ⅳ用花键连接。制动带为一钢带，其内侧固定着一层铜丝石棉，以增大摩擦因数。

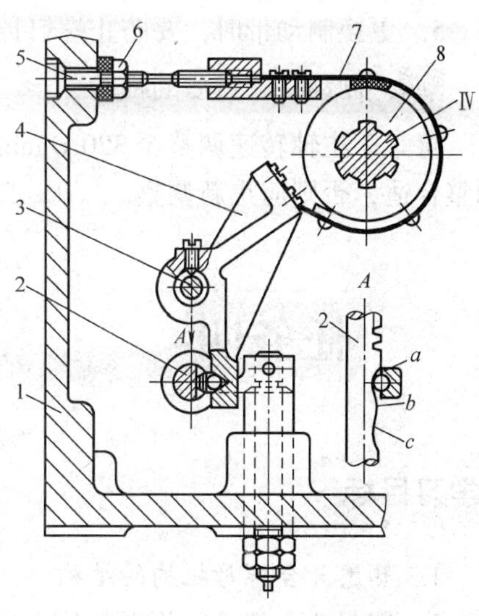

图 11－3 闸带式制动器

1—主轴箱体 2—齿条轴 3—杠杆支撑轴 4—杠杆 5—调节螺钉 6—螺母 7—制动带 8—制动轮 Ⅳ—传动轴

制动带绕在制动轮上，它的一端通过调节螺钉 5 与主轴箱体 1 连接，另一端固定在杠杆 4 的上端。杠杆可绕杠杆支撑轴 3 摆动，当它的下端与齿条轴 2 上的圆弧形凹部 a 或 c 接触时，主轴处于反转或正转状态，制动带松开。移动齿条轴 2，其上凸部分 b 与杠杆 4 的下端接触时，杠杆绕轴 3 逆时针摆动，使制动带包紧制动轮，传动轴Ⅳ停止转动。

任务实施

一、准备工作

1. 工具

内六角扳手、活扳手（或呆扳手）、一字旋具等。

2. 设备

CA6140 型车床。

二、操作步骤

1. 切断电源，打开主轴箱盖。
2. 用活扳手（或呆扳手）松开螺母 6。

3. 用内六角扳手旋转调节螺钉 5，调整制动带的松紧。

4. 调整好后，用活扳手（或呆扳手）把螺母 6 锁紧。螺母 6 起防松作用。

三、注意事项

1. 用内六角扳手顺时针旋转调节螺钉 5 是拉紧制动带，逆时针旋转是松开制动带。

2. 拉紧制动带时，应同时检查在操纵手柄扳到开车位置时制动带是否完全松开，若没有完全松开则应将其稍微放松些。

3. 在松紧程度调整合适的情况下，主轴旋转，则制动带能完全松开；而在停车时，主轴能迅速停转。

4. 调整制动带时，要防止制动带产生歪扭现象。

5. 更换制动带时，要防止螺钉掉入主轴箱内。

四、制动带调整后的检验

将车床主轴转速调整至 320 r/min，停车时能在 2 ~ 3 r 内制动，说明制动带的松紧程度调整合适，否则应重新调整。

任务四　开合螺母机构的调整

学习目标

1. 熟悉开合螺母机构的结构。
2. 掌握开合螺母机构调整的方法。
3. 能检查判断开合螺母机构间隙的合理性。

工作任务

调整开合螺母机构。

相关知识

一、开合螺母机构的结构

开合螺母机构的结构如图 11 - 4a 所示，其上、下两个半螺母 1 和 2 装在溜板箱后壁的燕尾形导轨中，可上下移动。上、下半螺母的背面各装有一个圆柱销 3，其伸出端分别嵌在槽盘 4 的两条曲线槽中。当逆时针转动手柄 6 时，通过轴 7 使槽盘 4 逆时针转动。

从图 11 - 4b 中可以看出，当槽盘 4 逆时针转动时，曲线槽迫使两圆柱销 3 互相靠近，从而带动上、下半螺母合拢，使其与丝杠啮合，刀架便由丝杠螺母副经溜板箱带动进给。当槽盘顺时针转动时，曲线槽通过圆柱销使两个半螺母相互分离（见图 11 - 4c），两个半螺母与丝杠脱开，刀架便停止进给。

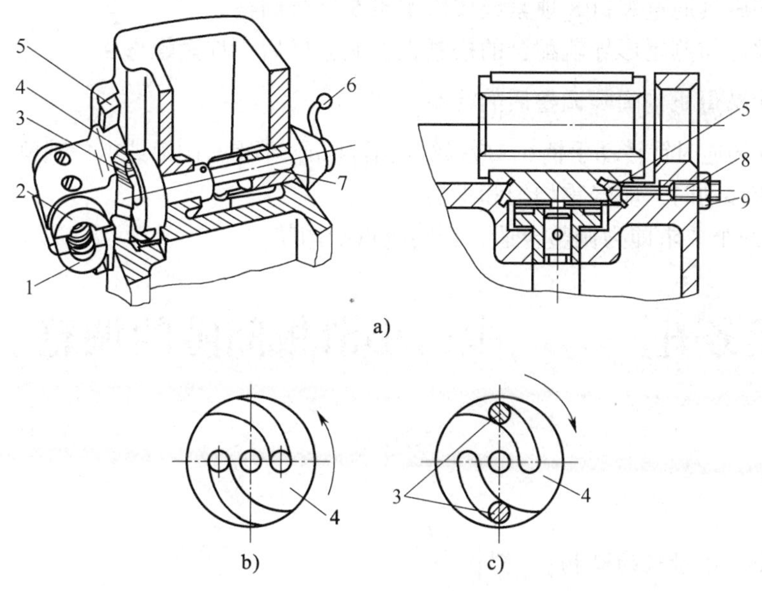

图 11－4　开合螺母机构

a）结构图　b）槽盘逆时针转动时　c）槽盘顺时针转动时

1、2—半螺母　3—圆柱销　4—槽盘　5—镶条　6—手柄　7—轴　8—螺钉　9—螺母

二、开合螺母机构的功用及开合螺母机构不正常对加工的影响

1. 开合螺母机构的功用

开合螺母机构的功用是接通和断开从丝杠传来的运动。车削螺纹和蜗杆时，将开合螺母合上，丝杠通过开合螺母带动溜板箱及螺纹车刀运动。

2. 开合螺母机构不正常对加工的影响

开合螺母机构不正常的两种情况是：

（1）开合螺母手柄过松。当车削螺纹时，开合螺母容易跳起，造成乱牙等现象。

（2）开合螺母手柄过紧会造成操纵费劲且不方便。

任务实施

一、准备工作

1. 工具

活扳手（或呆扳手）、一字旋具等。

2. 设备

CA6140 型车床。

二、操作步骤

1. 切断电源。

2. 用活扳手（或呆扳手）松开螺母 9（见图 11－4）。

3. 用一字旋具通过螺钉 8 顶紧或放松镶条 5 进行调整。

4. 开合螺母与燕尾形导轨配合的松紧程度调整好后，拧紧螺母 9。

三、开合螺母机构间隙调整后的检验

1. 顺时针和逆时针转动手柄 6，应操纵灵活自如，不得有阻滞或卡住现象，无异常声音。

2. 溜板箱移动时，应轻重均匀和平稳。

符合以上两个要求即为调整合适，否则应重新调整。

任务五　中、小滑板间隙的调整

学习目标

1. 熟悉中、小滑板的结构。
2. 会调整中、小滑板的间隙。
3. 会调整中滑板刻度盘的松紧。

工作任务

中、小滑板间隙的调整；中滑板刻度盘松紧的调整。

相关知识

一、中滑板丝杠与螺母的结构及其配合不正常对工件加工的影响

1. 中滑板丝杠与螺母的结构

中滑板丝杠与螺母的结构如图 11－5 所示。横向进给丝杠 7 的螺母固定在中滑板的底面上，由分开的两部分 1 和 6 组成，中间用楔块 3 隔开。

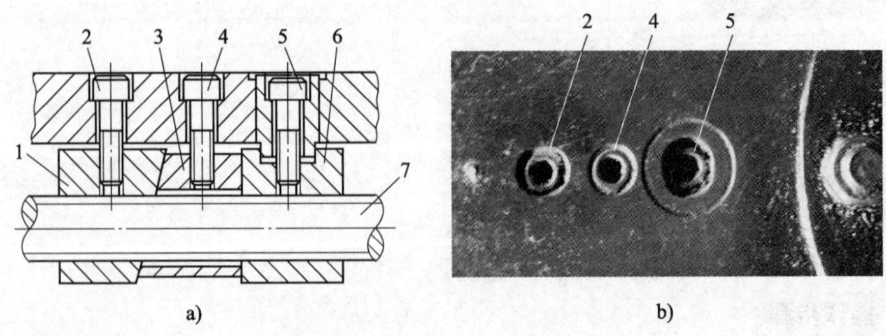

图 11－5　中滑板丝杠与螺母的结构

1、6—螺母　2、4、5—内六角螺钉　3—楔块　7—丝杠

2. 中滑板丝杠与螺母配合不正常对工件加工的影响

车床横向进给丝杠副经过较长时间使用后，由于磨损而造成丝杠与螺母的间隙增大，其影响有：

(1) 使手柄和刻度盘正、反转时空行程量加大，影响刻度把握的准确性。

(2) 断续切削时会使中滑板产生前后往复窜动，容易造成打刀和打坏工件。

(3) 车螺纹时容易产生扎刀现象。

二、中、小滑板燕尾导轨结构

中、小滑板燕尾导轨结构如图 11－6 所示。

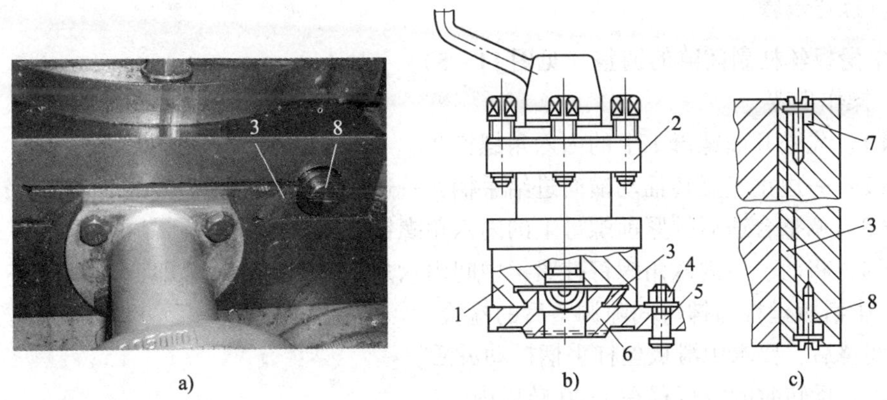

图 11－6　中、小滑板燕尾导轨结构

a) 中滑板部分　b) 小滑板部分　c) 调整示意图

1—小滑板　2—刀架　3—镶条　4—螺母　5—螺栓　6—转盘　7—顶紧螺钉　8—限位螺钉

中、小滑板燕尾导轨间隙过大，车削中容易造成扎刀、崩刃和撬坏工件等现象。

三、中滑板刻度盘结构及其在工作中的影响

中滑板刻度盘的结构如图 11－7 所示，中滑板刻度盘是横向进刀量读数的标记。刻度盘太松时，会跟着中滑板手柄做不同步的转动，从而无法得到准确的读数；太紧则不便于调整刻线格数。

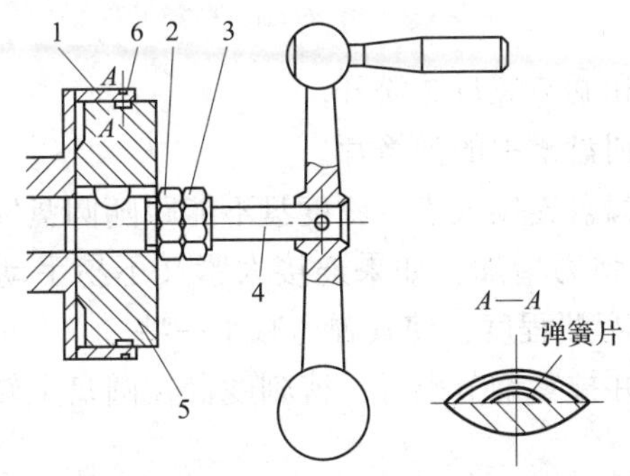

图 11－7　中滑板刻度盘的结构

1—刻度盘　2—调节螺母　3—锁紧螺母　4—轴　5—圆盘　6—弹簧片

任务实施

一、准备工作

1. 工艺准备

内六角扳手、活扳手、一字旋具等。

2. 设备

CA6140 型车床。

二、操作步骤

1. 中滑板丝杠副间隙的调整（见图 11－5）

（1）操作步骤

步骤 1：先松开前螺母 1 上的内六角螺钉 2。

步骤 2：一边正、反转摇动横向进给手柄，一边缓慢交替拧紧中间的内六角螺钉 4。

步骤 3：调整合适后拧紧前螺母上的内六角螺钉 2。

步骤 4：将前、后内六角螺钉拧紧，中间内六角螺钉 4 手感拧紧即可。

（2）中滑板丝杠与螺母间隙调整后的检验

1）调整后，要求中滑板丝杠手柄摇动灵活。

2）正、反转时的空行程在 1/20 转以内。

2. 中、小滑板镶条间隙的调整（见图 11－6）

（1）操作步骤

步骤 1：松开后面的顶紧螺钉 7。

步骤 2：调整前面的限位螺钉 8。

步骤 3：调整合适后，紧固后面的顶紧螺钉 7。

（2）中滑板镶条间隙调整后的检验

1）将中滑板镶条间隙调整合适。

2）在全部行程上应使中滑板手柄摇动灵活，无明显阻滞现象。

3. 中滑板刻度盘松紧的调整（见图 11－7）

（1）操作步骤

步骤 1：将锁紧螺母 3 和调节螺母 2 松开。

步骤 2：抽出圆盘 5 和圆盘槽中的弹簧片。

步骤 3：如果刻度盘与圆盘连接太松，刻度盘不能跟随圆盘完全同步转动，则应适当增加弹簧片的弯曲程度，使其弹力增加；如果连接太紧又不易手动调整刻度盘与圆盘上的零线，则应适当减小弹簧片的弯曲程度，使其弹力减小一些。

步骤 4：按要求装好，并拧紧调节螺母，待刻度盘在圆盘上转动的松紧程度适宜时，将锁紧螺母锁紧。

（2）中滑板刻度盘松紧调整后的检验

中滑板刻度盘应转动灵活，无明显阻滞现象。

任务六　安全离合器的调整

学习目标

1. 了解安全离合器的作用。
2. 了解安全离合器的工作原理和结构。
3. 能对安全离合器进行调整。

工作任务

安全离合器的调整。

相关知识

一、安全离合器的作用

车床的安全离合器又称为进给过载保护机构。其作用是在进给过程中，当进给抗力过大（过载）或刀架运动受到阻碍时，能自动停止进给运动，以避免传动机件损坏。

二、安全离合器的结构及工作原理

安全离合器装置在溜板箱内，其结构由端面带有螺旋形齿爪的左、右两部分组成（见图 11－8），安全离合器的左半部 1 空套在轴上，右半部 2 用键连接在轴上，正常机动进给时，在弹簧的压力下，左、右半部相互啮合，将光杠的运动传递给轴，如图 11－8c 所示。当进给过载（进给抗力过大）时，通过离合器齿爪传递的转矩也随之增大，当离合器螺旋形齿面上的轴向推力超过弹簧的压力时，离合器的右半部被推开，传动链断开，即运动传递断开，如图 11－8d 所示，可确保在出现过载时传动件不会损坏。减小过载后，由于弹簧的压力作用，离合器自动啮合，传动链接通，自动进给恢复正常。

三、安全离合器工作异常的表现

1. 当进给抗力过大（过载）或刀架运动受到阻碍时，不能自动停止进给运动。说明安全离合器内的弹簧压力过大。

2. 当进行强力切削时（未过载），自动停止机动进给。说明安全离合器内的弹簧压力过小。

通常，车床的安全离合器在出厂前就调整好（弹簧压力）。经过长时间使用后，可能会使弹簧压力减小，引起车床所能承受的切削力减小，此时，就需对安全离合器进行调整，即调整弹簧压力。

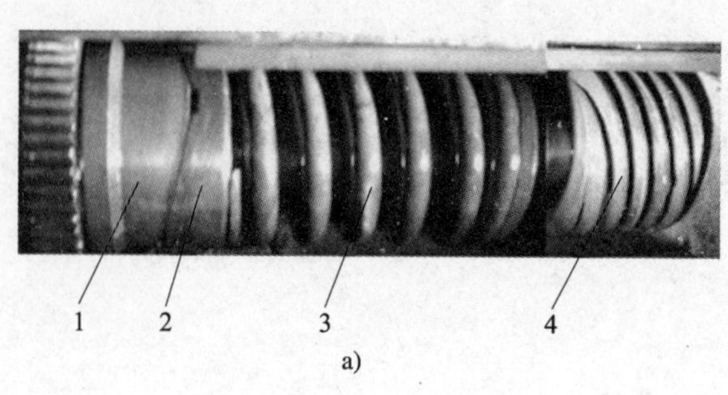

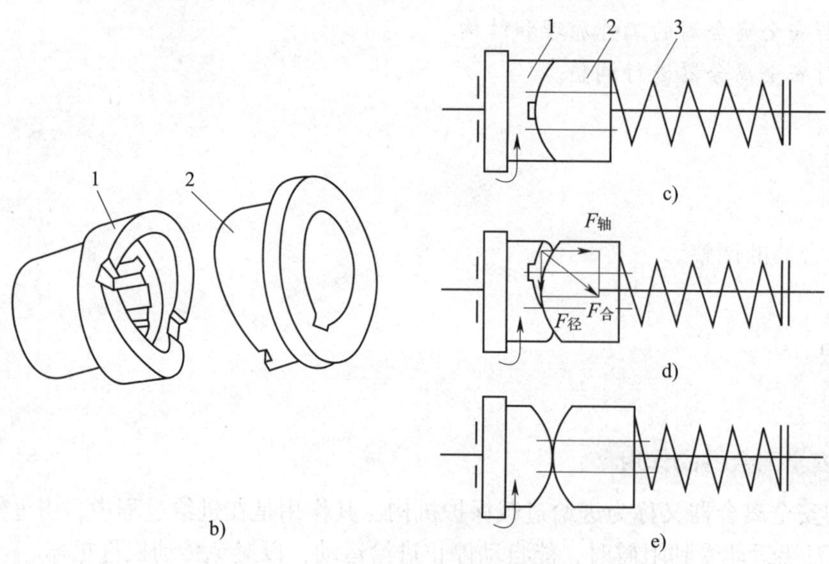

图 11－8　安全离合器的工作原理

1—离合器左半部　2—离合器右半部　3—弹簧　4—蜗杆

任务实施

一、准备工作

1. 工艺准备

扳手、一字旋具等。

2. 设备

CA6140 型车床。

二、操作步骤

安全离合器的调整部位在车床溜板箱的右侧（见图 11－9），操作步骤如下：

1. 拧出溜板箱右侧端盖 1 上的四颗螺钉 2，拆下端盖，如图 11－10 所示。

2. 拧松防松螺母 1，用扳手与一字旋具配合，螺杆不转动，调整（拧紧）螺母 2，适当压紧弹簧。

3. 调整好弹簧压力后，拧紧螺母1，压紧螺母2（起防松作用）。
4. 盖上端盖，拧上端盖螺钉。

图11-9　溜板箱右侧
1—端盖　2—螺钉

图11-10　卸下端盖后的调整部位
1、2—螺母　3—螺钉

知识链接

车床的主要技术参数与车床的精度

一、CA6140型卧式车床的主要技术参数

CA6140型卧式车床是我国机械制造企业中广泛使用的一种车床，其通用性好，结构较先进，操作方便，外形美观，精度较高。CA6140型卧式车床的主要技术参数见表11-2。

表11-2　CA6140型卧式车床的主要技术参数

主要技术参数	种类	主要技术参数值
床身上工件最大回转直径 D		D = 400 mm
刀架上工件最大回转直径 D_1		D_1 = 210 mm
中心高 H		H = 205 mm
最大工件长度	4种	750 mm，1 000 mm，1 500 mm，2 000 mm
最大车削长度	4种	650 mm，900 mm，1 400 mm，1 900 mm
小滑板最大车削长度	2种	140 mm，165 mm
尾座套筒的最大移动长度		150 mm
主轴内孔直径		ϕ52 mm
主轴前端锥度		莫氏6号（Morse No. 6）
尾座套筒锥孔		莫氏5号（Morse No. 5）
主轴转速	正转（24级）	10～1 400 r/min
	反转（12级）	14～1 580 r/min
车削螺纹的范围	公制螺纹（44种）	1～192 mm
	英制螺纹（20种）	2～24 牙/in

续表

主要技术参数	种类	主要技术参数值
车削蜗杆的范围	公制蜗杆（39 种）	0．25 ~48 mm
	英制蜗杆（37 种）	1 ~96 牙/in
机动进给量	纵向进给量$f_{纵}$（64 种）	$f_{纵}$ = 0．028 ~6．33 mm/r
	横向进给量$f_{横}$（64 种）	$f_{横}$ =0．5 $f_{纵}$ = 0．014 ~3．16 mm/r
快速移动速度	纵向快移速度	4 m/min
	横向快移速度	2 m/min
主电动机	功率	7.5 kW
	转速	1450 r/min
快速移动电动机	功率	0.25 kW
	转速	2 800 r/min
机床工作精度	精车外圆的圆度公差	0.009 mm
	精车外圆的圆柱度公差	0.027 mm/300 mm
	精车平面的平面度公差	0.019 mm/ϕ300 mm
	精车螺纹的螺距精度	0.04 mm/100 mm 0.06 mm/300 mm
	精车表面粗糙度值 *Ra*	0.8 ~1.6 μm

二、车床的精度

用车床加工工件时，影响加工质量的因素很多，如车床本身的精度、工件的装夹方法、车刀的几何参数、切削用量等。其中，车床精度是影响工件加工质量的关键因素。

如果所加工的工件出现精度问题，当排除了其他因素的影响后，就应考虑是否车床精度的影响所造成。

车床的切削运动由主轴、床身、床鞍、中（小）滑板等部件完成。如果这些部件本身的精度和运动有误差，那么必然会直接反映到所加工的工件上。因此，必须控制和保证车床的精度，以达到工件的加工精度。

卧式车床的精度主要分为几何精度和工作精度两种。

1. 车床几何精度

车床几何精度是指车床某些基础零件本身的几何形状精度、相互位置的几何精度及其相对运动的几何精度。车床的几何精度是保证加工质量最基本的条件。

车床几何精度的检验是在静态下完成的检验（非工作状态条件下的检验）。车床几何精度项目及对加工的影响见表 11 – 3。

2. 车床工作精度

车床工作精度是指车床在运动状态和切削力作用下的精度。车床工作精度的检验是通过对标准试件的切削，对车床在工作状态下的综合性的动态检验，也可以用加工出的工件的精度来评定。它综合反映了切削力、夹紧力等各种因素对加工精度的影响。

表 11－3　　车床几何精度项目及对加工的影响

序号	项目	对加工的影响
1	床身导轨在垂直平面内的直线度误差	刀具纵向移动轨迹高低位置发生变化，影响零件素线的直线度，一般影响较小
2	横向导轨的平行度误差	刀具纵向移动轨迹高低及前后位置均发生变化，对零件素线的直线度影响较大
3	溜板移动在水平面内的直线度误差	刀具纵向移动轨迹前后位置发生变化，对零件素线的直线度影响较大
4	尾座移动对溜板移动的平行度误差	钻、扩、铰孔时，因尾座套筒锥孔轴线与主轴轴线不等高，会造成同轴度误差；用前、后顶尖支撑工件车削外圆时，会造成圆柱度误差
5	主轴的轴向窜动误差	车端面时会产生端面的平面度和轴向圆跳动误差；车螺纹时影响螺纹的螺距精度；精车外圆时影响表面粗糙度
6	主轴轴肩支撑面的跳动误差	使装在主轴上的卡盘或其他夹具产生歪斜，影响被加工表面与基准面之间的相互位置精度。如内、外圆的同轴度，轴线与端面的垂直度等
7	主轴定心轴颈的径向跳动误差	用卡盘夹持工件车削时，直接影响工件的圆度和圆柱度，加工表面与夹持面的同轴度；在钻孔、扩孔、铰孔时引起孔径扩大
8	主轴锥孔轴线的径向跳动误差	用前、后顶尖支撑车削工件外圆时，影响工件的圆度和圆柱度，加工表面与中心孔的同轴度；多次装夹加工的各个表面的同轴度
9	主轴轴线对溜板移动的平行度误差	用卡盘或其他夹具夹持工件车削时，由于刀具移动方向与工件回转轴线在水平面内的平行度误差，造成加工的工件产生圆柱度误差
10	尾座套筒轴线对溜板移动的平行度误差	使用前、后两顶尖支撑车削外圆时，影响零件素线的直线度和零件的圆柱度；进行钻孔、扩孔、铰孔时，会引起孔径扩大并产生喇叭形
11	尾座套筒锥孔轴线对溜板移动的平行度误差	在钻孔、扩孔、铰孔时，会引起孔径扩大并产生喇叭形。用顶尖支顶工件加工时，会造成顶尖孔和顶尖的接触不良，并会产生圆柱度误差
12	床头和尾座两顶尖的等高度误差	用前、后两顶尖支撑车削外圆时，影响零件素线的直线度；在尾座孔安装刀具进行钻孔、扩孔、铰孔时，会引起孔径扩大并产生喇叭形
13	小滑板移动对主轴轴线的平行度误差	用小滑板进给车削圆锥面时，影响零件素线的直线度
14	刀架横向移动对主轴轴线的垂直度误差	车端面时影响工件端面的平面度
15	丝杠的轴向窜动误差	车削螺纹时影响其螺距精度

卧式车床工作精度要求的项目如下：

（1）精车外圆的圆柱度和圆度。

（2）精车端面的平面度。

（3）精车外螺纹的螺距精度。

卧式车床精度检验方法参照相关国家标准和行业标准中的有关条款，决定检验项目及允差、检验工具和检验方法。